甘肃省科技创新政策评价研究

张小宁　姜　玲　滕雅琼　杨文静◎著

科学技术文献出版社
SCIENTIFIC AND TECHNICAL DOCUMENTATION PRESS
·北京·

图书在版编目（CIP）数据

甘肃省科技创新政策评价研究 / 张小宁等著. —北京：科学技术文献出版社，2023. 11

ISBN 978-7-5235-1116-9

Ⅰ. ①甘… Ⅱ. ①张… Ⅲ. ①技术革新—科技政策—研究—甘肃 Ⅳ. ① G322.764.2

中国国家版本馆 CIP 数据核字（2023）第 243975 号

甘肃省科技创新政策评价研究

策划编辑：崔 静　　责任编辑：孙江莉　　责任校对：张永霞　　责任出版：张志平

出 版 者　科学技术文献出版社
地　　址　北京市复兴路15号　邮编 100038
编 务 部　(010) 58882938，58882087（传真）
发 行 部　(010) 58882868，58882870（传真）
邮 购 部　(010) 58882873
官方网址　www.stdp.com.cn
发 行 者　科学技术文献出版社发行　全国各地新华书店经销
印 刷 者　北京虎彩文化传播有限公司
版　　次　2023 年 11 月第 1 版　2023 年 11 月第 1 次印刷
开　　本　787 × 1092　1/16
字　　数　473千
印　　张　25
书　　号　ISBN 978-7-5235-1116-9
定　　价　86.00元

前　言

科技评价是科技治理的重要工具，在科技管理中发挥着情势诊断、绩效改进、决策支撑和价值引导等重要功能。世界主要创新型国家和新兴经济体均将科技评价作为主要的政策工具。纵观美国、英国、德国、法国、日本等科技强国的科技战略、规划、政策、计划的制定、管理和组织实施的方法、流程和手段等，可以发现科技评价是其中必不可少且至关重要的环节。在中国全面实施创新驱动发展战略和深化科技体制改革新形势下，科技管理部门在科技战略、规划、政策、计划的执行、监督和管理过程中，自主开展或委托第三方机构开展科技评价工作，并将评价结果作为科学管理和决策的重要参考。

科技评价自提出以来就受到高度的重视，在科技计划、监督和管理中更显示出重要决策价值和指导意义。习近平总书记强调，“加快实现科技自立自强，要用好科技成果评价这个指挥棒，遵循科技创新规律，坚持正确的科技成果评价导向”，多次作出重要指示批示，并主持中央全面深化改革委员会会议审议通过多份科技评价改革文件。早在20世纪90年代，国家科学技术委员会提出要用“第三只眼睛”对政府资金支持的科技计划和项目等进行评估，并率先在科技管理过程中引入评估机制，组建专业化的科技评估机构——国家科技评估中心，专门开展科技活动中政策、计划、决策等的评估研究与实践。自此，科技创新政策评价逐渐受到各界关注。2018年7月，中共中央办公厅、国务院办公厅发布的《关于深化项目评审、人才评价、机构评估改革的意见》，是我国科技评价领域发布规格最高、内容最全面、工作部署最系统的改革文件，推动了科技评价在全国范围内各行业领域的传播和热议。该“三评”改革文件的发布，开启了新时代全面深化科技评价改革的序幕，带来了科技创新政策评价领域的巨大变革，成为科技创新政策评价实践的指南。2021年12月，中华人民共和国第十三届全国人民代表大会常务委员会第三十二次会议修订通过《中华人民共和国科学技术进步法》，第一次以法律形式明确国家要建立和完善科技评价制度。党的二十大报告明确指出，“深化科技体制改革，深化科技评价改革”，科技评价在全面深化科技体制机制改革过程中发挥着越来越显著的作用，有力促进了创新主体、要素、环境等全链条改革，进一步激发了科技创新潜能。

甘肃省在科技创新政策评价方面的探索实践起步相对较早。2002年，经甘肃省科学技术厅批准、依托甘肃省科学技术情报研究所成立甘肃省科技评估中心，成为西北地区首家科技评价专业机构，专门开展科技政策（规划）评价、科技项目评估、科研机构评价等系列评价研究与实践工作。2014年，依托甘肃省科学技术情报研究所成立了甘肃首家开展软科学研究的科技评价监测重点实验室，该实验室是甘肃省唯一、全国首家以实验室形式开展科技评价监测理论研究与实践的专业机构，标志着甘肃省科技评价工作进入新阶段。经过近十年的建设发展，甘肃省科技评价监测重点实验室在科技创新治理领域的专业优势和影响力逐步突显，培养了一支特色鲜明，素质优良，具有创新精神、求实精神、协同精神的评价人才队伍，形成了一套科学合理的科技评价规程和质量控制体系，产出了一批具有较高决策价值和社会影响力的研究成果，成为科技管理部门政策研究的策源地、政策内容的设计者、政策效果的评估者、政策落实的推动者，为创新主体和决策主体的科学管理和决策提供了有力支撑。

鉴于近年来科技评价理论与方法不断创新、科技评估标准日益丰富、各类评估实践日趋多样，已进入制度化、标准化、专业化的发展轨道，科技评价组织、机构和从业人员队伍也日益壮大。作者编写本书，旨在总结多年来科技创新政策评价研究与实践经验，并将其用于指导科技评价专业人员开展具体工作。本书从理论与实证两方面展开了探索性研究。理论研究方面，梳理国内外创新政策评价的相关文献及理论研究进展，总结分析科技创新政策的评价方法与评价体系；实证研究方面，在前述理论研究基础上，利用甘肃省科技经济数据，对2006年以来甘肃省出台的科技发展规划、重点科技创新政策和科技计划情况进行评价研究，从而完善科技评价机制，优化资源配置，提高政策实施绩效，落实项目、人才、机构“三评”的改革精神，推动甘肃省科技评价体系全方位、多层次、高标准建设，提升区域科技创新体系的整体效能。

本书是科技政策评价领域的专业研究报告。报告从宏观、中观、微观层面来评价分析甘肃省科技创新政策制定、落实情况，具体从科技发展规划、科技创新政策、科技计划等不同层面研究甘肃省落实《国家中长期科学和技术发展规划纲要（2006—2020年）》、实施创新驱动发展战略、深入推进科技体制改革情况。灵活运用问卷调查、案卷研究、实地调研、电话访谈等多种方法，选择典型科技创新政策，围绕甘肃省科技领域重大研究议题，进行专题评价研究，查找科技创新政策实施面临的难点、堵点和痛点，提出有益于科技创新政策落实的对策与建议。本书采用“解剖麻雀”的方法对“促进科技创新的政策”和“用科技创新政策促进发展的政策”两类政策进行评价研究，分别选取企业研发费用加计扣除政策和《甘肃省支持科技创新若干措施》作为代表性创新政策进行评价研究。本书数据资料翔实、案例内容丰富，是掌握甘肃省科技创新政策研究的重要参考书。

本书的作者具有扎实的理论功底与丰富的实践经验。

张小宁，甘肃省科学技术情报研究所副所长，研究员，主要从事战略研究工作。策划申报国家自然科学基金、国家软科学等国家级项目2项，主持甘肃省政府决策咨询委员会项目、省级科技支撑计划、省级软科学项目、省级人文社科项目、省级青年自然科学基金项目多项；发表论文多篇，撰写专题报告20余篇，多篇获批示。获得甘肃省科技进步奖三等奖2次，甘肃省图书馆学情报学术成果三等奖1次，甘肃省科技情报学会一等奖2次、二等奖2次、三等奖2次。

姜玲，经济学硕士，副研究员，主要从事科技评价与产业创新评价研究，牵头完成甘肃省“十二五”“十三五”科技计划项目调查评估、《甘肃省中长期科学和技术发展规划纲要（2006—2020）》实施情况评估等多项科技评估工作，主持完成省部级科技计划项目8项，作为核心骨干参与国家、省级科技计划项目10余项，发表学术论文20余篇，12项智库研究成果被省级行业部门采纳。

滕雅琼，经济学硕士，副研究员，多年从事科技评价与区域创新发展研究工作，对财政专项资金绩效评价、创新政策（规划）评估、科技计划项目实施效果评估、创新基地评估、人才评价等领域的理论和方法较为熟悉。在省级以上刊物发表论文10余篇，主持省级以上科技计划项目2项，作为核心骨干承担省级以上科技计划项目10余项。

杨文静，工学博士，副研究员，长期从事科技评估工作，对科技计划项目评估、科技规划实施情况评估、科技研发机构评估、科技奖励成果后评估、科技人才评价等相关业务有深入探索。主持省级科技项目4项，参与国家级、省级科研项目10余项。在省级以上刊物发表论文10余篇。

本书由张小宁负责总体策划、结构框架设计工作，姜玲负责组稿、统稿工作，滕雅琼负责终稿审核，杨文静负责基础理论和方法研究。本书共17章，分为三篇，第一篇为总论，包括绪论、研究概述、评价体系与方法研究；第二篇为甘肃省科技创新政策（规划）评价研究，包括对区域性重大科技创新规划和专项科技创新政策的评价研究；第三篇为甘肃省科技计划项目调查评估研究，分阶段对甘肃省级科技计划实施情况进行调查与评估分析。各章节撰写分工如下：第8章第四至第六节、第9章、第15章、第17章第四节由张小宁撰写完成（约8万字）；第4章第一节、第7章、第10章第二节、第14章、第16章、第17章第三节由姜玲撰写完成（13万余字）；第4章第二至第四节，第6章，第8章第一、第七、第八节，第10章第一节，第11章，第12章，第13章，第17章第五节由滕雅琼撰写完成（13万余字）；第1章，第2章，第3章，第5章，第8章第二、第三节，第17章第一和第二节由杨文静撰写完成（12万余字）。

《甘肃省科技创新政策评价研究》是甘肃省科技评价监测重点实验室理论研究与实

践工作的成果。本书在撰写过程中得到科技部科技评估中心、甘肃省科学技术厅、甘肃省科学技术情报研究所等单位大力支持。在本书撰写过程中得到张爱宁、李晥玲、回晶晶、李晓斌、黄磊、徐艳艳、王馨丽、吕晶等领导和同事的指导和帮助，在此表示由衷的感谢。

最后，对甘肃省属科研院所创新能力建设项目“兰州白银地区产业创新发展与重点领域技术评价体系建设”（21JR7RA761），甘肃省软科学专项“甘肃省科研诚信评价体系建设研究”（22JR4ZA005），“甘肃省近五年科技奖励情况及奖项成果转化分析评估研究”（22JR4ZA004），“甘肃省加强科技人才培养、评价、使用研究”（22JR4ZA006）等提供的研究资助和支持表示真诚的感谢。

本书难免有疏漏和不妥之处，敬请各位专家、朋友指正。

2023 年 11 月 8 日

目 录

第一篇 总 论

第二篇 甘肃省科技创新政策（规划）评价研究

第三篇 甘肃省科技计划项目调查评估研究

第一篇

总　论

中国高度重视科技创新工作，并采取一系列政策措施来推动科技创新发展。开展科技创新政策评价是检验创新驱动发展战略落实情况的重要抓手，综合运用定性和定量相结合的评价分析方法，对科技创新政策执行力、政策环境、政策绩效等进行评价研究，强化科技创新政策学习和落实，促进科技创新政策调整优化，促进科技创新政策效力提升。

第1章 绪 论

一、研究背景

科技创新是推动高质量发展、加快中国式现代化建设的战略支撑，是欠发达地区实现跨越式发展的重要途径。党的二十大报告提到，“必须坚持科技是第一生产力、人才是第一资源、创新是第一动力”“开辟发展新领域新赛道，不断塑造发展新动能新优势”。习近平总书记强调，“越是欠发达地区，越需要实施创新驱动发展战略”，欠发达地区要“以创新的思维和坚定的信心探索创新驱动发展新路”。2013 年，习近平总书记在视察甘肃省时作出了“八个着力”重要指示，为甘肃省科技创新指明了努力方向，提供了新遵循。甘肃省高度重视科技创新工作，把科技创新摆在发展全局的核心位置，推进产业链创新链人才链一体部署，厚植发展优势，突出重点，不断强化企业技术创新主体地位，持续提升产业基础能力和产业链现代化水平，以高水平科技供给有力支撑甘肃省经济社会高质量发展。

改革开放以来，特别是党的十八大以来，相继出台实施系列重要科技创新政策，中国科技事业迎来蓬勃发展时期，科技实力取得质的飞跃。我国科技事业飞速发展，得益于“科教兴国战略”等科技发展战略和创新政策的实施，以及地方的促进落实。经过长期的实践探索与经验积累，中国逐渐形成以“顶层设计—资源配置—组织建设—过程管理—效果评估—形成反馈—机制完善”为逻辑主线的政策形成机制。科技评价是科技治理的重要工具，是贯穿创新链全过程的重要组成部分，也是建设国家创新体系、实施创新驱动发展战略不可或缺的政策工具。推进科技创新政策落实与完善，最大化政策效力，需要发挥科技评价“指挥棒”“诊断器”作用，以有效评价支撑科学决策，以科学决策引领科学发展。高质量评价及其提供的可靠证据，不仅能促进政策、项目的执行，提高其执行绩效和有效性，而且是政府有效执政的重要基础，是决策者的有力工具。

二、研究意义

党和政府高度重视科技创新政策体系建设，已基本涵盖创新主体建设、科技体制机制改革、科技计划项目管理、科技成果转化、要素配置与监管、技术引进与创新、创新生态营造等多领域，并在不断完善的过程中。建立和完善符合甘肃省科技创新政策评价标准和体系，对补充完善我国科技评价理论、引领驱动甘肃省科技创新发展具有重要理论意义。

目前，我国科技创新体系与能力建设正在逐步完善，科技创新平台建设需进一步加强，创新资源配置需进一步优化，创新主体作用需进一步发挥，区域创新生态营造及管理机制等需进一步探索。为解决甘肃省科技创新发展中遇到的问题，需加快科技创新政策评价研究。

总之，科技评价是衡量科技创新政策实施效果、促进政策效力发挥的重要手段。通过对科技创新政策设计、组织、过程管理、实施效果等全方位评价分析，查找存在的不足，针对性提出建议意见，规避潜在政策风险，促进政策完善。现阶段我国学者对科技创新政策评价的理论及方法研究较为关注，围绕科技创新政策评价理论、方法、实践等开展了广泛研究，然而围绕欠发达地区的科技创新政策评价研究相对较少，部分科技创新政策效力发挥不足，对经济发展支撑乏力。通过开展甘肃省科技创新政策评价研究，丰富评价理论方法、健全评价指标体系、改良评价范式和规程，推动科技评价实践的突破性发展。因此，本研究具有一定的理论指导性及实践应用价值。

三、概念界定

（一）科技创新政策评价

1. 科技创新政策

政策是国家机关、政党及其他政治团体为实现或服务实现某一时期的政治、经济、社会、文化目标所制定并实行的行动准则和公共举措，是一系列谋略、法令、措施、办法、方法、条例等的总称。科技创新政策至今未形成统一标准定义，泰莫·莱莫拉（Taimo Lemola）认为，科技创新政策是政府为鼓励科技研究的发展或实现其政治目标而采取的公共措施，主要分为发展科技的政策和利用科技的政策两大类。罗友和（2004）从经济学角度分析了现阶段我国科技创新的状况，认为科技创新政策应该包括税收激励政策、知识产权保护制度、公共采购政策、完善社会环境制度等几个方面。根据《公共政策词典》解析，科技创新政策是公共政策的重要组成部分，是政府引导、激励与规制科学研究、技术开发和各项创新活动的重要工具。本研究拟定的科技创新政策概念是指国家和地方为实现某一时期科技经济与社会发展目标而制定并实行的有关指引、激励和支持创新活动及其成就应用的行动准则和公共举措。科技创新政策拥有战略性、系统性、可操作性的特色，其本质是面向科技创新活动出台指引性、支撑性的财政与税收优惠政策、专利与知识产权创新鼓舞政策等，进而实现科技、经济与社会协调发展的总目标。

2. 科技创新政策评价

科技创新政策评价是遵循一定的评价原则、标准和程序，采用科学、可行、可信的评价方法，对科技创新政策的价值、活动和绩效，包括政策的设计、执行和效果等各主要环节进行系统诊断和综合分析的专业化评判活动。其中，科技创新政策评价的对象包括以下几方面：①对政策方案的评价，以确定各方案的可行性及优缺点；②对政策效果的评价，包括对政府干预的产出及结果的回顾与评价；③对政策全过程的评价，包括对政策方案、政策执行和政策实施效果的评价。科技创新政策的评价采用全过程的视角，可避免聚焦于单一政策环节评价带来的片面性和局限性，确保评价的视角更为全面、综合。

3. 科技创新政策评价目的

开展科技创新政策评价的主要目的是获取和形成有力证据，通过科学诊断和分析研判，为科技决策提供有力支撑，为创新资源配置提供政策建议，为推动政策落实、调整完善政策和制定出台新政策提供参考依据。

（二）科技创新规划评估

1. 科技创新规划概念界定

科技创新规划特指一个国家（地区）基于自身资源禀赋及科技基础，根据面向科技前沿、国家（地区）重大需求、经济主战场及人民生命健康的基本要求，从系统性、前瞻性、引领性等出发，制定符合科研规律和地区发展战略需求的科技发展目标、重点任务、科技策略、重大工程部署等方案体系，其在一定时期内对区域科技创新发展起着宏观指导作用。

2. 科技创新规划评估

运用科学合理的评估方法，客观评估科技创新规划目标实现程度、规划任务部署、重大工程、政策举措等落实情况，为下一步规划实施优化调整建议。

3. 科技创新规划评估目的

通过评估分析对科技创新规划实施情况作出诊断，查漏补缺，向科技管理部门反馈实施情况，从而对下一步规划实施计划、举措等作出及时调整，以保证规划目标的实现，提升科技管理水平。

（三）科技项目评价

1. 科技项目概念界定

科技项目是指在科学技术领域，为增加知识总量，以及运用这些知识去创造新的应用而进行的有组织的系统性、创造性的研发活动与过程。科技创新项目包括基础研究、应用研究和开发研究项目，以及具有以上两种或两种以上属性的项目。

2. 科技项目评价

科技项目评价是指对其在立项、执行、验收及后续跟踪过程中评价时的状态和性质进行系统地、客观地分析和总结的活动。科技创新项目评价要素通常包括评价目的、评价主体、评价对象、评价依据、评价内容、评价信息、评价方法、评价程序和评价结果等。评价过程主要涉及评估准备、评估设计、信息获取、评估分析与综合、撰写评估报告等。评估方法主要有同行评议、层次分析法、多层次模糊综合评估法、德尔菲法、视图法、投入产出法和数据包络分析法（DEA）等。

3. 科技项目评价目的

通过对科技项目的综合诊断和分析研判，为科技决策提供有力支撑，为科技资金优化配置、后续年度资金安排提供政策建议，为规范科技项目和资金管理提供参考依据。

第2章　研究概述

第四次产业革命正在兴起，科技创新进入持续活跃期，人工智能、区块链、量子信息等多领域新兴技术加速迭代，新的方法及手段不断得到突破、更新。在全球经济下行压力增大的当口，科技的颠覆性、引领性及渗透性等鲜明特征，无疑对全球产业链和治理体系产生重大影响，特别是对经济欠发达和生态环境脆弱的甘肃省而言，带来的冲击和挑战更为严峻。世界主要经济体持续完善国家顶层科技战略布局与国家战略科技力量部署，力图打造面向未来的科技发展新优势。科技创新成为各国综合国力竞争的战略利器，各主要国家均将鼓励科技创新、加大科技投入、培育科技创新人才、优化创新生态等作为主要举措。有关科技创新政策研究及政策效力评价研究均是国内外政府部门、科技界、学术界等关注的重点。

一、科技评价进展

（一）国际科技评价进展

国际科技评价来源于政府部门的管理需要。联合国教科文组织从1993年起，每5年出版《科学报告》，根据科技产出指标，对世界各国科技水平开展评价和对比，旨在监测全球范围科学治理的趋势，探讨全球各地区科学、技术与创新的发展情况，展示全球主要国家在科学研究上的进展，以及利用科学技术推动数字经济、绿色经济发展中的表现。美国在20世纪30年代就发起了针对政府计划执行情况的科技评价活动，颁布了《政府绩效与结果法案》，要求联邦机构制定为美国民众提供优质高效服务的战略规划和绩效评估计划，建立包括投入、资源、产出、结果、效率和成本等六大类指标的绩效评估体系，要求所有联邦机构都要进行绩效评估，并向全社会公布绩效评估结果。欧盟委员会采用“欧洲创新记分牌”的方式评价和比较成员国创新能力，查找欧盟成员国创新的优势与不足，从人力资源、研究体系、创新友好型环境、金融支持、企业投资、创新者、创新协作联系、知识资产、就业影响和销售影响等10个维度、27个相关指标对欧盟国家的创新绩效或表现进行评价，对欧盟各国制定和评价创新政策产生了深远影响。澳大利亚的科技评价由政府主导，各政府部门拥有自己的评价机构，统筹安排部门的评价计划和实施，形成了较完善的科技评价体系，其评价结果影响科研经费的分配。日本科学技术厅1984年建立包括6种相互关联的国家科学指标体系，不仅评价科学研究与试验发展（R&D）活动的有关投入和产出，而且评价研究开发及科学技术对日本经济和社会产生的较大影响。尤其后疫情时代，世界各国和组织开始考虑探索责任评价体系，欧盟建立大规模风险预测中心，以确保稳健的风险评估和管理国际科技评价。随着ChatGPT等生成式人工智能的爆发应用，基于大模型、大算力、训练方法等多方面技术突破，生成式人工智能实现了高质量、高效率、多样化的内容生产，成为推动科技评价变革的重要力量，美国正在持续推动建立精细化、基于证据的科技决策系统。

总结国际经验，科技评价发展呈现3个特点：一是科技评价工作由政府统筹管理布局，评价结果支撑政府决策；二是逐步建立科技评价行业规范和人员资质标准体系；三是评价手段向智能化和数字化演进。

（二）国内科技评价进展

1959年我国发布第一个科技评价政策文件《关于总结鉴定新产品、新技术的通知》，开启了科技评价政策经历的探索阶段（1959—1995年）、发展阶段（1996—2005年）、规范阶段（2006—2010年）和深化阶段（2012年至今）等4个阶段。截至2022年，共发布涵盖科技评价政策、法律法规、规划方案等的文件38项，国家发展改革委、工业和信息化部、国家卫生健康委、农业农村部等有关部门制定出台科技评价改革相关文件超过100项。20世纪90年代，科技部在国家科技计划组织管理中率先引入评估机制，对“973计划”、“863计划”等科技计划项目（课题）全面开展概预算评估，对《国家中长期科学和技术发展规划纲要（2006—2020年）》实施情况进行了中期评估。1994年科技部科技评估中心独立建制，开始系统化的科技计划评估实践探索，1996年天津、武汉等市率先在国内开展了科技立项评估。为推动全国科技评价工作，1997年原国家科委召开科技评估工作研讨会。此后，科技评价工作在我国大部分省市陆续展开。

近年来，我国各级政府部门对“抓政策”“抓监督”“抓评估”高度重视，科技创新政策评估需求日益增长，评估工作得到了新的推动力，从中央到地方的科技创新政策评估实践发展进入新阶段。2008年以来，科技部连续对《实施〈国家中长期科学和技术发展规划纲要（2006—2020年）〉若干配套政策》及有关重点创新政策实施情况组织开展年度跟踪监测与评估，探索形成了对全国科技创新政策总体情况和部分重点政策落实情况的监测评估机制。自2014年起，国务院启动大督查，定期组织开展对党中央、国务院重大政策措施（包括一些重点的科技创新政策措施）在各地区、各部门的落实情况进行监督检查，并引入评估机制。2019 年，国家科技体制改革创新体系建设领导小组组织专业机构对深化科技体制改革、加快国家创新体系建设总体情况进行了综合性评估。旨在通过评估及时掌握改革进展和成效，督促各有关部门、地方加快改革落实，为制定新一轮改革文件发挥了评估反馈、问效和决策支撑作用。在国务院及有关部门的引导和带动下，我国不少地方也相继开展了科技创新政策评估工作，探索建立有效评估工作机制，加强政策监督问效。在评估机制上，有的省（市）建立了科技、财政、税务等部门协同联动的工作机制和政策评估制度，每年选择部分重点科技创新政策进行评估；有的省（市）专门研究制定重大创新政策评估文件，推进科技创新政策评估制度化；有的省（市）根据当年重大科技任务实施需要，组织开展专项政策评估。在评估组织实施上，有的省（市）委托国家级评估机构开展重大政策评估，有的省（市）委托当地相关事业单位开展评估，有的省（市）委托高校、智库、社会化评估咨询机构开展评估。在评估结果使用上，有的省（市）将评估总结的政策经验和发现的问题，作为改进和完善科技创新政策管理的重要依据；有的省（市）将政策落实情况与科技计划项目立项、省部会商和科技进步考核挂钩。

（三）甘肃省科技评价进展

甘肃省积极响应国家科技评价布局、及时设置专业评价机构、迅速拓展评价实践，全力支撑甘肃科技创新事业。2002 年省科技厅依托甘肃省科学技术情报研究所（简称“甘肃省科技情报所”），组建“甘肃省科技评估中心”，成为西北地区首家科技评价专业机构，开展了一系列实证性评价工作。2006 年起，“情报研究与信息服务模式创新团队”“科技评估技术模式与质量控制研究创新团队”“科技数字资源知识组织和知识服务科技创新团队”相继获批，取得了一系列科技评价基础理论和方法成果。2014 年，“甘肃省科技评价监测重点实验室”建立，是全国首家以实验室形式开展科技评价监测理论研究与实践的专业机构，标志着甘肃省科技评价进入新阶段。2017 年，甘肃省科技情报所和科技部科技评估中心签署联合共建实验室合作协议，国家队与地方队的强强联合，标志着重点实验室在能力建设、学科建设、团队建设等方面达到国家水平，对于完善科技评价体系、优化科技评价生态起到了重要作用。甘肃省在贯彻落实“三评”改革过程中，围绕科技政策、规划、项目等开展综合评价理论及动态监测关键技术的创新性研究，在团队高效协同和不懈努力下，取得积极成效和较高社会认可度。2019 年，入围甘肃省财政预算绩效评价第三方机构库，拥有了财政专项资金绩效评价资质。2020 年，组建“科技与人才创新评价监测模式创新团队”获批省委组织部重点人才项目。

从甘肃省科技发展情况来看，科技评价呈现 4 个特点：一是政府主导的科技评价工作体系逐步完善；二是“减量”和破“唯”科技评价改革逐步深化；三是以奖励制度、人才计划、经费管理、成果认定等领域的评价制度改革逐步推进，促进了科技评价工作延伸到财税、审计、监察等领域；四是科技评价工作极大地促进了产业创新和制度创新。

二、研究现状

（一）国际研究现状

1. 科技创新政策评价

经过几十年的发展，主要发达国家关于公共政策评价的理论和方法已取得较多成果，形成了一些有代表性的评价模型和框架，同时在科技创新政策评价领域积累了一些实践经验和案例。

（1）经济合作与发展组织的弗拉斯卡蒂手册

经济合作与发展组织（OECD）最早进行科技创新政策评价，其于1963年出版的《弗拉斯卡蒂手册》（《研究与试验发展调查实施标准》），从研发活动测量、国别比较视角，为相关国家进行创新政策研究提供了方法和准则。此后，政策评价在社会科学中的独立地位逐步形成，但与其他政策领域相比，科技创新政策评价实践仍处于早期阶段。

（2）欧盟的“欧洲创新趋势图”

欧盟（EU）于2000年初推出“欧洲创新趋势图”，每年发布欧盟国家和美国、日本等国的创新政策与环境深度分析报告，是分析欧洲创新政策与环境的工具。2001年又推出“欧洲创新记分牌”，旨在透过创新指标体系定量评判各成员国的创新执行情况，至今在欧盟国家创新政策的制定和评价方面产生着深远影响。

（3）美国的“科技政策方法学”

2005年，美国政府提出发展“科技政策方法学”倡议，通过对科技创新政策的评价，不断形成精细化和基于证据的科技政策系统。随后，英国、法国、德国、日本、韩国、意大利、爱沙尼亚等国家，也结合本国实际，相继开展科技创新政策评价。

（4）国际组织“创新政策网络平台”

近年来，随着世界各国政府对创新政策的日益重视，OECD和世界银行联合开发出创新政策网络平台，并在平台上搭建面向OECD各成员国和有关国家、地区的创新政策数据库和交流社区，方便跨国界、跨地区创新政策知识交流、信息共享与沟通协作。支撑不同国家的创新决策制定，以及创新政策的设计、执行和评估实践发展。

2. 科技计划项目评价

主要发达国家在重视实施科技计划项目的同时，也十分重视科技计划项目的评价。美国已形成科技计划项目评价制度，将科技计划项目评价作为科技管理的重要组成部分，尤其重视科技计划项目实施后期的评价。通过采用多种评价方法，开展科技计划项目的实施效果评价工作。

20 世纪中叶，随着科技计划项目的启动实施，科技评价活动逐步开展。20 世纪 40 年代末，美国海军总署采用同行评议方法评价资助大学的计划；50 年代，美国国家科学基金会针对政府资助的科技创新行为开展了大量评价活动，由此开启了国家宏观层面的科技评估实践工作。

20 世纪 70 年代，美国国立卫生研究院组织开展的文献计量学研究，为科学评价科技计划项目实施效果提供了重要的方法支撑。同时还对美国国防部的研究计划事后认识项目、美国国家科学基金会的技术回顾与科学项目中的重大事件研究项目进行了科学评价。20 世纪 90 年代，美国和欧盟均针对公共科技支出绩效评价建立了相关制度，促进了科技计划项目评价研究的快速发展。

20 世纪 80 年代，欧盟采用独立专家组的方式启动了第一个框架计划。该框架计划的评价体系包含不同的计划和议题，并由不同的评价方主持。评价活动针对欧盟委员会、成员国、欧洲议会等不同的评价对象，综合运用文献计量、调查问卷、经济分析等各类方法开展，成为科技计划评价领域的经典案例，为以后评价业务的开展提供了重要的借鉴意义。20 世纪 90 年代，欧盟委员会决定对每个在执行期内的科技计划项目开展一次独立评价，并形成有益于管理决策的咨询结论。

（二）国内研究现状

中国已经成为世界科技大国，正处于从创新型国家行列向创新型国家前列迈进的关键时期。当前，中国经济已由高速增长阶段转向高质量发展阶段，以科技创新驱动高质量发展，是贯彻新发展理念、破解当前经济发展中突出矛盾和问题的关键，也是加快转变发展方式、优化经济结构、转换增长动力的重要抓手。

1. 国内科技创新政策评价

科学创新政策评价研究本质上属于政策理论的评价范畴，从政策评价过程来看，政策评价包括政策方案评估、政策全过程评估、发现误差、修正误差和政策效果评估，可从政策可行性、政策过程和政策效果等方面开展。康捷等提出了科技创新政策评价的全流程，将评价流程分为三大阶段：准备阶段，明确评价要素、确定评价主体和评价对象、选取评价方法；实施阶段，对政策的“制定—实施—效果”进行全链条评价，或者根据实际需要侧重对某一阶段进行评价；总结阶段，根据对评价工作的综合分析，得出结果并进行反馈。

从政策实施效果评价来看，蔺洁等从政策主体、政策工具、政策目标三方面构建创新政策分析框架，比较了中国江苏和美国加州政府发布的创新政策；李政等将质性数据分析法引入中美政策的比较，发现政策的部际分布差异较大；李凡等在政策目标、工具和实施的三维视角下利用二元 Logistic 回归法比较中印两国科技创新政策，发现中国偏向企业供给和知识的垂直增加，而印度则偏向对市场的保护和水平扩散。王守文等将产学研合作区域竞争政策划分为 5 类，将政策有效性的推动力量形象化为飞机模型，建立了多层次模糊综合模型，通过对产学研政策措施进行客观评价，发现投入因素是政策有效性的最大源动力。蔺鹏等在复杂适应理论基础上引入超越对数生产函数，建立随机前沿模型，运用河北省 60 家科技型中小企业数据实证测度 R&D 经费投入对技术创新效率的影响。曲婉等提出从准备实施、执行过程和效率全过程开展评价的创新政策评价体系。张静雨等构建过程导向的因子理想关联评价模型和结果导向的三阶段 DEA 模型，对“十三五”以来的创新政策效果做评估，发现科技创新政策整体是有效的。肖士恩等认为政策效果是进行政策评价的一个重要的标准，一般是指效益标准和效率标准，其中效益标准是衡量投入量的成果，效率标准通常表现为政策投入与政策效果之间的关系和比率。

科技创新政策的评价一般着眼于实施效果评价。目前主要通过 3 条路径来评价科技创新政策的有效性。一是过程导向，以政策工具为核心，通过构建不同的指标体系来判断政策是否达到了预期目标，其关键是把握政策从制定到实施的内在逻辑。过程导向从政策形成的理论框架、政策主体、中介工具和预期目标等方面评价政策的有效性。二是结果导向，依托创新的投入产出指标，建立结果导向模型，通过创新效率间接反映创新政策的有效性。结果导向主要考虑科技创新政策带来的创新效率。三是将过程导向与结果导向相结合。

2. 国内科技计划项目评价

随着我国经济体制改革和政府职能转变，科技计划项目评价俨然成为政府加强科技管理和完善科学决策的一项重要举措。1993 年国家科委开始将科技计划项目评价手段引入科技宏观管理环节，并完成了攻关计划的综合评价。随后开展了一系列科技计划项目评价活动，包括“十一五”支撑计划中期评估、国家高技术发展研究计划 10 周年和 15 周年评估、“973 计划”评估、国家科技重大专项评估、国际科技合作计划绩效评估等工作，以及国家重点研发计划实施方案、指南评估等。在国务院及有关部门的引导和带动下，我国不少地方也相继开展了科技项目评价工作，探索建立有效评价工作机制。有的省（市）围绕本级项目执行进度、科研项目制度建设及执行情况、专项经费使用规范情况及配套资金到位情况等方面开展年度科技计划项目中期监督评估工作，对执行进度较差、管理不到位、资金使用不规范的项目发出要求限期整改通知，强化了本级科技计划项目执行过程的监督检查和指导服务，推动了省级科技计划项目的高质量实施，提升了财政科技专项经费的使用绩效。有的省市开展科技项目立项评价，采取科技计划项目答辩与公开路演并行方式，突出公开、透明、市场选项机制，进行科技项目立项评价。

不同学者对项目评价有不同的观点认识。鲍良等认为项目评价可以从广义和狭义两个角度判别，广义的项目评价主要围绕项目管理、效益和影响，并且按照项目所处的时间阶段，将项目评价分为事前评价、事中评价和事后评价；而狭义的项目评价围绕项目的技术经济评价、影响评价和社会评价等，主要进行项目后评价，即在项目完成或验收之后进行的评价。梁永倩等认为由于大部分的项目评价在开展立项评价、中期评价和验收评价时，若未开展跟踪评价，就会导致“重数量、轻质量”“重短期、轻长期”“重成果、轻转化”等问题的出现。闫学伟认为项目后评价包括对整个项目的实施过程、预期效果、效益和影响等方面的分析，通过项目后评价总结管理经验，为新项目决策提供依据，为决策者提供可靠信息。王凭慧认为项目后评价是对已经完成项目的目的、执行过程、效益、作用和影响所进行的系统综合分析。胡永铨研究认为项目后评价内容主要包括项目财务评价、经济评价、环境评价和社会评价等阶段。危怀安等认为国外项目后评估工作主要应用于金融、能源、财政、通讯、交通、建筑、教育、环境和经济等领域，评价对象主要集中在国家预算、项目和计划等方面。王勇等认为科技创新项目绩效评价主要分为 3 类，分别为基于柯布–道格拉斯生产函数的科技创新投入对经济增长的贡献率，从定性、定量角度研究科技创新资源的配置效率，以及从创新投入产出的转化效率方面进行绩效评价。

第 3 章　评价体系与方法研究

科技评价是遵循一定原则和标准，运用规范程序和科学方法，对科技活动及其有关行为和要素开展专业化、体系化的评价过程，其具备判断、预测、选择、导向功能。科技评价服务于政府内部管理决策需要，从独立的科技项目评审立项、科技成果鉴定验收，转变到综合的科技评价评估。科技评价贯穿于政府资助公共研发活动的科技计划、政策、项目、机构、队伍全过程，成为支撑现代科技管理的必要手段和科学决策的重要依据，同时延展成为审计与监督管理的重要手段。

一、科技评价基本原则

目前国际上公认的评价基本原则是独立性、可信性和有用性，这 3 个基本原则对科技评价也是适用的。

独立性原则。评价机构和评价专家应不受委托者、被评企业等相关方干扰，独立开展评价工作，自主形成评价结果。评价的独立性主要强调制度/组织上的独立性和行为的独立性，严格要求评价职能独立于管理职能，避免评价活动受到干预，同时强调评价行为本身的独立性，要求评价人员基于客观信息自主开展评价，出具有科学性、权威性、客观性的评价报告，能够对评价内容、范围、方法和结论独立地作出决定而不受委托者和管理者干预。即独立开展评价活动，自主判断并形成评价结果。

可信性原则。科技评价主体应诚实守信，评价证据应真实充分，评价结果应准确可靠。针对评估人员、评估机构的能力和信誉，要求评估人员遵守评价的道德规范，并体现专业能力。针对评估活动的过程和方法，要求评估过程公开透明，评估方法严谨规范，评价指标切合实际情况，在评价指标赋值和判定、权重确定、评价结果分级等各环节，评估组织实施模式和评估方法选择要合理。针对评估报告的质量，要求评估报告要说明使用的评估方法及其局限性，评估报告内容仅阐述事实、结论与建议，不得带有偏见，反映不同意见者的观点，不同渠道的信息要相互验证。

有用性原则。科技评价能够对管理、决策及能力建设发挥作用，一是评估的建议得到采纳，直接用于管理和决策的改进。二是评估活动促进利益相关方的对话和沟通，有助于形成共识。三是参与评估活动的组织或个人在评估过程中获取知识，提高能力。四是可能有些评估结论或建议已通过其他方式提出，但独立、可信的评估可以使决策更加令人信服。

二、科技评价流程

科技评价流程通常分前期准备、评价设计、评价实施、撰写报告、评价结果的使用和扩散等 5 个步骤。

一是前期准备。主要对接委托方商议评价工作需求，明确评价任务、主要内容、实施模式、评价团队等，是根据要求确定评价工作成员及分工的环节。

二是评价设计。根据评价需求设计详细的评价方案，包括制定评价框架、科学确定评价方法、拟定访谈（调研）提纲和调查问卷，明确证据收集方式及时间等，是根据前期准备要求编制评价实施方案的环节。

三是评价实施。包括证据收集与审核、证据分析、形成评价结论和建议等，开展基本证据材料分析、现场调研、满意度调查等证据信息分析，是按照评价实施方案开展评价活动的环节。

四是撰写报告。基于评价实施阶段整理的数据材料，按照评价报告格式要求编写评价报告，必要时需要与利益相关方沟通，是通过证据信息分析出具科技评价报告的环节。

五是评价结果的使用和扩散。管理部门利用评价结果解决问题、改进管理或为决策提供依据。

三、科技评价方法

（一）演进阶段

科技创新的评价研究方法主要经历了以下 4 个阶段。

第一阶段，主要借鉴学习国外的定性评价方法，该阶段我国学者通过引进国外先进的方法开展科技创新评价。白宝光等按照 Rothwell 的分类方法，将内蒙古科技创新实施效果评价指标分为供给政策、需求政策和环境政策，在此基础上对其进行实证研究；赵文凤从定性角度运用政策文本分析法对中美支持中小企业政策进行对比分析。

第二阶段，将科学研究方法与理论实际相结合，这一阶段更加注重定量方法的使用，将模型方法更贴切理论实际。郭丕斌等运用因子分析和主成分分析法基于行业和区域层面对科技创新政策进行效果评价；汪晓梦通过开展合肥市技术创新政策绩效评价，将相关性分析、灰色关联度方法运用于评价实践，横向对比分析了政策实施过程中存在的问题；李靖华等采用模糊数学隶属度函数法探讨我国流通产业创新政策的内部协同情况；张永安利用熵权 TOPSIS 法对区域技术创新政策进行测度和评价，构建合理的科技政策评价研究框架并为优化政策提供参考。

第三阶段，主要是将科学研究的跨学科应用与科学政策评价相结合，这一阶段更加注重统计理论分析和系统分析。杜丹丽等借助政策计量分析工具和 PMC 指数等定量方法对京津冀中小企业科技创新政策进行评价；阎东彬应用两阶段数据包络分析方法考量京津冀地区科技创新政策的实施效果，以期找到当前科技创新政策体系的短板。

第四阶段，开始将科技创新政策评价和机器学习方法相结合，由于这些方法在进行科技创新政策评价确定权重时主观性较强，且无法反映指标间特殊复杂的非线性关系。如时丹丹利用 BP 人工神经网络自适应学习的能力，优化网络权重和阈值，避免人工赋值的主观性特点，采用问卷调查的方式构建工艺科技创新政策评价模型。

近十年是我国科技评价改革力度最大的时期，集中体现在 4 个方面：一是“减量”改革。2013 年，中央组织部、中央宣传部、科技部、教育部、中国科学院、国家自然科学基金委员会等 12 个部门和单位联合开展科研项目评审、人才评价、机构评估改进工作，开展科技评价“减量”改革，共梳理、取消各类评价事项 37 项，通过合并净减少 41 项，下放 20 项，总体精简了 29%。二是“破唯”改革。2018 年，中共中央办公厅、国务院办公厅印发《关于深化项目评审、人才评价、机构评估改革的意见》，科技部等多部门实施开展清理“唯论文、唯职称、唯学历、唯奖项”（简称“四唯”）专项行动，集中对体现“四唯”的限制性、否决性、门槛性指标进行了清理，特别是科技奖励制度持续性改革，国家正在探索与科技创新规律相适应的科技评价方法。三是“以人”改革。2010 年，国务院发布的《国家中长期人才发展规划纲要（2010—2020 年）》确定了国家层面组织实施的 12 项重大人才工程、人才计划的实施，起到了调动科研人员及科研单位积极性的作用，系统性的改革措施持续推进。四是“增效”改革。2018 年，《中共中央　国务院关于全面实施预算绩效管理的意见》出台后，政府在科研经费管理上的一系列松绑改革得到科研人员的认可，让科研人员有了实实在在的获得感，政策间和制度内有机协调仍然是关注的焦点之一。

总结国内经验，科技评价发展呈现 3 个特点：一是党对科技评价的全面领导，形成了高效的组织动员体系和统筹的科技资源配置模式；二是初步形成了科技评价标准和制度体系，为实现科技自立自强和科技治理现代化提供了重要支撑；三是建立了专业化科技评价队伍，保障和促进了科技评价事业快速发展。

（二）主要方法

科技评估方法从技术层面可以分为定性评估方法、定量评估方法和综合评估方法三大类。

1. 定性评估方法

定性评估方法是指基于评估者、专家、科技活动执行者的经验，进行主观判断和评价的方法。典型的定性评估方法有同行评议、案卷研究、座谈/访谈、问卷调查、实地调研、德尔菲法等，具有体现专家意见征询及利益相关方观点的特征。

2. 定量评估方法

定量评估方法是通过数学测算得到结论的方法，是指运用数学、统计学、经济学、运筹学等理论，对被评对象作出定量评价的方法。随着我国科技发展的不断进步，针对各种定量评估方法的研究逐渐成为热点。依据所属学科，定量评估方法主要分为统计学、经济学和运筹学等方法。

3. 综合评估方法

综合评估方法是指综合采用定性和定量评估方法，开展全局性、整体性评价的方法。

当然，基于科技评估理念和准则，也形成其独特的综合评估、再评估、参与评估、成效分析等方法。

参考文献

［1］康捷，袁永，胡海鹏 . 基于全过程的科技创新政策评价框架体系研究［J］. 科技管理研究，2019，39（2）：25－30.

［2］杜丹丽，原琳，高琨 . 2010—2017 年京津冀中小企业科技创新政策评价［J］. 中国科技论坛，2019（10）：100－109.

［3］肖士恩，雷家骕，刘文艳 . 北京市科技创新政策评价及改进建议［J］. 中国科技论坛，2004（5）：54－56.

［4］时丹丹，嵇国平 . 基于 BP 人工神经网络的工艺创新科技政策评价［J］. 统计与决策，2011，340（16）：64－66.

［5］汪晓梦 . 区域性技术创新政策绩效评价的实证研究：基于相关性和灰色关联分析的视角［J］. 科研管理，2014，35（5）：38－43.

［6］赵文凤 . 中美支持中小企业政策构成对比及启示［J］. 河北企业，2014（12）：63－64.

［7］李靖华，常晓然 . 我国流通产业创新政策协同研究［J］. 商业经济与管理，2014，275（9）：5－16.

［8］张永安，马昱 . 基于熵权 TOPSIS 法的区域技术创新政策评价研究［J］. 科技管理研究，2017，37（6）：92－97.

［9］阎东彬 . 京津冀城市群科技创新政策效果评估：基于监测评估逻辑框架［J］. 中国流通经济，2019（4）：10－19.

［10］LEMOLA T. Convergence of national science and technology policies：the case of Finland［J］. Research policy，2002（31）：1481－1490.

［11］罗友和 . 现阶段我国科技创新状况的经济学分析与政策取向［J］. 生产力研究，2004（1）：24－26，53.

［12］朱水成 . 中国地方公共政策评估现状与对策［J］. 理论讨，2001（2）：54－56.

［13］肖士恩，雷家，刘文艳 . 科技创新政策评估的理论与方法初探［J］. 中国科技论坛，2003（5）：24－27.

［14］白宝光，胡丽娜，薛阳 . 内蒙古科技创新政策实施效果评估实证分析［J］. 科学管理研究，2017，35（5）：67－70，79.

［15］郭丕斌，刘宇民 . 创新政策效果评价：基于行业和区域层面的分析［J］. 中国软科学，2019（9）：143－149.

［16］吴妍妍 . 2015—2019 年安徽省科技创新政策实施效果评估研究：基于长三角三省一市比较视角［J］. 中国高校科技，2022（8）：56－62.

［17］蔺洁，陈凯华，秦海波，等 . 中美地方政府创新政策比较研究：以中国江苏省和美国加州为例［J］. 科学学研究，2015，33（7）：999－1007.

［18］李政，罗晖，李正风，等. 基于质性数据分析的中美创新政策比较研究：以“中国双创”与“创业美国”为例［J］. 中国软科学，2018（4）：18－30.

［19］李凡，李娜，刘沛罡 . 中印技术创新政策演进比较研究基于目标、工具和执行的定量分析［J］. 科学学与科学技术管理，2015，36（10）：23－31.

［20］肖美丹，张伟萍 . 河南、广东两省科技创新政策演进比较［J］. 科技管理研究，2016，36（23）：49－53.

［21］王守文，颜鹏 . 基于多层次模糊综合的产学研合作区政策评价［J］. 科技进步与对策，2014，31（23）：121－126.

［22］蔺鹏，孟娜娜 . 政府 R&D 经费投入与科技型中小企业技术创新效率：基于河北省新三板上市企业的经验证据［J］. 科技管理研究，2018，38（6）：150－156.

［23］曲婉，冯海红，侯沁江 . 创新政策评估方法及应用研究：以高新技术企业税收优惠政策为例［J］. 科研管理，2017，38（1）：1－11.

［24］张静雨，张继彤 .“十二五”以来中国创新政策效果评价与政策启示［J］. 科技管理研究，2021，41（13）：17－24.

［25］鲍良，杨玉林 . 公共投资项目绩效评价研究与发展［J］. 资源与产业，2008，112（2）：54－56.

［26］闫学伟 . 重大工程项目后评价研究［J］. 煤炭技术，2016，35（12）：323－326.

［27］梁永倩，曹蓓，王逸，等 . 科技项目后绩效评价的问题与建议［J］. 中国高校科技，2016（Z1）：74－75.

［28］胡永铨 . 基于和谐发展观的项目社会评价体系研究［J］. 科技进步与对策，2006（1）：129－131.

［29］危怀安，杜锦 . 国外项目后评估研究综述［J］. 科技管理研究，2020，40（15）：231－235.

［30］王凭慧 . 科技项目评价方法［M］. 北京：科学出版社，2003：154－155.

［31］谢福泉，任浩，张军果 . 财政科技投入产出绩效评价体系的构建：科技项目后评价视角［J］. 中国科技论坛，2006（6）：25－27，35.

［32］沙锐 . 中国科技计划项目绩效管理研究综述［J］. 科技管理研究，2021，41（16）：204－208.

［33］王勇，卢长江，任慧，等．人才项目科技创新成效评估指标体系研究［J］．中国人力资源开发，2016（8）：44-49.

［34］张军果，任浩，谢福泉．项目后评价视角下的财政科技项目绩效评估体系研究［J］．科学学与科学技术管理，2007，305（2）：14-20.

［35］国家科技评估中心．科技评估方法与实务［M］．北京：北京理工大学出版社，2019：5-7.

第二篇

甘肃省科技创新政策（规划）评价研究

科技发展战略、科技创新规划和政策举措是政府促进科技发展的重要途径，是新时期实现高水平科技自立自强的重要抓手。充分发挥科技评价“指挥棒”的作用，客观评价科技创新政策，可有效推动国家科教兴国战略、创新驱动发展战略、人才强国战略落地，助力科技体制改革向纵深推进，促进地方科技创新体系完善和效能提升。

第 4 章　中国科技创新政策体系梳理

通过梳理 2006 年以来国家重大战略规划、科技创新政策举措以及甘肃省科技创新规划和重点科技创新政策制定情况，从政策变迁视角分析不同时期国家和地方科技创新支持的重点，把握科技创新政策演变方向，为实施科技创新政策评价奠定基础。

一、2006 年以来我国科技创新政策体系建设情况

（一）我国科技创新政策体系建设进展

2006 年以来，国家科技创新体系建设可划分为国家科技创新政策体系全面建设阶段、功能完善阶段、一体化发展阶段等 3 个阶段。

1. 国家科技创新政策体系全面建设阶段（2006—2011 年）

《国家中长期科学和技术发展规划纲要（2006—2020 年）》（简称《国家中长期规划纲要》[①]）确定今后 15 年科技工作的指导方针是：自主创新，重点跨越，支撑发展，引领未来，提出“以建立企业为主体、产学研结合的技术创新体系为突破口，全面推进中国特色国家创新体系建设，大幅度提高国家自主创新能力。”首次明确提出建立纲要实施的动态调整机制，是我国首个从规划制定开始就引入评估机制的科技中长期规划，表明我国科技创新规划评估开始走向正轨。强调深化科技体制改革的目标是建设中国特色国家创新体系，重点建设技术创新体系、知识创新体系、国防科技创新体系、区域创新体系和科技中介服务体系。在科技创新政策和措施方面，从实施激励企业技术创新的财税政策、加强对引进技术的消化吸收和再创新、实施知识产权战略和技术标准战略、实施知识产权战略和技术标准战略等 9 个方面进行发力，逐步完善科技创新政策体系建设。2007 年 10 月，党的十七大报告提出“深化科技管理体制改革，优化科技资源配置，完善鼓励技术创新和科技成果产业化的法制保障、政策体系、激励机制、市场环境。”在科技体制改革中引入国家创新体系理念，并强调通过政府、高校、科研机构、企业相互作用，推动技术和人才实现跨部门自由流动，更大支撑产学研合作创新。这一阶段，国家由点及面对科技创新体系进行全方位部署，注重强化企

① 该简称仅适用于本章节内容。

业技术创新主体地位，发挥政府、高校、科研机构、企业在国家创新体系中的良性互动、相互促进作用。

2. 国家科技创新政策体系功能完善阶段（2012 年至今）

2012 年 9 月，中共中央、国务院印发《关于深化科技体制改革加快国家创新体系建设的意见》提出加快建设中国特色国家创新体系，提升国家创新体系整体效能的总体要求。2012 年 11 月，党的十八大提出实施创新驱动发展战略。深化科技体制改革，推动科技和经济紧密结合，加快建设国家创新体系，着力构建以企业为主体、市场为导向、产学研相结合的技术创新体系。2015 年 3 月，中共中央、国务院出台《关于深化体制机制改革加快实施创新驱动发展战略的若干意见》，围绕营造激励创新的公平竞争环境、建立技术创新市场导向机制、强化金融创新的功能、完善成果转化激励政策、构建更加高效的科研体系、创新培养、用好和吸引人才机制、推动形成深度融合的开放创新局面、加强创新政策统筹协调等 8 个方面推进体制机制改革深化，改革科技管理体制，促进国家科技创新体系建设布局进一步完善，加强创新政策评估督查与绩效评价，形成职责明晰、积极作为、协调有力、长效管用的创新治理体系。2016 年，中共中央、国务院印发《国家创新驱动发展战略纲要》，强调"坚持双轮驱动、构建一个体系、推动六大转变"，双轮驱动就是通过科技创新和体制机制创新两个轮子相互协调、持续发力；一个体系就是要建设国家创新体系；要建设各类创新主体协同互动、创新要素顺畅流动高效配置的生态系统，形成创新驱动发展的实践载体、制度安排和环境保障。《"十三五"国家科技创新规划》（第十八章）从健全科技创新治理机制、构建新型科技计划体系、进一步完善科研项目和资金管理、强化科技管理基础制度建设、完善创新导向的评价制度、增强民用技术对国防建设的支持等 6 个方面深入推进科技管理体制改革。这一阶段，我国的创新体系整体效能仍然不高，激励创新的环境亟待完善，政策措施落实力度需要进一步加强，政府职能正逐步从研发管理向创新服务转变，政府战略规划、政策制定、环境营造、公共服务、监督评估和重大任务实施等职能仍需强化。

3. 科技创新政策体系一体化发展阶段（2021 年至今）

2021 年 11 月 24 日，中央全面深化改革委员会第二十二次会议审议通过《科技体制改革三年攻坚方案（2021—2023 年）》，习近平总书记在主持会议时强调，会议开展科技体制改革攻坚，目的是从体制机制上增强科技创新和应急应变能力，突出目标导向、问题导向，抓重点、补短板、强弱项，锚定目标、精准发力、早见成效，加快建立保障高水平科技自立自强的制度体系，提升科技创新体系化能力。2022 年 1 月 1 日，《中华人民共和国科学技术进步法（2021 年修订）》实施，规定国家应支持发展新型研究开发机构等新型创新主体，通过推动投入主体多元化、管理制度现代化、运行机制市场化、用人机制灵活化等发展模式，深入推进科技体制改革。这一阶段，我国从激发各类创新主体活力、提升创新主体能力等角度，持续优化创新政策供给，一体化设计政策环境、体制机制、科研布局、评价导向等，并初步形成政策合力。国家科技创新体系建设不断完善，创新的体制机制更趋成熟，科技创新基础制度和政策体系基本形成，创新治理能力建设取得较大进展。

（二）国家科技创新体系建设的重点内容

《国家中长期规划纲要》中指出国家科技创新体系是以政府为主导、充分发挥市场配置资源的基础性作用、各类科技创新主体紧密联系和有效互动的社会系统，我国基本形成了政府、企业、科研院所及高校、技术创新支撑服务体系四足鼎立的创新体系。国家创新体系建设的主体思路是从主体、结构、功能等视角推动体制机制改革，通过对各创新主体进行明确的功能定位，并通过制度机制推动各主体之间的有效关联，从而形成高效协同的有机网络。从科技发展战略体系化、政策制度体系化、组织体系化、科技人才体系化建设 4 个方面对国家科技创新体系建设进行分析。

1. 科技发展战略体系化建设

宏观层面，我国通过制定系列科技发展战略对国家科技创新体系建设进行顶层设计和决策部署。《国家中长期规划纲要》出台以来，紧密结合世界科技竞争态势，以及我国科技发展过程中面临的突出问题和挑战，修订了《中华人民共和国科学技术进步法》，制定了《实施〈国家中长期科学和技术发展规划纲要（2006—2020 年）〉的若干配套政策》《关于实施科技规划纲要增强自主创新能力的决定》等，绘就了国家科技创新体系建设的施工图；《中共中央　国务院关于深化体制机制改革加快实施创新驱动发展战略的若干意见》等陆续出台进一步推动了创新驱动发展战略的落实，促进了科技发展战略的体系化。

2. 政策制度体系化建设

政策制度的体系化是国家科技创新体系建设的基础保障。自《国家中长期规划纲要》出台以来，各省市结合地方实际，纷纷出台配套政策制度，加快推动区域创新体系建设政策体系完善，深入贯彻落实国家科技发展战略、政策。国家相继印发《关于改进加强中央财政科研项目和资金管理的若干意见》《促进科技成果转移转化行动方案》《关于深化中央财政科技计划（专项、基金等）管理改革的方案》等，优化科技计划项目和经费的管理，进一步推动创新主体创新活力与潜能的激发，推动创新政策资源与创新主体创新能力的系统整合。

3. 组织体系化建设

各级政府政策制定者、创新引导者、行动执行者等是国家科技创新体系建设的重要组织者和参与者。通过高效的组织体系化建设，系统整合不同创新主体的需求，推动科技资源的优化配置，更好支撑关键核心技术创新攻坚。制定《关于改进和加强中央财政科技经费管理的若干意见》《国家重点基础研究发展计划专项经费管理办法》等，加强重大科技项目立项和组织的集中管理，推动多元创新主体在人员、信息、设备等方面的交流合作与共享，组建跨组织、跨部门、跨领域、跨区域的研究团队。针对我国科技计划管理过程中存在的条块分割、重复申报、碎片化等问题，深入推进中央财政科技计划（专项、基金等）的管理改革，优化整合中央财政科技计划，推动我国的科技资源配置进一步优化。

4. 科技人才体系化

优化关键核心技术、创新攻坚的人才体系化建设是关键，习近平总书记在中央人才工作会议上强调，“深入实施新时代人才强国战略，全方位培养、引进、用好人才，加快建设世界重要人才中心和创新高地”。《国家中长期规划纲要》出台以来，制定了《关于在重大项目实施中加强创新人才培养的暂行办法》《关于建立海外高层次留学人才回国工作绿色通道的意见》《关于进一步加强国家重点领域紧缺人才培养工作的意见》等人才政策，完善了科技人才发现和培养机制，优化了人才引进政策，集聚了一批高端科技人才，吸引了全球一流科研院所、高校和创新型企业的优秀人才联合开展关键核心技术创新攻坚项目。党的十八大以来，改革和完善科技人才评价制度的硬招、实招频出，以创新价值、能力、贡献为导向的人才评价机制让论英雄成为科技界的共识，新的评价导向促使越来越多的科研人员潜心科研，并逐渐向周期长、价值高的原创性研究方向不断发力，力争在国际前沿研究和关键核心技术攻关上取得更多重大突破。

二、2006 年以来甘肃省科技创新政策体系建设及其演变

（一）甘肃省科技创新政策出台情况

2006 年以来，为促进全省科技创新发展和深化科技体制改革，甘肃省研究制定了大量科技创新政策，逐步形成了领域广泛、类别齐全、工具丰富的政策体系。2006—2020 年，甘肃省级层面出台了多项科技创新政策，围绕基础研究、技术开发、技术转移到产业化创新链的各个方面，作用对象包括企业、高等院校、科研院所、科技服务机构等各种创新主体，综合运用了多元化的政策工具。

1.“十一五”时期科技创新政策出台情况

“十一五”时期，甘肃省深入推动科教兴省、人才强省战略实施，以自主创新为抓手推进全省产业结构调整，自主创新发展加快推进，科技事业繁荣发展，进入具有里程碑意义的创新型甘肃省建设时期。颁布实施了《甘肃省科学技术奖励办法》《甘肃省

科学技术普及条例》《甘肃省中长期科学和技术发展规划纲要（2006—2020 年）》《实施〈甘肃省中长期科学和技术发展规划纲要（2006—2020 年）〉若干政策措施》《关于进一步深化科技体制机制创新的意见》《关于推进企业加大研发投入提高自主创新能力实施意见的通知》等一系列法规、政策，基本涵盖区域科技创新体系的各个环节，推动全省科技创新政策法规体系与国家相对应，营造激励自主创新的政策环境，促进全省科技管理的规范、高效及科技事业的健康发展。

2.“十二五”时期科技创新政策出台情况

“十二五”时期，甘肃省贯彻落实科学发展观，将大力实施创新驱动发展战略摆在全省发展的核心位置，以科技创新支撑产业结构优化升级、推动全省经济社会跨越式发展，坚持落实 2013 年初习近平总书记视察甘肃省时提出的“着力推动科技进步和创新，增强经济整体素质和竞争力”指示要求，充分发挥科技创新在促进跨越式发展中的核心作用和主导力量，出台系列改革举措。具有代表性的政策有：2011 年，出台《甘肃省“十二五”科学技术发展规划》，系统指导“十二五”全省科技创新发展。2012 年，修订《甘肃省科学技术进步条例》《甘肃省专利条例》；出台《关于深化科技体制改革加快区域创新体系建设的意见》，发挥科技对经济社会发展的支撑引领作用，加快推进创新型甘肃省建设；针对战略性新兴产业发展，出台《关于促进战略性新兴产业加快发展若干政策措施的意见》。2013 年，修订《甘肃省科学技术奖励办法》；出台《关于强化企业技术创新主体地位全面提升企业创新能力的实施意见》《甘肃省科技小巨人企业培育计划管理办法》等，支撑企业创新主体地位提升。2014 年，出台《关于加快推进人才工作创新发展的意见》，推动人才支撑创新发展；出台《甘肃省科技成果登记管理办法》推动产学研相结合，加快科技成果转化；出台《甘肃省农业科技园区管理办法》《甘肃省现代种业科技发展规划（2014—2020 年）》，加强农业科技创新发展。2015 年，出台《贯彻落实〈中共中央　国务院关于深化体制机制改革加快实施创新驱动发展战略的若干意见〉的实施意见》，支撑创新驱动发展战略加快实施；出台《关于改进加强省级财政科研项目和资金管理的办法》，优化科技资源配置；出台《深入实施甘肃省知识产权战略行动计划（2015—2020 年）》，扎实推进知识产权战略实施；出台《甘肃省大力推进大众创业万众创新实施方案》，支持大众创业万众创新推进。

3.“十三五”时期科技创新政策出台情况

“十三五”时期，我国进入创新型国家行列的决胜阶段，甘肃省进入全面建成小康社会决胜期、创新驱动发展战略窗口期、科技体制改革攻坚期和创新要素聚集发力期。科技创新发展重点在于改善成果转化侧的质量和结构，提高科技需求侧的活力和动力，减少技术研发侧的供给抑制，成为实现经济持续健康发展的重要保障。甘肃省围绕全面深化科技体制改革，以科技创新支撑区域高质量发展，强化普惠性和精准性的政策供给，推动科技创新政策新体系形成和重点政策落地落实，最大限度激发各类创新主体的能力和动力。具有代表性的政策有：2016年，出台《甘肃省“十三五”科技创新规划》，指导全省“十三五”科技创新系统推进；出台《甘肃省支持科技创新若干措施》，推动制约科技创新发展的障碍和约束破解；出台《兰白科技创新改革试验区发展规划（2015—2020年）》，系统推动兰白科技创新改革试验区（简称“兰白试验区”）建设；出台《甘肃省科技计划管理改革实施方案》，深入推进科技计划管理改革；出台《甘肃省加快众创空间发展服务实体经济转型升级实施方案》，促进“双创”有效支撑实体经济转型升级。2017年，出台《甘肃省深化科技体制改革实施方案》，推进科技治理体系和治理能力现代化，为实现发展驱动力的根本转换奠定体制基础；出台《关于完善省级财政科研项目资金管理政策的实施意见（试行）》，推动全省高校和科研院所自主权进一步扩大；出台《甘肃省属科研院所科技创新能力建设实施办法》，指导科研院所改革稳步推进；修订出台《兰白科技创新改革试验区技术创新驱动基金使用管理办法》等6个管理办法，推动科技金融深度融合；出台《甘肃省省级高新技术产业开发区认定和管理办法》，支撑区域创新资源布局优化；出台《甘肃省专利保险资助资金管理办法（试行）》，推动专利保险工作。2018年，出台《关于落实以增加知识价值为导向分配政策的实施意见》，推动科研人员创新创业积极性有效激发；出台《甘肃省科技决策咨询智库建设方案》《关于进一步加强科研诚信建设的实施方案》，推动科技创新治理体系更加完善；出台《甘肃省新一代人工智能发展实施方案》，支撑甘肃省高新技术产业加快发展；出台《关于推进农业高新技术产业开发区建设的实施意见》，支撑农业创新发展。2019年，出台《关于支持兰州白银国家自主创新示范区建设的若干意见》，支撑兰州白银国家自主创新示范区建设；出台《关于深化项目评审、人才评价、机构评估改革的实施方案》，推动有利于创新的评价激励制度完善。2020年，出台《甘肃省人民政府关于进一步激发创新活力强化科技引领的意见》《关于提升甘肃省科技创新综合实力的若干措施》，进一步加快改革步伐，优化科技创新生态；出台《甘肃省促进新型研发机构发展的指导办法（试行）》，支撑科技成果加快转化应用。

（二）科技创新政策量化研究及演变特征分析

政策科技创新政策演变特征分析主要采用政策量化研究方法，量化研究是科技创新政策本文的主要研究方法。

对科技创新政策文本研究是从政策主体的角度以不同地区、不同层级政府制定的总体或某一领域的科技创新政策文件为研究对象，对政策文本内容的规范性评价，以内容分析、共词分析等文本量化挖掘分析方法为主，关注科技创新政策的政策工具、目标和内部结构。包括对制定主体、政策出台数量、政策文本类型、政策内容重心、政策发布主体协同度等的变化特征及趋势进行分析，寻找优化科技创新政策措施的对策建议。黄萃等（2015）运用文献量化分析法对我国科技创新府际合作关系进行研究。张炜等（2016）通过政策文本量化研究，从政策强度、协同度、完善度 3 个维度对江浙沪三省的区域性创新政策群进行评价。张弛等（2021）运用扎根理论对我国政府间科技创新政策特征进行研究。张玉娟等（2017）、钱婉妍（2020）、李田丰等（2021）、关鑫宇（2021）、胡宇辰（2021）分别对北京中关村、长三角、上海市、内蒙古、天津的科技创新政策进行文本量化分析，分析政策的演变规律。黄萃等（2011）、张剑等（2016）、刘伟等（2021）分别对高新技术产业税收优惠政策、科技成果转化政策、科技成果评价政策等进行文本量化分析。

本研究选取的科技创新政策文本均属于公开数据资料，主要来源于甘肃省人民政府、甘肃省科学技术厅等政府网站。所选取的政策样本时间跨度为 2006 年 1 月至 2020 年 12 月，在具体研究时，细分为“十一五”时期、“十二五”时期和“十三五”时期 3 个阶段。为了保证政策样本的准确性，剔除了与科技创新关联度不高的政策文本，经过筛选最终梳理出有效政策样本 304 份，后续政策量化研究将基于 304 份科技创新政策开展。对政策演变特征分析主要基于政策文本属性维度和政策主题维度两个层面进行分析。

1. 政策文本属性维度

（1）政策数量情况

2006—2020 年，甘肃省级层面共出台科技创新政策 304 份，年均出台政策数量 20 份，年均增速为 2.94%。从年度变化看政策数量呈现出波动增加的趋势。2006—2014 年，年度出台的政策数量整体均低于 15 年平均水平。2015—2018 年，出台政策数量均高于 15 年平均水平。2019—2020 年，出台政策数量呈递减趋势，且低于 15 年平均水平。分阶段来看，“十一五”时期出台政策 53 份，年度政策数量呈现先下降再上升的趋势。“十二五”时期出台政策 82 份，是“十一五”时期的 1.55 倍，年度政策数量呈现先上升后下降再上升的趋势。“十三五”时期出台政策 169 份，是“十二五”时期的 2.06 倍，年度政策数量呈现先上升再下降的趋势（图 4 - 1）。

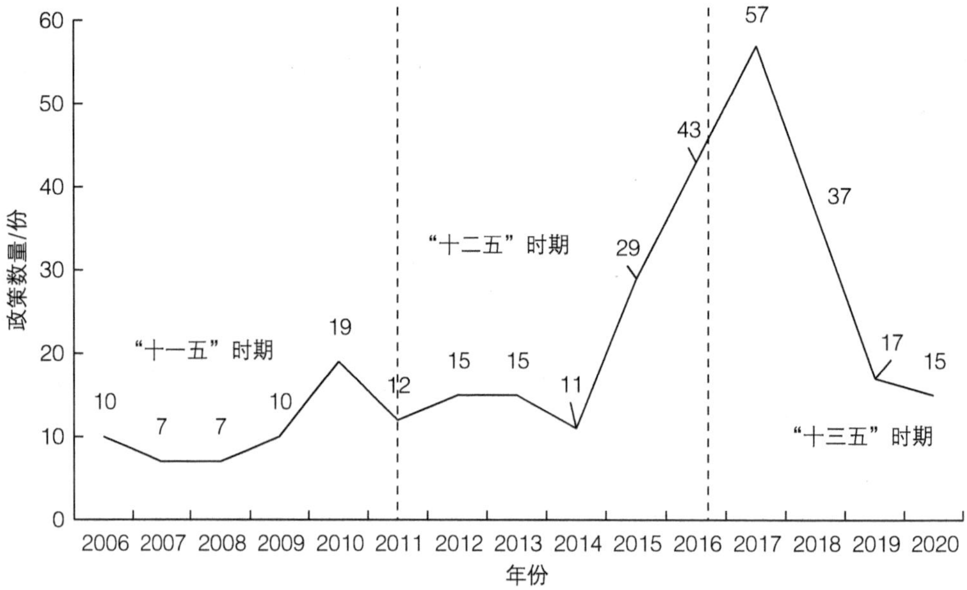

图 4-1　2006—2020 年甘肃省科技创新政策出台数量分布

总体来看，"十一五"以来，甘肃省科技创新政策出台数量总体呈增长趋势，但政策出台的连续性和稳定性不够强，波动较大，密集出台政策主要集中在 2015—2018 年。2015 年，国家出台《关于深化体制机制改革加快实施创新驱动发展战略的若干意见》等一系列科技创新政策，甘肃省迅速响应，出台的科技创新政策数量较上一年呈倍数增加。2016 年、2017 年，作为"十三五"时期初期，为深入贯彻落实创新驱动发展战略，深化科技体制机制改革，优化科技资源配置，增强科技创新有效供给，推动科技创新治理体系持续完善，充分发挥科技创新在高质量发展中的支撑引领作用，全省科技创新政策的出台数量也呈现爆发式增长。

（2）政策文种类型分析

2006—2020 年，甘肃省级层面出台的科技创新政策文种类型共 6 种，每种类型下又涵盖多个文种（表 4-1），具体为：条例法规（仅条例）、发展规划（包括规划、纲要、计划）、意见、管理办法（包括办法、方案、措施）、实施细则（包括细则、通知）、规范规定（包括规定、规范）。其中，管理办法类政策最多，有 188 份，占政策总数的 61.84%，其他按照数量多少依次为意见类政策 61 份（占比 20.07%）、实施细则类政策 24 份（占比 7.89%）、发展规划类政策 20 份（占比 6.58%）、条例法规类政策 7 份（占比 2.30%）、规范规定类政策 4 份（占比 1.32%）。分阶段来看，从"十一五"到"十三五"时期，实施细则和管理办法类政策数量增长较快，年均增速分别为 191.55%、109.05%。规范规定类、发展规划类和意见类政策数量增速低于平均水平，年均增速分别为 41.42%、41.42%、15.47%。条例法规类政策数量呈递减趋势，年均降速为 - 18.35%。

表 4-1　2006—2020 年甘肃省出台科技创新政策文种类型情况

文本类型	细分类型	发文数量/份	占比/%	"十一五"时期/份	"十二五"时期/份	"十三五"时期/份
管理办法类	办法、方案、措施	188	61.84	27	43	118
意见类	意见	61	20.07	15	26	20
实施细则类	细则、通知	24	7.89	2	5	17
发展规划类	规划、纲要、计划	20	6.58	5	5	10
条例法规类	条例	7	2.30	3	2	2
规范规定类	规定、规范	4	1.32	1	1	2
总计		304	100	53	82	169

总体来看，甘肃省科技创新政策文种类型多样，结构相对合理，69.73% 的政策文种属于管理办法和实施细则类，表明政策对全省科技的支持具有务实的特点，政策的规范性、适用性和可操作性强，更有助于政策落实落地。但条例法规类政策缺少，仅占政策总数的 2.30%，且仅有条例形式出现，不具备法的形态，造成全省科技创新政策的层次相对较低、规范面比较窄，权威性差，难以更大发挥效力。所有政策中 1.64% 的政策属于"修订"政策，21.05% 的政策属于"试行""暂行"政策，其中 85.94% 是在 2010、2011、2013、2015、2016、2017、2018 年 7 个年度出台，这个阶段是甘肃省科技创新发展的过渡期和重要转型窗口期，在科技创新政策制定方面也表现出了强烈的摸索、创新、探索和先行先试精神，有助于积累优秀经验，避免人力和资源浪费。

（3）政策颁布主体分析

2006—2020 年，甘肃省级层面出台的科技创新政策颁布主体共涉及 42 个，可分为 3 类（表 4-2）：第一类为省人大常委会、省委、省政府、省委办公厅、省政府办公厅，颁布政策占政策总数的 36.18%；第二类为省委人才工作领导小组、省知识产权强省建设领导小组办公室、省促进中小企业发展工作领导小组办公室，颁布政策占政策总数的 0.99%；第三类为省委省政府组成部门、直属机构和其他部门，颁布政策占政策总数的 62.83%，其中，省科技厅作为科技主管部门，独立颁布政策 87 份，占政策总数的 28.62%，牵头联合颁布政策 22 份，其他科技创新政策颁布主体主要是省财政厅、省工信厅、省市场监督管理局、省发展改革委、省人社厅、省国资委、省教育厅。

分阶段来看，从"十一五"到"十三五"时期，第三类省委、省政府组成部门、直属机构和其他部门出台的政策数量增速高于平均水平，年均增速为84.56%。其次为第一类颁布主体出台的政策数量，年均增速为64.75%。

表4-2　2006—2020年甘肃省科技创新政策颁布主体情况　　单位：份

类别	颁布主体	颁布政策总数	"十一五"时期	"十二五"时期	"十三五"时期
第一类	省人大常委会、省委、省政府、省委办公厅、省政府办公厅	110	21	32	57
第二类	省委人才工作领导小组、省知识产权强省建设领导小组办公室、省促进中小企业发展工作领导小组办公室	3			3
第三类	省委、省政府组成部门、直属机构和其他部门	191	32	50	109
合计		304	53	82	169

进一步分析甘肃省科技创新政策颁布主体与政策文种交互关系，第一类颁布主体省人大常委会、省委、省政府主要是为全省科技发展制定大政方针，起规划引导指导作用，政策层次更高、效力更大；第二类颁布主体省委人才工作领导小组、省知识产权强省建设领导小组办公室、省促进中小企业发展工作领导小组办公室等的成立是为统筹推进人才、知识产权、中小企业发展等工作由多部门联合成立的领导小组，这种形式出台的政策层次相对第一类政策较低，但也显示了多部门的协同性。第三类颁布主体省委省政府组成部门、直属机构和其他部门，颁布的政策更注重对科技创新工作的规范管理和操作（表4-3）。

表4-3　2006—2020年甘肃省科技创新政策颁布主体与政策文种交互关系　　单位：份

类别	管理办法类	意见类	实施细则类	发展规划类	条例法规类	规范规定类
第一类	50	37	2	13	7	1
第二类	3	0	0	0	0	0
第三类	135	24	22	7	0	3
合计	188	61	24	20	7	4

304 份政策中，独立颁布的政策有 222 份，占政策总数的 73.03%，独立颁布科技创新政策的部门有 25 个，占总颁布主体的 59.52%；联合颁布的政策有 82 份，占政策总数的 26.97%，联合颁布部门有 29 个，占总颁布主体的 69.05%。其中，2 部门联合颁布的政策数最多，占联合颁布政策数的 63.4%。联合部门最多的政策是 2016 年印发的《甘肃省省级科技计划（专项、基金等）严重失信行为记录规定（试行）》，这份文件由省科技厅联合省发展改革委、省教育厅、省工信厅、省财政厅、省农牧厅、省人社厅、省卫生计生委、省新闻出版广电局、省科协等九部门印发。政府部门的联合发文一方面体现了科技事务的复杂性、交叉性，另一方面也为研究部门间的协同关系提供了切入口。分阶段来看，“十三五”时期联合颁布的政策数量增长较快，“十三五”时期联合出台政策数量是“十二五”时期的 2.38 倍。“十二五”时期联合出台政策数量是“十一五”时期的 1.91 倍。从部门的协同程度看，“十一五”时期，联合颁布的政策主体主要是省财政厅和省科技厅，其次是省委和省政府，省委办公厅和省政府办公厅。“十二五”时期，省科技厅和省财政厅协同出台政策最多，其次省工信厅、省教育厅、省市场监督管理局也发挥了相对重要的协同作用，“十三五”时期，省科技厅、省财政厅、省工信厅、省发展改革委、省国资委相互之间形成了相对稳定的协同关系，反映出科技政策的制定更加注重科技主管部门与财政主管部门、经济主管部门综合作用的发挥，体现了政策制定层面科技与经济的深度融合（表 4-4、图 4-2）。

表 4-4　2006—2020 年甘肃省联合颁布科技创新政策情况[①]

阶段	独立发文		联合发文		发文合计	
	数量/份	占比/%	数量/份	占比/%	合计/份	该时期发文数量占发文总数比重/%
“十一五”时期（2006—2010 年）	42	79.25	11	20.75	53	17.44
“十二五”时期（2011—2015 年）	61	74.39	21	25.61	82	26.97
“十三五”时期（2016—2020 年）	119	70.41	50	29.59	169	55.59
合计	222	73.03	82	26.97	304	100

① 计算百分比时，使用了比较法，对四舍五入计算的结果进行了修约，以保证各部分所占百分比之和为 100%（全书相似数据同）。

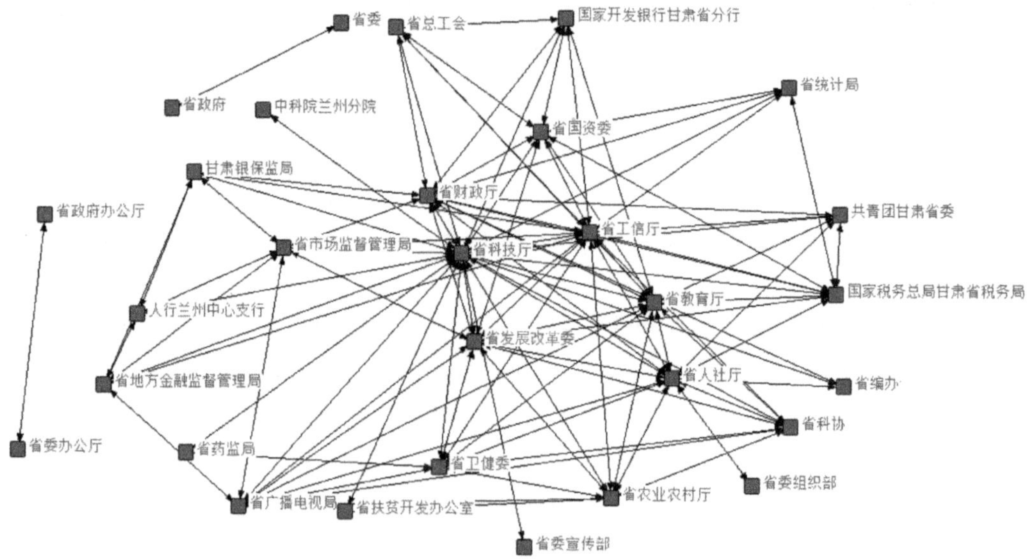

图 4-2　2006—2020 年甘肃省协同出台政策发文部门合作网络

总体来看，甘肃省在科技领域参与政策制定的部门在逐渐增多，复杂性程度不断提升，联合颁布的政策数量也呈现出较快的增长，科技政策发文机构跨部门协作程度逐渐上升，合作的总量、范围和强度都在不断提高，科技创新政策的影响力得到不断提升，省科技厅作为科技主管部门，与省工信厅、省发展改革委、省国资委等经济部门在科技创新政策制定中的合作频次高，稳定性也逐步增强，政策层面科技与经济“两张皮”的问题逐渐得到好转。

2. 政策主题维度

政策主题维度分析选择从政策体系构成、政策实现目标和政策工具类型 3 个角度进行分析。

（1）政策体系构成分析

甘肃省科技创新政策可分为创新要素政策、创新主体政策、创新关联政策、产业创新政策、区域创新政策、创新环境政策和综合类政策共七大类（图 4-3）。一是创新要素政策，主要包括科技投入、科技人才、科技基础设施、创新基地及平台 4 类政策。二是创新主体政策，包括企业、高校院所、新型研发机构、创新孵化和服务机构等创新主体。三是创新关联政策，包括产学研结合和科技成果转移转化政策。四是产业创新政策，针对特定产业的创新政策，如战略性新兴产业、绿色生态产业、新能源汽车、现代种业、文旅产业、科技服务业等创新政策。五是区域创新政策，是指针对特定区域的创新政策，如针对兰州新区、兰州白银国家自主创新示范区、兰白科技创新改革试验区、科技园区、高新区、开发区、市（州）、县（区）等的创新发展政策。

六是创新环境政策，主要包括市场环境、制度环境和文化环境的政策。七是综合类政策，包括推动经济社会发展、科技进步、“双创”、提升科技创新综合实力和活力的政策。

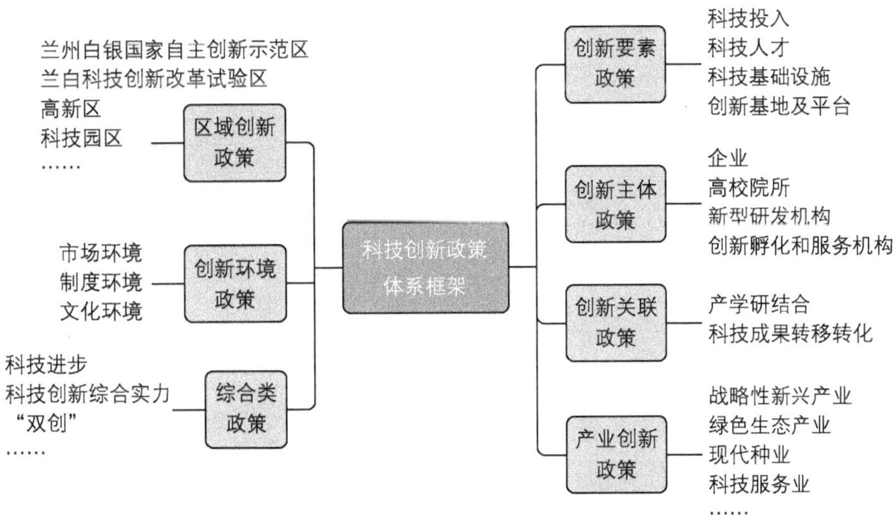

图 4-3　甘肃省科技创新政策体系框架

2006—2020 年，甘肃省级层面出台的 304 份科技创新政策中，创新环境政策数量最多，占政策总数的 28.62%（表 4-5），其次按照数量从多到少依次为创新要素政策、产业创新政策、创新主体政策、区域创新政策、创新关联政策、综合类政策，占比依次为 19.41%、14.80%、14.80%、10.53%、6.25%、5.59%。分阶段来看，从“十一五”到“十二五”时期，区域创新政策、创新主体政策、产业创新政策出台的数量增速高于所有政策平均水平，分别是“十一五”时期的 16 倍、2.83 倍、2.5 倍。区域创新政策方面，围绕市州、县（区）、可持续发展区、国家级经济技术开发区、农业科技园区、兰州新区、兰白科技创新改革试验区发展出台了系列科技创新政策，有力支撑了区域创新发展。创新主体政策方面，重点围绕提升企业创新主体地位、孵化机构和服务机构建设出台了系列创新政策。产业创新政策方面，重点围绕战略性新兴产业、科技服务业、信息产业、农业等产业领域发展出台创新政策。到“十三五”时期，创新关联政策、创新要素政策、创新环境政策出台数量增速高于所有政策平均水平，分别是“十二五”时期的 8 倍、5.7 倍、2.3 倍。创新关联政策方面，逐步加大了产学研合作、科技成果转移转化方面的政策颁布力度，围绕技术市场发展、科技成果登记管理、股权激励、科技创新券、技术转移体系建设、科技成果转移转化直通机制建立、技术创新联盟构建等制定了专门的政策。创新要素政策方面，重点针对创新基地及平台建设和人才发展出台了系列政策，其中，创新基地及平台政策包括技术转移示范机构、国际科技合作基地、科研分支机构、技术创新中心、野外科学观测研究站、临床医学研究中心、重点实验室、军民融合协同创新中心等平台的建设、管理、评估政策、创新平台优化整合政策；人才政策包括人才发展体制机制改革、事业单位工作人员离岗创业、返乡下乡人员创业、科技特派员管理、高校协同创新科技团队、引进人才持有科技创新成果评审认定、人才知识价值分配、特殊人才职称特殊评价、陇原人才服务卡等制度。创新环境政策方面，重点针对市场环境改善、制度环境和文化环境改善出台了系列政策。

表 4-5　2006—2020 年甘肃省科技创新政策构成情况

政策分类	政策数/份	占比/%	“十一五”时期		“十二五”时期		“十三五”时期	
			政策数/份	占比/%	政策数/份	占比/%	政策数/份	占比/%
创新环境政策	87	28.62	14	26.41	22	26.83	51	30.18
创新要素政策	59	19.41	19	35.85	6	7.32	34	20.12
产业创新政策	45	14.80	6	11.32	15	18.29	24	14.2
创新主体政策	45	14.80	6	11.32	17	20.73	22	13.02
区域创新政策	32	10.53	1	1.89	16	19.51	15	8.87
创新关联政策	19	6.25	1	1.89	2	2.44	16	9.47
综合类政策	17	5.59	6	11.32	4	4.88	7	4.14
合计	304	100	53	100	82	100	169	100

总体来看，甘肃省科技创新政策已逐渐显现出系统性，并且体系构成呈现出不断优化完善的趋势，创新环境政策、创新要素政策、创新关联政策在政策体系中的比例不断增加，反映出甘肃省在科技创新支撑高质量发展中，不断通过制度、市场、文化的改变促进创新环境的优化完善，更加注重对科技创新平台基地建设和人才培育，通过促进产学研合作和科技成果转移转化不断推进科技与经济的融合发展。相比较，专门针对园区等区域和产业创新发展的政策出台力度还需进一步稳定和加强。

（2）政策实现目标分析

甘肃省科技创新政策实现目标主要包括鼓励主体创新、促进主体互动、集聚创新资源、塑造创新环境、提升综合能力五方面。一是鼓励主体创新，主要是政府针对各类科技创新主体（包括企业、高校、科研机构、科技孵化及服务机构、科技人才）队伍壮大、功能定位明确、创新能力提升、创新活力激发。二是促进主体互动，主要是政府支持创新主体产学研协同创新，推动科技成果转移转化，促进科技与产业融合发展。三是集聚创新资源，政府为实现科技资源的最优化配置，发挥最优效益，通过推动重点产业发展、重点科技创新园区发展、创新平台基地建设等集聚人才、技术、资金等科技创新资源。四是塑造创新环境，创新环境是创新活动发展的外部条件，创新友好的社会环境能够更好地鼓励和引导科技创新的产生和发展。政府通过培育创新市场环境、健全创新制度环境、营造创新文化环境等优化完善创新环境，五是提升综合能力，这是涵盖上述 4 个目标的一个综合目标，主要是推动全省科技创新的综合性政策，具体以规划、条例和指导意见等形式呈现，具有综合性，在具体政策内容中基本涵盖以上的 4 个目标（表 4－6）。

表 4－6　甘肃省科技创新政策目标构成

政策目标	次级政策目标
1. 鼓励主体创新	企业
	高校、科研机构
	科技孵化及服务机构
	科技人才
2. 促进主体互动	产学研结合
	科技成果转移转化
3. 集聚创新资源	产业创新发展
	区域创新发展
	创新基地及平台建设
4. 塑造创新环境	文化环境
	制度环境
	市场环境
5. 提升综合能力	科技进步
	“双创”

2006—2020 年，甘肃省级层面出台的 304 份科技创新政策中，集聚创新资源政策最多，占政策总数的 32.57%（表 4－7），其次按照数量从多到少依次是塑造创新环境、鼓励主体创新、促进主体互动、提升综合能力政策，占比分别为 29.60%、25.66%、6.25%、5.92%。分阶段来看，从“十一五”到“十二五”时期，集聚创新资源政策出

台的数量增速高于所有政策平均水平，是“十一五”时期的 2.58 倍。到“十三五”时期，促进主体互动、塑造创新环境政策数量增速高于所有政策平均水平，是“十二五”时期的 8 倍和 2.3 倍。相比较，集聚创新资源、提升综合能力、鼓励主体创新政策增速低于平均水平，是“十二五”时期的 1.8 倍、1.8 倍和 1.68 倍。

表 4-7　2006—2020 年甘肃省科技创新政策目标频数情况

政策目标分类	政策数/份	占比/%	“十一五”时期		“十二五”时期		“十三五”时期	
			政策数/份	占比/%	政策数/份	占比/%	政策数/份	占比/%
集聚创新资源	99	32.57	12	22.64	31	37.80	56	33.14
塑造创新环境	90	29.60	14	26.41	23	28.05	53	31.36
鼓励主体创新	78	25.66	19	35.85	22	26.83	37	21.89
促进主体互动	19	6.25	1	1.89	2	2.44	16	9.47
提升综合能力	18	5.92	7	13.21	4	4.88	7	4.14
合计	304	100	53	100	82	100	169	100

1）鼓励主体创新的政策

78 份鼓励主体创新政策中，科技人才队伍建设是主要目标，共 33 份，占鼓励主体创新政策的 42.31%；其次是提升企业创新主体地位目标，共 27 份，占鼓励主体创新政策的 34.62%；以推动科技孵化及服务机构建设和鼓励高校、科研机构等创新为目标的政策数量相对较少，分别占鼓励主体创新政策的 14.10% 和 8.97%（表 4-8）。分阶段来看，从“十一五”到“十二五”时期，提升企业创新主体地位为目标的政策数量增长最快。到“十三五”时期，推动科技人才队伍建设、科技孵化及服务机构建设为目标的政策数量增长较快，增速高于鼓励主体创新政策平均水平，政策数量分别是“十二五”时期的 3 倍和 2 倍。相比较，提升企业创新能力，鼓励高校、科研机构等创新政策数在“十三五”时期分别是“十二五”时期的 1.2 倍和 1 倍。

根据政策文本标题可以看出，创新政策中的企业包括工业企业、民营企业、科技小巨人企业、科技创新型企业、知识产权优势企业、省属企业、中小微企业等。人才包括高层次人才、科技特派员、引进人才、专业技术人才、特殊人才、事业单位科研人员、返乡下乡人员等。科技孵化及服务机构类型包括生产力促进中心、众创空间、科技企业孵化器、大学科技园。高校、科研机构包括省属科研院所、普通高校、新型研发机构、科技创新实验学校等。

表 4-8　2011—2020 年甘肃省科技创新政策鼓励主体创新目标频数情况　单位：份

鼓励主体创新次级目标	政策数	"十一五"时期	"十二五"时期	"十三五"时期
人才	33	13	5	15
企业	27	3	11	13
科技孵化及服务机构	11	2	3	6
高校、科研机构	7	1	3	3
合计	78	19	22	37

综上分析，以鼓励主体创新为目标的政策中，科技人才队伍建设是最主要的政策目标，占主体创新类政策的比例超四成，表明甘肃省重视科技人才队伍建设，相比较，企业创新主体地位还需进一步提升，增强企业技术创新的核心地位，以期更加符合甘肃省创新驱动发展战略目标，推动形成企业、人才、高校、科研机构和科技中介机构等各具特色和优势的创新主体体系。

2）促进主体互动的政策

19 份促进创新主体互动政策中，以"科技成果转移转化"为目标的政策数量较多，共 14 份，占主体互动政策数的 73.68%；以"产学研结合"为目标的政策数量较少，共 5 份，占主体互动政策数的 26.32%（表 4-9）。分阶段来看，"十一五"时期，仅有一项促进科技成果转移转化的政策出台。到"十三五"时期，促进科技成果转移转化和促进产学研结合的政策较"十二五"时期均上升，且促进产学研结合政策实现零的突破。

表 4-9　2011—2020 年甘肃省科技创新政策促进主体互动目标频数情况　单位：份

促进主体互动次级目标	政策数	"十一五"时期	"十二五"时期	"十三五"时期
科技成果转移转化	14	1	2	11
产学研结合	5	0	0	5
合计	19	1	2	16

根据政策文本标题分析，促进科技成果转移转化政策包括成果登记、技术市场发展、技术转移体系建设、股权激励、项目资助、奖励、科技成果转化直通机制建设等。产学研结合政策包括科技创新券实施、产业技术创新联盟建设、产业知识产权联盟建设等。

综上分析，以促进创新主体互动为目标的政策中，促进科技成果转移转化政策占比较大，这与甘肃省致力于促进科技与产业融合发展的目标一致，为进一步推动全省科技与产业深度融合，不断尝试通过构建产业技术创新联盟和知识产权创新联盟等形式，逐步推动建立以企业为主体，市场为导向，企业、学校、科研机构协同创新的产学研用相结合的技术创新体系，推动产业链和创新链互融共进。

3）集聚创新资源的政策

99 份以集聚创新资源为目标的政策中，促进产业创新发展目标政策最多，共 44 份，占集聚创新资源政策的 44.45%；推动区域创新发展和推动创新基地及平台建设政策分别占集聚创新资源政策的 32.32% 和 23.23%（表 4-10）。分阶段来看，从“十一五”到“十二五”时期，对产业创新发展和区域创新发展重视度较高，出台了一系列促进产业和区域发展的创新政策。到“十三五”时期，进一步加大创新基地及平台建设力度，在“十一五”提出重点实验室和工程技术研究中心建设的基础上，进一步强化技术创新中心、国际科技合作基地等其他新型创新基地与平台的建设。

表 4-10　2006—2020 年甘肃省科技创新政策集聚创新资源目标频数情况　　单位：份

集聚创新资源次级目标	政策数	“十一五”时期	“十二五”时期	“十三五”时期
产业创新发展	44	5	15	24
区域创新发展	32	1	16	15
创新基地及平台建设	23	6	0	17
合计	99	12	31	56

进一步根据政策文本标题分析，促进产业创新发展政策涉及的产业包括工业、农业、战略性新兴产业、民生、种业、林业、信息产业、科技服务业、新能源汽车、新材料、有色冶金、石化、环境保护、陇药、安全生产、绿色生态产业、工业互联网、中医药、人工智能、文旅产业等。区域创新发展政策涉及的区域包括可持续发展实验区、农业科技园区、国家级经济技术开发区、兰州新区、兰白科技创新改革试验区、贫困县、高新技术产业开发区、兰州白银国家自主创新示范区、省级科技成果转移转化示范区、农业高新技术产业开发区、县（区）、市（州）等。创新基地及平台建设政策中涉及的基地及平台包括重点实验室、技术创新中心、制造业创新中心、企业技术中心、技术转移示范机构、国际科技合作基地、军民融合协同创新中心、科研分支机构、野外科学观测研究站、临床医学研究中心等。

综上分析，集聚创新资源是甘肃省科技创新政策体系的重要目标，创新基地及平台建设政策通过支持各类研发、技术创新平台建设，推动技术转移、成果转化、技术研发、资源共享、企业孵化等功能。产业创新发展政策突出全省重点优势产业发展，推动创新资源集聚。区域创新政策以兰白科技创新改革试验区和兰州白银国家自主创新示范区为核心区域，通过政策支持推动兰白创新高地先行先试，率先发展，推动高新技术产业开发区、农业科技园区等创新资源集聚的园区发展，带动全省经济高质量发展。

4）塑造创新环境的政策

90 份塑造创新环境政策中，完善制度环境政策最多，共 54 份，占塑造创新环境政策的 60%；构建文化环境、营造市场环境政策分别占塑造创新环境政策的 21.11% 和 18.89%（表 4－11）。分阶段来看，从“十一五”到“十二五”时期，市场环境政策增加较多，主要是围绕加强知识产权建设出台了相关政策。到“十三五”时期，以完善科技创新制度为目标的政策数量较“十二五”时期有较大幅度增加，在创新环境政策中的比重有较大增幅，文化环境政策数量增长较慢，市场环境政策数量保持稳定。

表 4－11　2006—2020 年甘肃省科技创新政策塑造创新环境目标频数情况　　单位：份

塑造创新环境次级目标	政策数	“十一五”时期	“十二五”时期	“十三五”时期
制度环境	54	7	10	37
文化环境	19	4	6	9
市场环境	17	3	7	7
合计	90	14	23	53

进一步根据政策文本标题分析，制度环境政策主要包括科技体制改革、科技计划项目管理、资金管理、大型科研基础设施和大型科研仪器开放共享、科技计划管理改革、专家库管理、项目管理专业机构管理、科学数据管理、科技统计、项目评审、人才评价、机构评估改革、清理四唯、科研管理、档案管理、科技报告制度等。创新文化环境政策主要包括科技宣传、科技奖励、科普、科研诚信建设。其中，科技奖励政策占六成。市场环境政策主要包括科技金融、知识产权两个方面。其中，知识产权政策占比达到 85%，主要包括知识产权战略、知识产权运营、专利执法维权、专利资助。科技金融政策具体为专利权质押融资和保险补偿。

综上分析，创新环境营造是甘肃省科技创新政策的一大目标，从时间维度看，制度环境政策和文化环境政策数量趋于增加，市场环境政策数量相对稳定。表明甘肃省更注重完善创新制度环境，塑造创新文化环境，不断优化科技资源配置，规范科技行为，构建科研诚信体系，优化科技奖励，增加科技宣传、不断提升全省科技创新管理水平，营造创新氛围。市场环境政策数量虽然保持稳定，但科技金融方面的政策相对较少，表明科技创新与金融创新还需进一步深入结合，科技创新创业投资环境还需进一步完善。从另一个方面也反映出甘肃省一直非常重视知识产权，加快实施知识产权强省战略，不断提升全省的知识产权创造、运用、保护全链条能力。

5）提升综合能力的政策

在梳理出来的 18 份提升综合能力政策中，推动科技进步、促进“双创”的政策分别占提升综合能力政策的 83.33% 和 16.67%（表 4－12）。分阶段来看，从“十一五”到“十二五”时期，增加了“双创”政策的出台力度。到“十三五”时期，两类政策较“十二五”均有增加，以推动“双创”发展为目标的政策比重不断增加。

表 4－12　2011—2020 年甘肃省科技创新政策提升综合能力目标频数情况　　单位：份

提升综合能力次级目标	政策数	“十一五”时期	“十二五”时期	“十三五”时期
科技进步	15	7	3	5
“双创”	3	0	1	2
合计	18	7	4	7

根据政策文本标题分析，推动科技进步政策具体包括科技创新综合实力提升、科技创新活力提升、科技支撑经济社会跨越式发展等。促进“双创”政策均为推进大众创业万众创新。

总体来看，甘肃省科技创新政策目标齐全，相比较，创新资源集聚和创新环境塑造是政策制定的主要目标，出台政策数占政策总数的 62.17%。促进主体互动的政策相对较少，仅占政策总数的 6.25%。从“十一五”到“十二五”时期，创新资源集聚和创新环境塑造政策增速较快，到“十三五”时期，促进主体互动和创新环境塑造的政策比重不断上升。

（3）政策工具的类型分析

科技创新政策工具有助于政府干预科技活动与创新行为，是政策目标实现的重要保障。通过政策工具的科学选择与合理搭配，有助于减少政策制定的随意性，推动政策的有效实施。单独的科技创新政策工具都存在使用局限，在政策制定时要注重政策工具使用的多样性，应规避个别政策工具的单独或过度使用，从而促进科技政策的实际效果。

研究根据政策工具对创新活动影响差异，结合甘肃省科技创新政策的实际，将政策工具划分为供给面、需求面、环境面 3 种类型，每类政策工具细分为几种次级政策工具。其中，供给面政策工具主要表现为推动科技活动的作用，包括了供给科技人才、投入科技资金、建设创新基地及平台、支持科技信息、提供公共服务等。需求面政策工具以市场为导向，主要通过政府采购、价格补贴等措施稳定市场，减少不确定性，开发创新型产品或服务，拉动经济向创新驱动发展转型。环境面政策工具间接影响科技创新，通过战略规划制定、科技金融、知识产权、税收优惠、创新氛围营造等手段，激励引导主体创新（表 4－13）。三类政策工具通过合理搭配，鼓励和支持各类创新主体提升创新能力、规范和约束创新行为、引导创新活动向好发展，推动创新价值最大化实现。

表 4－13　2006—2020 年甘肃省科技创新政策工具分类情况

政策工具	次级政策工具
供给面	科技人才
	科技资金
	创新基地及平台
	科技信息
	公共服务
需求面	政府采购
	价格补贴
环境面	战略规划
	法规管制
	科技金融
	知识产权
	税收优惠
	氛围营造

2006—2020 年，304 份甘肃省科技创新政策中，标题含有供给面政策工具的政策最多，共 204 份，占政策总数的 67.10%，其次为环境面政策和需求面政策，分别占政策总数的 31.91% 和 0.99%（表 4－14）。相对而言，供给面和环境面政策占总政策的 98% 以上，在甘肃省科技创新政策体系中占据主导地位，需求面政策较为薄弱。分阶

段来看，从“十一五”到“十二五”时期，环境面政策增速高于所有政策增长平均水平，到“十三五”时期，需求面政策实现零的突破，供给面政策增速高于所有政策增长平均水平。在每一类政策工具之中，次级政策工具的使用情况也呈现出不同程度的差异性。

表 4－14　2006—2020 年甘肃省科技创新政策工具频数情况

政策工具分类	政策数/份	占比/%	“十一五”时期		“十二五”时期		“十三五”时期	
			政策数/份	占比/%	政策数/份	占比/%	政策数/份	占比/%
供给面	204	67.10	38	71.70	51	62.20	115	68.04
需求面	3	0.99	0	0	0	0	3	1.78
环境面	97	31.91	15	28.30	31	37.80	51	30.18
合计	304	100	53	100	82	100	169	100

1）供给面政策工具

204 份供给面政策中，公共服务类政策最多，占供给面政策数的 47.55%，其他按照政策数量从多到少依次为创新基地及平台政策、科技人才政策、科技资金政策、科技信息政策，政策数量分别占供给面政策的 23.04%、17.65%、11.27%、0.49%（表 4－15）。分阶段来看，从“十一五”到“十二五”时期，公共服务和科技资金政策数量增速较快，高于供给面政策数量增速平均水平，政策数量分别是“十一五”时期的 1.86 倍和 1.8 倍。到“十三五”时期，创新基地及平台政策数量增速较快，高于供给面政策数量增速平均水平，政策数量是“十二五”时期的 4 倍。科技信息政策在“十三五”期间实现零的突破。

综上分析，甘肃省科技创新各类要素供给相对充足，表明政府高度重视科技创新事业发展。根据次级政策工具的使用频次，可以看出公共服务政策工具最多，表明甘肃省非常注重对科技相关政策法规、制度及规范的优化完善，通过出台系列配套政策措施为各类科技创新活动与创新行为给予强力的支撑与保障，对科技创新基地及平台的建设重视程度逐渐增强，通过基地平台建设集聚创新资源，发挥创新活力。需持续提升对科技人才和科技资金政策工具的使用，尤其是科技信息支持方面需加大力度。

表 4－15　2006—2020 年甘肃省科技创新政策供给面工具频数情况　　单位：份

供给面政策工具分类	政策数	“十一五”时期	“十二五”时期	“十三五”时期
公共服务	97	14	26	57
创新基地及平台	47	7	8	32
科技人才	36	12	8	16
科技资金	23	5	9	9
科技信息	1	0	0	1
合计	204	38	51	115

2）需求面政策工具

3 份需求面政策主要是价格补贴和政府采购政策，2 份是价格补贴政策，1 份是政府采购政策，均属于“十三五”时期出台的政策（表 4－16）。

总体来看，需求面工具使用在甘肃省科技创新政策制定的薄弱环节，且次级工具使用类型相对单一。

表 4－16　2006—2020 年甘肃省科技创新政策需求面工具频数情况　　单位：份

需求面政策工具分类	政策数	“十一五”时期	“十二五”时期	“十三五”时期
价格补贴	2	0	0	2
政府采购	1	0	0	1
合计	3	0	0	3

3）环境面政策工具

97 份环境面政策中，法规管制政策最多为 44 份，占环境面政策的 45.36%，其他按照数量多少依次为知识产权、氛围营造、战略规划、科技金融、税收优惠政策，政策数量分别占环境面政策的 26.81%、19.59%、4.12%、2.06%、2.06%（表 4－17）。分阶段来看，从“十一五”到“十二五”时期，知识产权政策数量增速高于环境面政策数量平均增速。到“十三五”时期，法规管制政策数量增速高于环境面政策数量平均增速，税收优惠政策实现零的突破。

综上分析，甘肃省政府部门倾向于改善科技创新的制度环境、注重营造良好的环境氛围、注重对知识产权的保护和运用，对科技金融、税收优惠政策工具的使用力度还需增强，应进一步完善金融服务和税收优惠，不断改善科技创新型企业融资环境，提升科技创新竞争力。

表 4-17　2006—2020 年甘肃省科技创新政策环境面工具频数情况　　单位：份

环境面政策工具分类	政策数	“十一五”时期	“十二五”时期	“十三五”时期
法规管制	44	6	11	27
知识产权	26	3	11	12
氛围营造	19	4	7	8
战略规划	4	2	1	1
科技金融	2	0	1	1
税收优惠	2	0	0	2
合计	97	15	31	51

3. 研究结论

综上分析，甘肃省基本形成涵盖了创新要素、创新主体、创新关联、产业创新、区域创新、创新环境、综合类政策等七大类政策的科技创新政策体系，包含了鼓励主体创新、促进主体互动、集聚创新资源、塑造创新环境、提升综合能力等 5 个方面的政策目标，运用了供给面、需求面、环境面 3 种政策工具。基于对 2006—2020 年甘肃省出台的 304 项科技创新政策进行量化分析得出以下研究结论。

一是政策结构相对合理，政策针对性强，权威性和延续性有待提升。从政策文种形式来看，甘肃省科技创新政策具有条例法规、发展规划、意见、管理办法、实施细则、规范规定 6 种类型，69.73% 的政策属于管理办法和实施细则类，从“十一五”“十二五”到“十三五”时期占比呈上升趋势，表明政策对全省科技的支持具有务实的特点，政策的规范性、适用性和可操作性强，更有助于政策落实落地。21.05% 的政策属于“试行”“暂行”政策，体现了甘肃省在科技创新政策制定方面强烈的摸索、创新、探索和先行先试精神。2.30% 的政策属于条例法规类，且仅以条例形式出现，不具备法的形态，造成全省科技创新政策的层次相对较低、权威性差，难以更大发挥效力。1.64% 的政策属于“修订”政策，政策的延续性和稳定性不够。

二是科技创新政策以单部门颁布为主，跨部门协同程度不断增强。从政策的颁布主体来看，甘肃省科技创新政策颁布主体规模较大，共 42 个部门，其中独立颁布科技创新政策的部门有 25 个，独立颁布政策数量占总政策的 73.03%。从“十一五”“十二五”到“十三五”时期，参与科技领域政策制定的部门在增多，联合颁布的政策比重不断增加，跨部门协同的复杂性、范围和强度都不断提高，其中三部门、四部门、五部门协同出台政策数量明显增加，省科技厅作为科技主管部门与省工信厅、省发展改革委、省国资委等经济部门在科技创新政策制定中的合作不断加强，表明政策的制定更加注重科技主管部门与财政主管部门、经济主管部门综合作用的发挥，科技创新政策的影响力得到提升，政策制定层面科技与经济“两张皮”的问题逐渐好转。

三是科技创新政策体系不断优化完善，区域创新政策力度有待提升。从科技创新政策体系构成来看，甘肃省科技创新政策体系构成呈现出不断优化完善的趋势，从“十一五”“十二五”到“十三五”时期，创新环境政策、创新要素政策、关联政策在政策体系中的比例不断增加，反映出甘肃省在科技创新支撑高质量发展中，不断通过制度、市场、文化的改变促进创新环境的优化完善，更加注重对科技创新平台基地建设和人才培育，通过促进产学研合作和科技成果转移转化不断推进科技与经济的融合发展。虽然围绕兰白科技创新改革试验区、兰州白银国家自主创新示范区、高新区、农业科技园区等重点区域创新发展出台了相应的创新政策，在政策总数中的占比呈下降趋势，核心区域创新发展可以发挥辐射带动效应，从而推动全省科技支撑高质量发展，因此区域创新政策力度还需进一步提升。

四是科技创新政策目标呈多样化发展，重集聚创新资源和塑造创新环境，轻促进主体互动。甘肃省科技创新政策目标齐全，与创新驱动发展战略目标基本符合。集聚创新资源和塑造创新环境是政策制定的主要目标，出台政策数占政策总数的 62.17%。促进主体互动的政策相对较少，仅占政策总数的 6.25%。从“十一五”“十二五”到“十三五”时期，集聚创新资源、促进主体互动和塑造创新环境的政策比重不断上升。鼓励主体创新政策目标重点突出提升企业创新主体地位、强化科技人才队伍建设，逐步推动了企业、人才、高校、科研机构、科技中介机构等各具特色和优势的创新主体体系形成。促进主体互动政策目标重点突出促进科技成果转移转化，支撑科技与产业不断融合发展；集聚创新资源目标重点突出产业创新发展，创新基地及平台建设加速推进，有效发挥资源集聚作用。塑造创新环境重点突出制度环境优化完善，科技与金融还需进一步结合，创新创业投资环境有待完善。

五是科技创新政策工具偏重供给面和环境面，政策工具应用需综合全面。甘肃省科技创新政策工具重点运用供给面政策工具，环境面政策工具次之，需求面政策工具明显不足。从“十一五”“十二五”到“十三五”时期，供给面政策工具以公共服务政策工具为主，对科技人才、科技信息等政策工具使用力度需强化。对环境面政策工具使用突出对科技创新制度环境的改善，以及对知识产权的保护和运用的强化，对科技金融、税收优惠政策工具的使用相对不足。对需求面政策工具使用较为匮乏，仅有价格补贴和政策采购工具，数量较少，其他如国际贸易等相对缺位。需求面政策工具的使用和创新亟待加强，以减少市场的不确定性，科技创新政策工具的协调使用需进一步加强，综合效力需进一步发挥。

三、甘肃省科技创新政策聚焦的重点和热点分析

由于政策标题是对整篇政策文本的高度凝练，借鉴文献计量学中对关键词的分析方法，对 304 份科技创新政策标题进行关键词提取，借助词频统计分析，对不同阶段甘肃省科技创新政策聚焦点的演进过程与规律进行总结。具体采用文本挖掘软件 ROSTCM6 对 304 份政策标题进行分词处理和词频统计，分阶段统计前 30 个高频词（表 4－18），并运用 Ucinet 软件对高频词网络关系进行分析。

结果显示：2006—2020 年，甘肃省科技创新政策标题高频关键词排名前 10 的是科技、管理、创新、发展、技术、计划、建设、企业、项目、知识产权。“十一五”时期，甘肃省科技创新政策标题高频关键词排名前 10 的是科技、管理、技术、创新、发展、建设、计划、人员、项目、专项。“十二五”时期，甘肃省科技创新政策标题高频关键词排名前 10 的是科技、创新、管理、发展、企业、知识产权、人才、建设、高层次、改革。“十三五”时期，甘肃省科技创新政策标题高频关键词排名前 10 的是管理、科技、创新、发展、计划、项目、技术、建设、产业、企业。

表 4－18　甘肃省科技创新政策标题关键词频数情况

序号	2006—2020 年		2006—2010 年		2011—2015 年		2016—2020 年	
	关键词	频数	关键词	频数	关键词	频数	关键词	频数
1	科技	133	科技	22	科技	44	管理	75
2	管理	112	管理	16	创新	27	科技	67
3	创新	91	技术	13	管理	21	创新	52
4	发展	61	创新	12	发展	19	发展	34
5	技术	39	发展	8	企业	12	计划	23
6	计划	36	建设	8	知识产权	11	项目	21
7	建设	36	计划	7	人才	11	技术	21
8	企业	32	人员	5	建设	10	建设	18
9	项目	31	项目	5	高层次	9	产业	17
10	知识产权	26	专项	5	改革	9	企业	16
11	改革	26	实验室	4	引进	8	改革	15
12	人才	25	企业	4	创业	7	科研	14

续表

序号	2006—2020 年		2006—2010 年		2011—2015 年		2016—2020 年	
	关键词	频数	关键词	频数	关键词	频数	关键词	频数
13	产业	23	人才	4	基金	7	认定	13
14	创业	18	工程	4	急需	7	知识产权	12
15	专项	17	农业	4	战略	7	专项	12
16	科研	16	基层	3	奖励	7	人才	10
17	认定	15	知识产权	3	紧缺	7	成果	10
18	试验区	13	科学	3	试验区	6	基地	9
19	基金	13	中心	3	产业	6	转化	8
20	战略	13	创业	3	兰白	6	创业	8
21	兰白	12	资金	3	计划	6	中心	8
22	中心	11	机制	2	培育	5	试验区	7
23	资金	10	推广	2	技术	5	资金	7
24	成果	10	培训	2	试点	5	转移	7
25	高层次	9	科研	2	能力	5	基金	6
26	基地	9	中小企业	2	项目	5	战略	6
27	科学	9	认定	2	专利	5	科学	6
28	机制	8	改革	2	示范	4	机构	6
29	转化	8	服务	2	新兴	4	机制	6
30	引进	8	体制	2	服务	4	兰白	6

“十一五”“十二五”“十三五”时期，科技、管理、创新和发展 4 个关键词均在甘肃省科技创新政策标题排在前 5 位，表明“十一五”以来，甘肃省科技创新政策出台始终围绕科技创新发展及管理这条主线。从词频增速来看，从“十一五”到“十二五”时期，发展的词频增速最快，较“十一五”增长 137.5%，从“十一五”的第 5 名上升至“十二五”的第 4 名。其次为创新、科技和管理。到“十三五”时期，管理的词频增速最快，较“十二五”增长 257.14%，并从“十二五”的第 3 名增长至“十三五”的

第 1 名，其他按照词频增速高低依次为创新、发展和科技。

根据排名前 30 的关键词可以看出，“十一五”“十二五”“十三五”3 个阶段共有的高频关键词共 13 个，分别为：科技、管理、创新、发展、技术、计划、建设、企业、项目、知识产权、改革、人才、产业。从“十一五”到“十二五”时期，知识产权、人才、企业、改革、创业等关键词词频显著增加，表明甘肃省科技创新政策更注重于推动知识产权制度体系完善、科技人才创新活力和能力提升、企业创新主体地位提升、科技体制改革。到“十三五”时期，技术、项目、计划、管理、产业等关键词词频显著增加，表明甘肃省科技创新政策更加聚焦推动技术创新体系建设、强化科技计划项目管理体系建设、科技支撑产业发展，科技创新政策制定在注重科技的同时，对科技与产业的融合发展重视程度不断增加，这与科技支撑高质量发展的战略一致。

“十一五”时期特有的高频关键词为：人员、工程、农业、基层、推广、培训、中小企业、实验室，反映此阶段，政策制定突出基层科技人员科技创新能力提升，注重农业领域技术推广与培训，注重中小企业创新能力提升，重视实验室创新平台建设（图 4-4）。

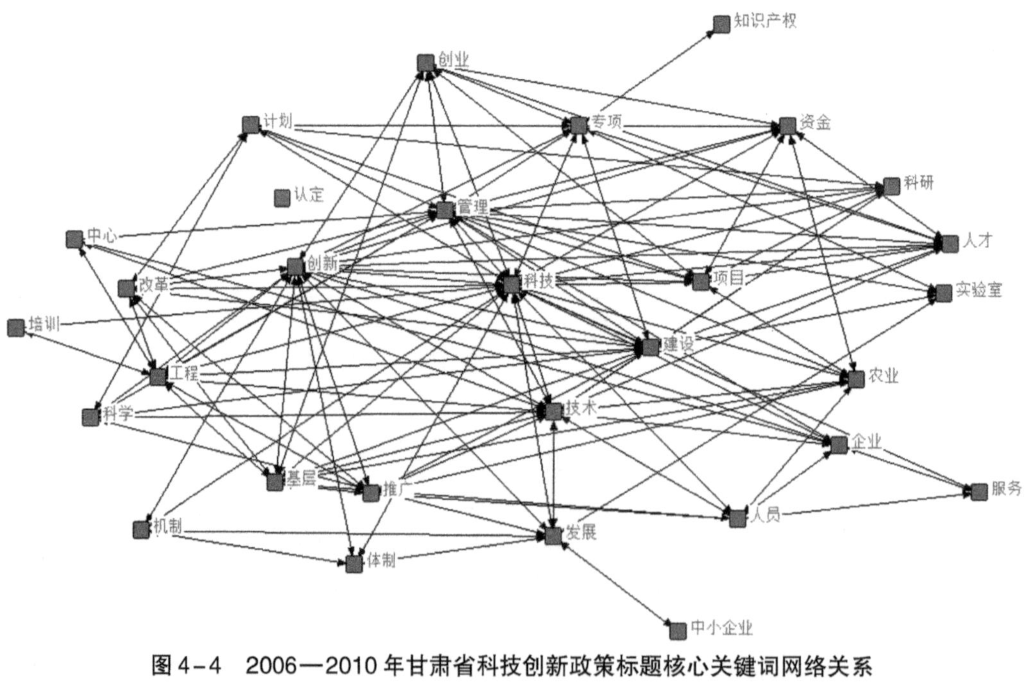

图 4-4　2006—2010 年甘肃省科技创新政策标题核心关键词网络关系

“十二五”时期特有的高频关键词为：高层次、引进、急需、紧缺、培育、试点、能力、专利、示范、新兴，反映出此阶段，政策制定突出急需紧缺高层次人才的引进、企业创新能力培育、创新工作开展突出试点与示范，体现了在科技创新工作开展方面注重先行先试和示范推广。

“十三五”时期新增的高频关键词为：科研、认定、专项、成果、基地、转化、中心、资金、转移、科学、机构、机制。表明此阶段科技创新政策制定逐步向科研机构管理、专项资金管理、各类创新基地（中心）的认定及管理、科技成果转移转化聚焦。

总体来看，“十一五”时期，甘肃省科技创新政策重点聚焦重点实验室建设与发展、工程技术研究中心建设、科技计划项目管理、科技计划管理改革、行业企业技术创新能力、领军人才和基层科技人才队伍建设等。“十二五”时期，甘肃省科技创新政策重点聚焦企业创新主体地位提升、知识产权发展、急需紧缺高层次人才引进、科技体制机制改革、大众创业万众创新发展、兰白科技创新改革试验区技术创新驱动基金管理、战略性新兴产业发展等。“十三五”时期，甘肃省科技创新政策在持续聚焦企业创新主体地位提升、知识产权能力提升的同时，增加了对科技计划项目体系建设及管理、技术创新、高新技术产业发展、科技创新体制机制改革、科研管理优化和绩效提升、人才发展、科技成果转移转化、科技创新基地平台建设及管理等的聚焦。

四、科技创新政策实施效果

（一）科技体制机制改革不断深入

发布实施《甘肃省“十一五”科学技术创新和发展规划》《甘肃省“十二五”科学技术发展规划》《甘肃省“十三五”科技创新规划》。出台了《中共甘肃省委甘肃省人民政府贯彻落实〈中共中央　国务院关于深化体制机制改革加快实施创新驱动发展战略若干意见〉的实施意见》《甘肃省支持科技创新若干措施》《甘肃省深化科技体制改革实施方案》等系列重大改革举措。修订实施了《甘肃省促进科技成果转化条例》《甘肃省技术市场条例》，建立了企业主导的产业技术创新体制机制，省级科技计划和资金管理迈出历史性步伐，建立了科学合理的项目形成机制和储备机制。

（二）区域创新高地加快推进

以兰白科技创新改革试验区和兰白国家自主创新示范区建设为核心，引领、辐射、带动酒嘉、金武、天水、陇东的高新技术产业创新集群快速发展，形成了区域创新发展的梯次布局。兰州市建设国家创新型试点城市并通过验收评估，酒泉市、白银市、天水市建设省级创新型试点城市通过验收评估。出台《甘肃省省级高新技术产业开发区认定和管理办法》，设立张掖、金昌、民乐、玉门4个省级高新技术产业开发区。张掖市入围全国首批建设的15个小微企业创业创新基地城市示范行列，获得3年6亿元的建设资金支持，示范基地“32+X”建设成效显著，全市新增城镇就业8万多人。截至2020年，全省有国家实验室1个、国家重点实验室11家、国家工程技术研究中心5家、国家高新区2个，高新技术企业达到1229家，有国家级科技企业孵化器12家，国家级农业科技园区10家。强化产业技术联盟建设管理，聚苯硫醚新材料、草产业、节水灌溉、羊产业、道地药材“黄芪、大黄、党参、甘草”、凹凸棒石、镍钴新材料等甘肃特色产业技术创新战略联盟通过省级认证，标志着产学研协作推进区域创新进入新的阶段。

（三）知识产权战略深入实施

始终高位推动知识产权强省建设，把知识产权作为激励创新发展的基本保障和抢抓“一带一路”建设机遇、培育经济发展新动能、拓展对外开放新空间的重要战略支点。坚持量质并举，知识产权创造能力和水平显著提升。坚持改革创新，特色型知识产权强省建设成效显著。坚持完善各项政策，修订了《甘肃省专利条例》，出台了《甘肃省专利奖励试行办法》等。知识产权拥有量、专利授权量、万人发明专利拥有量等均有所增长，知识产权制度政策体系不断完善。截至2020年底，全省商标有效注册量123 823件，中国驰名商标75件，地理标志证明商标147件，国家地理标志保护产品67个，制修订地理标志地方标准46个。培育国家知识产权优势示范企业111家、省级知识产权优势企业214家。全省7个国家知识产权试点城市，1个国家知识产权强县工程示范县、14个试点县、4个传统知识产权保护试点县、现有专利代理机构22家、商标代理机构309家，商标受理窗口16个，知识产权保护社会满意度不断提高。

（四）科技交流合作不断开创新局面

“一带一路”科技创新合作扎实推进。推荐甘肃省高等院校、科研院所承担国家科技交流项目，促进与巴基斯坦、塔吉克斯坦、马其顿、乌兹别克斯坦等国科技人员互访交流。受邀参加中国 - 东盟、中国 - 马来西亚、中国 - 柬埔寨科技部长双边会谈，匈牙利驻华使馆科技参赞和知名科学家来甘肃省访问，达成科技合作意向并稳步推进实施。与中国科学院兰州分院建立成果转移转化协调机制，促进与甘肃省高等院校、科研院所、企业协同创新，推动中国科学院技术创新成果在甘肃省转移转化。

（五）项目管理体系日益完善优化

科技管理部门管理职能重心向“抓战略、抓规划、抓政策、抓服务”转变，启动运行新省级科技计划体系，并试点由第三方机构承接科技项目管理工作，出台《甘肃省科技计划项目经费管理办法》《甘肃省科技重大专项计划项目管理办法》《甘肃省重点研发计划项目管理办法》《甘肃省技术创新引导计划项目管理办法》《甘肃省创新基地和人才计划项目管理办法》《甘肃省知识产权计划项目管理办法》等，分步骤、有重点开展项目资金使用督查和绩效考核评估，科研管理全面落实“放管服”要求，委托第三方机构承接科技管理事务性工作。

（六）创新创业环境日益优化

落实甘肃省《全民科学素质行动计划纲要实施方案（2016—2020 年）》和科普助推创新驱动发展行动计划，继续举办甘肃省科技活动周、科普讲解大赛、中小学生科学知识网络竞答等活动，开展科普示范基地认定工作，推动科普内容、传播方式和服务模式不断创新。省内科普设施建设不断加强，甘肃科技馆投入运行，流动科技馆建设得到进一步加强。进一步加强科研诚信建设，强化科研不端行为管理和联合惩戒。加强对优秀科技人员先进事迹的宣传报道，大力弘扬科学精神、工匠精神和企业家精神，营造创客文化。深入推进省级众创空间建设，成立兰州创客联盟，形成以科研院所、大学园区、民营企业为主体的众创空间队伍。科技企业孵化器和众创空间为甘肃省经济建设和新经济增长点形成输送了一批极具成长性和市场竞争力的高新技术企业。截至 2020 年底，甘肃省有 12 家国家级科技企业孵化器，47 家省级科技企业孵化器；33 家国家备案众创空间、65 家星创天地，145 家省级众创空间；1229 家高新技术企业，465 家省级科技创新型企业，1194 家入库科技型中小企业，高新技术企业总产值占地区生产总值比重达到 12.42%。兰州科技大市场、白银科技大市场建成运营，甘肃省“科聚网”上线运行。积极推进大型科研基础设施和大型科研仪器开放共享，通过发放科技创新券等形式推动科技型中小企业创新创业成本降低。兰州市城关区成为全国第二批大众创业万众创新示范基地。甘肃银行、兰州银行等金融机构设立科技支行支撑科技型企业融资难题。

（七）综合科技创新水平逐步提升

甘肃省深入实施创新驱动发展战略，深化科技体制机制改革，优化科技资源配置，增强科技创新有效供给，科技创新治理体系持续完善，科技创新水平提升明显，综合科技进步水平逐年提升，综合科技进步水平指数从 2006 年的 34.3% 增长到 2020 年的 54.92%，年均增速为 3.42%，较全国平均水平年均增速高 1.05%。在全国的排位从第 25 位上升至第 23 位。

第 5 章　甘肃省落实国家科技改革和发展重大政策现状分析

近年来，甘肃省为落实《中华人民共和国促进科技成果转化法》《国务院印发关于深化中央财政科技计划（专项、基金等）管理改革方案的通知》《关于进一步完善中央财政科研项目资金管理等政策的若干意见》等国家科技改革和发展重大政策，制定了系列配套政策，出台了若干政策举措，有力推进了区域科技创新体系建设，加快创新型甘肃省建设。

一、配套政策出台情况

1.《中华人民共和国促进科技成果转化法》

（1）政策出台情况

甘肃省出台了《甘肃省科技厅　甘肃省财政厅落实关于建立科技成果转移转化直通机制的实施意见奖励措施实施方案（试行）》（甘科成函〔2019〕1 号）、《中共甘肃省委办公厅　甘肃省人民政府办公厅印发〈关于建立科技成果转移转化直通机制的实施意见〉的通知》（甘办发〔2018〕65 号）、《甘肃省技术市场条例》（甘肃省人民代表大会常务委员会公告　第 87 号）、《甘肃省支持科技创新若干措施》（甘办发〔2016〕50 号）、《甘肃省促进科技成果转移转化行动方案》（甘政办发〔2016〕164 号）、《甘肃省技术市场管理办法》（甘科成规〔2016〕2 号）、《甘肃省促进科技成果转化条例》（甘肃省人民代表大会常务委员会公告　第 36 号）等 7 项政策（表 5-1）。

表 5-1　甘肃省出台的相关政策

出台时间	文件名	相关文号
2021 年 11 月	《甘肃省技术市场条例》	甘肃省人民代表大会常务委员会公告　第 87 号
2019 年 1 月	《甘肃省科技厅　甘肃省财政厅落实关于建立科技成果转移转化直通机制的实施意见奖励措施实施方案（试行）》	甘科成函〔2019〕1 号

续表

出台时间	文件名	相关文号
2018 年 10 月	《中共甘肃省委办公厅　甘肃省人民政府办公厅印发〈关于建立科技成果转移转化直通机制的实施意见〉的通知》	甘办发〔2018〕65 号
2018 年 7 月	《关于加快技术转移体系建设的实施意见》	甘科成函〔2018〕20 号
2016 年 9 月	《甘肃省人民政府办公厅关于印发甘肃省促进科技成果转移转化行动方案的通知》	甘政办发〔2016〕164 号
2016 年 6 月	《甘肃省技术市场管理办法》	甘科成规〔2016〕2 号
2016 年 4 月	《甘肃省促进科技成果转化条例》	甘肃省人民代表大会常务委员会公告　第 36 号

（2）政策要点及成效

《甘肃省科技厅　甘肃省财政厅落实关于建立科技成果转移转化直通机制的实施意见奖励措施实施方案（试行）》（简称《方案》[①]）主要内容：其一，综合服务平台年度促成在甘转化落地的高校院所科技成果技术交易额在 3000 万元及以上，产生较好经济社会效益，评审为前 5 名的，按照超额部分的 1‰给予服务团队一次性奖励，最高不超过 300 万元，其中 30% 可用于对个人奖励。其二，高校院所科技成果转移转化服务机构年度促成在甘落地的技术交易合同额达 2000 万元以上，产生较好经济社会效益，评审为前 5 名的，按照促成技术交易合同额的 1‰给予一次性奖励，最高不超过 100 万元，并按政策规定用于开展技术服务发生的相关支出。其三，对承接高校院所科技成果在省内转化的企业，按照转化成果数量和取得的效益进行综合评价，由省财政对前 5 名分别按 200 万元给予一次性奖补；对购买储备科技成果在本省转化产生较好效益的企业、行业协会，按照转化次年的综合效益指标进行评价，由省财政对前 5 名分别按 100 万元给予一次性奖励。《方案》明确，对审定确认为前 5 名的综合服务平台、高校院所科技成果转移转化服务机构、承接或购买储备高校院所科技成果在省内转化的企业、行业协会，按照《关于建立科技成果转移转化直通机制的实施意见》相关政策予以奖励；奖励资金主要用于支持科技成果转移转化、开展技术交易服务相关支出、个人奖励等，不得用于其他与科技成果转移转化无关的开支。

《中共甘肃省委办公厅　甘肃省人民政府办公厅印发〈关于建立科技成果转移转化直通机制的实施意见〉的通知》（简称《通知》[②]）出台，充分体现了省委、省政府深

① 该简称仅适用于本章节内容。

② 同①。

入实施创新驱动发展战略的决心。突破点主要体现在：通过开启科技成果转化直通车对科研成果进行优中选优，健全科技成果转移转化工作推进机制，促进科技成果转移转化。《通知》指出，今后将从优化全省技术转移体系基础架构、拓宽全省技术转移通道、完善政策环境和支撑保障 3 个方面优化科技成果转化工作：突出企业在科技项目研发投入、组织实施和技术转移中的主体作用；鼓励科研人员通过到企业挂职、兼职或者在职创办企业以及离岗创业等多种形式，支持高校、科研院所科技人员和企事业单位专业技术人员以科技特派员身份开展科技公益服务，推动科技成果向企业转移转化；将科技成果转化对经济社会发展的贡献作为科研人员职务晋升、职称评审、绩效考核的重要依据。2019 年 6 月，甘肃省科技厅发布《关于征集高校院所有转化意愿科技成果和企业技术需求的通知》，向中央在甘及省属高校院所、企业征集有转化意愿和转化需求的科技成果，旨在全面贯彻落实省委办公厅、省政府办公厅《关于建立科技成果转移转化直通机制的实施意见》，推动全省高校院所科技成果在甘转化落地。

《关于加快技术转移体系建设的实施意见》主要内容：一是优化全省技术转移体系基础架构；二是拓宽全省技术转移通道；三是完善政策环境和支撑保障。为了推动《关于加快技术转移体系建设的实施意见》有效落实，甘肃省科技厅牵头统筹协调全省技术转移体系建设工作，加强组织领导；各市（州）、县（区）及有关部门要建立政策落实责任制，抓好政策落实；开展监督评估，建立监测、督办和评估机制，强化对实施意见的监督评估。《关于加快技术转移体系建设的实施意见》的出台，将有助于加快发展技术市场，健全技术转移机制，加强技术供需对接，加快形成以专业化服务为支撑、资金为纽带、政策为保障的现代技术市场，加快推动科技成果资本化与产业化，促进科技与经济社会融通发展。

《甘肃省技术市场条例》规范技术市场，促进技术交易，加速科技成果转移转化，保障技术交易当事人的合法权益，推动科技进步和经济发展，根据《中华人民共和国合同法》《中华人民共和国促进科技成果转化法》等有关法律、行政法规，结合甘肃省实际，《甘肃省技术市场条例》共计二十条。

《甘肃省促进科技成果转移转化行动方案》深入贯彻党中央、国务院关于实施创新驱动发展战略的一系列决策部署，全面落实《中华人民共和国促进科技成果转化法》《国务院实施〈中华人民共和国促进科技成果转化法〉若干规定》《国务院办公厅关于印发促进科技成果转移转化行动方案的通知》和《甘肃省促进科技成果转化条例》，加快推动科技成果转化为现实生产力。方案包括总体思路、重点任务、组织与实施三部分内容，其中重点任务有二十四条。重点围绕甘肃省科技成果转移转化的关键问题和薄弱环节，从供给侧、需求侧、转化侧 3 个方向同时发力，充分调动和激活创新要素，以成果转化、效益产出、科技贡献衡量创新成效，形成以企业技术创新需求为导向、以市场化交易平台为载体、以专业化服务机构为支撑的科技成果转移转化新模式。《甘肃省促进科技成果转移转化行动方案》的出台，对健全科技成果转移转化体系，激发创新主体科技成果转化积极性，发挥科技创新和成果转化在经济转方式、调结构中的作用，产生了积极影响。

《甘肃省技术市场管理办法》采用条款式，共计二十四条，一是明确以技术转让或者许可方式转化职务科技成果奖励提取比例和奖励对象，对奖励和报酬支出与单位工资总额的关系进行了说明；二是明确县级以上科学技术行政部门在技术市场管理监督中的职责；三是明确免征增值税认定权限及合同类型，免税备案程序，奖酬金提取比例及核定方式，奖酬金提取现金时须具备的条件；四是明确将科技成果转移转化和技术市场建设向贫困和少数民族地区和区域拓展，与科技扶贫对接。甘肃省科技厅在广泛调研和评估的基础上，参照《中华人民共和国合同法》《中华人民共和国促进科技成果转化法》《甘肃省促进科技成果转化条例》《甘肃省技术市场条例》等有关法律法规，经过反复征求意见，论证修改，制订出台了《甘肃省技术市场管理办法》。《甘肃省技术市场管理办法》体现了甘肃的地方特色，与甘肃发展相协调，有利于进一步规范科技成果转移转化和技术交易政策环境。

《甘肃省促进科技成果转化条例》包括二十九条内容，重点围绕深化体制机制改革加快实施创新驱动发展战略要求，根据国家促进科技成果转化法，结合甘肃省科技成果转化实际制定。明确了科技成果持有者转化科技成果的方式，其中包括自行投资实施转化、向他人转让该科技成果、许可他人使用该科技成果、以该科技成果作为合作条件与他人共同实施转化、以该科技成果作价投资折算股份或者出资比例、其他协商确定的方式等 6 种。下放了科技成果处置权、收益权、分配权，明确提出单位主管部门和财政部门对科技成果在境内的使用、处置不再审批或者备案，科技成果转移转化所得收入全部留归本单位。提高了科技人员职务科技成果转化收益比例，提出职务科技成果转化后，由科技成果完成单位对完成、转化该项科技成果做出重要贡献的人员给予奖励和报酬，为进一步激发科研机构和科技人员开展科技成果转化、提高甘肃省科技创新和成果转化能力提供了法律保障。条例明确，政府设立的研究开发机构、高等院校科技人员经征得本单位同意，可以兼职到企业等从事科技成果转化活动，或者离岗创业，且创业期间三年内保留人事关系和基本待遇。基本完成了甘肃省促进科技成果转化体制机制的顶层设计，大力推进了科技成果向现实生产力的转化进程。

2.《国务院印发关于深化中央财政科技计划（专项、基金等）管理改革方案的通知》

（1）政策出台情况

甘肃省出台《甘肃省创新基地和人才计划项目管理办法》《甘肃省技术创新引导计划项目管理办法》《甘肃省重点研发计划项目管理办法》《甘肃省科技重大专项计划项

目管理办法》《甘肃省科技计划项目管理办法》《甘肃省知识产权计划项目管理办法》等六大类计划管理办法（表 5-2），优化整合科技计划体系，提升管理的科学性。

表 5-2　甘肃省出台的相关政策

出台时间	文件名	相关文号
2022 年 9 月	《甘肃省科技计划项目管理办法实施细则》	甘科计规〔2022〕6 号
2017 年 11 月	《甘肃省知识产权计划项目管理办法》	甘科计规〔2017〕15 号
2017 年 11 月	《甘肃省科技计划项目管理办法》	甘科计规〔2017〕10 号
2017 年 4 月	《甘肃省科技创新平台建设与运行管理办法》	甘科计规〔2017〕2 号
2017 年 3 月	《甘肃省深化科技体制改革实施方案》	甘办发〔2017〕14 号
2016 年 12 月	《甘肃省科技计划管理改革实施方案》	甘政办发〔2016〕211 号
2016 年 11 月	《甘肃省科技评价评审专家行为规范（试行）》	甘科计规〔2016〕8 号
2016 年 7 月	《甘肃省省级科技计划（专项、基金等）严重失信行为记录规定（试行）》	甘科计规〔2016〕3 号
2016 年 1 月	《甘肃省大型科研基础设施和大型科研仪器开放共享及后补助管理办法（试行）》	甘科计〔2016〕1 号
2015 年 8 月	《关于改进加强省级财政科研项目和资金管理的办法》	甘政发〔2015〕78 号

（2）政策要点及成效

《关于深化项目评审、人才评价、机构评估改革的实施方案》开启了甘肃省新一轮“三评”改革大幕，力求从破除体制机制障碍入手，树立正确评价导向，发挥好评价指挥棒和风向标作用，进一步激发科研人员的积极性和创造性。按照方案精神，甘肃省将在优化“三评”工作布局、减少“三评”项目数量、改进评价机制、提高质量效率等方面实现突破。从完善项目指南编制和发布机制、严格执行项目评审论证流程、规范评审专家遴选和管理、严格项目成果评价验收、积极推动省级科技计划项目绩效评价、改革完善省级科技奖励制度等方面，着力完善项目指南编制和发布机制，明确建立省级科技计划绩效评价体系、实行第三方评价机制、明确设定科研项目绩效目标。聚焦改革健全人才评价标准、实行分类评价、探索对特殊人才采取特殊评价标准、注重个人评价与团队评价相结合等方面，改革健全人才评价标准。探索开展省级科研事业单位章程管理试点，确立章程在单位管理运行中的基础性制度地位，逐步实现“一院（所）一章程”和依章程管理。目前，甘肃省已制定出台《甘肃省科技计划项目管理办法》《甘肃省科技计划项目管理办法实施细则》等相关政策文件。

如进一步改革完善省级科技奖励制度，改革现行由省科技行政管理部门下达推荐指标、科技人员申请报奖、推荐单位筛选推荐的方式，实行由专家学者提名，组织机构、相关部门（单位）推荐的多渠道提名、推荐制度，提名者和推荐者分别承担推荐、答辩、异议答复等责任，并对相关材料的真实性和准确性负责。同时实行定标定额评审制度。自然科学奖、技术发明奖、科技进步奖一、二、三等奖项目实行按等级标准提名推荐。提名与推荐者严格依据标准条件提名，评审专家严格遵照三大奖标准评审和投票表决。基本形成了符合甘肃省创新驱动发展要求、符合科技创新规律及社会科学研究规律、突出质量绩效贡献导向的评价体系。

《甘肃省深化科技体制改革实施方案》从加快建设兰白科技创新改革试验区、营造激励创新的公平竞争环境、建立技术创新市场导向机制等九方面部署，提出 33 项、共 127 条具体改革措施，开启甘肃省新一轮科技体制改革。提出甘肃省将在发挥企业在创新决策中的作用、建立企业为主体的技术创新机制、落实普惠性财税支持政策等方面发力，进一步强化企业的技术创新主体地位。针对优化对基础研究的支持方式，提出加大对科研人员的绩效激励力度，改革高等学校和科研院所科研评价制度，深化科研院所改革、优化结构布局等措施，赋予高校和科研院所选人用人、科研立项、成果处置等方面自主权成为最大亮点。提出构建新型人才培养模式，建立健全科研人才双向流动机制，重点包括深化职称制度改革、调整职称评定导向和标准，破除人才流动的体制机制障碍、促进科研人员在事业单位和企业间合理流动等多方面。

为规范省级科技计划项目组织实施与管理，依据《国务院印发关于深化中央财政科技计划（专项、基金等）管理改革方案的通知》（国发〔2014〕64 号）、《甘肃省强科技行动实施方案（2022—2025 年）》等规定，省科技厅印发《甘肃省科技计划项目管理办法实施细则》，重点针对甘肃省科技重大专项计划、甘肃省重点研发计划、甘肃省技术创新引导计划、甘肃省基础研究计划、甘肃省科技创新人才计划的目的、申请人条件、申报单位条件、评审机制、项目验收等提出全流程管理。

2016 年 12 月，为贯彻落实全国科技大会、全省科技大会精神和《国务院印发关于深化中央财政科技计划（专项、基金等）管理改革方案的通知》（国发〔2014〕64 号）和《甘肃省人民政府关于印发改进加强省级财政科研项目和资金管理的办法的通知》《甘肃省人民政府办公厅关于转发省科技厅省财政厅〈甘肃省科技计划管理改革实施方案〉的通知》,《甘肃省科技计划管理改革实施方案》提出采取产业、项目、平台、人才、基地“五位一体”的资源配置方式，重新构建科技计划体系，通过撤、并、转等方式进行合理归并，将现有科技计划整合为科技重大专项计划、重点研发计划、技术创新引导计划、创新基地与人才计划、知识产权计划五大类科技计划。依据甘肃省在全国区域发展的定位，聚焦甘肃省重点产业、特色产业和战略性新兴产业等关键产品目标和重大产业化目标，重点支持以企业为主体、产学研联合的集成度高、关联度大、带动性强的重大科技项目，集中各类科技资源，在设定的时限内进行联合式协同攻关。加大聚焦力度和优化资金配置强度，做好与其他科技计划的分工与衔接，避免重复布局和投入。聚焦全省经济社会发展的重点技术需求，以解决社会公益性技术创新和促进产业技术升级、培育新兴产业为目标，重点支持工业、农业、社会发展领域的企业、高校、科研院所开展新产品、新设备以及关键共性技术的研究开发与集成创新，着力攻克一批制约甘肃省经济社会发展的技术瓶颈，形成一批具有自主知识产权的技术和科技成果，为全省经济社会发展主要领域和区域发展提供持续性的支撑和引领。

根据《科技部　财政部关于印发〈中央财政科技计划（专项、基金等）监督工作暂行规定〉的通知》（国科发政〔2015〕471 号）、《关于改进加强中央财政科研项目和资金管理的若干意见》和《国务院印发关于深化中央财政科技计划（专项、基金等）管理改革方案的通知》等文件精神，按照《甘肃省科技计划管理改革实施方案》的要求，制定了《甘肃省科技计划项目管理办法》，明确了项目立项、实施、结题验收的程序和要求。出台了《甘肃省大型科研基础设施和大型科研仪器开放共享及后补助管理办法（试行）》，对推动甘肃省科研设施与仪器向社会开放，促进科技资源共享和优化配置，提高科技资源利用效率和共享水平产生了深远影响。《甘肃省省级科技计划（专项、基金等）严重失信行为记录规定（试行）》《甘肃省科技评价评审专家行为规范（试行）》的出台，进一步优化了诚实守信的科技创新环境氛围。

3.《关于进一步完善中央财政科研项目资金管理等政策的若干意见》

（1）政策出台情况

为落实《关于进一步完善中央财政科研项目资金管理等政策的若干意见》，甘肃省出台《关于优化科研管理提升科研绩效若干措施》《关于完善省级财政科研项目资金管理政策的实施意见（试行）》《甘肃省中央引导地方科技发展专项资金管理办法实施细则》等相关政策（表 5-3）。

表 5-3　甘肃省出台的相关政策

出台时间	文件名	相关文号
2022 年 2 月	《甘肃省省级科技计划专项资金管理办法》	甘财科〔2022〕4 号
2019 年 3 月	《关于优化科研管理提升科研绩效若干措施》	甘政发〔2019〕16 号
2018 年 10 月	《关于进一步加强科研诚信建设的实施方案》	甘办发〔2018〕59 号

续表

出台时间	文件名	相关文号
2017 年 7 月	《甘肃省财政厅关于完善省属高校、科研院所科研仪器设备采购管理有关事项的通知》	甘财采〔2017〕7 号
2017 年 4 月	《甘肃省中央引导地方科技发展专项资金管理办法实施细则》	甘财科〔2017〕161 号
2017 年 1 月	《关于完善省级财政科研项目资金管理政策的实施意见（试行）》	甘办发〔2017〕5 号
2016 年 10 月	《甘肃省支持科技创新若干措施》	甘办发〔2016〕50 号

（2）政策要点及成效

为贯彻落实《国务院关于优化科研管理提升科研绩效若干措施的通知》（国发〔2018〕25 号），持续推进甘肃省科技领域“放管服”改革，优化省级科技计划项目和经费管理，建立完善以信任为前提的科研管理机制，赋予科研人员更大的人财物自主支配权，充分激发科研人员创新创业活力，大力提升原始创新能力和关键领域核心技术攻关能力，营造更加有利于可持续创新的良好环境，甘肃省制定了《关于优化科研管理提升科研绩效若干措施》（简称《措施》①），《措施》提出了 20 条具体措施优化科研管理提升科研绩效，包括赋予科研人员更大技术路线决策权，赋予科研单位科研项目经费管理使用自主权等。

为贯彻落实《国务院办公厅关于抓好赋予科研机构和人员更大自主权有关文件贯彻落实工作的通知》（国办发〔2018〕127 号）、《科技部　财政部　教育部　中科院关于印发〈贯彻落实习近平总书记在两院院士大会上重要讲话精神开展减轻科研人员负担专项行动方案〉的通知》（国科发政〔2018〕295 号）和《科技部　教育部　人力资源社会保障部　中科院　工程院关于开展清理“唯论文、唯职称、唯学历、唯奖项”专项行动的通知》（国科发政〔2018〕210 号）精神，尊重科学研究规律，充分发挥市场在科技资源配置中的决定性作用，更好发挥政府作用，抓紧解决政策落实“最后一公里”存在的突出问题，切实为科研单位和科研人员营造良好创新环境，进一步解放生产力，为实施创新驱动发展战略和建设创新型国家增添动力，结合甘肃省实际，发布了《关于贯彻落实赋予科研机构和人员更大自主权和开展减轻科研人员负担及清理唯论文、唯职称、唯学历、唯奖项专项行动的通知》。

为进一步贯彻落实《国务院办公厅关于抓好赋予科研机构和人员更大自主权有关

① 该简称仅适用于本章节内容。

文件贯彻落实工作的通知》(国办发〔2018〕127 号)精神，深入推进体制机制改革，为科研主体简除烦苛，赋予科研机构和科研人员更多自主权，充分释放创新创造活力，推动全省经济社会高质量发展，结合甘肃省实际，制定了《关于抓好赋予科研机构和人员更大自主权有关文件贯彻落实工作“回头看”的工作方案》，明确了任务要求与责任分工，从制定政策落实的配套制度和具体实施办法等 8 个方面提出了具体要求。要求各部门、各市(州)、各机构要认真按照“127 号文件”精神，制定政策落实的配套制度和具体实施办法，推动预算调剂和仪器采购管理权落实，推动科研人员技术路线决策权落实，推动项目过程管理权落实，落实科研人员绩效工资管理的政策，落实科技成果作为国有资产的管理程序，落实有关项目经费的细化管理制度，健全科研机构内部管理制度。

为进一步践行、培育社会主义核心价值观，弘扬科学精神，营造诚实守信的良好科研环境，加快建设创新型省份，根据《中共中央办公厅　国务院办公厅印发〈关于进一步加强科研诚信建设的若干意见〉的通知》要求，结合甘肃省实际，制定《关于进一步加强科研诚信建设的实施方案》，重点涵盖了健全科研诚信制度、建立科研诚信工作机制、切实履行科研诚信建设责任、加快推进科研诚信信息化建设、加强科研诚信的教育和宣传、严肃查处严重违背科研诚信要求等方面，旨在优化科技创新环境，推进科研诚信制度化建设，健全完善科研诚信工作机制，着力打造共建共享共治的科研诚信建设新格局，营造诚实守信、追求真理、崇尚创新、鼓励探索、勇攀高峰的良好氛围。

为进一步规范和加强省级科技计划专项资金管理，提高财政资金使用效益，根据《中华人民共和国预算法》《中华人民共和国预算法实施条例》《国务院办公厅关于改革完善中央财政科研经费管理的若干意见》(国办发〔2021〕32 号)《甘肃省人民政府关于进一步深化预算管理制度改革的实施意见》等文件精神，制定了《甘肃省省级科技计划专项资金管理办法》。《甘肃省省级科技计划专项资金管理办法》在职责分工、支持方式及支出范围、项目预算编制和审批、项目预算执行、项目决算和验收、监督管理和绩效评价等方面制定了省级科技计划专项资金管理办法 46 条。

为贯彻落实《中共中央办公厅　国务院办公厅印发〈关于进一步完善中央财政科研项目资金管理等政策的若干意见〉的通知》(中办发〔2016〕50 号)，改进甘肃省财政科研项目资金管理的有关政策，促进形成甘肃省充满活力的科技管理和运行机制，更好激发广大科研人员积极性，结合甘肃省实际，出台了《关于完善省级财政科研项目资金管理政策的实施意见(试行)》(简称《实施意见》①)。内容涵盖总体要求、

① 该简称仅适用于本章节内容。

放活科研项目资金管理、完善科研仪器设备采购管理、完善基本建设项目管理、规范项目资金管理5个方面21条。《实施意见》以激发科研人员创新创造活力为目的，通过采取简化预算编制科目、下放预算调剂权、试行资金预拨制度、提高间接费用比重、取消绩效支出比例限制、扩大开支范围等一系列“松绑+激励”的措施，全面落实了中共中央办公厅、国务院办公厅印发的《关于进一步完善中央财政科研项目资金管理等政策的若干意见》的精神，持续放宽省级财政资金使用权限，简化高校和科研院所科研仪器设备采购的管理流程，放宽其基本建设项目的管理权限，强化了项目主管部门、项目承担单位和科研人员等各方责任。

《甘肃省支持科技创新若干措施》（简称《若干措施》[①]）突破点体现在：一是《措施》的制定坚持问题导向；二是鼓励中央在甘单位积极投身甘肃省科技创新；三是省市联动，共同推动；四是建立了鼓励创新的容错机制。《若干措施》着力破解制约科技创新发展的障碍和约束，放开科研人员经费使用权和设备采购权，给广大科研人员“松绑”。从简化科研项目预算编制、提高间接费用比重、明确劳务费开支范围、结转结余资金留用处理和横向经费管理等方面提出若干政策规定，旨在减轻科研人员在经费报销等方面的事务，让科研人员将更多精力投入科技创新。同时，赋予高校和科研院所选人用人、科学研究和科研人员离岗创业等方面更大自主权，有利于科研院所自主引进人才，强化团队建设；鼓励省外科研机构在甘肃省单独设立或联合设立研发机构、科研人员积极参与省内科技创新活动。

2017年8月，根据《关于完善中央单位政府采购预算管理和中央高校 科研院所科研仪器设备采购管理有关事项的通知》（财库〔2016〕194号）和《关于完善省级财政科研项目资金管理政策的实施意见（试行）》有关要求，出台了《甘肃省财政厅关于完善省属高校科研院所科研仪器设备采购管理有关事项的通知》，提出省属高校、科研院所可自行采购科研仪器设备，需采购进口科研仪器设备时按照规定做好专家论证工作，专家可自行选定。同时，在变更政府采购方式审批方面有所突破，财政部门予以优先审批。

4. 中共中央办公厅、国务院办公厅印发《关于深化项目评审、人才评价、机构评估改革的意见》

（1）政策出台情况

甘肃省配套出台了《中共甘肃省委办公厅　甘肃省人民政府办公厅印发〈关于深化项目评审、人才评价、机构评估改革的实施方案〉的通知》《甘肃省人力资源和社会保障厅关于按系列（专业）修订或制定我省职称评价条件标准的指导意见》《关于印发

① 该简称仅适用于本章节内容。

〈甘肃省特殊人才职称特殊评价暂行办法〉的通知》《中共甘肃省办公厅　甘肃省人民政府办公厅印发〈关于进一步加强科研诚信建设的实施方案〉的通知》。

（2）政策要点及成效

《关于深化项目评审、人才评价、机构评估改革的实施方案》开启了甘肃省新一轮“三评”改革大幕，力求从破除体制机制障碍入手，树立正确评价导向，发挥好评价指挥棒和风向标作用，进一步激发科研人员的积极性和创造性。按照方案，甘肃省将在优化“三评”工作布局、减少“三评”项目数量、改进评价机制、提高质量效率等方面实现突破，基本形成适应创新驱动发展要求、符合科技创新规律和社会科学研究规律、突出质量贡献绩效导向的分类评价体系，建立以兰白科技创新改革试验区为中心、辐射省内区域产业集群和科技示范区的“人才池”。进一步改革完善省级科技奖励制度，改革现行省科技行政管理部门下达推荐指标、科技人员申请报奖、推荐单位筛选推荐的方式，实行由专家学者提名，组织机构、相关部门推荐的多渠道制度，规定提名者和推荐者均承担推荐、答辩、异议答复等责任，对材料真实性和准确性负责。同时，实施定标定额评审制度，自然科学奖、技术发明奖、科技进步奖实行按级别标准提名推荐。要求提名与推荐者严格依据标准条件提名，评审专家遵照三大奖标准评审、投票表决。

《关于按系列（专业）修订或制定我省职称评价条件标准的指导意见》规定从 2018 年起，甘肃省不再统一制定跨系列（专业）评价条件标准。

《甘肃省特殊人才职称特殊评价暂行办法》首次启动特殊人才职称特殊评价工作。特殊人才特殊评价工作主要针对省内作出重大贡献人才、引进急需紧缺人才和其他身怀绝技的人才，且不受学历、资历、台阶等限制直接申报，实行一人一事、一事一议、特事特办，由省人社厅负责组织，并首次实行组长负责制实名评价。

《关于进一步加强科研诚信建设的实施方案》着眼顶层设计、统筹协调，积极落实科研诚信建设各主体职责，强化部门间的沟通、协同、联动，加快形成全社会促进科研诚信建设的推力。坚持问题导向，重点在科研诚信实践养成、调查处理等方面取得突破，构建符合科研规律、适应建设科技强省要求的科研诚信体系，力求在增强诚信意识、优化科研环境等方面取得实效。

5.《国务院办公厅关于抓好赋予科研机构和人员更大自主权有关文件贯彻落实工作的通知》(国办发〔2018〕127 号)

（1）政策出台情况

甘肃省配套出台了《关于印发抓好赋予科研机构和人员更大自主权有关文件贯彻落实工作“回头看”工作方案的通知》、《关于贯彻落实赋予科研机构和人员更大自主权和开展减轻科研人员负担及清理唯论文、唯职称、唯学历、唯奖项专项行动的通知》。

（2）政策要点及成效

《关于抓好赋予科研机构和人员更大自主权有关文件贯彻落实工作“回头看”工作方案的通知》（简称《工作方案》[①]）制定尊重科学研究规律，充分发挥市场在科技资源配置中的决定性作用，更好发挥政府作用，抓紧解决政策落实“最后一公里”存在的突出问题，切实为科研单位和科研人员营造良好创新环境，进一步解放生产力，为实施创新驱动发展战略和建设创新型国家增添动力。

为进一步推动方案落实落地，取得实效，结合甘肃省实际，省科技厅向省直有关单位、高等学校、科研院所印发《关于贯彻落实赋予科研机构和人员更大自主权和开展减轻科研人员负担及清理唯论文、唯职称、唯学历、唯奖项专项行动的通知》，在全省范围内部署开展赋予科研机构和人员更大自主权有关文件贯彻落实工作“回头看”行动，组织各部门各单位对照《工作方案》分工，进行全面自查总结。

6.《中共中央办公厅　国务院办公厅印发〈关于进一步弘扬科学家精神加强作风和学风建设的意见〉的通知》（中办发〔2019〕35号）

2019年8月8日，省科技厅组织省直有关单位、高等学校、科研院所、企业召开贯彻落实“弘扬科学家精神”和“赋予科研机构和人员更大自主权”座谈会。省委宣传部、省教育厅、省财政厅、省人社厅、省卫生健康委、省农业农村厅、省审计厅、省政府国资委、省科协、省社科院、兰州大学、西北师范大学、兰州理工大学、兰州交通大学、甘肃农业大学、兰州财经大学、兰州文理学院、兰州城市学院、省科学院、省农科院、金川集团、省情报所相关负责人参加了会议。会上介绍了中共中央办公厅、国务院办公厅《关于进一步弘扬科学家精神加强作风和学风建设的意见》（简称《意见》[②]）出台的背景、科技部解读和贯彻落实的情况，领读了《意见》全文。省委宣传部、省科协、省教育厅结合各自工作实际，介绍了贯彻落实的进展情况和下一步打算。大家一致认为，《意见》的发布对弘扬科学家精神、培育和践行社会主义核心价值观，鼓励科研人员潜心研究、勇攀科学高峰，加快建设科技强国具有重要的意义。同时指出，要按照科技部等国家有关部门的要求，把作风学风建设不断引向深入，把《意见》各项要求真正落地生根。使科技创新生态不断得以优化，学术道德建设得到不断加强，新时代科学家精神得到弘扬，在全社会形成崇尚创新、尊重知识、热爱科学、献身科学的浓厚氛围。

① 该简称仅适用于本章节内容。

② 同①。

7.《国务院关于印发国家技术转移体系建设方案的通知》(国发〔2017〕44 号)

(1)政策出台情况

甘肃省配套出台了《关于加快技术转移体系建设的实施意见》、《甘肃省技术转移示范机构管理办法》。

(2)政策要点及成效

《关于加快技术转移体系建设的实施意见》旨在加快发展技术市场，健全技术转移机制，加强技术供需对接，加快形成以专业化服务为支撑、资金为纽带、政策为保障的现代技术市场，加快推动科技成果资本化与产业化，促进科技与经济社会融通发展。主要内容：一是优化全省技术转移体系基础架构，二是拓宽全省技术转移通道，三是完善政策环境和支撑保障。《关于加快技术转移体系建设的实施意见》的出台，有助于加快发展技术市场，健全技术转移机制，加强技术供需对接，加快形成以专业化服务为支撑、资金为纽带、政策为保障的现代技术市场，加快推动科技成果资本化与产业化，促进科技与经济社会融通发展。

《甘肃省技术转移示范机构管理办法》旨在规范技术转移机构管理，加快推动科技成果转化为现实生产力，从技术转移机构的主要功能与业务范围、评定与管理、扶持与促进方面进行了明确。

为了推动政策有效落实，加快发展甘肃技术市场，健全技术转移机制，发展壮大技术市场人才队伍，促进科技成果资本化和产业化，推进省级技术转移服务机构建设和市场化专业化发展，2017—2018 年，甘肃省认定了省级技术转移示范机构 60 家，给予每个技术转移示范机构 30 万元奖补资金，共奖补 1800 万元，以企业需求为导向、大学和科研机构为源头、技术转移和成果转化服务为纽带、产学研相结合的成果转化服务体系逐步形成。甘肃省科技厅牵头统筹协调全省技术转移体系建设工作，加强组织领导；各市(州)、县(区)及有关部门要建立政策落实责任制，抓好政策落实；开展监督评估，建立监测、督办和评估机制，强化对实施意见的监督评估。

8.《国务院关于全面加强基础科学研究的若干意见》(国发〔2018〕4 号)

(1)政策出台情况

甘肃省配套出台了《甘肃省人民政府关于全面加强基础科学研究的实施意见》。

(2)政策要点及成效

《甘肃省人民政府关于全面加强基础科学研究的实施意见》制定前期，省科技厅赴科技部及时掌握政策要求，组织在甘高校、科研院所、企业和国家重点实验室召开座谈会，广泛听取意见建议。吸收借鉴部分兄弟省份贯彻落实国务院文件精神的做法和思路，明确了全面加强甘肃省基础研究工作思路，提出了总体要求和发展目标，制定了重点任务和具体措施。共分为总体要求、任务部署、研究基地、人才队伍、开放合作、机制和环境6个部分21条内容。作为省政府首次针对基础研究出台的政策，主要突出了6个特色亮点：一是遵循科学规律，突出优势特色。聚焦“一带一路”倡议，推动自由探索和目标导向有机结合，加强战略领域前瞻部署；围绕十大绿色生态产业重点领域，稳定和培养一批长期服务甘肃省经济社会发展的高水平基础研究人才队伍，攻克一批关键共性科学技术，取得一批重大原始科技成果。二是注重政策集成，创新体制机制，围绕基础研究各环节进行全链条设计，注重与国家政策措施的有效衔接，注重与甘肃省现有相关政策的联动效应。突出以人为导向，营造宽松的科研环境，调动创新主体的积极性创造性，完善分类评价机制，引导企业加强基础研究，提升市场竞争力。三是突出原始创新，促进融通发展。把提升原始创新能力摆在更加突出位置，强化科教融合、军民融合和产学研深度融合，坚持需求牵引，促进基础研究、应用研究与产业化对接融通，推动不同行业和领域创新要素有效对接。四是加强协同创新，扩大开放合作。积极探索科研活动协同合作、众包众筹等新方式，破解科学难题、共享创新成果，积极引导基础研究对内对外开放，横向纵向联合，探索联合攻关机制。五是瞄准科技前沿，打造创新高地。支持兰州白银国家自主创新示范区和兰白科技创新改革试验区建设，突出支持和推进国家级科技创新基地建设，整合优化省级科技创新基地，打造高水平创新平台和基地。六是强调统筹协调，营造良好环境。引导建立符合甘肃省基础研究特点和规律的评价机制，对自由探索类基础研究与目标导向类基础研究实行分类评价。加强知识产权培育和保护，促进基础研究持续、稳定、健康发展。

二、配套政策实施情况

（一）甘肃省落实配套政策情况

为进一步落实、落小、落细国家相关政策以及甘肃省出台的配套文件，积极采取制定政策行动方案及实施细则优化政策环境、加强科技开放合作、组织开展成果转化年活动、兑现科技创新奖补资金、充分利用成果交易平台、建立健全科研活动分类支持机制及开展经费管理检查工作等一系列措施，加快推进政策落地生根。

1. 落实《中华人民共和国促进科技成果转化法》配套政策的措施

优化政策环境，完善技术市场服务体系。贯彻“放管服”改革要求，简化管理程序，细化和完善配套政策措施，加大政策引导力度，明确各项政策及奖补资金，进一步强化对中央在甘高校院所服务，为科技人才技术开发、成果转化、创新创业营造良好的政策环境。为提高技术市场管理部门的工作效能和相关人员的业务能力，甘肃省科技厅通过举办全省技术市场培训班，邀请中国技术交易所、兰州大学的相关专家，就技术交易、合同认定登记规则流程和技术合同网上登记操作实务，技术市场优惠政策、技术合同报税过程具体流程进行了讲解，促进了全省技术合同交易主体对技术市场工作的认识及参与的积极性，进一步提高了甘肃省各级技术市场管理部门工作效能和相关人员的业务能力，促进科技成果转移转化。

加强科技开放合作，科技成果转化见成效。近年来，甘肃省先后与上海张江科技城签订了《创新发展合作备忘录》，与浙江清华长江研究院杭州分院签订了《创新驱动发展战略合作协议》等相关协议与备忘录，通过与发达地区合作，提升科技成果的“含金量”，为发达地区的高新企业提供了来甘肃投资的优惠政策，同时也掌握了更多的先进技术与管理经验。“十三五”期间，甘肃省在研发组织结构、项目评价制度、创新治理结构等方面下大力气，催生了一批含金量高、能够转化现实生产力的科技成果。《中国区域科技创新评价报告 2018》显示，甘肃省科技活动投入指数居全国第 23 位，科技活动产出指数居全国第 17 位，产出指标明显高于投入指标。科技成果在低投入的状态下保持稳定产出，科技成果登记数量逐年增加。2018 年，登记省级科技成果 1176 项，全省科技推动 245 项应用成果转化，经济效益达 601.22 亿元，取得净利润 93.34 亿元；2019 年，登记各类技术交易合同 5921 项，技术合同成交额 196.42 亿元，比 2018 年的 180.88 亿元增长 8.59%，技术成果的附加值明显提高，重大科技成果交易平稳增长，技术交易对全省经济发展贡献有所增强，科技对经济增长的贡献率由 52.2% 提高到 52.8%。

完善政策体系，兑现科技创新奖补资金。先后出台了《甘肃省促进科技成果转移转化行动方案》《关于建立科技成果转移转化直通机制的实施意见》《落实关于建立科技成果转移转化直通机制的实施意见奖励措施实施方案（试行）》等一系列政策措施，形成了科技成果对接、落地、激励、推进、保障全过程的技术路线图，实现了市场化交易、行政化推动、半行政化对接的有机结合，有力地推动了科技成果的转移转化。积极兑现“科技创新 30 条”奖补资金，落实 2018—2019 年度《甘肃省支持科技创新若干措施》政策补助项目共 1407 项、共兑现各类奖补资金 2.84 亿元，有效地发挥了科技创新激励作用。

开展成果转化年活动，推动科技成果产业化。为贯彻落实《甘肃省促进科技成果转化条例》和《甘肃省促进科技成果转移转化行动方案》，进一步促进科技成果转移转化，确定 2017 年为“科技成果转化年”。根据“科技成果转化年”工作方案和 2017 年省级科技计划组织实施方案，安排专项经费 1000 万元，在全省范围内征集、遴选了一批经济社会效益显著、产业领域特色明显的转化成功项目，采用后补助方式予以资助。征集范围包括科研开发机构、高等学校完成的科技成果，通过转让、许可、作价投资等方式转移到本省企事业单位，进行后续试验、开发应用，形成新技术、新工艺、新材料、新产品，实现明显经济社会效益的科技成果转化项目。成果转化年活动的开展，有力推动了科技成果产业化步伐。

利用成果交易平台，助推科研成果转化。目前，兰州科技大市场已汇集中国技术交易所、西安科技大市场、上海张江、北京大学等技术转移机构科技成果近 10 万项，入驻省内外高等院校、科研院所 50 余家和甘肃省知识产权事务中心、甘肃省分析测试中心等 12 家科技服务机构，同时还有兰州大学科技园等 34 家各类企业孵化器以及法律、财务、人才等 6 家中介服务机构，促进多项成果落地甘肃省。撮合上海产业技术研究院、清华大学、兰州大学在白银市分别设立了技术研发中心，实现了北京大学“土壤修复”和“铷原子小光钟”、中科大“农作物转基因”等技术项目，以及新加坡南洋理工大学“混合微电网”和“电动汽车无线充电技术”等科技成果在甘肃省转移落地，服务成效显著。同时，实现信息资源共享，在白银、金昌、嘉峪关三市建立了区域分市场。

2. 落实《国务院印发关于深化中央财政科技计划（专项、基金等）管理改革方案的通知》配套政策的措施

立足省情实际，通过制定一系列配套政策措施，进一步推进政策落地生根。重点围绕科技计划项目管理、大型科研仪器开放共享、搭建科技创新平台等方面，统筹推进科技计划管理改革各项工作。为提高省级财政科技资金使用效率，发挥科技支撑引领作用，提出项目管理坚持开放创新、需求牵引、市场导向、统筹协调、规范高效的原则，要求充分发挥专家在项目管理过程中的咨询作用，将专家咨询意见作为科技管理与决策的重要参考依据。围绕产业链和创新链部署建设科技创新平台，促进大型科研基础设施和大型科研仪器设备开放共享。围绕行业、企业、区域技术创新活动的需求，从项目申报、立项与实施、结题验收方面对技术创新引导计划进行了具体要求，旨在充分发挥市场对技术研发方向、路线选择、要素价格、各类创新要素配置的导向作用。

建立健全科研活动分类支持机制，健全各类计划管理办法和经费管理办法。为贯彻落实《甘肃省科技计划项目管理办法》精神，出台了《甘肃省科技重大专项计划项目管理办法》《甘肃省重点研发计划项目管理办法》《甘肃省技术创新引导计划项目管理办法》《甘肃省创新基地和人才计划项目管理办法》《甘肃省知识产权计划项目管理办法》，建立健全了科研活动分类支持机制，完善了科技计划管理平台，实现了全链条设计、一体化实施和规范化管理。2018 年，甘肃省级科技计划项目投入科技经费 55 277 万元，比上年增长了 27.73%；获批国家级科技计划项目立项 721 项，当年经费 72 165 万元。2019 年，组织申报国家自然科学基金项目 4040 项，获批近 640 项，获资助经费 3.83 亿元，其中获面上项目 200 项，经费 12 113 元；获国家杰出青年科学基金资助 2 人、国家优秀青年科学基金资助 3 人。

以省级科技重大专项为抓手，谋划科技计划组织。以省级科技重大专项为抓手，围绕清洁生产、先进制造、循环农业、中医中药等十大生态产业，改革完善重大科技项目分工协调机制，按照“拿资金找项目，拿项目找人才”的思路，集中突破制约十大生态产业发展的重大核心技术，促进产业跨越发展。制定了《中共甘肃省科技厅党组关于全面加强科技支撑生态环境保护和打好污染防治攻坚战的实施意见》，组织重点企业和优势高校、科研院所联合攻关，立项 22 项，支持经费 9200 万元。聚焦十大生态产业，提供人才信息支持。依据《甘肃省推进绿色生态产业发展规划》，会同省发展改革委、省工信厅等七部门编制了《甘肃省十大生态产业技术引进指南（2019 版）》和《甘肃省十大生态产业技术信息服务指南》。梳理出在十大生态产业方面，国际领先的主要研发团队、主要领军人才和主要生产企业信息，为全省十大生态产业发展提供引才引智信息支持。

围绕科技创新人才重点积极开展工作。研究起草《甘肃省生态产业特聘科技专家管理办法》，修订《甘肃省自然科学领域领军人才考核指标及说明》。完成了甘肃省自然科学领域领军人才的考核工作，遴选推荐了 3 名国家百千万人才工程候选人。向科技部推荐了中青年科技创新领军人才 17 人、科技创新创业人才 1 人、青年拔尖人才 5 人、重点领域创新团队 1 个、创新人才培养示范基地 1 个。加强基础研究科技人才培养工作，制定《关于省自然科学基金和青年科技基金计划项目结题程序的说明》，进一步规范项目结题程序，严格要求项目结题材料的规范性完整性。

重点支持研究开发与集成创新，攻克了一批制约经济社会发展的技术瓶颈。中国科学院西北生态环境资源研究院等单位完成的“半干旱典型黄土区与沙地退化土地持续恢复技术”突破了雨养条件下退化植被稳定维持和更新复壮的关键技术瓶颈，为半干旱区植被稳定恢复提供了坚实的理论依据和技术支撑。兰州兰石重型装备股份有限公司完成的“15.20 万 t/a 超大型薄壁丁二醇（BYD）反应器研制”填补了国内该类设备制造技术的空白。该设备的成功研制，解决了超大型薄壁（复合板）压力容器制造过程中变形控制及运输难题，为中国化工装置大型化、国产化的制造奠定了基础。由白银有色集团股份有限公司等单位完成的“低硫高铅次生铜物料冶炼技术开发及产业化”项目，解决了复杂次生铜物料综合回收原料适应性差、处理量低、能耗高、环境污染严重等问题，整体技术达到国际先进水平，项目开发及产业化后，新增利润 10.56 亿元，社会效益显著，实现了传统产业和循环经济的无缝对接。

3. 落实《关于进一步完善中央财政科研项目资金管理等政策的若干意见》配套政策的措施

完善科技计划项目管理政策体系。先后制定了《甘肃省人民政府关于优化科研管理提升科研绩效若干措施的通知》《甘肃省属科研院所科技创新能力建设实施办法》《关于落实以增加知识价值为导向分配政策的实施意见》《关于进一步加强科研诚信建设的实施方案》《关于科技创新支撑生态产业发展的实施方案》等文件，为科技创新和诚信建设提供支持。有效推动科技领域“放管服”改革，不断纵深推进科技体制改革，加快科技管理工作形成从研发管理向创新服务转变格局，科技创新治理体系得以逐渐完善。目前，已有228家单位的2475台（套）科研设施与仪器通过统一平台向全社会开放共享。

开展落实工作“回头看”行动。为贯彻落实《国务院办公厅关于抓好赋予科研机构和人员更大自主权有关文件贯彻落实工作的通知》（国办发〔2018〕127号）文件精神，甘肃省科技厅向省直有关单位、高等学校、科研院所印发《关于贯彻落实赋予科研机构和人员更大自主权和开展减轻科研人员负担及清理唯论文、唯职称、唯学历、唯奖项专项行动的通知》，对此项工作进行了安排部署。2019年8月13日，甘肃省科技厅、省财政厅联合印发了《关于印发抓好赋予科研机构和人员更大自主权有关文件贯彻落实工作“回头看”工作方案的通知》，在全省范围内部署开展赋予科研机构和人员更大自主权有关文件贯彻落实工作“回头看”行动。通过及时开展落实工作“回头看”行动，旨在有效掌握相关文件贯彻落实行动取得的成效。

组织召开交流研讨会。通过组织培训班、研讨会等形式，确保政策落实到位、取得实效。甘肃省科技厅举办全省深化科技体制改革、加快区域创新体系建设培训班，邀请专家作了科技项目经费管理、院所改革财务知识管理方面的专题讲座，来自全省14个市（州）、86个县（市、区）的科技局相关负责人和部分省属科研院所相关负责人参加了培训。中国科学院兰州分院通过组织召开学习交流座谈、研讨会，对《中共中央办公厅 国务院办公厅印发〈关于进一步完善中央财政科研项目资金管理等政策的若干意见〉的通知》（中办发〔2016〕50号）精神进行了深度导读，要求科研人员认真做好对50号文件精神的学习和宣贯工作。

积极制定政策实施细则。根据《关于进一步完善中央财政科研项目资金管理等政策的若干意见》精神，兰州大学印发了《兰州大学科研经费管理办法》，围绕职责及权限、开支范围、预算管理、收入管理、支出管理、管理与监督等多方面制定了翔实的贯彻落实方案。甘肃农业大学印发了《甘肃农业大学科研经费管理办法（试行）》，从管理体制、经费预算管理、经费支出管理、决算与验收、监督与检查、科研仪器设备管理、科研管理费管理等方面进行了详细的规定。甘肃民族师范学院制定了《甘肃民族师范学院加强和改进科研人员因公临时出国管理工作的实施细则》，进一步规范和管理教学科研人员因公临时出国活动。实施细则的制定，对进一步规范和加强科研经费管理，增加科研经费使用效益，充分调动广大教师与科研人员的积极性，促进科研工作健康发展，具有重要的意义。

（二）甘肃省落实配套政策执行情况和实施效果

科技体制机制改革不断深入。出台了《甘肃省支持科技创新若干措施》《甘肃省中央引导地方科技发展专项资金管理办法实施细则》《甘肃省省级科技计划专项资金管理办法》等系列重大改革举措，修订实施了《甘肃省促进科技成果转化条例》《甘肃省技术市场条例》。围绕《国务院印发关于深化中央财政科技计划（专项、基金等）管理改革方案的通知》和《中共中央办公厅 国务院办公厅印发〈关于进一步完善中央财政科研项目资金管理等政策的若干意见〉的通知》等政策，出台落实了一系列配套政策，相关制度环境不断优化，实施效果明显。建立了企业主导的产业技术创新体制机制，省级科技计划和资金管理迈出历史性步伐，建立了科学合理的项目形成机制和储备机制。推进"三评"制度改革和科技奖励制度改革，更加突出参评项目对全省经济的贡献。加强科研诚信管理，科研诚信跨部门联动和信息共享。

科技创新能力显著增强。甘肃省综合科技进步水平在全国排名由第 21 位上升至第 18 位，成功跃升至全国第二梯队。新技术、新产业、新业态发展势头良好，高技术产业增加值率为 30.5%，高技术产业增加值占规上工业企业增加值比重达 4.9%。甘肃省由于实施创新驱动发展战略、加强自主创新、加快高新技术产业发展成效，明显受到国务院表扬。围绕全省培育壮大十大生态产业，结合兰州和白银 2 个高新区的特色优势，确定兰州白银国家自主创新示范区重点发展的主导产业方向，打造特色鲜明、技术领先、效益可观的产业集群。全国唯一的国家中医药产业发展综合试验区获批建设，成功举办中医药产业博览会。全省 R&D 经费投入从 2011 年的 48.53 亿元增长到 2018 年的 97.1 亿元，R&D 经费支出占 GDP 的比重由 0.97% 提升至 1.18%。已拥有国家实验室 1 家，重点实验室 120 家，工程技术研究中心 144 家，省技术创新中心 13 家，省科技创新服务平台 12 个，野外科学观测研究站 20 个，农业科技园区 38 家。

科技交流合作不断开创新局面。一是"一带一路"科技创新合作扎实推进。组织甘肃省 15 家单位 43 项先进适用科技成果参加中国科技部、塔吉克斯坦国家科学院共同举办的"中国甘肃—塔吉克斯坦科技合作活动"。组织有关高校、科研院所和科技型企业参加"第三届中国—中东欧国家创新合作大会"；参加中国泰国科技合作双边会议；首次承办科技部海峡两岸科学技术交流中心和台湾工业技术研究院共同主办的"2018 两岸产业技术前瞻论坛"；成功举办"首届新陇合作创新发展高峰论坛"。二是签署新一轮部省会商协议。明确了"以兰白国家自主创新示范区为核心载体，深入推进兰白科技创新改革试验区建设""推进产业转型升级和生态环境保护，推动产业绿色低碳循环发展""加强科技扶贫，支撑打赢脱贫攻坚战""推动丝绸之路'科技走廊'建设，促进'一带一路’科技创新合作”等4项议题，部省双方将进一步拓展合作内容，集聚资源要素，协同推动甘肃省科技事业和经济社会发展。三是加强国际合作平台和项目建设。新认定省级国际科技合作基地35家，总数达到70家。围绕生态环境、清洁能源、先进制造、生物医药等领域，组织开展省级重点研发计划的国际科技合作类项目。

政策落实拓展了成果转化的价值空间。甘肃省建材科研设计院有限责任公司制定了科研激励制度，使用院自有资金对从事科研项目的员工给予项目金额10%～30%不等的津贴补助，鼓励科研人员成果转化；以建筑、建材全行业新产品研发、技术咨询服务、新技术推广与应用、技术培训、检验检测等方面的技术转移服务为主，特别是在绿色建筑、绿色建材、新能源、资源综合利用、清洁生产审核等方面绩效突出，该公司以下设子公司的技术需求为导向，对科研成果进行技术引进和集成，拓展了成果转化的价值空间，通过市场化运营，其自主研发的缓释型聚羧酸高性能减水剂在兰州宏方新型建材科技有限公司转化实施。兰州理工大学大力推进已有成果的转化推广应用，使科技创新成果转化为生产力，直接服务于企业生产，其中“一种脉冲激光激振TIG熔池检测振荡频率的熔透控制装置”和“一种基于双屏的物体表面三维形貌测量方法”2件发明专利在兰州长征机械有限公司得到转化应用。“锂离子电池正极材料磷酸铁锂制备关键技术开发及产业化”技术在湖南雅城新材料有限公司和兰州微纳工业新材料有限公司相继推广应用，为企业每年增加经济效益300万元，该技术荣获甘肃省科技进步二等奖。

政策落实让科研人员得到实惠。兰州大学落实《兰州大学科技成果转化管理办法》规定，科技成果以转让或者专利许可授权方式进行转化的，所得收益按照成果完成人和学校以9∶1的比例进行分配，科技成果以技术入股形式转化的，技术股权最多可按9∶1的分配比例由成果完成人和学校分别所有，具体分配比例可根据技术转移实际情况而定。甘肃省农业科学院对未约定奖励和报酬方式、数额和时限的职务科技成果奖励和报酬比例提高到不低于70%，成果主要完成人和为转化该成果做出重要贡献的人员获得奖励的份额不低于奖励总额的50%。甘肃省积极落实政策，对实行公开竞争方式的省级研发类项目，均要求设立间接费用，间接费用按直接费用扣除设备购置费的一定比例确定，即500万元以下的项目为20%、500万元（含500万元）至1000万元的项目为15%、1000万元（含1000万元）以上的项目为13%。面向各地及省属科研机构、高校开展为期一年的专项行动，集中清理整治表格多、报销繁、牌子乱、检查多、“数据孤岛”等突出问题，进一步优化科研管理，简化程序流程，提升管理效能，让科研人员获得感和满意度显著提升。

政策落实让产学研合作成效显著。2018年度国家技术发明二等奖项目“基于湿法凹凸棒石高值利用关键技术开发及应用”由中国科学院兰州化学物理研究所研究员王爱勤及其团队完成。多年来，其研究团队始终以应用需求为导向，加强产学研合作，通过与企业合作，开发的凹凸棒石无机凝胶、霉菌毒素吸附剂和棕榈油脱色剂等产品已实现产业化应用。中国科学院兰州化学物理研究所攻关完成“低品位凹凸棒石关键共性技术研发及应用”项目曾获得 2017 年度甘肃省科技进步奖一等奖，研究团队经过 10 年的持续攻关，破解了甘肃省凹凸棒石产业规模化发展过程中的关键制约技术难题，揭示了红色凹凸棒石转白及结构演变机理，解决了棒晶易溶蚀和损伤的技术难题。相关产品各项性能指标达到或超过国外同类产品的技术水平，成功应用于化工、能源、食品、塑料工程等领域，累计新增产值 3.19 亿元，显著增强了凹凸棒石产业的核心竞争力。

政策落实让企业创新能力更加凸显。从 2017 年开始，甘肃省先后成立了多个由企业或科研院所牵头组建的产业创新联盟，专注于企业、院所、高校等之间的无缝对接，重点攻克对产业竞争力整体提升具有全局性、带动性的一批关键共性技术，实现集成创新。金川集团公司与兰州理工大学、中南大学等 10 家单位联合成立“甘肃省镍钴新材料产业技术创新战略联盟”；2018 年，联盟又创建了甘肃省镍钴新材料创新中心，采用“中心+公司+联盟”的运营方式，建立镍钴新材料创新平台和科技创新市场化运作及技术成果转移扩散、多元化投融资、高效激励、创新资源共享、人才交流培养新机制。联盟促进了技术链、创新链、产业链、资金链的高度融合，带动创新技术向规模化、经济高效的制造能力转化，有助于提升我国镍钴高端材料产业整体水平。金川科技园有限公司一条 800 吨的 HV 储氢合金生产线正式投产，年产值预计达到 2 亿元。近年来，兰白科技创新改革试验区不断壮大科技型中小微企业队伍，科技型中小微企业总数达到 4674 家；高新技术企业数量达 359 家，占全省的 58.7%；战略性新兴产业骨干企业达 43 家，占全省的 55.8%。目前，兰白试验区内万人发明专利拥有量达 7.0 件，技术合同年成交额达 42.91 亿元，科技进步贡献率为 54.5%。

政策落实让社会大众尝到甜头。2015 年，甘肃省首个国家级培育畜禽品种“高山美利奴羊”通过国家品种审定，近三年该品种在甘肃省及周边地区推广种公羊 8118 只，改良细毛羊 173.54 万只，获得新增收益 3.27 亿元和经济效益 2.25 亿元，出现供不应求的紧俏局面。该品种的推广应用已成为农牧民脱贫奔小康的主导产业。兰州交通大学研发的“城市扬尘治理”核心技术已应用于兰州新区道路扬尘治理示范项目，研发的“速分生物处理技术”已成功应用于兰州高新区彭家坪工业园 70 余项污水处理工程项目中，这些民生科技成果的产业化应用让社会大众享受到政策落实给日常生活带来的便利。

（三）为落实相关政策而开展的宣传、培训、督查情况

为落实相关政策，甘肃省开展了形式多样、范围广泛的宣传、培训、督查活动，加大政策培训力度，宣传和解读各项科技创新政策。同时，加强对政策实施的跟踪和监督检查工作，为企业、科研院所和高校等创新主体提供科技政策服务。

1. 举办科技成果转化现金奖励有关个人所得税优惠政策辅导培训

为加快实施创新驱动发展战略，促进甘肃省高校与科研院所科技成果转移转化，营造良好创新的环境，2019 年 7 月 10 日，甘肃省科技厅与省税务局共同举办了一期“科技人员取得职务科技成果转化现金奖励有关个人所得税优惠政策辅导培训会”。培训从新旧个人所得税法差异及新税法特点、专项附加扣除暂行办法、工资薪金所得累积预扣法、其他综合所得预扣预缴方法、科技人员职务现金奖励优惠政策解读等 5 个方面，对新修订的个人所得税法和科技人员取得职务科技成果转化现金奖励有关个人所得税政策进行了宣讲和解读，并对各单位提出的问题进行现场答疑解惑和交流互动。来自各市（州）科技局成果转化科负责人、中央在甘及省属相关非营利性科研机构和高校从事财税工作的共 70 余人参加培训。通过培训让高校院所财务部门了解掌握职务科技成果转化现金奖励有关个人所得税及相关优惠政策，更好地为科研人员服务，使广大科研人员熟悉政策、掌握政策、享受政策。

2. 组织研究开发机构和高等院校报送科技成果转化年度报告工作

2019 年 7 月，根据《科技部办公厅　财政部办公厅关于研究开发机构和高等院校报送 2018 年度科技成果转化年度报告工作有关事项的通知》（国科办区〔2019〕53 号）要求，按照《事业单位登记管理暂行条例》完成登记，甘肃省科技厅、甘肃省财政厅组织取得事业单位法人资格的研究开发机构和公办普通高等学校报送本单位 2018 年度科技成果转化年度报告。

3. 开展促成技术交易及转移转化科技成果奖励工作

为贯彻落实《中共甘肃省委办公厅　甘肃省人民政府办公厅印发〈关于建立科技成果转移转化直通机制的实施意见〉的通知》，根据《甘肃省科技厅　甘肃省财政厅印发〈落实关于建立科技成果转移转化直通机制的实施意见奖励措施实施方案（试行）〉的通知》的要求，甘肃省科技厅、省财政厅组织开展了“2019 年促成技术交易及转移转化科技成果奖励”相关工作。

4. 成功举办第四届兰州科技成果博览会

2019 年 9 月 21 日，由甘肃省科技厅、兰州市人民政府联合主办，兰州市科技局承办，兰州白银国家自主创新示范区办公室、兰州新区、兰州高新区、兰州经开区、白银高新区管委会和甘肃会展中心有限责任公司共同协办，主题为“科技兴业 · 博览世界 · 会聚兰州”的第四届兰州科技成果博览会开幕式暨兰州高质量发展论坛在甘肃国

际会展中心举行。俄罗斯、意大利、日本、美国、以色列等多个国家的嘉宾，19 个国家自主创新示范区的嘉宾，西部 11 个省会城市的宾客以及省内 13 个市（州）政府代表，国内高校院所的代表等参加。此次科技成果博览会旨在全面贯彻落实习近平新时代中国特色社会主义思想和党的十九大精神，深入实施创新驱动发展战略，不断加强与“一带一路”沿线国家的科技合作与交流，加快推进兰州白银国家自主创新示范区建设，为实现甘肃省高质量发展、推动绿色发展崛起提供强有力的科技支撑。

5. 举办全省科技成果转移转化现场会

为贯彻落实《关于建立科技成果转移转化直通机制的实施意见》，大力推动全省科技成果转移转化工作再上新台阶。经甘肃省政府同意，甘肃省科技厅于 2019 年 12 月 3 日至 4 日在定西市陇西县召开全省科技成果转移转化现场会。张世珍副省长出席会议，向首批 11 家甘肃省新型研发机构授牌。省级相关部门、中央在甘及省属高校、科研院所负责同志，各市（州）分管领导、科技部门负责人，定西市相关领导及有关部门、县区负责同志，有关科研单位、科技研发机构、科技型企业负责同志，近 400 人参加会议。会议共举办各类科技成果发布对接活动 15 场次，甘肃省科技厅发布面向全省高校、科研院所等征集的参展科技成果 184 项，定西市发布面向全市征集急需解决的技术需求 97 项，30 个项目进行了路演推介，成果供需双方互动对接积极，23 个成果与 34 家企业、合作社达成意向性协议 34 项。

6. 推荐 2018 年度全省技术市场工作先进集体和个人

2019 年 4 月，甘肃省科技厅发布了《关于推荐 2018 年度全省技术市场工作先进集体和个人的通知》，决定通报表扬一批在 2018 年全省技术市场工作中做出突出贡献的先进管理单位、先进经营单位和先进个人，旨在鼓励先进，进一步加速科技成果转移转化。其中，技术市场工作先进管理单位奖励范围包括在完善技术转移体系，加快发展技术市场，加速政策措施落实，建立科技成果转移转化直通机制方面成绩突出和有创新举措并产生积极影响的技术市场管理单位。技术市场工作先进经营单位包括在加强技术供需对接、专业化服务、加快推动科技成果资本化与产业化成效显著，技术交易快速发展，为发展十大生态产业做出突出贡献的企业、高校和科研院所。技术市场工作先进个人包括在 2018 年技术市场管理、技术推广、技术交易、技术中介服务等方面成绩显著，有突出业绩的个人。

7. 举办 2018 年全省技术经纪人培训班

2018 年 10 月，为进一步落实《甘肃省促进科技成果转移转化行动方案》，加强技术经纪人队伍建设，加快发展技术市场，促进科技成果转移转化，甘肃省科技厅下发了《关于举办 2018 年全省技术经纪人培训班的通知》。在培训班上宣读甘肃省科技厅关于表扬 2017 年度全省技术市场工作先进管理单位、先进经营单位和先进个人的通报；宣读甘肃省科技厅关于认定第二批省级技术转移示范机构的通知；邀请省内外有关专家就如何签订技术合同、技术合同认定登记流程及登记案例分析等，科技成果转化、专利实施转移知识产权归属和利益分配问题，如何做好技术经纪人要素分析，技术转移体系建设创新与实践，技术合同网上登记统计与分析，技术市场税收优惠政策解读，科技成果管理及相关政策法规介绍等内容进行讲解。

8. 举办 2019 年甘肃省科技活动周

2019 年 5 月，以“科技强国 科普惠民”为主题的 2019 年甘肃省科技活动周启动仪式在武威市雷台公园举行。在甘肃省科技活动周期间，甘肃省各地各有关部门围绕“科技强国 科普惠民”活动主题，组织开展科学之夜、科技列车甘肃行、全省科普讲解大赛、全省科普微视频大赛、科技下乡集中示范、全省中小学生科学知识网络竞答、科普惠民成果展示、美好生活体验、科技扶贫成就展以及科普使者进校园等一系列丰富多彩的科普沙龙和示范活动，对大力弘扬科学精神，传播科学思想，普及科学知识，倡导科学方法，推动科普能力建设，提升全民科学素质具有十分重要的意义。科技活动周活动对增强全省人民的科学意识和科学素养，形成全社会积极参与、各类媒体广泛传播、科普活动遍及城乡的良好氛围具有重要作用。

9. 2019 年技术合同交易额再创新高

甘肃省 2019 年登记各类技术交易合同达 5921 项，技术合同成交额 196.42 亿元，较上年增长 8.59%，超额完成 190 亿元的预定目标任务。在全部技术交易中，技术开发交易合同数为 1501 项，成交额达 14.27 亿元，技术转让交易合同数为 117 项，成交额达 10.34 亿元；技术咨询交易合同数为 497 项，成交额达 7.39 亿元；技术服务交易合同数为 3806 项，成交额达 164.42 亿元。其中 358 项重大技术交易合同成交额超千万以上，成交额达 147.36 亿元。总体来看，技术成果的附加值提高成效明显，重大科技成果交易持续增加，技术交易对全省经济发展贡献呈增强态势。

10. 嘉峪关市举办 2019 年科技成果转移转化培训会

2019 年 11 月，由甘肃省嘉峪关市科学技术局主办，兰州科技大市场管理有限责任公司承办的“嘉峪关市 2019 年科技成果转移转化培训会”在兰州科技大市场举办，嘉峪关市科技型企业的负责人以及财务人员共 30 余人参加了培训。培训班邀请了甘肃省税务局、兰州理工大学、国家知识产权运营公共服务平台专家以及兰州科技大市场相关领域的专家，围绕研发费用加计扣除、科技创新与成果转化、知识产权贯标、甘肃省科技创新券申领使用以及高新技术企业认定等内容，以“理论授课＋现场学习＋研讨交流”的综合模式进行了为期三天的封闭式培训。此次培训为嘉峪关市科技型企业提供了高品质科技服务平台，有效提升了嘉峪关市科技创新能力，加快嘉峪关市科技成果转移转化，促进科技成果向现实生产力转化。

11. 张掖市加快科技成果转化助力乡村振兴

张掖市山丹县以绿色发展为导向，以促进农民增收为目标，强化农技推广，创新指导服务，为推动全县现代农业发展和乡村振兴提供了有力的科技支撑。该县持续抓好有机肥替代化肥项目，示范推广“有机肥+配方肥、种植绿肥、土壤改良剂、水肥一体化”等营养套餐模式，落实有机肥替代化肥示范面积 1.2 万亩，推动绿色农产品生产基地建设。精心选聘技术指导员 127 名，推广“中国农技推广 APP”信息服务平台，农技推广信息化建设实现重大突破。围绕优势特色产业发展需求，建立农业科技试验示范基地，示范一批符合绿色增产、资源节约、生态环保、质量安全要求的农业主推技术，使全县主导品种和主推技术到位率达 95% 以上，增强现代农业发展步伐。同时，强化农药市场监管，加大违法经营行为打击力度，进一步确保了农业生产安全。

12. 公示科技创新券拟兑现情况

根据《甘肃省科技创新券实施管理办法》等规定，2019 年 12 月，甘肃省科技厅公示了 2019 年 5—8 月科技创新券拟兑现情况；2019 年 5—8 月，30 家创新券收券机构接收创新券合计 1161.26 739 万元，拟兑现奖励金额 116.126 739 万元。

13. 参加第 26 届中国杨凌农业高新科技成果博览会

2019 年 10 月，甘肃省科技厅副厅长王彬率甘肃省代表团一行 6 人参加了第 26 届中国杨凌农业高新科技成果博览会。第 26 届中国杨凌农业高新科技成果博览会的主题为“新农业・新农村・新农民”，重点聚焦创新驱动发展战略和乡村振兴战略，共设了八大展馆，举办全国农业科技创新成就展、国际种业展、上合组织农业展、农业“双创”展、现代农业示范园展、数字农业展、农业机械展、畜牧活体良种展等专题展览，旨在助力打赢脱贫攻坚战，为扩大高水平开放、推动高质量发展和农业强国建设做出积极贡献。甘肃省举办了“甘肃农业科技成果展”，分现代丝路寒旱农业板块、脱贫攻坚乡村振兴板块和农业电子商务板块，主要以实物、展板、模型等形式宣传展示了甘肃省农业科技发展重要成果，组织兰州、白银、庆阳、酒泉等 10 个市（州）的 28 家企业参加，加强甘肃省农业对外合作交流。

14. 参加 2019 年民口国家科技重大专项成果转移转化培训班

2019 年 12 月，甘肃省科技厅发展规划处相关人员参加由科技部重大专项司主办、科技部科技评估中心和江西省科技厅承办的 2019 年民口国家科技重大专项成果转移转化培训班。此次培训在南昌举办，围绕重大专项既定战略目标和任务、成果转移转化工作中存在的问题以及解决措施与建议等方面，采取集中授课、典型专项经验介绍及互动交流、现场学习的方式进行，旨在提升重大专项成果和知识产权管理能力与水平，推动重大专项成果转移转化落地见效。培训期间，全体学员学习了《学习贯彻党的十九届四中全会精神》《创新机制，改革探索，推动科技成果转化支撑高质量发展》

《科技成果评价方法体系》等课程，并赴中国（南昌）虚拟现实VR产业基地、南昌5G+VR产业基地等单位进行了现场学习，就如何加强各专项之间的协同创新、强化标志性成果管理、加快推动成果在地方转化落地进行交流研讨。

15. 承办2018两岸产业技术前瞻论坛

由科技部海峡两岸科技交流中心和台湾工业技术研究院共同主办、甘肃省科技厅承办的2018两岸产业技术前瞻论坛于2018年7月26日在兰州成功召开，来自两岸的专家学者共聚兰州，为两岸科技合作和产业发展献言献策。论坛还举办了两岸5G合作成果展、第五代移动通信技术专题论坛和生物医药技术专题论坛。两岸专家分别作主题报告。承担科技部两岸科技合作项目的清华大学、北京大学、上海大学、西安电子科技大学、北京邮电大学、东南大学等大陆专家学者40余人参加了此次活动。论坛还安排台湾专家开展了科技、文化参访活动，对推动海峡两岸科技界交流合作、促进陇台开展产业技术合作具有重要意义。

16. 参加第二届海南国际高新技术产业及创新创业博览会

2018年7月，甘肃省科技厅组织甘肃省相关高校、科研院所和企业组成甘肃省科技代表团，赴海口市参加第二届海南国际高新技术产业及创新创业博览会并举办“甘肃省科技创新成果展”。甘肃省共组织参展项目42项，展示了在现代农业、新能源、新材料、电子信息、机械制造等领域的重大创新成果。参展单位有兰州理工大学、甘肃省商业科技研究所有限公司、甘肃省化工研究院有限责任公司、甘肃省膜科学技术研究所有限公司、甘肃省农业工程技术研究院、兰石集团、兰州大成科技股份有限公司、甘肃成圆网络工程股份有限公司、兰州中科凯路润滑与防护技术有限公司、天水电气传动所有限责任公司和甘肃省南洋新能源科技发展有限公司。

17. 认定第二批省级技术转移示范机构

2018年8月，为落实《甘肃省促进科技成果转移转化行动方案》《甘肃省支持科技创新若干措施》，建设和完善甘肃省技术转移体系，加快发展技术市场，根据《甘肃省技术转移示范机构管理办法》有关规定，甘肃省科技厅下发了《关于认定第二批省级技术转移示范机构的通知》，经市（州）科技局及相关单位推荐、专家评审、第3次厅务会审议通过并公示无异议后，认定金川镍钴研究设计院有限责任公司等25家单位为第二批省级技术转移示范机构。各省级技术转移示范机构以市场化、专业化为发展方向，不断加强技术转移和成果转化机制模式创新，推进跨区域、跨行业、跨学科技术转移，服务甘肃省经济和产业发展。

18. 培育建设省级科技成果转移转化示范区

2018年4月，为落实《甘肃省促进科技成果转移转化行动方案》，高效推动科技成果转移转化示范区的建设，参照《国家科技成果转移转化示范区建设指引》，甘肃省科技厅下发了《关于培育建设省级科技成果转移转化示范区的通知》，启动省级科技成果转移转化示范区培育建设工作。该项工作依据国家科技成果转移转化示范区建设的要求与《甘肃省促进科技成果转移转化行动方案》部署，围绕全省经济转型升级、社会民生需求加速科技成果转移转化，高质量建设省级科技成果转移转化示范区，促进科技成果对接特色产业需求转移转化，培育新经济增长点，进而形成一批可复制推广的经验、模式。

19. 组织申报 2019 年度省级科技计划项目

2018 年 9 月，甘肃省科技厅下发了《关于组织申报 2019 年度省级科技计划项目的通知》，提出 2019 年省级科技计划组织工作以习近平新时代中国特色社会主义思想和党的十九大精神为统揽，全面落实《省委省政府进一步贯彻落实习近平总书记“八个着力”重要指示精神实施方案》《省政府关于构建生态产业体系推动十大类生态产业发展总体方案》《甘肃省“十三五”科技创新规划》等确定的目标任务，以着力提升科技创新能力和核心竞争力、加快科技成果转移转化、推动高质量发展为指针，以持续深化科技管理体制改革、优化整合科技创新基地为动力，坚持绿色环保、创新引领、开放带动，围绕建设兰州白银国家自主创新示范区，强化区域创新资源布局，发挥创新对绿色生态产业发展的主推作用，大力构建生态产业体系，推进“一带一路”国际科技合作。通过年度科技计划实施，充分发挥科技创新在供给侧结构性改革中的基础、关键和引领作用，激发各类科技创新主体活力，推动全省经济社会发展质量的提升。

20. 组织 2019 年度社会发展领域科技重大专项立项项目咨询论证会

2019 年 11 月 6 日，甘肃省科技厅组织对 2019 年度立项的社会发展领域科技重大专项项目进行咨询论证会，邀请兰州大学、中国科学院西北生态环境资源研究院、兰州交通大学、甘肃省科学院、甘肃省林业科学研究院等五家单位的专家，对“白龙江流域地质灾害隐患识别、临灾预警及应急处置研究与示范”“西北高铁无砟轨道–路基系统病害机理及整治新技术研究”“基于地表植被保护和恢复的土地荒漠化沙化治理关键技术集成及固沙装备开发与应用”等 3 项 2019 年度立项的社会发展领域科技重大专项项目实施方案进行了咨询论证，重点对项目的考核指标、技术路线和财务预算等方面提出了专家咨询意见。

21. 举办 2018 年省级科技计划项目申报培训

2018 年省级科技计划申报启用了新的管理信息系统，科技重大专项、民生科技计划等在组织方式、申报条件等方面均有较大变化。为了帮助有关项目组织单位、申报单位更准确理解申报指南要求，提高项目申报质量，2018 年 11 月 7 日，甘肃省科技厅举办了 2018 年省级科技计划项目申报培训。培训以视频方式进行，主要解读 2018 年科技计划项目申报通知，讲解各类计划组织的总体思路和考虑，通报省级科技计划项目预算和经费管理的最新要求，并演示新的省级科技计划项目管理信息系统和科技报告系统操作。

22. 发布关于进一步加快财政资金支出进度的函

2018 年 6 月，甘肃省科技厅下发《关于进一步加快财政资金支出进度的函》，要求对结转资金量大的项目进行重点分析，查找存量资金支出进度慢的根本原因，提出下一步工作措施，加大清理盘活财政存量资金力度，加快项目实施进度，确保存量资金规模大幅下降，提高资金使用效益；各类科技专项资金要依据批复的科技专项预算，从严、从细、从紧、从速支出，加强财务监管，防范各类风险，确保全年经费合理合规支出；对新申报的科研项目，早安排、早部署，及早办理政府采购、资产预算等审批手续，尽量缩短项目执行周期，切实保障资金支出进度。

23. 发布关于加快省级科技计划项目验收结题工作的通知

2018 年 10 月，甘肃省科技厅下发《关于加快省级科技计划项目验收结题工作的通知》。要求完成 2016 年及以前立项省级科技计划项目验收结题工作；根据《中共甘肃省委办公厅　甘肃省人民政府办公厅〈关于完善省级财政科研项目资金管理政策的实施意见（试行）〉的通知》要求，做好项目资金管理；重视省级科技计划项目成果管理工作，项目验收结题后，原则上要进行成果登记；验收结题请严格按照项目管理办法要求实施，不得降低标准，突击验收结题项目。

24. 公示 2019 年第一批中央引导地方科技发展专项资金拟支持项目

2019 年 3 月，按照《财政部　科技部关于印发〈中央引导地方科技发展专项资金管理办法〉的通知》（财教〔2016〕81 号）和甘肃省财政厅、甘肃省科技厅《关于印发〈甘肃省中央引导地方科技发展专项资金管理办法实施细则〉的通知》规定，根据《甘肃省中央引导地方科技发展专项资金三年滚动规划》确定的重点方向，甘肃省财政厅、省科技厅联合组织专家评审，对 2019 年第一批拟立项支持的地方科研基础条件和能力建设、地方专业性技术创新平台建设、地方科技创新创业服务机构建设和地方科技创新项目示范 4 个方向的 12 个项目予以公示。

25. 编制中央引导地方科技发展专项资金三年滚动规划

2019 年 2 月，甘肃省科技厅、省财政厅联合发布了《关于开展中央引导地方科技发展专项资金三年滚动规划编制工作的通知》，据科技部、财政部《关于中央引导地方科技发展专项资金三年滚动规划的通知》要求，启动中央引导地方科技发展专项资金 2019—2021 年滚动规划编制工作，规划重点围绕兰白科技创新改革试验区、兰州白银国家自主创新示范区建设、省部会商重点议题和科技精准扶贫 4 个方向组织编写。

26. 发布第八批新增对外开放共享单位及大型仪器设备设施名录

为贯彻落实《甘肃省人民政府关于重大科研基础设施和大型科研仪器向社会开放共

享的实施意见》文件精神，进一步提高甘肃省科技资源利用效率，促进科研设施与仪器向高校、科研院所、企业、社会研发组织等社会用户开放，加快实现资源共享，省大型科学仪器协作共用管理办公室深入高等院校及科研院所开展大型科研仪器设备设施对外开放共享政策的宣传交流工作，鼓励高等院校、科研院所积极开展对外共享服务工作。截至 2019 年 10 月 30 日，第八批共有 13 家开放共享单位 40 台套、原值 0.36 亿元的大型科研仪器设备设施加入甘肃省大型科学仪器设施开放共享 服务平台。

27. 嘉峪关市科技局组织召开 2019 年度市级科技计划项目立项评审会议

2019 年 8 月 17 日，嘉峪关市科技局组织召开了 2019 年度市级科技计划项目立项评审会议。会议按照工业、农业、医疗卫生、综合分组进行。各组分别通过听取汇报、审阅资料和质疑答辩等程序，由评审专家从项目的创新点、技术水平、市场应用前景及经济社会效益等方面进行综合评价，并对每个项目进行量化评分，按照分值排序确定建议立项名单并提交评审委员会投票表决，表决通过的项目即为 2019 年科技计划正式立项项目。为了确保项目评审公平、公正、公开，会议成立了由技术专家、财务人员和科技管理人员组成的立项评审监督组，对评审过程以及评分统计进行全程监督检查，评审会议结束后第一时间对评审结果进行公示。

28. 甘肃省科技厅、省财政厅对科研项目资金管理改革相关政策落实情况开展督查

为深入了解《关于进一步完善中央财政科研项目资金管理等政策的若干意见》和《关于完善省级财政科研项目资金管理政策的实施意见（试行）》贯彻落实情况，2018 年 7 月，甘肃省科技厅会同省财政厅赴院所、高校联合开展专项督查。督查组深入兰州交通大学、兰州理工大学、甘肃省商业科学研究所、甘肃省机械科学研究院、甘肃省建材科研设计院等单位，通过与一线科研人员座谈交流、实地查看项目实施情况、查阅印证材料等方式，重点对完善内部管理制度、科研项目资金管理、科研仪器设备采购等方面落实情况进行了督查。进一步了解政策落实过程中存在的“堵点”和问题，为下一步深化科研项目资金管理改革、切实激发科研人员创新活力提供了依据。

29. 甘南州组织科技管理系统干部创新发展暨能力提升培训班

为推动科技改革和创新政策落实，提高甘南州科技管理干部理论素养、知识水平和管理能力，经甘南州委组织部批准，甘南州科技管理系统干部职工 100 余人，于 2019 年 5 月中下旬，分两批参加由贵州大学学术交流中心承办的“甘南州科技管理系统干部创新发展暨能力提升专题培训班”。培训班共举办了《习近平新时代中国特色社会主义思想》《大数据技术概述与应用》《科技发展与区域经济转型升级》《三变改革》等 8 场专题讲座，开展了两次现场教学，参观了遵义会议遗址和贵安新区（国家级新区）贵州数字经济展示中心。与此同时，以大数据、精准扶贫、科技创新等主题进行分组讨论，交流学习体会，撰写学习心得。通过系统的理论学习，针对性地课堂讨论，实践教学考察环节，进一步提升了科技管理系统干部履职尽责的素质和能力，效果良好，为新时代深入实施创新驱动战略，服务甘南州经济社会发展夯实了工作基础。

30. 临夏州举办科技管理人员培训班

2019 年 9 月，厦门市科技局、临夏州科技局在厦门市举办了科技管理人员能力提升培训班。培训班共有两期，组织州直科研事业单位、全州“三区”科技人员、州县科技管理业务骨干等 70 多人参加。通过专题讲座、案例解析、实地考察等形式，州县科技人员学习借鉴厦门市农业科技创新、企业科技管理、技术成果示范、人才队伍建设和科技扶贫的相关政策措施，了解厦门市科技创新发展态势。通过采用“走出去”的方式，使州县科技管理人员进一步开阔了眼界，转变了观念，学习借鉴工作经验，为今后做好科技工作具有重要指导意义。

31. 酒泉市监督检查省、市科技计划项目实施及经费管理使用情况

2019 年 2 月，酒泉市金塔县科技局围绕近年来的科技项目，开展了一项为期一周的监督检查工作。为确保高质量完成此项工作，科技局专门成立了项目实施及经费管理使用监督检查领导小组，对 2017 年以来的科技项目实施及经费管理使用情况进行监督检查，并对项目实施和经费管理使用中存在的问题提出了整改意见。针对检查出的问题，进行了现场分析和梳理，要求各项目承担单位负责人高度重视，安排专人对查出来的问题，深刻分析，举一反三，认真制定整改措施并及时整改，确保科技计划项目落到实处。

32. 开展省属科研院所财务检查

为加强和规范省级财政科技专项经费使用，进一步提高院所财务管理水平，结合 2017 年度部门决算所反映出的相关问题，甘肃省科技厅对 7 家省属科研院所开展财务检查。财务检查主要围绕 2017 年财务决算真实性核查，重大财务收支情况核查，结余结转资金使用情况检查，内控制度是否健全，财务重大事项是否向院所长报告及研究，“三公经费”、差旅费、会议费、政府采购等重点科目的支出是否规范，2017 年巡视审计中财务问题整改落实情况的督察等 7 个方面展开。通过财务专项检查发现，院所在日常财务管理工作有了较大的进步，消除了很多资金使用的隐患和财务管理上的漏洞。院所规范项目管理，加强财务监督的意识明显提高，财政资金能够更安全、高效地使用。

（四）科学技术研究机构落实相关政策情况

1. 积极出台管理办法

甘肃农业大学出台了《甘肃农业大学科技成果转化办法》《甘肃农业大学科研经费

财务管理办法》《甘肃农业大学劳务酬金管理暂行办法》，对酬金的发放范围、发放标准、发放管理等措施进行了明确规定；还制定了《甘肃农业大学国内差旅费管理办法》《甘肃农业大学科技创新基金管理办法》。甘肃省治沙研究所在《中华人民共和国促进科技成果转化法》《甘肃省促进科技成果转移转化行动方案》《甘肃省促进科技成果转化条例》等配套政策下发后，由单位主要负责人召集知识产权办公室人员召开专题会议，研究落实相关政策，并制定符合该单位的科技成果转化行动细则。在充分领会政策的前提下，出台了《甘肃省治沙研究所知识产权管理办法》，共计 5 章 30 条，提出了科技成果的保护办法、管理机构、成果转化方法，明确了科技成果持有人对成果转化中的责权利。政策落实后，在单位成果转化中取得了较为明显的实施效果。主要表现在：研究所个人申请的专利项目有了明显提升，2014—2018 年，共申报发明专利 23 件，获批 14 件；申报实用新型专利 54 件，获批 46 件。这些专利分别在武威、兰州等当地科技部门备案并得到专项资金补助 6 万余元。此外，还制定了《甘肃省治沙研究所财务管理办法》和《甘肃省治沙研究所科技管理办法》。

2. 组织相关宣传和培训活动

为宣传国家和甘肃省有关科研管理政策，加强和规范科研经费管理，强化廉政风险责任意识和防控能力，兰州理工大学通过在墙壁展板、宣传栏等张贴相应管理办法，加强科研人员对政策的了解学习。甘肃省科学技术情报研究所组织了“科研项目经费管理”专题讲座，介绍了国务院〔2016〕11 号、中办发〔2016〕50 号、甘政发〔2015〕78 号、甘办发〔2017〕5 号等国家和甘肃省科研管理新政策，就直接费用和间接费用以及绩效比例、劳务费的发放范围和预算比例、科研项目差旅费、经费预算的调整审批和结余资金管理、科研设备的采购等核心变化进行了详细的介绍。庆阳市农业科学研究院积极举办全膜玉米种植、西瓜栽培、苹果树周年管理、畜禽饲养等农村实用技术培训。积极参加每年的“科技活动周”活动，着力营造崇尚科学精神、尊重科研人才、重视科研工作的科研氛围，增强了服务庆阳农业发展的科研能力，坚持做好科研基地向社会开放工作，接待来访和参观干部群众、大专院校实习学生 26 批次，1659 余人。

3. 成立省级科技成果转移平台

庆阳市农科院依托产学研科研合作平台，聚力科技创新，加快实现农业先进实用技术集成组装和示范推广，着力在强化现代农业资源开发利用，促进科技成果转化上求突破，着力在新品种选育和新技术开发研究中实现产业提质增效发展，推动庆阳全市农牧业绿色、增产、提质增效发展，为现代农牧业发展和农民持续增收提供有力、有效的科技保障。2018 年 8 月被甘肃省科技厅认定为省级技术转移示范机构。科技成果转化成效显著：与陇东学院合作挂牌成立“陇东学院实践教学基地”；与甘肃省荟荣草业有限公司合作挂牌成立“庆阳草业发展研究中心”；与甘肃省庆美肉羊产业技术有限公司、庆阳南梁情农牧发展有限公司联合建立“庆阳市澳美肉羊产业技术合作中心”。制定了庆阳市谷子、糜子、辣椒、茄子、番茄、黄瓜 6 个绿色食品生产技术标准，共服务贫困村 11 个，贫困户 237 户，通过会议培训、田间技术指导、生产资料免费发放等多种方式推进富民产业发展，促成增收额 127 万元。

4. 开展经费管理检查工作

为进一步规范科研经费管理，健全科研经费管理制度，防范科研经费廉洁风险，甘肃省科学院采取了一系列的措施进行落实，设立了科研项目（青年基金、优秀青年基金、应用研究与开发计划、合作项目）、产业化项目、创新团队等类型的项目，成立学术委员会，聘请专家组，进行科研项目的立项评审，加强科研管理，同时项目执行过程中，每年进行检查考核，项目执行完毕，进行专家组验收，并进行财务审计。兰州大学成立科研经费管理检查工作小组，在全校范围内对学校承担的科研项目经费（在研或结题），包括纵向和横向科研项目经费开展了专项检查工作，检查中办发〔2016〕50 号文件精神落实情况，检查学校各项有关科研经费管理制度落实情况。

5. 积极与企业开展合作

甘肃省水产研究所积极与企业合作，为企业提供技术服务，推进企业转化成果，与甘肃省文祥生态渔业有限公司合作进行三倍体虹鳟网箱养殖技术攻关，突破了三倍体虹鳟苗种培育、三倍体虹鳟质量控制、三倍体虹鳟病害防治、三倍体虹鳟加工保鲜等产业关键共性技术，构建了适合西北地区的三倍体虹鳟网箱养殖技术操作规程，建立了国内先进的三倍体虹鳟网箱养殖产业基地。目前，甘肃省文祥生态渔业有限公司年产三倍体虹鳟（三文鱼）1500 吨，产品销售到上海、广州、武汉、西安等城市。在甘肃省水产研究所的指导下，甘肃省文祥生态渔业有限公司的生产经营、企业管理等逐步规范，研发团队逐步建立，2018 年 7 月，甘肃省文祥生态渔业有限公司在新三板挂牌上市，是甘肃省首家上市的水产科技型企业。

三、存在的主要问题及改进措施

（一）存在的问题和困难

1. 部分管理人员对政策的理解不够准确

由于部分单位财务人员和相关管理人员对一些政策的把握和理解不深入、不够准确，在项目实施中研究人员和财务人员对政策理解的偏差以及相关管理人员受过去传统政策的引导，个别政策还落实不到位，导致工作进展受到某种程度的影响。

2. 部分科研人员成果转化意识有待提高

鼓励创新、宽容失败的体制机制有待完善，对科研人员在成果转化过程中非主观故意过失包容不够。因此，部分科研人员在一定程度上还存在“重研究、轻转化”“重基础、轻应用”“重论文、轻专利”等现象，导致很多研究成果不能及时转化为现实生产力。

3. 大型仪器设备利用率有待进一步提高

科研需求日新月异，对仪器的要求也越来越高，因此大型仪器设备数量不断增加，但由于仪器设备购置的周期较长、单位间信息不对称、缺少横向交流、仪器设备操作复杂、大型仪器设备维护繁琐等原因，部分单位的大型仪器设备利用率不高。

（二）改进措施

1. 进一步开展政策宣传与培训

为深入贯彻落实创新驱动发展战略，稳定和加强科技工作队伍建设，各单位继续加强对财务人员和相关管理人员、科研人员的政策宣传及培训，以座谈、培训班、新媒体展示等方式大力宣传、加强培训，同时，进一步规范财务审批流程和审批权限，落实单位实际的项目和财务制度实施细则。

2. 增强科研人员成果转化意识

进一步落实政策，制定转化科技成果的专门管理办法，不断完善科技成果转化方面的绩效考核评价体系建设，优化收入分配激励约束机制，对科技成果的主要完成人和其他对科技成果转化作出重要贡献的人员，区分不同情况给予现金、股份或者出资比例等奖励和报酬。同时，鼓励与企业开展产学研合作对接，加大研发投入，提高科技创新能力，提升科技成果“含金量”。

3. 大力推进大型仪器设备共享

积极宣传甘肃省大型科学仪器设施开放共享服务平台影响力，不断积累大型仪器设备并向社会共享相关数据资源，充分释放库存和增加仪器设备的作用，解决重复购买、轻管理，用仪器的人没买，买仪器的人不怎么用，想用的人花大量时间找第三方等问题，提高大型仪器设备的利用率，保证更好地科学研究。

四、下一步落实计划

下一阶段，甘肃省需贯彻落实国家促进科技成果转化法、国发〔2014〕64 号和国办发〔2021〕32 号等国家出台的文件精神，同时加快推进甘肃省出台的配套政策措施，并不断进行完善，力求发挥出更大的效应，推动全省科技创新驱动发展。

1. 狠抓政策措施组织实施

进一步细化和完善配套政策以及相关支持性政策文件，加大对党中央国务院、省委省政府出台人才方面文件的宣传解读力度，扩大社会知晓度。全力以赴推进党中央国务院和甘肃省政府重大决策部署落地生根，让创新主体对科技创新政策应知尽知、应补尽补，进一步激励科技创新。加大对科研、财务管理人员的培训力度，为科研人员心无旁骛、静心开展研究做好服务。加大对高校、院所各项政策落实的督查力度，及时了解政策作用效果，对好做法、好经验、好案例及时做好宣传推广，提高政策效率和综合效益。

2. 抓好科技计划实施工作

组织实施年度科技计划，突出科技成果转化目标和脱贫攻坚、十大生态产业两个主题，支撑全省高质量发展。深化科技计划管理改革，加强科研诚信建设和科技评估与监督。继续开展 2021—2035 年中长期科技发展规划纲要和甘肃省“十四五”科技创新规划研究和编制工作。积极参与申报“科技创新 2030”—重大项目及重点研发计划项目，在先进装备制造、人工智能、军民两用技术、新材料、信息技术等领域，部署一批省级关键共性技术项目。加快推进新型研发机构建设，批准认定一批“四不像”新型科研机构，并给予政策、项目、资金的支持。

3. 加大科技经费监管力度

坚持把廉政风险防控融入科技计划管理改革全过程，加大对科技项目、科技经费、科技奖励评审等重点领域和关键环节的监督检查力度，严格执行领导干部问责制。重点建立面向结果，职责明晰、运行规范、管理科学、监督有力的科技投入监管服务体系，形成多层次、全方位科技经费监管机制。探索实施面向结果、面向公众的科研绩效评价机制。此外，及时开展监督、跟踪和审核科技经费使用情况，确保科技经费专款专用，提高经费的使用效率。

4. 抓好科技成果转化工作

按照省委、省政府的决策部署，不断拓宽技术转移和成果转化的渠道和路径，加强技术市场建设。促进科技成果转移转化，不断破解制约科技创新发展的障碍，激发创新主体参与科技成果转移转化的活力和潜力。进一步做好科技奖励制度改革，建立公开公平的评奖机制，提高科技奖励的公信力和权威性。结合甘肃省实际，做好科技功臣的评选奖励工作，进一步调动科技创新的积极性和创造性。

5. 集聚吸引海外优秀人才

认真践行“聚天下英才而用之”的战略思想，一是推进体制改革，发挥制度优势，完善外国人才收入分配、表彰奖励、知识产权保护、服务机制等政策，为外国人才来华创新创业开辟“绿色通道”，引导更多优秀外国人才及时融入“一带一路”倡议，为人才施展才华或创新创业提供良好环境；二是进一步建立完善外国人才工作评价机制，充分体现高端紧缺人才的引领推动作用，通过政策引领、项目支撑、平台带动作用，巩固拓展高层次外国人才引进渠道；三是拓宽合作与交流渠道，选派更多的国内各类人才参与国际组织、大科学工程、计划。

第 6 章　甘肃省科技创新政策与科技创新绩效耦合度评价研究

一、科技创新政策与创新绩效耦合协调评价体系

（一）科技创新政策相关研究

1. 科技创新政策的含义

对于科技创新政策，由于研究视角、理论方向等不同，学术界并没有形成一致的意见，其中代表性的观点如下。

国外的 LundvallBA（2006）在《科学、技术与创新政策》一书中，将科技创新政策归纳为为了促进科学技术知识的生产、传播和应用，政府已经实施的公共政策，以实现国家目标。

国内的学者肖士恩等（2003）认为科技创新政策是指决策者为实现所辖区域的科技进步和经济增长而对社会公共资源进行权威性倾斜分配的工具，包括政策制定、执行和评价 3 个阶段。赵修卫（2006）认为科技创新政策是指国家和地区为实现一定时期的科技、经济与社会发展目标而制定和推行的有关引导、激励和支持创新活动及其成果应用的行动准则和公共措施。贺德方等（2016）从国家创新系统角度定义，认为科技创新政策是引导、激励和规范科技创新活动的政府措施和行为，对提升国家科技创新实力、引导国家创新体系发展方向，提升国家整体创新效率具有重要作用。在国家科技创新发展战略的指引下，我国逐步形成了涵盖要素、创新主体、创新关联、产业创新、区域和环境的六大类政策的科技创新政策体系。

不同学者对科技创新政策的定义角度不同，但均认同科技创新政策是服务国家、地区发展总体目标，推动以科技支撑引领经济增长、社会进步、国力提升的政策。本研究在后续分析中运用贺德方等对科技创新政策的定义，将科技创新政策定义为引导、激励、规范科技创新活动的政府措施和行为。在此基础上开展后续分析。

2. 科技创新政策的内容

科技创新政策的内容一般包括政策目标与政策工具。政策目标是科技创新政策的出发点与落脚点，代表了政府对创新发展的重视、创新资源的分配，政府通常围绕基

础研究、技术开发、技术转移到产业化等完整创新链，针对各类创新对象（如创新主体、创新产业、创新区域等），出台系列化有针对性的政策文件，推动科技创新有效发展，实现政策有的放矢。科技创新政策目标主要有鼓励主体创新、促进主体互动、集聚创新资源、塑造创新环境等。政策工具作为政策目标与结果之间的桥梁，是科技创新政策实施的关键影响因素，政策工具的科学合理选择和有效搭配有助于减少政策的随意性，推动政策目标达成。有学者认为科技创新政策工具应当重点体现科技创新政策的鼓励投资、规范行为、引导方向等方面特征，可将政策工具分为激励型、规制型和引导型工具。基于政策作用不同，将科技创新政策工具分为供给面、需求面、环境面三类，许多专家学者均基于此分类进行研究。其中，供给面政策工具重点强调对科技创新活动的直接推动作用，即通过运用资金、人才、服务、信息等手段扩大科技供给；需求面政策工具反映对科技创新活动的拉动作用，即通过运用政府采购、价格补贴、服务外包等手段，帮助新产品新技术新服务开拓市场；环境面政策工具体现对科技创新活动的间接影响，即通过金融、税收、知识产权、规制等措施改善政策环境，从而影响科技创新活动。

3. 科技创新政策效果评价

政策效果评价是现代化治理体系中不可缺少的环节，政府通过科技创新政策实施效果来分析评价了解、研判和改善政策，相关学者对科技创新政策效果评价研究主要包括评价理论与方法、评价指标体系设计等，在研究过程中积极探索研究科技创新政策评估框架的构建及评估方法的多元化。冯锋等（2011）运用 DEA－Malmquist 指数分析法对泛长三角区域内各省市科技政策绩效进行实证分析。张芳等（2018）从供给、需求、环境 3 个维度构建评价指标体系，运用熵值法来评价地方政府科技创新政策的绩效。江书军等（2018）构建区域科技创新政策绩效评价指标体系对河南省各地级市科技创新政策绩效进行评价。胡丽娜（2020）运用系统动力学模型开展了不同情境下中国支持科技创新政策实施效果的模拟研究。张静雨等（2021）构建过程导向的因子理想关联评价模型和结果导向的三阶段 DEA 效率评价模型，对“十二五”以来的创新政策效果做评估。郄海拓等（2021）以全要素生产率变动指数 tfpch 对北京、上海、天津和重庆 4 个直辖市的政策绩效进行衡量。孟溦等（2021）结合科技政策群的目标结构与实施过程特征，提出了融合内容分析和合成控制的两阶段评估方法，运用 2008—2018 年全国 30 个省级单位统计数据，对上海市科技创新中心政策群进行实证评估。阎东彬等（2021）运用集成的 FA 综合评价法，构建基于过程、内容、结果的政策评估框架及指标体系，并以河北省科技创新政策为研究样本进行实证分析。

（二）关于科技创新绩效相关研究

关于科技创新绩效的研究，主要从科技创新绩效的定义、影响因素及评价等方面开展。

1. 科技创新绩效的定义

对科技创新绩效的定义，高建等（2004）、毕克新等（2005）对企业技术创新绩效定义，认为是企业技术创新过程的效率、产出的成果。潘雄锋（2005）从区域创新的角度定义科技创新绩效，反映了区域内配置和运营科技资源的能力，绩效高低直接或间接影响区域科技发展的整体效能，支撑区域科技创新能力提升。高阳等（2006）认为创新绩效是创新资源的配置效率，即创新资源使用效率，是考察创新系统运行状况的重要指标。纪国涛等（2008）认为科技创新绩效是一个时间型变量，既体现科技创新投入、产出的最终效果，又反映出科技创新各系统要素相互作用、相互促进、相互影响导致的创新绩效实现与不断增进的过程，科技创新绩效的形成具有一定的路径依赖。

结合学者的观点，将科技创新绩效定义为，科技创新系统在投入一定资源要素后取得的在科技产出、成果转移转化及高新技术企业发展等方面的效果。科技创新绩效高低决定了一个国家或地区科技创新的整体效率，从而反映各区域对科技研发创新资源的配置优劣及运营转化科技资源能力强弱。区域科技创新绩效越高，越有助于创新要素流入，从而提高区域竞争优势。

2. 科技创新绩效的影响因素

科技创新绩效受多重因素影响，官建成（2003）运用 DEA 方法分析创新资源在创新系统各个机构的配置对区域创新绩效的影响，创新资源的使用效率是影响区域创新系统创新绩效的瓶颈因素。赵付民等（2005）认为政府主导的创新制度设计区域创新资源配置效率有重要作用。纪国涛等（2009）认为决定科技创新绩效高低的重要因素是对科技创新过程的质量控制和对创新资源的有效配置、高效运营。刘文智（2009）认为经济基础、创新主体、资源投入与配置、环境基础、科技转化能力是 5 个影响创新绩效的关键因素。杜颖（2011）通过实证研究发现基础设施、劳动者素质、金融环境等创新环境对区域创新绩效有显著影响。周景坤（2011）、丁生喜等（2016）、施晓丽等（2021）通过实证分析得出区域创新环境与创新绩效存在显著互动关系，而创新基础、创新资源、创业水平、政策环境、宏观经济和产业结构等对区域创新环境有高度的正向影响，与区域创新绩效存在着高度正相关关系。黄海燕等（2021）认为政府补助作为促进企业创新的重要政策工具，尤其是对欠发达地区，通过政府补助，能够更加明显地促进企业创新，缩小地区差距。

3. 科技创新绩效评价研究

科技创新绩效评价是政府预算绩效管理的重要手段，其主要研究运用、配置创新资源实现技术创新的效率，对政府在区域科技创新体系建设中的行为、产出、效益等进行科学客观公正分析比较。对科技创新绩效分析与评价的目的不仅是为了总结过去，更是为了服务现在和指导未来，绩效评价可为创新系统整体运行服务，起到导向性作用。当前对科技创新绩效评价的研究主要包括绩效评价测度方法、指标体系构建等。Arundel（1998）提出专利是最关键的创新绩效评价指标，刘顺忠等（2005）运用 DEA 方法分析我国各地区创新系统的创新绩效进行评价，王海盛等（2005）应用生产函数对上海创新绩效进行测度，贾建闯等（2008）从科研产出、经济发展、企业创新等 3 个维度构建区域创新政府绩效评价指标体系。

（三）科技创新政策与科技创新绩效关系研究

科技创新政策与科技创新绩效二者之间存在相互响应关系，学术界的研究主要探讨科技创新政策直接对创新绩效的影响，或将聚焦于对企业的创新绩效研究。科技创新绩效影响科技创新政策的研究相对较少。

1. 关于科技创新政策对科技创新绩效的影响

一般来讲，科技创新政策对科技创新绩效具有正向促进作用，沈冲杰（2007）通过对开发区创新政策研究得出创新政策可有效提升企业创新能力，进而有效提升企业创新绩效。程华等（2013）提出创新政策力度对技术绩效具有显著促进作用，但创新政策作用存在滞后效应，不同政策工具对创新绩效影响差异明显。李晨光等（2013）总结已有的研究成果得出科技创新政策可影响企业资源投入和组织激励，通过影响新知识、新技术的生成及应用能力影响企业的创新成果和收益。张永安等（2016）构建了包含政策刺激、创新反应、创新活动、绩效计量的影响要素模型分析人才激励、研发补贴、税收优惠、政府采购及服务外包等 5 个政策工具对企业创新绩效的影响。赵丽霞等（2017）认为在科技创新系统中政府、企业、高校、科研院所、中介机构螺旋体相互交叉在一起，相互影响、相互作用，实现不同层次的耦合，产生递归效应，创新财政政策在其中发挥稳定器、催化剂、黏合剂的作用。徐喆等（2017）认为科技创新政策相互作用影响创新绩效，不同政策制定部门相互作用对创新呈负向影响，不同政策目标、政策工具相互作用对创新绩效影响有显著差异。

2. 关于科技创新绩效对科技创新政策的影响

科技创新绩效的客观评价是科技创新政策制定前提，科技创新政策实施效果可通过科技创新成果产出鉴定。关宝瑞（2019）认为通过科技创新绩效评价可以掌握不同的政策激励措施的创新偏好，可更好地提升政策的科学性、系统性和现实指导价值。

科技创新绩效强弱是影响国家或地区经济增长的重要因素，对影响科技创新绩效的因素、评价方法、指标体系等研究有助于找到提升科技创新绩效的方法和路径。

已有研究对科技创新政策与科技创新绩效的关系更多聚焦于科技创新政策直接对企业科技创新绩效的影响。科技创新绩效对科技创新政策的影响研究相对较少，还没有形成相对系统完善的研究体系，对二者的相互影响和相互促进作用研究不多。

运用耦合协同分析的研究方法，在对科技创新政策与科技创新绩效耦合机理分析基础上，构建二者的耦合协调度评价指标体系。

（四）耦合协同理论

1. 耦合理论

“耦合（coupling）”最早在物理学中使用，反映两个或多个系统（体系或实体）间紧密配合、相互影响的复杂联系机制，逐渐在数学、气象、农业、地理、生态等自然科学领域广泛应用，并拓展应用于企业组织管理、产业集群、经济社会生态发展、技术创新系统等社会科学领域。耦合系统中的两个以上系统通过相互作用形成复合系统，具有自组织性，通过自主调整系统偏离，使自身恢复稳定，并不断衍生新功能。各子系统间相互作用强弱可通过耦合度衡量，但不能反映作用力对系统整体和子系统的作用是否是积极和良性的，故引入协同学理论。

2. 协同学理论

协同学理论最早在1970年初提出，反映一个系统中的多个子系统间互相配合、良性互动或者优势互补，产生的协同作用和合作效应，该相互协作可产生协同放大作用，从而推动各子系统实现最大化利益，达到自组织、有序发展状态。协同性反映各子系统共同推动整个系统有序发展的状态，具有可度量性。

本研究将耦合理论、协同学理论相结合，探讨分析各子系统及整体系统的耦合协调发展水平。从这一视角出发，科技创新政策与科技创新绩效之间可以看作是一种耦合协调的关系，进而考量二者之间耦合协调程度。

（五）科技创新政策与科技创新绩效的作用机理

科技创新政策和科技创新绩效相互影响，促进科技创新发展，二者的耦合机理反映出政策制定主体、创新主体等相互作用、动态匹配、协同发展的过程（图6-1）。

1. 科技创新政策对科技创新绩效的影响

科技创新政策是科技创新的驱动力，政策制定主体基于科技创新政策目标，选择对应政策工具，激励刺激区域创新主体（企业、高校、科研院所等）开展创新活动，促进引导区域创新主体形成创新意愿，依靠创新资源的人力和财力投入保障科技创新活动开展，实现创新产出，提高产出水平，促进技术成果产业化，提升区域创新绩效水平。

2. 科技创新绩效对科技创新政策的影响

科技创新绩效高低影响科技创新政策的完善和优化，政策制定主体依据区域创新绩效的结果及时调整改进政策执行，推动时效性强、精准度高的科技创新支持政策形成。

二者共同构成耦合协同发展系统，相互促进并相互影响。

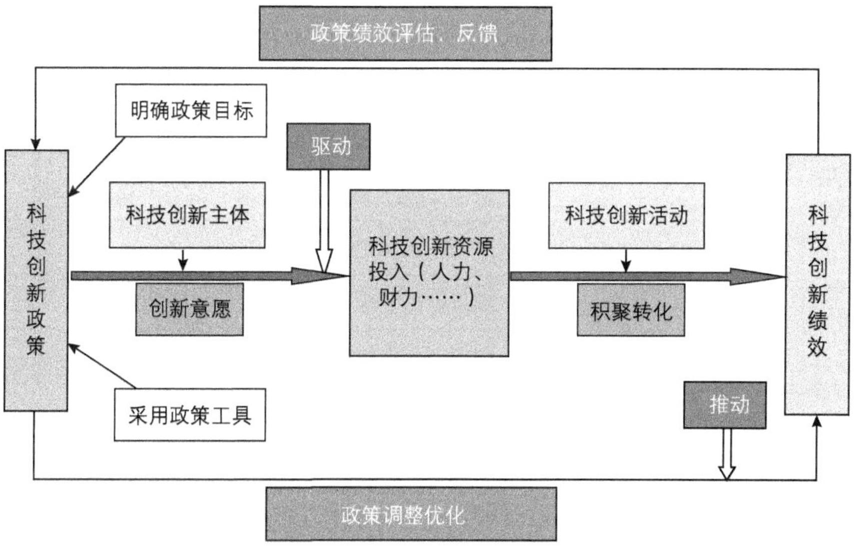

图 6-1　科技创新政策与科技创新绩效作用机理

（六）指标体系构建

指标选取坚持科学性原则，充分考虑客观实际，以保证各项指标客观反映甘肃省科技创新政策的作用及科技创新绩效的基本特征；同时兼顾指标的全面性和典型性，能全面反映各子系统以及系统整体，且指标之间需避免相互重叠；指标的数据考量具有可获得、可度量和可操作性。

研究将科技创新政策和科技创新绩效分别视为独立的子系统，综合分析二者的耦合协调关系，科技创新政策系统选取政策数量、科技人力投入、财政科技资金投入、科技计划项目投入和科技创新平台及基地建设 5 个一级指标。其中，财政科技资金投入指标包含财政科技支出占财政总支出比重和 R&D 人员经费内部支出来自政府的金额 2 个指标；科技计划项目投入指标包含国家与省级科技计划项目数和项目财政资金 2 个指标。

科技创新绩效系统选取科技成果产出、科技成果转移转化、高新技术企业发展3个一级指标，其中，科技成果产出指标包含发表科技论文数、有效发明专利授权量、登记科技成果数、获得国家科技奖等4个指标；科技成果转移转化通过技术市场成交额1个指标反映；高新技术企业发展指标包含培育高新技术企业数和高新技术企业主营业务收入2个指标（表6-1）。

表6-1 甘肃省科技创新政策与科技创新绩效耦合协调指标体系

系统层	一级指标	二级指标	单位
科技创新政策系统	政策投入	政策数量	份
	科技人力投入	R&D 全时人员	人年
	财政科技资金投入	财政科技支出占财政总支出比重	
		R&D 人员经费内部支出来自政府金额	亿元
	科技计划项目投入	立项国家与省级科技计划项目数	项
		项目财政资金	万元
	科技创新平台及基地建设	国家级与省级科技创新基地及平台	个
科技创新绩效系统	科技成果产出	发表科技论文数	篇
		有效发明专利授权量	件
		登记科技成果数	项
		获得国家科技奖	项
	科技成果转移转化	技术市场成交额	亿元
	高新技术企业发展	培育高新技术企业数	家
		高新技术企业主营业务收入	亿元

（七）综合发展模型构建

构建综合发展模型衡量科技创新政策系统和科技创新绩效系统的综合发展水平高低。

1. 数据标准化处理

运用极差法对各指标进行非负化处理，记为：x_{ij}。

由于 x_{ij} 全部为正向指标，计算公式如下：

$$X_{ij}=\frac{x_{ij}-\min(x_j)}{\max(x_j)-\min(x_j)}\times 0.99+0.01,\tag{6-1}$$

式中，x_{ij} 表示第 i 年第 j 项指标的原始值；X_{ij} 表示第 i 年 j 项指标无量纲处理后的值；$\max(x_j)$ 和 $\min(x_j)$ 为分别表示第 j 项指标对应的最大值和最小值。

进行标准化处理，记为 p_{ij}，表示第 i 年第 j 项指标的比重：

$$p_{ij}=\frac{X_{ij}}{\sum_{i=1}^{n}X_{ij}}\ (0\leqslant p_{ij}\leqslant 1)。\tag{6-2}$$

2. 确定指标权重

运用熵值法确定指标权重，可有效避免由主观因素导致的误差，采用公式如下：

计算第 j 项指标信息熵（e_j）：

$$e_j=-\frac{1}{\ln(n)}\sum_{i=1}^{n}p_{ij}\ln(p_{ij})\ (其中\frac{1}{\ln(n)}>0,\ e_j\geqslant 0)。\tag{6-3}$$

计算第 j 项指标差异系数（g_j）：

$$g_j=1-e_j\ (0\leqslant g_j\leqslant 1)。\tag{6-4}$$

计算第 j 项指标权重（W_j）：

$$W_j=\frac{g_j}{\sum_{i=1}^{n}g_j}。\tag{6-5}$$

3. 计算综合发展指数

利用线性加权法分别计算科技创新政策与科技创新绩效子系统的综合发展指数值，其表达式为：

$$U_1=\sum_{i=1}^{n}P_{ij}W_i,\tag{6-6}$$

$$U_2=\sum_{i=1}^{n}P_{ij}W_j。\tag{6-7}$$

式中，U_1 表示科技创新政策综合发展指数，U_2 表示科技创新绩效综合发展指数，W_i、W_j 分别表示科技创新政策和科技创新绩效的权重。

（八）耦合协调度模型构建

1. 耦合度

运用耦合度（C）度量科技创新政策、科技创新绩效两个子系统相互作用关系，公式如下：

$$C=2\times\sqrt{\frac{U_1U_2}{(U_1+U_2)^2}} \tag{6-8}$$

C 越大意味着系统之间的密切度越高，耦合关联性越强，反之越不协调，关联性越低，参考相关研究成果测算结果，将耦合程度划分 4 个等级，$0<C\leqslant0.3$，系统之间低水平耦合；$0.3<C\leqslant0.5$，系统之间向良性耦合转变，$0.5<C\leqslant0.8$；系统之间良性耦合；$0.8<C\leqslant1$，系统之间高水平耦合（表 6–2）。

2. 耦合协调度

耦合协调度是用来体现系统之间的整体协同效应。其表达式为：

$$D=\sqrt{C\times T} \tag{6-9}$$

式中，$T=\alpha U_1+\beta U_2$，D 表示耦合协调度，C 为耦合度，T 表示两系统的综合协调指数。α、β 为待定系数，$\alpha+\beta=1$。在后续实证中将科技创新政策与科技创新绩效视为同等重要的子系统，因此二者的协同贡献参数均取值为 0.5，即 $\alpha=\beta=0.5$。D 越大意味着系统越趋向于良性发展，表现出有序发展态势，反之则系统越无耦合协调状态，呈现无序发展趋势。参考相关研究的测算结果，将耦合协调度划分为 4 个等级：$0<D\leqslant0.3$，系统之间不协调耦合；$0.3<D\leqslant0.5$，系统之间低度协调耦合；$0.5<D\leqslant0.8$，系统之间中度协调耦合；$0.8<D\leqslant1$，系统之间高度协调耦合（表 6–2）。

表 6–2　耦合度和耦合协调度划分标准

序号	C 的区间	耦合度阶段	D 的区间	耦合协调度类型
1	$0<C\leqslant0.3$	低水平耦合	$0<D\leqslant0.3$	不协调耦合
2	$0.3<C\leqslant0.5$	向良性耦合转变	$0.3<D\leqslant0.5$	低度协调耦合
3	$0.5<C\leqslant0.8$	良性耦合	$0.5<D\leqslant0.8$	中度协调耦合
4	$0.8<C\leqslant1$	高水平耦合	$0.8<D\leqslant1$	高度协调耦合

二、甘肃省科技创新政策与创新绩效耦合协调度评价实证分析

基于以上耦合协调模型，实证分析 2006—2020 年甘肃省科技创新政策与科技创新绩效耦合协调程度。科技创新政策系统关于政策数量来源于对政策的整理与统计，其他指标及科技创新绩效的指标均来源于《甘肃省科技统计年鉴（2007—2021）》，具体计算分析 2 个系统的指标权重、综合发展指数、耦合度、耦合协调度，分析耦合协调发展趋势及存在的不足。

（一）指标权重分析

根据式（6–1）～式（6–5），分别计算得出科技创新政策系统和科技创新绩效系统 2 个系统的各级指标权重，其中，科技创新政策系统中一级指标政策投入的权重为 0.2348，科技人力投入的权重为 0.0687，财政科技资金投入的权重为 0.2668，科技计划项目投入的权重为 0.2122，科技创新平台及基地建设的权重为 0.2174；科技创新绩效系统中一级指标科技成果产出的权重为 0.4941，科技成果转移转化的权重为 0.1531，高新技术企业发展的权重为 0.3528（表 6–3）。

表 6–3　科技创新政策系统和科技创新绩效系统评价指标权重

<table>
<tr><th>系统层</th><th>一级指标</th><th>权重</th><th>二级指标</th><th>权重</th></tr>
<tr><td rowspan="7">科技创新政策系统</td><td>政策投入</td><td>0.2348</td><td>政策数量</td><td>0.2348</td></tr>
<tr><td>科技人力投入</td><td>0.0687</td><td>R&D 全时人员</td><td>0.0687</td></tr>
<tr><td rowspan="2">财政科技资金投入</td><td rowspan="2">0.2668</td><td>财政科技支出占财政总支出比重</td><td>0.1026</td></tr>
<tr><td>R&D 人员经费内部支出来自政府金额</td><td>0.1642</td></tr>
<tr><td rowspan="2">科技计划项目投入</td><td rowspan="2">0.2122</td><td>立项国家与省级科技计划项目数</td><td>0.1198</td></tr>
<tr><td>项目财政资金</td><td>0.0925</td></tr>
<tr><td>科技创新基地及平台建设</td><td>0.2174</td><td>国家级与省级科技创新基地及平台</td><td>0.2174</td></tr>
<tr><td rowspan="7">科技创新绩效系统</td><td rowspan="4">科技成果产出</td><td rowspan="4">0.4941</td><td>发表科技论文数</td><td>0.1254</td></tr>
<tr><td>有效发明专利授权量</td><td>0.2094</td></tr>
<tr><td>登记科技成果数</td><td>0.0812</td></tr>
<tr><td>获得国家科技奖</td><td>0.0781</td></tr>
<tr><td>科技成果转移转化</td><td>0.1531</td><td>技术市场成交额</td><td>0.1531</td></tr>
<tr><td rowspan="2">高新技术企业发展</td><td rowspan="2">0.3528</td><td>培育高新技术企业数</td><td>0.1817</td></tr>
<tr><td>高新技术企业主营业务收入</td><td>0.1711</td></tr>
</table>

（二）综合发展指数分析

根据式（6–6）和式（6–7）计算出 2006—2020 年甘肃省科技创新政策系统与科技创新绩效系统的综合发展指数。

1. 总体情况分析

2006—2020 年，甘肃省科技创新政策系统综合发展指数和科技创新绩效系统综合发展指数均呈波动的增长趋势，但具体表现出不同的发展增长态势（表 6-4）。科技创新政策系统综合发展指数分别在 2009 年、2016 年、2020 年出现下降波动，其他年度均呈增长趋势，年均增速为 13.44%。科技创新绩效系统综合发展指数仅在 2007 年、2011 年出现下降波动，其他年度均呈增长趋势，年均增速为 20.3%。相比较，科技创新绩效系统年均增速较科技创新政策系统综合发展指数高 6.86%。分阶段来看，科技创新政策系统综合发展指数“十一五”时期年均增速为 24.29%，“十二五”时期为 20.41%，“十三五”时期为 3.12%，表明科技创新政策系统综合发展指数增速逐渐降低。科技创新绩效系统综合发展指数“十一五”时期年均增速为 31.47%，“十二五”时期为 18.08%，“十三五”时期为 20.55%，表明科技创新绩效系统综合发展指数增速先降低后增长。

对科技创新政策系统和科技创新绩效系统二者综合发展指数的大小变化情况进行比较（图 6-2），2006—2008 年，科技创新政策系统的综合发展指数均高于科技创新绩效综合发展指数；2009 年，科技创新政策系统的综合发展指数下降，并低于科技创新绩效系统的综合发展指数。2010—2017 年，科技创新政策系统综合发展指数上升，均高于科技创新绩效系统综合发展指数。到 2018—2020 年，科技创新政策系统综合发展指数下降，低于科技创新绩效系统综合发展指数。

表 6-4　2006—2020 年甘肃省科技创新政策系统和科技创新绩效系统综合发展指数

年份	综合发展指数	
	科技创新政策系统	科技创新绩效系统
2006	0.0290	0.0218
2007	0.0333	0.0211
2008	0.0683	0.0473
2009	0.0433	0.0534
2010	0.0692	0.0650
2011	0.0744	0.0568
2012	0.1052	0.0875
2013	0.1151	0.0891
2014	0.1213	0.0964
2015	0.1564	0.1104

续表

年份	综合发展指数	
	科技创新政策系统	科技创新绩效系统
2016	0.1498	0.1370
2017	0.1781	0.1445
2018	0.1560	0.1953
2019	0.1747	0.2283
2020	0.1694	0.2894
年度平均值	0.1096	0.1096
年均增速	13.44%	20.30%
“十一五”时期平均水平	0.0486	0.0417
“十二五”时期平均水平	0.1145	0.0881
“十三五”时期平均水平	0.1656	0.1989

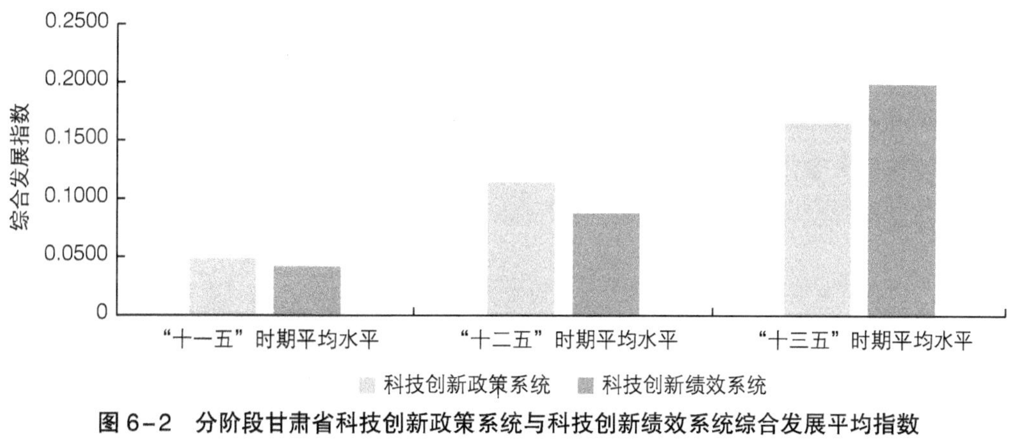

图 6-2　分阶段甘肃省科技创新政策系统与科技创新绩效系统综合发展平均指数

2. 科技创新政策系统情况分析

甘肃省科技创新政策系统综合发展指数呈波动变化的上升趋势，综合发展指数平均值为 0.1096，年均增速达到 13.44%（表 6-5）。从一级指标发展指数的年均增速来看，政策投入、科技人力投入、财政科技资金投入、科技计划项目投入、科技创新基地及平台建设的年均增速分别为 6.54%、38.66%、3.89%、36.96%、38.95%，表明科技创新政策系统综合发展指数增长主要是科技创新基地及平台建设、科技人力投入、科技计划项目投入的贡献，即科技创新政策落实落地在这 3 个方面的作用非常明显。相比较，政策投入和财政科技资金投入在一定程度上抑制了科技创新政策系统综合发展指数的增长。

分阶段来看，“十一五”时期，政策投入、科技人力投入、财政科技资金投入、科技计划项目投入、科技创新基地及平台建设的年均增速分别为37.44%、153.28%、-7.09%、150.23%、51.20%，其中，仅财政科技资金投入发展指数平均增速低于系统综合发展指数24.29%，表明除财政科技资金投入外，其他政策投入、科技人力投入、科技计划项目投入、科技创新基地及平台建设4个一级指标助推科技创新政策系统综合发展。“十二五”时期，政策投入、科技人力投入、科技计划项目投入、科技创新基地及平台建设的年均增速分别为42.19%、17.78%、49.76%、0.12%、18.77%，其中，政策投入和科技计划项目投入发展指数年均增速高于系统综合发展指数20.41%，表明政策投入和科技计划项目投入2个一级指标带动了科技创新政策系统综合发展。“十三五”时期，政策投入、科技人力投入、财政科技资金投入、科技计划项目投入、科技创新基地及平台建设的年均增速分别为-30.52%、2.68%、3.64%、14.77%、19.04%，其中，政策投入、科技人力投入发展指数年均增速低于系统综合发展指数3.12%，表明财政科技资金投入、科技计划项目投入、科技创新基地及平台建设3个一级指标带动了科技创新政策系统综合发展（图6-3）。

综上分析可以看出，从“十一五”到“十三五”时期，科技创新政策系统综合发展指数年均增速逐渐降低，主要是政策投入、财政科技资金投入和科技计划项目投入3个指标在不同时期较为明显地抑制了科技创新政策系统综合发展指数的增长。“十一五”时期财政科技资金投入指数年均增速为负，“十二五”时期科技计划项目投入指数年均增速远低于系统综合发展指数增速，“十三五”时期政策投入指数年均增速为负。

表6-5　2006—2020年甘肃省科技创新政策系统综合发展指数

年份	科技创新政策系统	政策投入	科技人力投入	财政科技资金投入	科技计划项目投入	科技创新基地及平台建设
2006	0.0290	0.0040	0.0003	0.0237	0.0006	0.0004
2007	0.0333	0.0006	0.0052	0.0219	0.0048	0.0008
2008	0.0683	0.0006	0.0093	0.0524	0.0050	0.0011
2009	0.0433	0.0040	0.0113	0.0112	0.0152	0.0016
2010	0.0692	0.0142	0.0104	0.0176	0.0246	0.0023
2011	0.0744	0.0063	0.0116	0.0106	0.0367	0.0092
2012	0.1052	0.0097	0.0186	0.0213	0.0447	0.0109
2013	0.1151	0.0097	0.0204	0.0310	0.0423	0.0118

续表

年份	科技创新政策系统	政策投入	科技人力投入	财政科技资金投入	科技计划项目投入	科技创新基地及平台建设
2014	0.1213	0.0051	0.0253	0.0312	0.0470	0.0127
2015	0.1564	0.0256	0.0223	0.0532	0.0369	0.0183
2016	0.1498	0.0415	0.0221	0.0350	0.0296	0.0217
2017	0.1781	0.0574	0.0173	0.0340	0.0431	0.0262
2018	0.1560	0.0347	0.0138	0.0328	0.0396	0.0352
2019	0.1747	0.0119	0.0225	0.0533	0.0480	0.0389
2020	0.1694	0.0097	0.0245	0.0404	0.0513	0.0435
年均增速	13.44%	6.54%	38.66%	3.89%	36.96%	38.95%

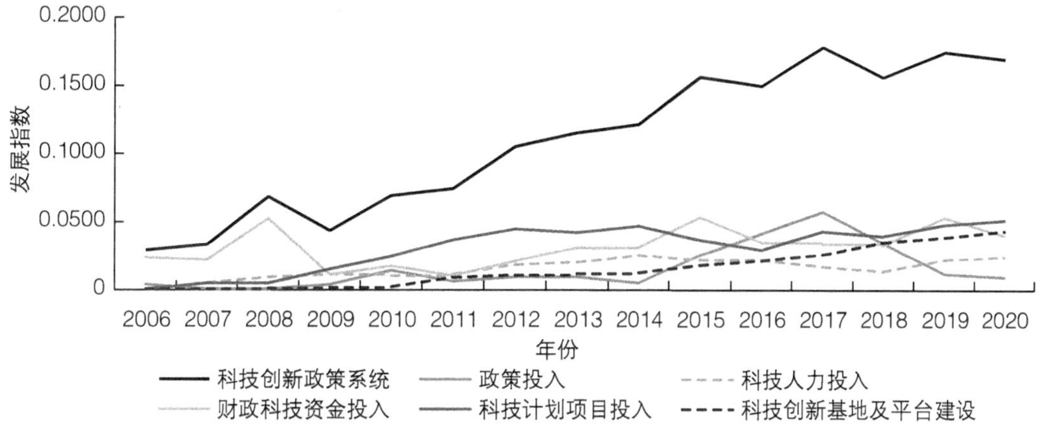

图 6-3　2006—2020 年甘肃省科技创新政策系统及一级指标综合发展指数趋势

3. 科技创新绩效系统情况分析

甘肃省科技创新绩效系统综合发展指数呈上升趋势，综合发展指数平均值为 0.1096，年均增速达到 20.30%（表 6-6）。从一级指标发展指数的年均增速来看，科技成果产出、科技成果转移转化、高新技术企业发展的年均增速分别为 15.43%、38.95%、38.95%，表明科技创新绩效系统综合发展指数增长主要依靠科技成果转移转化、高新技术企业发展的贡献，即科技成果转移转化、高新技术企业发展推动了科技创新绩效增加。相比较，科技成果产出在一定程度上抑制了科技创新绩效系统综合发展指数的增长。

分阶段来看，“十一五”时期，科技成果产出、科技成果转移转化、高新技术企业发展的年均增速分别为 25.48%、75.18%、82.05%，其中，科技成果产出发展指数年均增速低于系统综合发展指数 31.47%，表明科技成果转移转化、高新技术企业发展 2 个一级指标助推科技创新绩效系统综合发展。“十二五”时期，科技成果产出、科技成果转移转化、高新技术企业发展的年均增速分别为 15.65%、32.38%、15.77%，其中，科技成果产出、高新技术企业发展指数年均增速低于系统综合发展指数 18.08%，表明科技成果转移转化带动了科技创新绩效系统综合发展。“十三五”时期，科技成果产出、科技成果转移转化、高新技术企业发展的年均增速分别为 17.76%、12.59%、30.80%，其中，科技成果产出、科技成果转移转化发展指数年均增速低于系统综合发展指数 20.55%，表明高新技术企业发展带动了科技创新绩效系统综合发展。

综上分析可以看出，从“十一五”到“十三五”时期，科技创新绩效系统综合发展指数年均增速先下降再上升，主要是科技成果产出在 3 个时期的发展指数增速始终低于系统综合发展指数增速，明显抑制了科技创新绩效系统综合发展。同时“十二五”时期高新技术企业发展指数年均增速低于系统综合发展指数增速，“十三五”时期科技成果转移转化发展指数年均增速低于系统综合发展指数增速（图 6-4）。

表 6-6　2006—2020 年甘肃省科技创新绩效系统综合发展指数

年份	科技创新绩效系统	科技成果产出	科技成果转移转化	高新技术企业发展
2006	0.0218	0.0204	0.0004	0.0010
2007	0.0211	0.0139	0.0011	0.0061
2008	0.0473	0.0403	0.0020	0.0050
2009	0.0534	0.0467	0.0027	0.0041
2010	0.0650	0.0506	0.0037	0.0108
2011	0.0568	0.0347	0.0068	0.0154
2012	0.0875	0.0590	0.0105	0.0180
2013	0.0891	0.0513	0.0154	0.0224
2014	0.0964	0.0542	0.0181	0.0242
2015	0.1104	0.0620	0.0208	0.0276
2016	0.1370	0.0790	0.0245	0.0335
2017	0.1445	0.0663	0.0267	0.0515
2018	0.1953	0.0943	0.0299	0.0711
2019	0.2283	0.1145	0.0328	0.0811

续表

年份	科技创新绩效系统	科技成果产出	科技成果转移转化	高新技术企业发展
2020	0.2894	0.1520	0.0394	0.0980
年均增速	20.30%	15.43%	38.95%	38.95%

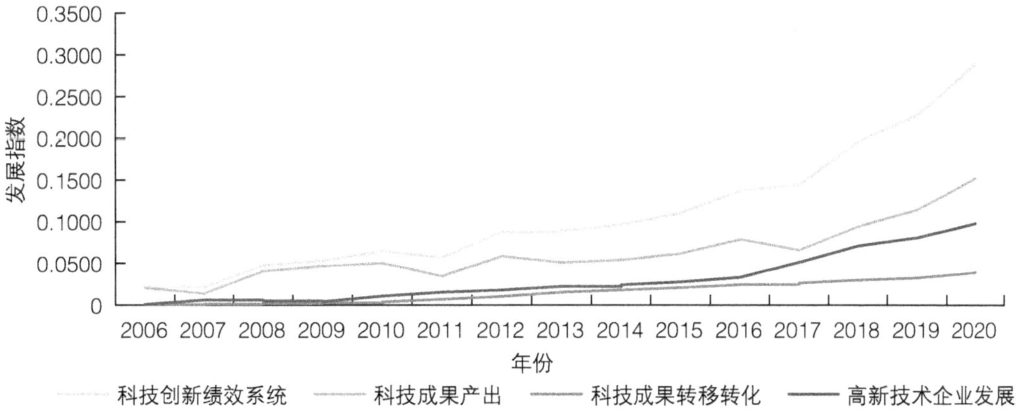

图 6-4　2006—2020 年甘肃省科技创新绩效系统及一级指标综合发展指数趋势

（三）耦合度与耦合协调度分析

根据式（6-8）~式（6-9）计算出 2006—2020 年甘肃省科技创新政策系统和科技创新绩效系统耦合度与耦合协调度，并对照耦合度和耦合协调度划分标准匹配二者的类型。

1. 耦合度分析

2006—2020 年，甘肃省科技创新政策系统与科技创新绩效系统耦合度均大于 0.96，表明两系统始终处于高水平耦合阶段，但从年度变化来看，两系统的耦合度呈波动的下降趋势，年均降速为 0.18%，主要是“十二五”和“十三五”时期两系统的耦合度下降明显，使得两系统耦合度平均值从“十一五”到“十三五”时期表现为先增后降的变化趋势，表明科技创新政策系统与科技创新绩效系统的密切度先增后降，耦合关联性先增强后逐渐变弱。

2. 耦合协调度分析

2006—2020 年，甘肃省科技创新政策系统和科技创新绩效系统耦合协调度呈逐年增加趋势，表明两系统相互耦合协调逐年向良性发展（表 6-7）。从 2006 年的 0.1585 增长到 2020 年的 0.4706，年均增速为 8.08%，耦合协调度类型分 2 种类型，2006—2011 年，两系统的耦合协调度类型属于不协调耦合，2012—2020 年，两系统的耦合协调度类型变为低度协调耦合。分阶段来看两系统耦合协调度年均增速，

“十一五”时期最高，其次为“十二五”时期，“十三五”时期年均增速最低，表明两系统耦合协调良性发展的速度逐渐降低。

总体来看，甘肃省科技创新政策系统和科技创新绩效系统耦合度虽然高，但是耦合协调度整体较低，表明科技创新政策与科技创新绩效的耦合协调发展关系存在短板，虽然相互之间存在很强的作用，但当前这种作用的良性发展趋势并不理想，二者尚未形成良性互动，互促互进。在一定程度上表现为不是科技创新政策不能有效支撑科技创新绩效，就是科技创新绩效不能促进科技创新政策完善，但总体来看，随着时间的变化正不断地向好的方向转变，还需进一步提高科技创新政策的针对性、精准性和实效性（图 6-5）。

表 6-7　2006—2020 年甘肃省科技创新政策系统和科技创新绩效系统耦合度与耦合协调度

年份	耦合度	耦合阶段	耦合协调度	耦合协调度类型
2006	0.9899	高水平耦合	0.1585	不协调耦合
2007	0.9747	高水平耦合	0.1629	不协调耦合
2008	0.9833	高水平耦合	0.2384	不协调耦合
2009	0.9945	高水平耦合	0.2193	不协调耦合
2010	0.9995	高水平耦合	0.2590	不协调耦合
2011	0.9910	高水平耦合	0.2550	不协调耦合
2012	0.9958	高水平耦合	0.3097	低度协调耦合
2013	0.9918	高水平耦合	0.3182	低度协调耦合
2014	0.9935	高水平耦合	0.3289	低度协调耦合
2015	0.9851	高水平耦合	0.3625	低度协调耦合
2016	0.9990	高水平耦合	0.3785	低度协调耦合
2017	0.9946	高水平耦合	0.4005	低度协调耦合
2018	0.9937	高水平耦合	0.4178	低度协调耦合
2019	0.9911	高水平耦合	0.4469	低度协调耦合
2020	0.9652	高水平耦合	0.4706	低度协调耦合
年度平均值	0.9895	高水平耦合	0.3151	低度协调耦合
年均变化速度	-0.18%	—	8.08%	—
“十二五”时期平均水平	0.9884	高水平耦合	0.2076	不协调耦合
“十二五”时期平均水平	0.9914	高水平耦合	0.3149	低度协调耦合
“十三五”时期平均水平	0.9887	高水平耦合	0.4229	低度协调耦合

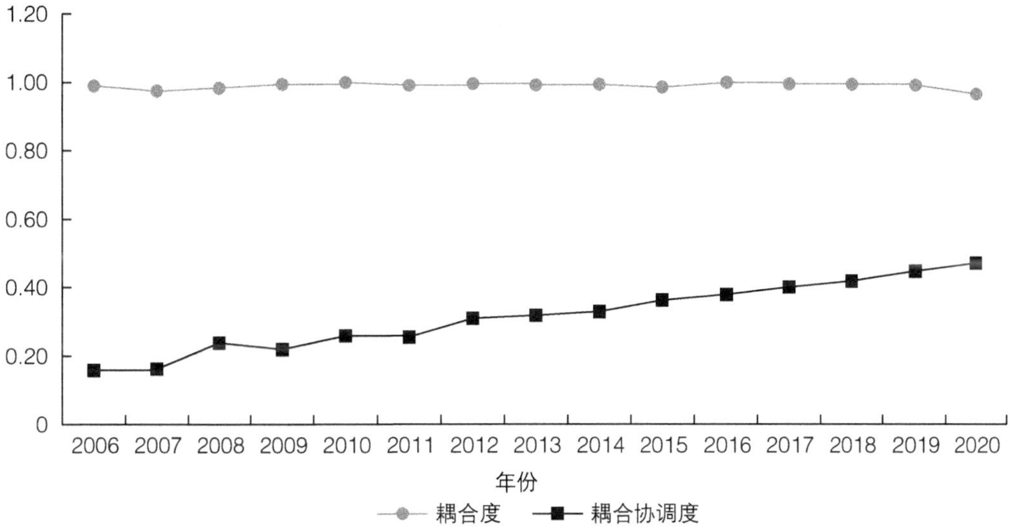

图 6-5　2006—2020 年甘肃省科技创新政策系统和科技创新绩效系统耦合度与耦合协调度趋势

（四）研究结论

综上分析，表明甘肃省科技创新政策与科技创新绩效发展呈高水平耦合，但耦合协调发展需进一步提升。从“十一五”到“十三五”时期，甘肃省科技创新政策和科技创新绩效综合发展指数均呈波动的增长趋势，但具体表现出不同的增长态势，科技创新绩效综合发展指数增长更为显著。科技创新政策系统和科技创新绩效系统耦合度均一直保持在 0.95 以上，两系统始终处于高水平耦合阶段，存在很强的相互作用。两系统的耦合协调度呈不断增加趋势，耦合协调类型实现从不协调耦合向低度协调耦合转变，两个系统的相互作用整体不理想，存在短板，没有形成相互促进、共同发展的态势，但整体在向好的方向转变。

参考文献

［1］LundvallBA，BorrasS.Science，TechnologyandInnovationPolicy［M］.Oxford：OxfordUniversityPress，2006.

［2］肖士恩，雷家骗，刘文艳.科技创新政策评价的理论与方法初探［J］中国科技论坛，2003（9）：24-27.

［3］赵修卫.现代科技创新政策发展的四个特点［J］科学学研究，2006（6）：895-900.

［4］贺德方.中国科技创新政策体系与发展趋势—在2015浦江创新论坛上的演讲［EB/OL］.三思派，2016-2-19.http：//mp.weixin.qq.com/s/C6eAOYrCbHV5Z0eeA41fg.

［5］冯锋，汪良兵.协同创新视角下的区域科技政策绩效提升研究—基于泛长三角区域的实证分析［J］科学学与科学技术管理，2011（12）：109-115.

［6］张芳，邹俊，葛杨生.地方政府科技创新政策绩效评价研究—以芜湖市为例［J］重庆工商大学学报（社会科学版），2018（08）：35-44.

［7］江书军，庞克欣.河南省区域科技创新政策绩效评价体系构建研究［J］创新科技，2018（11）：25-27.

［8］胡丽娜.中国支持科技创新政策实施效果模拟及对策研究［J］中国科技论坛，2020（01）：1-8.

［9］张静雨，张继彤."十二五"以来中国创新政策效果评价与政策启示［J］科技管理研究，2021（13）：17-24.

［10］郄海拓，高雅，张志娟.区域科技创新政策绩效比较研究-基于北京、上海、天津和重庆的实证研究［J］全球科技经济瞭望，2021（02）：31-42.

［11］孟溦，李杨.科技政策群实施效果评估方法研究—以上海市"科技创新中心"政策为例［J］科学学与科学技术管理，2021（06）：45-65.

［12］阎东彬，赵宁宁，丁利杰.基于"过程-内容-结果"的科技创新政策评估及优化研究［J］区域经济评论，2021（06）：66-74.

［13］高建，汪剑飞，魏平.企业技术创新绩效指标：现状、问题和新概念模型［J］科研管理，2004（09）：14-22.

［14］毕克新，赵莉楠，孙金花.中小企业技术创新绩效评价研究现状和发展趋势［C］首届中国科技政策与管理学术研讨会2005年论文集（下），2005（12）：569-581.

［15］潘雄锋.东北老工业基地科技创新绩效分析［J］科技与经济，2005（02）：12-15.

[16] 高阳，胡明铭，徐姝 . 中部区域创新系统与创新绩效评价研究 [J] 湖南商学院学报，2006 (04)：44-49.

[17] 纪国涛，金敏力 . 科技创新绩效的形成机理及其路径选择 [J] 科技管黑矶究，2008 (04)：20-23.

[18] 官建成，刘顺忠 . 区域创新机构对创新绩效影响的研究 [J] 科学学研究，2003 (2)：210-214.

[19] 赵付民，邹珊刚 . 区域创新环境及对区域创新绩效的影响分析 [J] 统计与决策，2005 (1)：17-18.

[20] 纪国涛，金敏力 . 科技创新绩效：形成机理、影响因素及路径选择 [J] 科技进步与对策，2009 (1)：5-8.

[21] 刘文智 . 影响区域科技创新绩效的关键因素分析 [J] 才智，2009 (11)：205-206.

[22] 杜颖 . 区域创新环境对创新绩效影响的实证分析 [J] 新疆财经大学学报，2011 (01)：29-33.

[23] 周景坤，段忠贤 . 区域创新环境与创新绩效的互动关系研究 [J] 科技管理研究，2013 (22)：9-13.

[24] 丁生喜，王晓鹏 . 青海省区域创新环境对科技创新绩效影响的实证分析 [J] 科技管理研究，2016 (05)：71-75.

[25] 施晓丽，蒋林林 . 区域创新环境的综合评价及对创新效率的影响分析 [J] 科技管理研究，2021 (03)：15-22.

[26] 黄海燕，李诗辰，付强，黄伟康 . 企业异质性、政府补助与创新绩效 [J] 湖北经济学院学报 (人文社会科学版)，2021 (11)：43-47.

[27] Arundel，A.&Kabla，I.WhatPercentageofInnovationsisPatented?EmpiricalEstimatesforEuropeanFirms [J] .ResearchPolicy，1998，27(2)：127-141.

[28]刘顺忠，官建成 . 区域创新系统创新绩效的评价[J]中国管理科学，2002(02)：75-78.

[29] 王海盛，郑立群 . 区域创新系统创新绩效测度研究 [J] 安徽工业大学学报 (社会科学版)，2005 (11)：39-40.

[30] 贾建闯，金懿 . 区域科技创新体系建设中政府绩效评价指标体系的建立 [J] 科技信息 (学术研究)，2008 (01)：371-372.

[31] 沈冲杰 . 开发区创新政策对企业创新能力及绩效影响研究 [D] . 浙江：浙江大学，2007.

[32] 程华，钱芬芬 . 政策力度、政策稳定性、政策工具与创新绩效 - 基于 2000 —

2009 年产业面板数据的实证分析［J］科研管理，2013（10）：103–108.

［33］李晨光，张永安．创新科技政策作用要素及其响应研究述评．［J］技术经济，2013（3）：41–45+55.

［34］张永安，耿喆，李晨光，王燕妮．区域科技创新政策对企业创新绩效的影响效率研究［J］科学学与科学技术管理，2016（08）：82–92.

［35］赵丽霞，谭超．财政政策对科技创新影响的动力机制实证研究［J］科学管理研究，2017（2）：99–102.

［36］徐喆，李春艳．我国科技政策演变与创新绩效研究 – 基于政策相互作用视角［J］经济问题，2017（1）：11–16+102.

［37］关宝瑞．政策激励和政府创新偏好对科技创新效率的影响［J］产业研究创新，2019（12）：56–58.

第 7 章　《甘肃省中长期科学和技术发展规划纲要（2006—2020）》实施情况总结评估

科技创新规划是政府部门为实现科技发展战略目标而制定的方案体系，是对国家或地区发展目标和重点任务实现的途径、措施、步骤及保障作出具体的安排和部署，具有系统性、科学性、前瞻性、引领性等特征。科技创新规划评估对于落实科技改革任务、总结规划实施进展、促进规划目标实现等具有重要意义，是提升科技创新规划实施效益效果的重要管理环节和政策工具。党中央、国务院对重大战略政策、规划、科技改革任务的监督评估工作高度重视，多次作出重要指示和部署。研究团队较早开始了科技创新规划评估研究与实践，目前各界对中长期科技创新规划实施情况的关注较多，但鲜有相关研究与实践。为更好推进甘肃省新一轮中长期规划制定与实施，研究团队开展了《甘肃省中长期科学和技术发展规划纲要（2006—2020）》（简称《甘肃中长期科技规划》）实施情况总结评估工作。

一、总体情况

（一）战略意义

《甘肃中长期科技规划》是甘肃省贯彻落实《国家中长期科学和技术发展规划纲要（2006—2020 年）》的重要举措，是甘肃省首次专门针对科技创新领域出台的中长期部署，是指引“十一五”“十二五”“十三五”甚至更长时期甘肃创新发展的蓝图，是引领甘肃创新驱动发展的一面旗帜，对于甘肃加快迈进创新型省份行列、支撑全面建成小康社会具有重要战略意义和宏观指导作用。通过全省上下的共同努力，《甘肃中长期科技规划》得到有效落实，甘肃省科技创新进入了从量的积累向质的飞跃、从点的突破向系统能力提升的关键阶段，为建设创新型省份奠定坚实基础。

（二）规划实施总体情况

1. 发展思路

以《甘肃中长期科技规划》为行动指南，深入贯彻落实科教兴国、人才强国和创新驱动发展战略，深入贯彻落实习近平总书记对甘肃重要讲话和指示精神，统筹推进“五位一体”总体布局，协调推进“四个全面”战略布局，大力实施创新驱动发展战略，以加快建设创新型省份为总揽，以支撑供给侧结构性改革为主线，以培育壮大战略科技力量为重点，以改革创新为根本动力，以提高自主创新能力为核心，以应用为导向，以企业为主体，产学研用紧密结合，加快科技成果转化，促进科技与经济社会发展紧密结合，把提高自主创新能力作为调整产业结构、转变经济增长方式的重要手段，扩大开放合作，寻求重点突破，实现支撑发展。《甘肃中长期科技规划》坚持“创新驱动、人才引领、重点推进、项目带动”的科技发展思路，突出区域科技创新体系建设这一系统工程，着重强调提升甘肃省科技创新总体水平这一目标。

2. 规划部署

自 2006 年《甘肃中长期科技规划》实施以来，持续推进科技体制改革，优化科技资源配置方式和创新支撑体系，系统推进科技创新组织模式、科技项目组织管理方式、科技奖励制度、人才评价等重点领域改革。围绕战略重点，支持优势领域的基础研究和有重大产业需求的应用基础研究，重点支持农业、制造业、新材料、新能源、生物医药、信息技术及现代服务业、生态环境、资源等领域关键技术科研攻关，瞄准全省产业发展战略目标，启动实施科技重大专项，集中力量突破重大战略任务和共性关键技术，不断提升企业自主创新能力，促进科技成果就地转化。兰白科技创新改革试验区和兰州白银国家自主创新示范区（简称“兰白两区”）经济科技发展的龙头地位明显，科技创新发展水平稳居高位持续领跑，充分发挥国家和省级高新区、经开区、农业园区等创新高地资源集聚功能，推动酒嘉、金武、天水、陇东 4 个现代产业创新集群，酒泉、张掖、金昌综合科技进步水平位居全省前列，河西地区创新优势进一步凸显。积极融入“一带一路”建设，深化国际科技交流合作，推进省部会商、院地合作、东西部科技协作，形成开放创新格局。

3. 实施保障

为保障《甘肃中长期科技规划》确定的目标任务如期实现，对规划实施专门作出全面部署、配套化政策设计，为规划有序推进、落实落地提供了保障。一是制定配套措施，完善实施细则。制定出台《甘肃省人民政府关于印发实施甘肃省中长期科学和技术发展规划纲要（2006—2020 年）若干政策措施的通知》等系列配套措施，全面推进《甘肃中长期科技规划》落实。二是加强政策解读与宣传。全省科技部门通过开展多种形式、多种途径规划落实的宣讲和学习，组织广大干部职工深入把握《甘肃中长期科技规划》的精神实质，加大舆论宣传力度，进一步凝聚各方共识，把思想和工作重心统一到《甘肃中长期科技规划》确定的重点目标和重点任务上来。三是健全组织保障体系。按照《甘肃中长期科技规划》确定的目标、任务和政策措施，从组织领导、监督检查、配套衔接等方面，强化规划实施的信息沟通机制和协调机制，统筹推进规划重大事项的实施，努力形成推动规划落实的合力。四是完善创新体系。加强甘肃省科技计划管理与科技计划项目的导向作用，完善科技政策布局，引导以科技型企业或产学研联盟为主体实施项目，以企业为主体、市场为导向、产学研结合的技术创新体系不断完善，综合科技进步水平不断提高。

4. 动态调整

在推进《甘肃中长期科技规划》实施的不同阶段，科技创新的侧重点有所不同。通过对《甘肃中长期科技规划》及阶段性科技创新规划文本的词频分析发现：科学、技术和创新始终是其关注核心，位居前三，但不同时期科技创新规划布局的重点有差异。具体来看，《甘肃中长期科技规划》将“技术”提升到前所未有的高度，规划中词频高达 237 次，然后是科技、创新和发展等关键词，企业也受到高度的重视，词频高达 73 次。《甘肃省“十一五”科学技术创新和发展规划》将“科技”放在了最为突出的位置，“技术”紧跟其后，然后是“创新”，企业、人才等是需要重点关注的方面。这一时期，规划中还强调通过自主创新、研究和开发能力提升、加大科技投入、布局重大项目等方式，快速提升科技进步水平。《甘肃省“十二五”科学技术发展规划》较好地延续“十一五”时期科技发展基本理念，“科技”一词出现的词频位居榜首，“技术”的词频位居第二，“创新”的词频位居第三，企业、新材料、装备、体系建设等是这一时期规划发展的重点。党的十八大以来，随着创新驱动发展战略的深入推进，在“十三五”时期规划制定时，将“创新”提升到了前所未有的高度。《甘肃省“十三五”科技创新规划》中“创新”一词词频高达 431 次，“科技”“技术”“发展”等紧跟其后，“研发”“企业”等依然是关注重点，随着科技体制改革的深化以及科技领域“放管服”的深入推进，科技服务、体系建设、机制体制创新等方面被反复强调。

鉴于 R&D 经费投入对区域创新发展具有核心带动作用，结合甘肃省委、省政府安排部署的未来五年经济社会发展奋斗目标，在保持与国家规划科技指标协同发展的基础上，对甘肃省科技创新核心指标进行相应调整，与国家平均水平保持一致。如“十三五”时期，R&D 经费投入占 GDP 比重由“十二五”末的 1.5% 提升为 2.2%，2020 年的 2% 提升为 2.5%。《甘肃省“十三五”科技创新规划》将兰白科技创新改革试验区建设作为全省科技创新的重中之重，实施“14610”重点部署计划，即推进兰白科技创新改革试验区建设，提升 4 个现代产业创新集群，完善 6 个科技创新示范区，实施十大科技创新工程，对科技工作作出战略部署，为创新驱动发展战略实施奠定了重要基础。

5. 监测评估

甘肃省注重对《甘肃中长期科技规划》实施情况的监测评估，持续开展规划实施情况跟踪分析，不断完善和优化规划实施方案和实施手段。实践证明，开展规划中期评估是推动规划实施的有效举措，是加强规划实施监督，检验规划实施成效的重要方式。2009 年，完成《甘肃省"十一五"科学技术创新和发展规划》执行情况评估和甘肃省执行国家中长期科技规划的中期评估工作，2016 年、2020 年先后完成《甘肃省"十二五"科学技术发展规划》《甘肃省"十三五"科技创新规划》实施情况的中期评估以及总结评估工作，客观评估规划实施过程中面临的难点、堵点问题，分析甘肃经济社会、重点产业发展对科技的需求和新的阶段性特点，并提出下一阶段规划制定的重点方向和需要完善的环节。

二、规划目标完成情况评估

（一）总体情况

总体来看，《甘肃中长期科技规划》的预期目标圆满实现，重大任务顺利完成，主要指标按期完成，科技进步贡献率、专利申请量和授权量年均增速、技术合同成交额年均增速、科技创新团队数量等 5 项指标完成较好，明显超过预期目标值。科技投入指标方面，科技人才团队建设指标超额完成，但科技人才总量偏少、人才流失问题依然存在；研发资金投入方面，R&D 经费投入不足，增速较缓，研发投入强度偏低，与预期目标值有一定差距，是中长期规划实施的短板，也是制约甘肃区域创新发展的瓶颈。高技术产业增加值占规上工业企业增加值比重这一指标由于 2017 年以后统计指标调整无法测算，从相关指标完成情况来看，高技术产业效益突出（表 7-1）。

甘肃呈现低投入、高产出的特征，科技创新效率持续优化提升。"十三五"时期省级科技专项资金产出强度为 1 ∶ 25，较"十二五"时期（1 ∶ 20）和"十一五"时期（1 ∶ 19）有明显提高；科技创新投入产出效率不断优化，据 DEA 模型测算结果显示，2017—2020 年，甘肃省科技创新效率值均为 1，达到最优状态；全省科研基础条件和创新环境明显改善，2020 年甘肃省科技创新工作获国务院督查激励，认定甘肃省属于"改善地方科研基础条件、优化科技创新环境、促进科技成果转移转化以及落实国家科技改革与发展重大政策成效较好的地区"。

表 7–1　科技创新主要发展指标完成情况统计

指标	预期目标值	2020 年完成值	备注
科技进步贡献率 / %	＞ 50	55.1	
研究开发投入占国内生产总值的比重 / %	2	1.22	
专利申请量年均增速 / %	15	24.75	
专利授权量年均增速 / %	15	25.93	
技术合同成交额年均增速 / %	15	20.43	
科技创新团队数量 / 个	30	82	
高技术产业增加值占规上工业企业增加值比重 / %	12	—	统计指标调整

（二）具体指标完成情况分析

1. 综合科技水平分析

《甘肃中长期科技规划》提出的发展目标为到 2020 年甘肃省的“科技进步贡献率达到 50% 以上”。经过 15 年的创新发展，甘肃省科技对经济增长的贡献率实现显著提升，并顺利完成预期目标。据测算，“十一五”末甘肃省科技对经济增长的贡献率（科技进步贡献率）为 42.5%，“十二五”末甘肃省科技进步贡献率为 50.3%，“十三五”末甘肃省科技进步贡献率为 55.1%，高于预期目标 5.1 个百分点。

综合科技进步水平指数是衡量区域创新发展和科技进步水平的综合性指数，本研究采用中国科学技术发展战略研究院发布的《中国区域科技创新评价报告》数据对甘肃省科技进步水平进行分析。报告从科技创新环境、科技活动投入、科技活动产出、高新技术产业化、科技促进经济社会发展等 5 个方面对全国各省（自治区、直辖市）科技创新水平进行综合评价，是衡量全国各省（区、市）科技进步水平的重要标尺。据报告监测结果显示：“十一五”末甘肃省综合科技进步水平指数为 46.48%，排名全国第 17 位，在西部 12 省（区、市）中居第 4 位。“十二五”末甘肃省综合科技进步水平指数为 49.51%，排名全国第 18 位，在西部 12 省（区、市）中居第 4 位。“十三五”末甘肃省综合科技进步水平指数为 53.71%，排名全国第 23 位，在西部 12 省（区、市）中居第 5 位。“十三五”时期，甘肃省从全国综合科技创新水平区域分类的第三类上升到第二类（2016 年），并保持在第二类。2006—2020 年的具体排名情况如图 7–1 所示。

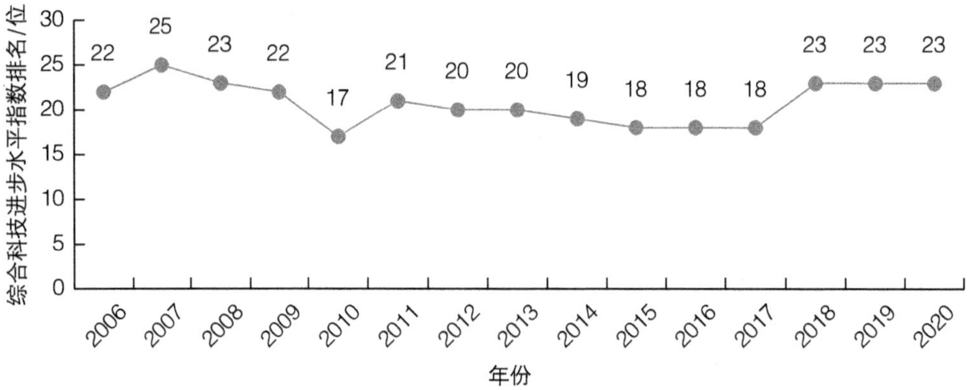

图 7-1　2006—2020 年甘肃省综合科技进步水平指数排名

2. 科技资金投入分析

（1）研发投入强度

《甘肃中长期科技规划》提出，到 2020 年，甘肃省的“全社会研究开发投入显著增加，研究开发投入占国内生产总值的比重（研发投入强度）达到 2% 以上”。2006—2020 年，甘肃省研发投入强度有较小幅度的增长，由 2006 年的 1.01% 增至 2020 年的 1.22%，距离全国研发投入强度 2.0% 的平均水平还有一定差距。如图 7-2 所示，2006—2020 年甘肃省研发投入强度总体在波动中缓慢增长[①]。

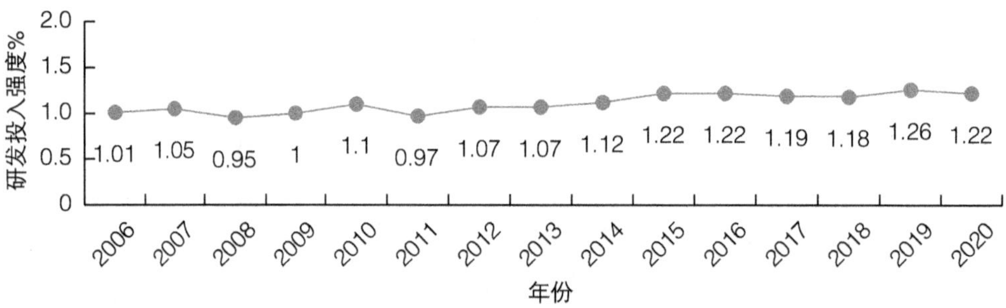

图 7-2　2006—2020 年甘肃省研发投入强度

（2）R&D 经费投入

为进一步了解甘肃省研究与试验发展（R&D）投入情况，对 2006—2020 年甘肃省的 R&D 经费投入进行纵向比较分析。如图 7-3 所示，2006—2020 年甘肃省 R&D 经费投入总体稳步增加，从 2006 年的 29.0 亿元增至 2020 年的 109.6 亿元，年均增速为 9.97%，略低于同一时期甘肃省的 GDP 年均增速（10.59%），由此可以反映同一时期甘

① 本书中增长（减少）比例、占比等数值计算是以四舍五入前的统计数据计算得出，结果可能与四舍五入后的数值计算结果存在差异。

肃省研发投入强度的变化情况。2020 年的 R&D 经费投入比 2019 年略低。与全国平均水平和西部省份相比较，甘肃省 R&D 经费投入处于较低水平（后文有展开进行横向比较分析）。

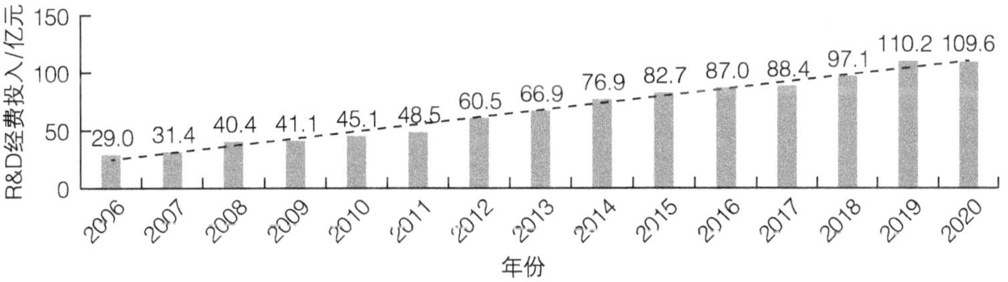

图 7-3 2006—2020 年甘肃省 R&D 经费投入

（3）地方财政科技投入占财政支出比重

2006—2020 年甘肃省财政科技投入占财政支出的比重总体有所下降，波动较为明显。如图 7-4 所示，2006 年为 0.88%，2020 年下降至 0.77%，期间以 2008 年、2015 年的指标值相对较高，突破了 1%，分别达到 1.08% 和 1.01%。“十三五”期间甘肃省财政科技投入占财政支出的比重与“十一五”“十二五”时期的平均水平相比较，略有下降。与全国平均水平和西部省份相比较，甘肃省地方财政科技投入明显偏低。

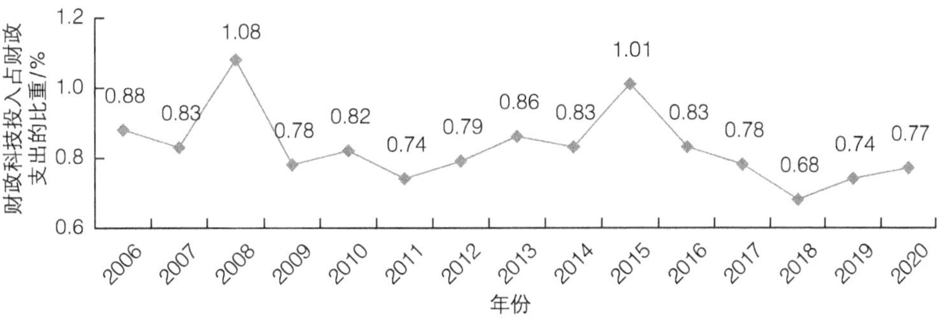

图 7-4 2006—2020 年甘肃省财政科技投入占财政支出的比重

（4）省级科技计划项目经费

据不完全统计，2006—2020 年甘肃省级科技计划共投入资金 35.11 亿元，其中，“十一五”时期省级科技计划共投入资金 6.74 亿元，“十二五”时期省级科技计划共投入资金 12.03 亿元，“十三五”时期省级科技计划共投入资金为 16.34 亿元。

从科技计划项目经费分布情况来看，2006—2020 年投入兰州的省级科技计划资金共有 23.39 亿元，占省级科技计划资金总额的 66.83%。可见，以持续集中科技投入支持“强省会”的战略实施由来已久。从图 7-5 可以看出，兰州地区除 2014 年、2018 年、2019 年获得省级科技计划项目经费较上年有所减少，其余年份的省级科技计划项目经费总体呈上升趋势，兰州地区获得项目经费占全省科技计划项目资金基本维持在 60% ~ 70% 水平。

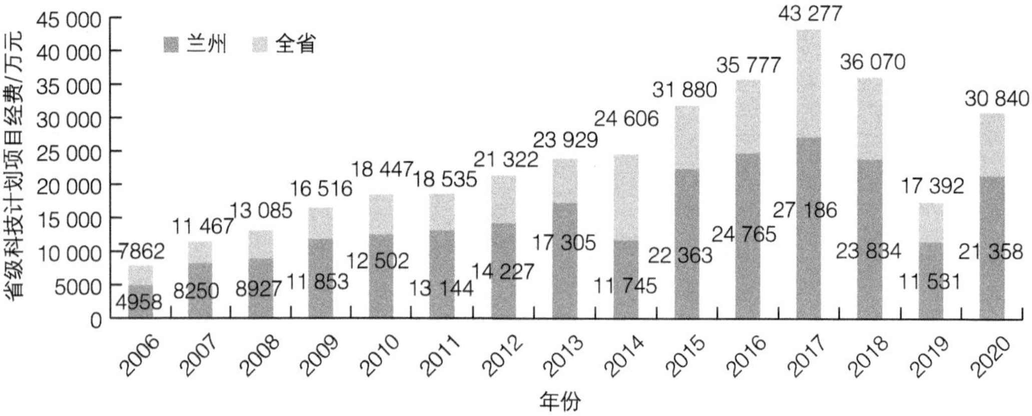

图 7-5　2006—2020 年甘肃省级科技计划项目经费

甘肃省级科技计划立项支持项目数量稳步增加，辐射范围更广、覆盖面更全。据统计，2006—2020 年甘肃省级科技计划支持项目总量为 14 319 项，“十一五”时期支持项目数量为 3760 项，“十二五”时期支持项目数量为 4752 项，“十三五”时期支持项目数量为 5807 项（图 7-6）。

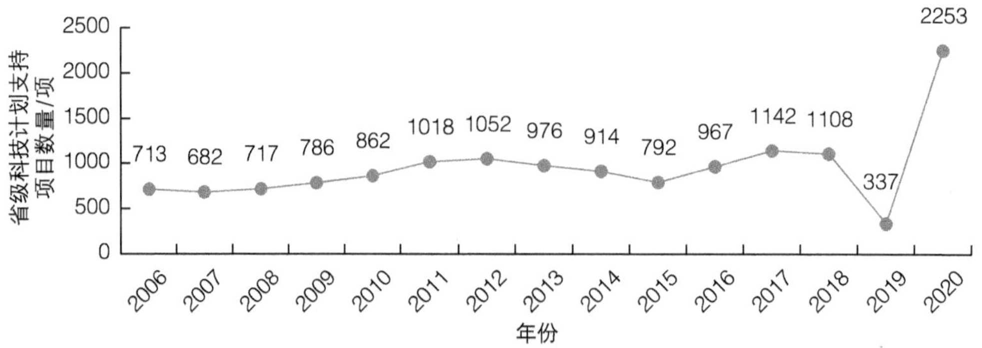

图 7-6　2006—2020 年甘肃省级科技计划支持项目数量

长期以来，科技在支撑“强省会”战略实施方面发挥着重要作用。从省级科技计划项目安排数量来看，如图 7-7 所示，2006—2020 年，省会兰州的科研单位争取的省级科技计划项目为 10 186 项，占项目总量的 71.14%，其他市（州）科研单位获得省级科技计划项目数量占比均较低，都不足 5%。

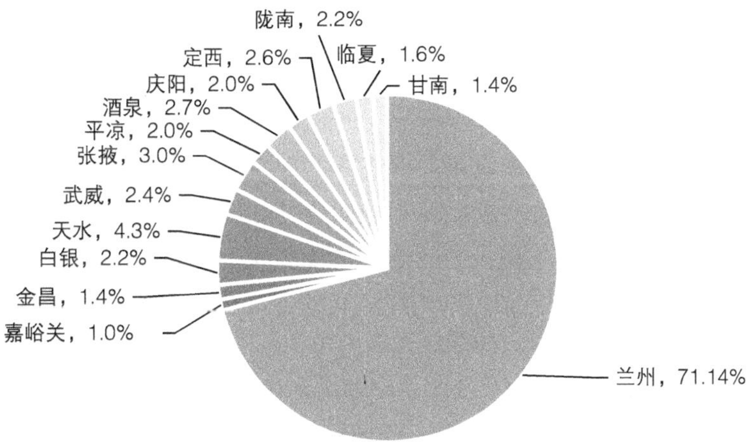

图 7-7 2006—2020 年甘肃各市（州）获得省级科技计划项目的比例

（5）企业 R&D 投入占全社会 R&D 投入比重

企业是市场主体和研发投入的重要力量。近年来，甘肃省有研发活动企业的数量及其投入研发活动的资金数量相对较少，增幅放缓，企业投入研发活动的积极性需进一步激发。如图 7-8 所示，2006—2020 年甘肃省企业 R&D 投入占全社会 R&D 投入比重波动较大，平均水平为 55.24%。也就是说，在全社会 R&D 投入中，企业的 R&D 投入超过一半。2013—2014 年，企业 R&D 投入占全社会 R&D 投入比重超过六成，"十三五"时期，该指标有所下降。

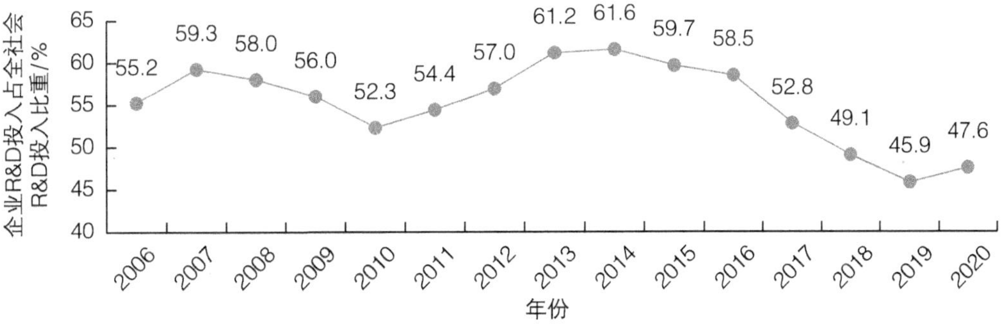

图 7-8 2006—2020 年甘肃省企业 R&D 投入占全社会 R&D 投入比重

3. 科技人员投入分析

（1）科技创新团队建设

《甘肃中长期科技规划》提出，到 2020 年甘肃省"建成 30 个以上在国内同行业中有一定影响的科技创新团队，科技创新人才队伍建设取得显著成效”。自2006年以来，甘肃省重点打造了82个科技创新团队，围绕区域创新发展需求，培养和造就一批具有一定影响和优势的高水平人才团队。2006年5月，甘肃省科技厅首次在国内提出省属科研院所科技创新团队建设计划，印发了《甘肃省省属科研院所科技创新团队建设实施办法》，围绕国家和甘肃省社会经济发展的战略需求与《甘肃中长期科技规划》，带动一批重点学科、交叉学科的发展，促进国内外科技合作与交流，形成以领军人才为核心、以骨干人才为主体的创新团队，全面提升省属科研院所的科技创新能力、成果转化水平和综合竞争力，推动科研院所的改革和现代化发展。同年，甘肃省科技厅批准组建12个省属科研院所科技创新团队。2009年，甘肃省科技厅启动第二批省属科研院所科技创新团队建设计划，在全省范围内组建14个科技创新团队。为提升基础研究与应用基础研究能力，甘肃省科技厅组织实施基础研究群体计划，“十二五”“十三五”期间支持56个科技创新团队。2017年，中国科学院寒区旱区环境与工程研究所冻土与寒区工程研究创新团队获国家科学技术进步奖创新团队奖。

（2）R&D全时人员

总体来看，在全省科技活动中投入的研发人员数量总体明显增加。如图7-9所示，2006—2020年甘肃省R&D全时人员呈现上升趋势，R&D全时人员从2006年16 441人年增至2020年的26 814人年，年均增幅为3.56%。企业R&D全时人员也有所增加，从2006年的8040人年增至2020年的13 807人年。总体来看，研发活动中以企业R&D全时人员为主，其占全省R&D全时人员的比重接近六成，其中2017—2018年企业R&D全时人员占全省R&D全时人员的比重超过七成。

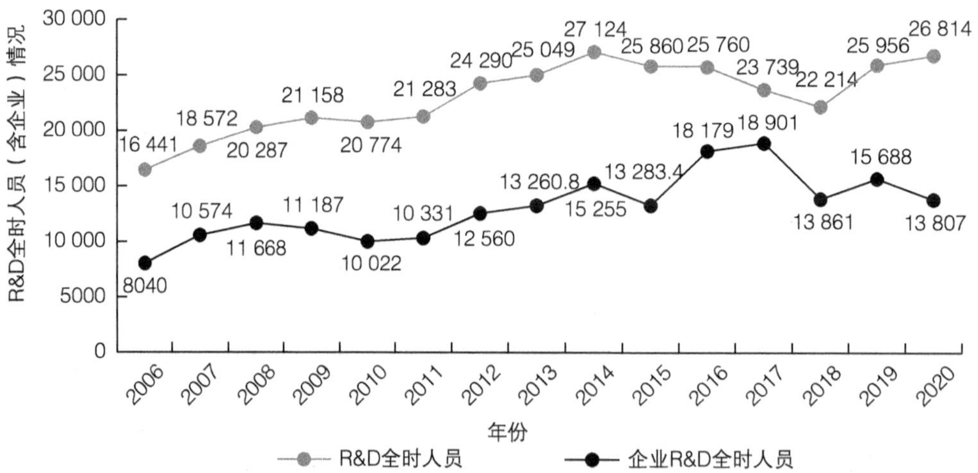

图7-9　2006—2020年甘肃省R&D全时人员

（3）每万人中 R&D 人员

研发人员总量及其在全部从业人员中的比例明显上升。如图 7-10 所示，2006—2020 年甘肃省每万人中 R&D 人员数量呈现上升趋势，每万人中 R&D 人员从 2006 年的 6.1 人上升至 2020 年的 20.2 人，年均增速为 8.93%，研发人员比例有明显提高。

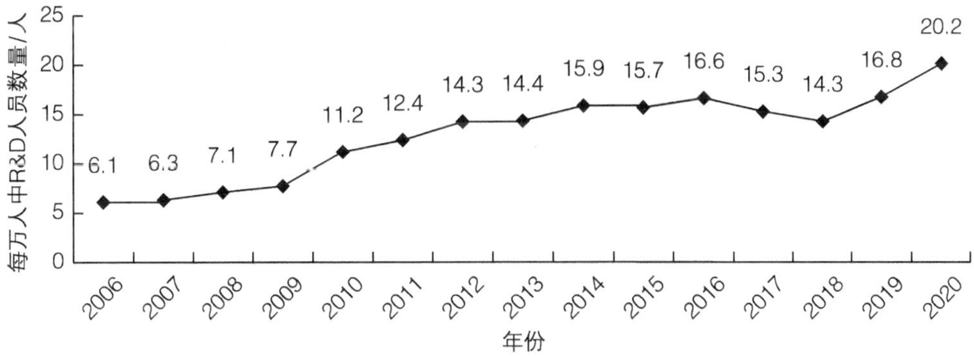

图 7-10　2006—2020 年甘肃省每万人中 R&D 人员数量

4. 科技产出分析

（1）专利申请量和授权量

《甘肃中长期科技规划》提出的发展目标为"取得一批具有自主知识产权的重大科技成果，培育一批具有核心技术或核心竞争力的企业和名牌产品，专利申请量和授权量年均增长 15%以上，技术合同交易额年均增长 15%"。经过 15 年的创新发展，甘肃省加快推动了有色冶金、石油化工、装备制造等产业领域共性关键技术攻关，产生了一批具有自主知识产权的重大科技成果，较好地满足了国内需求，为行业科技进步提供了较高质量的供给。据测算，2006—2020 年甘肃专利申请量、专利授权量、技术合同成交额年均增速分别为 24.75%、25.93%、20.43%，分别超过预期目标值 9.75 个百分点、10.93 个百分点、5.43 个百分点。

专利申请量的增速明显高于研发投入增速和经济增长增速。如图 7-11 所示，2006—2020 年甘肃省专利申请量飞速增长，从 2016 年的 1460 件增至 2020 年的 32 280 件，年均增速为 24.75%，远远高于同一时期 GDP 的年均增速（10.59%）以及 R&D 经费投入的年均增速（9.97%）。

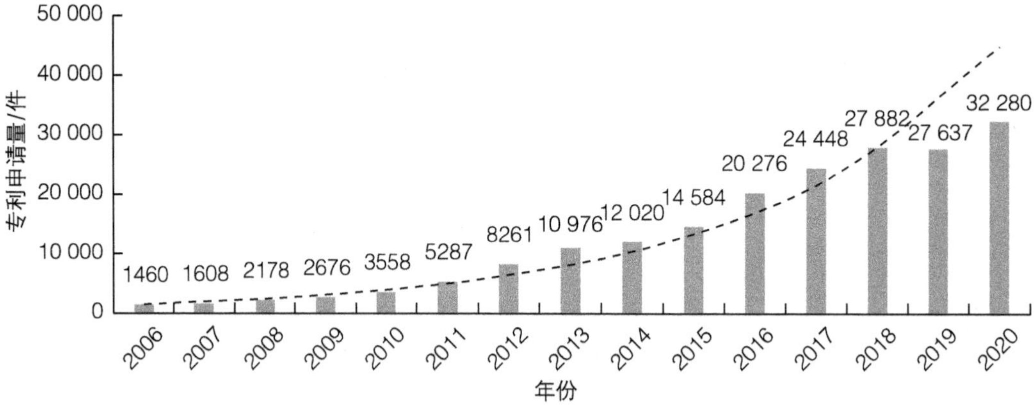

图 7-11　2006—2020 年甘肃省专利申请量

专利授权量的增速明显高于研发投入增速和经济增长增速。如图 7-12 所示，2006—2020 年甘肃省专利授权总量增长迅猛，从 2006 年的 832 件增至 2020 年的 20 991 件，年均增速为 25.93%，略高于同一时期的专利申请量的年均增速，远远高于同一时期 GDP 和 R&D 经费投入的年均增速。

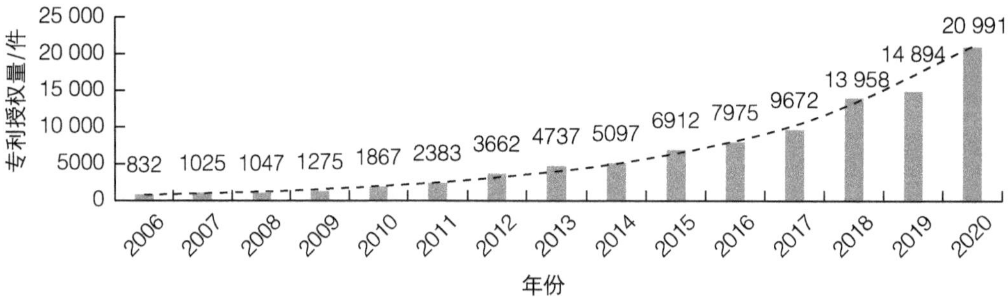

图 7-12　2006—2020 年甘肃省专利授权量

（2）技术合同成交额

如图 7-13 所示，2006—2020 年，甘肃省技术市场蓬勃发展，技术交易活动踊跃，技术市场成交额从 2006 年的 17.27 亿元增至 2020 年的 233.16 亿元，年均增速为 20.43%，远远高于同一时期 GDP 和 R&D 经费投入的年均增速。

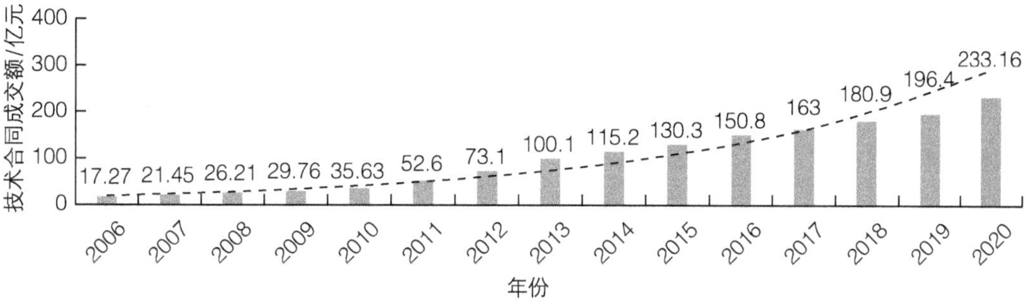

图 7-13　2006—2020 年甘肃省技术合同成交额

（3）获得国家科技奖励数量

据统计，2006—2020 年甘肃省获得国家科技奖励 111 项，平均每年 7 项左右，“十一五”时期，甘肃省获得国家科技奖励 38 项，“十二五”时期获得 37 项，“十三五”时期获得 36 项（图 7-14）。

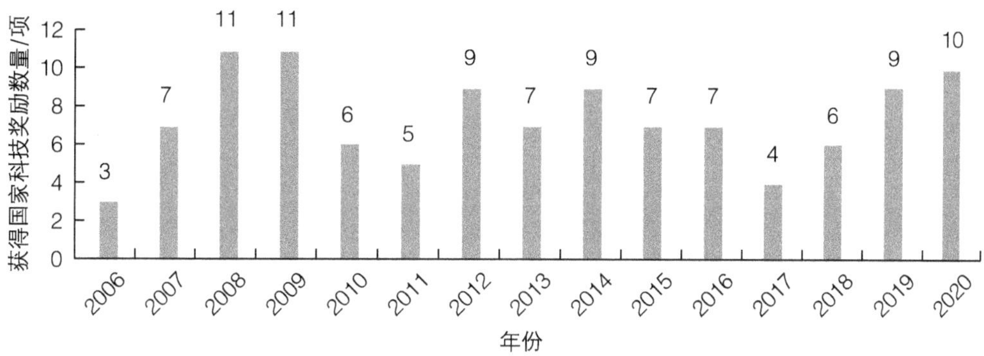

图 7-14　2006—2020 年甘肃省获得国家科技奖励数量

（4）登记省级科技成果数量

2006—2020 年甘肃省登记省级科技成果 15 844 项，重大科技成果产出明显增多，省级科技成果从 2006 年的 704 项增至 2020 年的 2140 项，年均增速为 8.27%。如图 7-15 所示，“十一五”时期，甘肃省登记省级科技成果 4162 项；“十二五”时期，甘肃省登记省级科技成果 4541 项；“十三五”时期，科技成果增长尤为迅速，共登记省级科技成果 7141 项，年均增速为 13.80%，较上期增长 57.26%。

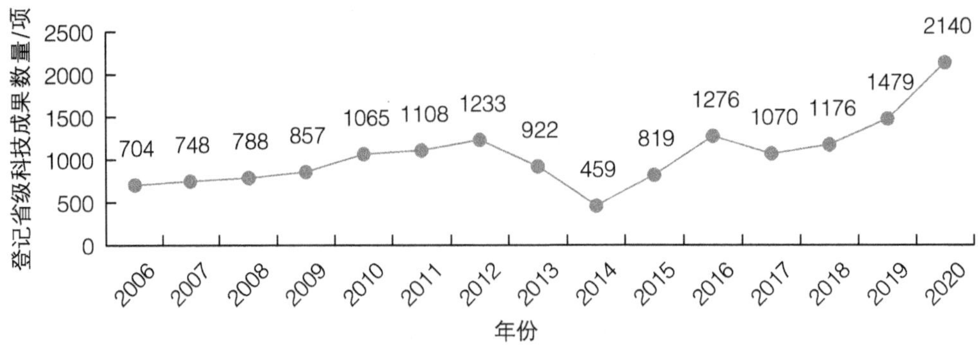

图 7-15　2006—2020 年登记省级科技成果数量

5. 高技术产业发展分析

《甘肃中长期科技规划》发展目标为到 2020 年甘肃省“高新技术取得较快发展，高技术产业增加值占规上工业企业增加值的比重达到 12% 以上”。“十一五”末，甘肃省高技术产业增加值为 39.8 亿元，高技术产业增加值占规上工业企业增加值比重为 2.90%；“十二五”末，甘肃省高技术产业增加值为 59.5 亿元，高技术产业增加值占规上工业企业增加值比重为 5.83%；2019 年，甘肃省高技术产业营业收入达到 278 亿元，占规上工业企业营业收入的比重为 3.70%，实现利润总额 50 亿元，高技术产业利润率达到 18.03%。可见，甘肃省高技术产业化水平有所提升，高技术产业化效益十分突出。

（1）高技术产业增加值占规上工业企业增加值比重

如图 7-16 所示，2010 年甘肃省高技术产业增加值占规上工业企业增加值比重为 2.31%，2015 年增至 5.83%，达到“十二五”时期的最高水平。2017 年以后由于统计指标调整，甘肃省相关统计年鉴中未见该数据。从 2010—2017 年高技术产业增加值占规上工业企业增加值比重情况来看，与实现 12% 的预期目标值有一定距离。相关指标中，2020 年，甘肃省高新技术产业工业增加值占规上工业企业增加值的比重为 5.7%，战略性新兴产业工业增加值占规上工业企业增加值的比重为 10.9%。

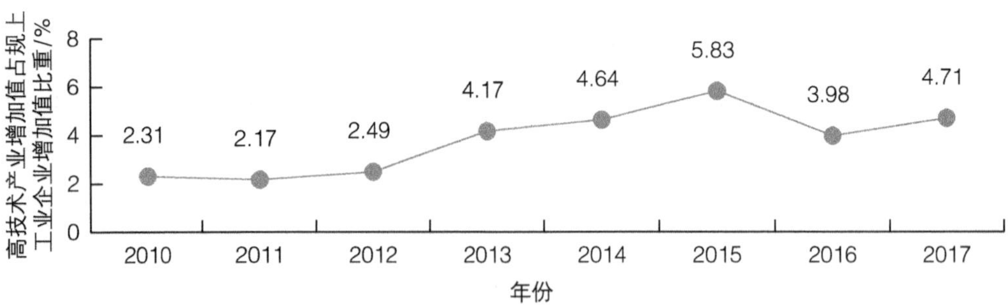

图 7-16　2010—2017 年高技术产业增加值占规上工业企业增加值比重

（2）高技术产业利润

甘肃省高技术产业不断向电子信息、生物医药、光机电一体化和新材料领域集中，兰白综合性高技术、天水装备制造、金昌新材料、酒泉新能源等高技术产业集群初成规模，产业链条进一步延伸，产品附加值明显提升，利润大幅增加，从 2006 年的 3.31 亿元增至 2019 年的 50 亿元，年均增速为 23.23%，2019 年高技术产业利润总额较上年增长了 49.63%，利润率为 18.03%，提高了 3.89 个百分点（图 7－17）。

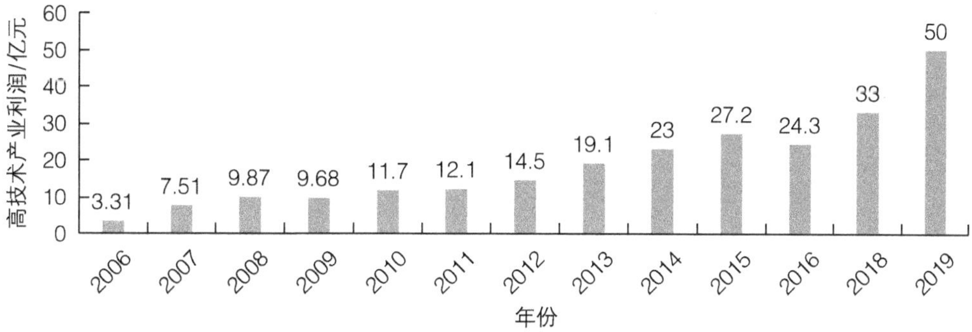

图 7－17　2006—2019 年甘肃省高技术产业利润

据《中国区域科技创新评价报告 2021》显示，甘肃省高新技术产业化水平指数居全国第 23 位，高新技术产业化效益指数居全国第 6 位，其中，高技术产业利润率居全国第 2 位、西部地区第 1 位。

（三）主要科技指标比较分析

1. R&D 经费投入强度比较分析

甘肃省 R&D 经费投入强度与全国 R&D 经费投入强度平均水平的差距逐步拉大。从图 7－18 可以看出，2006 年甘肃省 R&D 经费投入强度为 1.05%，低于全国平均水平 0.37 个百分点；到 2020 年，全国 R&D 经费投入强度平均水平达到 2.40%，甘肃省 R&D 经费投入强度在波动中缓慢增至 1.22%，此时，甘肃省的 R&D 经费投入强度与全国平均水平差距明显增大。2006—2020 年，甘肃省 R&D 经费投入强度与全国平均水平差距从 0.37% 逐步拉大至 1.18%。

通过对 2006—2020 年 R&D 经费投入强度的增速进行分析发现，全国 R&D 经费投入强度增速明显快于甘肃省水平，2006—2020 年，全国 R&D 经费投入强度以 3.82% 的年均增速稳步增长，甘肃省 R&D 经费投入强度在波动中缓慢增长，年均增速为 1.05%。甘肃省 R&D 经费投入强度增幅低于全国平均水平 2.77 个百分点（图 7–18）。

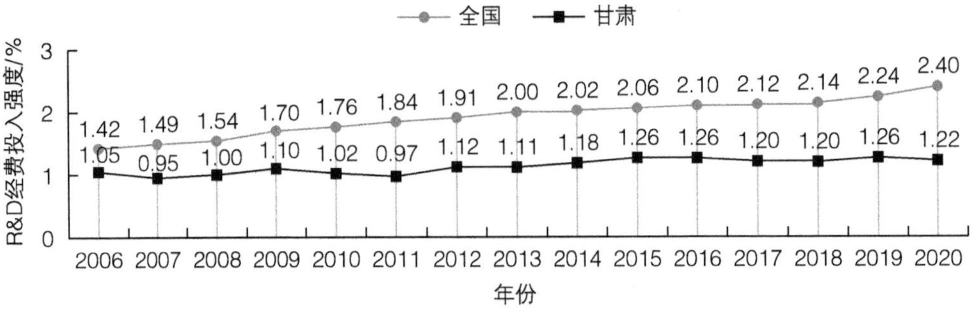

图 7-18　2006—2020 年甘肃省 R&D 经费投入强度与全国平均水平比较分析

从表 7-2 可以看到，2006—2020 年，陕西省 R&D 经费投入强度处于西部地区领先水平。2006 年陕西省以 2.24% 位居西部地区第一，2020 年以 2.42% 位居西部地区第一。2020 年四川省经费投入强度以 2.17% 位居西部地区第二，重庆市以 2.11% 位居第三；贵州、云南、西藏、青海、新疆等地区 R&D 经费投入强度处于较低水平。

内蒙古的 R&D 经费投入强度增速最大，年均 7.43%，内蒙古 2006 年的 R&D 经费投入强度水平为 0.34%，在西部处于较低水平，到 2020 年，快速增加至 0.93%。宁夏 R&D 经费投入强度增速位居西部地区第二，年均 5.70%。宁夏 2006 年 R&D 经费投入强度为 0.70%，至 2020 年为 1.52%，翻了一番有余。2006 年，甘肃 R&D 经费投入强度与重庆的水平相当，分别为 1.05%、1.06%，然而重庆年均增速为 5.03%，明显大于甘肃的年均增速，到 2020 年，重庆 R&D 经费投入强度为 2.11%。四川的 R&D 经费投入强度增长较快，年均增速为 4.02%，由 2006 年的 1.25% 增至 2020 年的 2.17%。值得关注的是，2020 年全国 R&D 经费投入强度的平均水平为 2.40%，与西部 R&D 经费投入强度最高水平（2.42%）接近。2020 年，全国 R&D 经费投入强度最高地区为北京（6.44%），其次是上海（4.17%），紧接着依次是天津（3.44%）、广东（3.14%）、江苏（2.93%）、浙江（2.88%）等。由此可见，西部地区的经费投入强度与东、中部地区的经费投入强度存在一定差距。

表 7-2　西部各地区 R&D 经费投入强度及其增速比较分析　单位：%

地区	2006 年	2010 年	2015 年	2020 年	年均增速
全国	1.42	1.76	2.06	2.40	3.82
甘肃	1.05	1.02	1.26	1.22	1.05
重庆	1.06	1.27	1.54	2.11	5.03
陕西	2.24	2.15	2.20	2.42	0.55

续表

地区	2006 年	2010 年	2015 年	2020 年	年均增速
四川	1.25	1.54	1.66	2.17	4.02
宁夏	0.70	0.68	0.99	1.52	5.70
贵州	0.64	0.65	0.59	0.91	2.52
云南	0.52	0.61	0.73	1.00	4.81
西藏	0.17	0.29	0.30	0.23	2.17
青海	0.52	0.74	0.58	0.71	2.24
新疆	0.28	0.49	0.56	0.45	3.38
广西	0.38	0.66	0.72	0.78	5.29
内蒙古	0.34	0.55	1.05	0.93	7.45

2. R&D 经费比较分析

各地区高度重视研发活动，着力加大 R&D 经费投入。从表 7-3 可以看到，2006—2020 年，全国 R&D 经费投入总量增长迅猛，全国 R&D 经费投入总量从 2006 年的 3003.1 亿元增至 2020 年的 24 393.11 亿元，年均增速为 16.14%。甘肃属于西部地区 R&D 经费增长最为缓慢地区。2006—2020 年，甘肃 R&D 经费从 239 530 万元增至 1 096 443.9 万元，年均增速为 11.48%。

从增长速度来看，西部地区 R&D 经费增速最快的是重庆，从 2006 年的 369 140 万元，增至 5 267 943.7 万元，年均增速达 20.91%；其次是宁夏，2006—2020 年 R&D 经费年均增速为 19.41%；紧接着是云南，2006—2020 年 R&D 经费年均增速为 19.25%，这 3 个地区 R&D 经费增速明显领先西部地区其他省份。内蒙古、广西、贵州、四川、西藏等地 R&D 经费增速相对较快，高于全国水平（16.14%）。

从西部地区 R&D 经费投入量来看，2020 年，四川的 R&D 经费投入最高，达到 10 552 846.1 万元；其次是陕西，R&D 经费投入为 6 323 310.1 万元；重庆位居第三，R&D 经费投入为 5 267 943.7 万元。西藏、青海、新疆等地 R&D 经费投入相对较低。

表 7-3　西部地区 R&D 经费及其增速比较分析

地区	R&D 经费 / 万元				
	2006 年	2010 年	2015 年	2020 年	年均增速 /%
全国	30 030 966	70 625 774.5	141 698 846	243 931 123.3	16.14

续表

地区	R&D 经费 / 万元				
	2006 年	2010 年	2015 年	2020 年	年均增速 / %
甘肃	239 530	419 384.6	827 203	1 096 443.9	11.48
重庆	369 140	1 002 663.3	2 470 012	5 267 943.7	20.91
宁夏	49 749	115 101.3	254 842	596 400.1	19.41
四川	1 078 405	2 642 695.3	5 028 761	10 552 846.1	17.69
贵州	145 113	299 664.6	623 196	1 617 089.9	18.79
云南	209 187	441 671.8	1 093 570	2 459 861.6	19.25
西藏	4832	14 598.5	31 242	43 691.7	17.03
陕西	1 013 558	2 175 042.2	3 931 727	6 323 310.1	13.97
青海	33 412	99 437.9	115 843	213 155.2	14.15
新疆	84 760	266 545.4	520 010	615 662.3	15.22
广西	182 403	628 696	1 059 124	1 732 304	17.44
内蒙古	164 860	637 205	1 360 617	1 610 703	17.68

从资金来源分析，我国的 R&D 经费以政府资金、企业资金为主，企业资金和政府资金投入研发活动比重接近 90%，国外资金、其他资金等所占比重较低，不足一成。从全国来看（表 7–4），在研发活动中，以企业资金为主，政府资金主要发挥着引导激励作用。2020 年，我国 R&D 经费中，企业资金所占比重为 77.46%，政府资金所占比重为 19.78%。在甘肃的研发活动中，政府资金所占比重明显高于全国平均水平，2020 年政府资金所占比重为 36.32%，高于全国水平 16.54 个百分点，企业资金所占比重为 58.88%。

表 7–4　西部地区 R&D 经费来源分析　　单位：%

地区	2006 年		2010 年		2015 年		2020 年	
	政府资金占比	企业资金占比	政府资金占比	企业资金占比	政府资金占比	企业资金占比	政府资金占比	企业资金占比
全国	22.07	66.28	24.02	71.69	21.26	74.73	19.78	77.46
甘肃	27.79	61.58	38.79	57.22	35.97	60.45	36.32	58.88

续表

地区	2006 年		2010 年		2015 年		2020 年	
	政府资金占比	企业资金占比	政府资金占比	企业资金占比	政府资金占比	企业资金占比	政府资金占比	企业资金占比
重庆	16.17	69.91	20.76	75.33	14.76	82.75	14.66	81.21
四川	40.51	50.88	56.57	41.21	45.78	48.52	39.82	54.08
贵州	22.64	64.47	25.12	67.63	25.73	67.22	26.87	71.11
云南	34.16	54.47	39.53	55.20	34.59	62.00	23.07	72.24
西藏	82.50	1.96	72.49	25.15	85.33	13.48	73.94	23.30
陕西	53.33	36.92	60.23	35.28	56.01	41.45	42.97	53.29
青海	27.01	68.78	31.35	64.50	33.95	63.98	35.15	64.19
宁夏	21.23	69.68	23.18	75.17	21.47	77.12	22.08	76.74
新疆	18.26	67.87	29.92	67.72	26.58	70.48	29.16	69.10
广西	24.02	64.75	58.41	36.84	23.57	71.68	22.39	74.63
内蒙古	22.83	66.92	14.71	82.13	11.83	85.11	14.45	82.43

在西部地区，2020 年，重庆研发经费中企业资金所占比重高达 81.21%，处于西部地区最高水平，政府资金所占比重为 14.66%，政府资金与企业资金的比值约为 1 ∶ 5.5。这一方面反映出重庆科技型企业从事研发的积极性较高，研发资金投入较多，企业技术创新主体地位明显；另一方面反映出政府资金的杠杆作用发挥充分，财政资金支持研发活动的效率较高。宁夏、广西、云南、贵州等地区企业资金所占比重超过 70%，政府资金所占比重不足三成。四川、陕西、青海等地区政府资金投入相对较大，所占比重为 30% ~ 50%。西藏由于特殊的地理位置，复杂的经济、民族宗教环境，其研发经费活动与西部其他地区有所不同，以政府资金为主，其所占比重为 73.94%，企业资金为 23.30%，可以看出该地区企业技术创新积极性不高，研发投入不足。

从时间维度来分析 R&D 经费来源的变化情况。从全国范围来看，政府资金所占比重有所下降，从 2006 年的 22.07% 降至 2020 年的 19.78%，企业资金所占比重逐步提高，从 2006 年（66.28%）、2010 年（71.69%）、2015 年（74.73%）、2020 年（77.46%）等关键年份的数据可以看出，企业资金投入比重明显上升。重庆的企业资金投入明显上升，2006 年企业 R&D 经费占比为 69.91%、2010 年为 75.33%、2015 年为 82.75%、

2020 年为 81.21%。同样，云南和贵州的企业资金投入比重明显上升。相反，从 2006 年（61.58%）、2010 年（57.22%）、2015 年（60.45%）、2020 年（58.88%）等关键年份的数据，可以看出，甘肃企业资金投入比重有所下降。陕西 2006 年的 R&D 经费中政府资金所占比重较高，为 53.33%，2010 年政府资金上升至 60.23%，2015 年、2020 年的政府资金所占比重有所下降。西藏的 R&D 经费中政府资金所占比重一直保持较高水平，没有发生明显变化。

3. R&D 人员比较分析

甘肃 R&D 人员全时当量在全国所占比重呈下降趋势。甘肃 2006 年 R&D 人员全时当量占全国比重为 1.11%；2010 年，R&D 人员全时当量占全国比重为 0.85%；2015 年降至 0.69%，2020 年降至 0.51%。

从 R&D 人员规模来看，2006 年全国 R&D 人员全时当量为 1 502 472 人年，2020 年增加至 5 234 507.7 人年，R&D 人员规模增加约 2.5 倍。西部地区 R&D 人员全时当量也有不同程度的增长。在 2020 年西部地区的 R&D 人员投入中，四川研发人员全时当量最多，为 189 828.8 人年；陕西 R&D 人员全时当量为 118 806.6 人年，位居西部第二；重庆 R&D 人员全时当量为 105 712 人年，位居西部第三。甘肃研发人员投入有一定增长，R&D 人员全时当量从 2006 年的 16 696 人年，增至 2020 年的 26 813.5 人年。西藏和青海 R&D 人员规模相对较小（表 7–5）。

表 7–5　西部地区 R&D 人员全时当量及其在全国所占比重分析

地区	2006 年		2010 年		2015 年		2020 年	
	R&D 人员全时当量/人年	R&D 人员全时当量占全国比重/%	R&D 人员全时当量/人年	R&D 人员全时当量占全国比重/%	R&D 人员全时当量/人年	R&D 人员全时当量占全国比重/%	R&D 人员全时当量/人年	R&D 人员全时当量占全国比重/%
甘肃	16 696	1.11	21 661	0.85	25 859	0.69	26 813.5	0.51
重庆	26 826	1.79	37 078	1.45	61 520	1.64	105 712	2.02
四川	68 584	4.56	83 800.3	3.28	116 842	3.11	189 828.8	3.63
贵州	10 737	0.71	15 087.4	0.59	23 537	0.63	41 496.4	0.79
云南	16 027	1.07	22 551.5	0.88	39 535	1.05	60 368.5	1.15
西藏	1013	0.07	1258.8	0.05	1130	0.03	1578.9	0.03
陕西	59 458	3.96	73 217.8	2.87	92 618	2.46	118 806.6	2.27
青海	2610	0.17	4858.4	0.19	4008	0.11	4423.3	0.08

续表

地区	2006 年		2010 年		2015 年		2020 年	
	R&D 人员全时当量/人年	R&D 人员全时当量占全国比重/%	R&D 人员全时当量/人年	R&D 人员全时当量占全国比重/%	R&D 人员全时当量/人年	R&D 人员全时当量占全国比重/%	R&D 人员全时当量/人年	R&D 人员全时当量占全国比重/%
宁夏	4412	0.29	6377.7	0.25	9247	0.25	12 168.8	0.23
新疆	7408	0.49	14 381.7	0.56	16 949	0.45	14 108.8	0.27
广西	18 940	1.26	33 987	1.33	38 248	1.02	45 821	0.88
内蒙古	14 751	0.98	24 765	0.97	38 269	1.02	27 914	0.53

从 2020 年 R&D 人员占全国比重来看，在西部地区，四川 R&D 人员全时当量占全国比重最高，达 3.63%；其次为陕西（2.27%）；重庆（2.02%）位居第三；其他地区所占比重相对较低。西藏、青海 R&D 人员全时当量在全国所占比重极低，不足 0.1%，宁夏、新疆等地 R&D 人员全时当量在全国所占比重较低，不足 0.3%。广西 R&D 人员全时当量占全国比重自 2010 年以来不断下降，占比从 2010 年的 1.33% 下降至 2020 年的 0.88%。

4. 发明专利授权数比较分析

从发明专利授权数量来看（表 7–6），我国专利产出量质齐升，2020 年授权专利达 3 520 901 件，其中，发明专利授权量从 2006 年的 25 077 件上升至 2020 年的 440 691 件。西部地区专利产出丰硕，四川发明专利授权量最多，2020 年达 14 187 件；陕西位居第二，2020 年达 12 122 件；重庆 2020 年为 7637 件，位居第三。西藏、青海的发明专利授权量相对较少。

2006—2020 年全国发明专利授权量增长迅猛，年均增速为 22.72%。在西部地区中，发明专利授权量增速最快的是广西，年均增速 28.26%；其次是重庆，年均增速 27.81%；四川年均增速 24.29%，位居第三；陕西年均增速 23.92%，位居第四。西藏、贵州、青海、宁夏等地年均增速在 18% 以上。接下来是甘肃和新疆，年均增速分别为 17.85% 和 16.04%。云南和内蒙古的年均增速相对较低，分别为 14.82% 和 14.11%。

表 7-6　西部地区当年发明专利授权数量比较分析

地区	发明专利授权数量 / 件				
	2006 年	2010 年	2015 年	2020 年	年均增速 /%
全国	25 077	79 767	263 436	440 691	22.72
重庆	246	1143	3964	7637	27.81
四川	676	2204	9105	14 187	24.29
贵州	188	441	1501	2268	19.47
云南	355	652	2079	2458	14.82
西藏	7	16	40	96	20.57
陕西	602	1887	6812	12 122	23.92
甘肃	145	349	1238	1446	17.85
青海	30	41	207	333	18.76
宁夏	64	61	442	703	18.67
新疆	107	189	950	859	16.04
广西	108	262	4017	3521	28.26
内蒙古	183	426	797	1162	14.11

5. 技术市场合同成交额分析

从全国范围来看（表 7-7），技术市场交易活动非常活跃，技术市场合同成交额从 2006 年 1818.18 亿元增至 2020 年的 28 251.51 亿元，年均增速 21.65%。

从总量上来看，2020 年陕西技术市场合同成交额位居西部地区第一，为 1758.72 亿元；其次是四川，技术市场合同成交额为 1244.59 亿元；接下来是贵州，技术市场合同成交额为 249.11 亿元，从 2006 年西部第 10 位上升至 2020 年的第 3 位；甘肃技术市场合同成交额为 233.16 亿元，位居第四。可见，甘肃的技术成果的竞争力较强，流出较多。

西部各省份中，以贵州的技术市场合同成交额年均增速最为迅猛，位居西部第一，2006—2020 年的年均增速为 55.06%；其次是陕西，技术市场合同成交额年均增速为 38.75%；广西以 38.68% 位居第三。四川和宁夏的技术市场合同成交额年均增速分别为 31.85% 和 27.92%，均高于全国平均水平。

表 7-7 西部地区技术市场合同成交额（输出地域）比较分析

地区	成交额 / 万元				
	2006 年	2010 年	2015 年	2020 年	年均增速 /%
全国	18 181 813.00	39 065 753.21	98 357 896.00	282 515 091.61	21.65
重庆	553 479.49	794 409.80	572 366.00	1 177 864.64	5.54
四川	259 323.16	547 393.13	2 823 202.00	12 445 928.03	31.85
贵州	5361.42	77 190.76	259 626.00	2 491 149.79	55.06
云南	82 747.44	108 826.78	518 364.00	499 497.60	13.70
陕西	179 484.59	1 024 140.22	7 218 211.00	17 587 198.23	38.75
甘肃	214 534.27	430 845.03	1 296 958.00	2 331 559.34	18.58
青海	24 665.26	114 050.79	468 849.00	105 626.49	10.95
宁夏	5349.37	9971.98	35 202.00	168 054.19	27.92
新疆	76 084.17	45 187.70	30 322.00	151 122.96	5.02
广西	9423	41 362	73 132	916 691	38.68
内蒙古	107 127	271 464	153 872	359 540	9.03

注：西藏相应年份数据缺失，暂未放入该统计表。

（四）科技投入产出效率分析

为深入分析甘肃省科技计划项目资金效率，选取 2010—2020 年相关数据指标构建评价指标体系，对创新效率进行评价分析。

1. 投入产出强度测算

据调查数据估算，2006—2020 年，甘肃省依托省级科技计划项目实施累计实现新增产值约 690.5 亿元，其中，“十一五”时期实现新增产值 142.7 亿元，“十二五”时期实现新增产值 241.4 亿元，“十三五”时期实现新增产值 306.4 亿元。可见，财政科技资金带动效益较为明显。

“十三五”时期，省级科技计划专项资金的产出强度有明显提高。“十三五”时期调查省级科技计划项目投入资金与新增产值的比例（产出强度）为 1 ∶ 25；“十二五”时期调查项目的产出强度为 1 ∶ 20，“十一五”时期调查项目的产出强度为 1 ∶ 19。

2. 投入产出效率测算

作者运用 DEA 方法测算甘肃省 2010—2020 年科技创新效率情况，来判断甘肃省科技创新投入和产出情况，从而提出优化资金配置的建议。

（1）分析模型

数据包络分析（data envelopment analysis，DEA）是对多投入多产出决策单元进行相对效率评价的一种非参数方法。1978 年，美国运筹学家 A. Charnes、W. Cooper 和 E. Rhodes 首先提出了 DEA 方法，用于评价部门之间的相对有效性，第一个模型被命名为 CCR 模型。模型设有 n 个决策单元，每个决策单元 DMU_j（$j=1, 2, \cdots, n$）都有 m 种类型的"输入"和 s 种类型的"输出"，分别用 X_j 和 Y_j 表示，其中 $X_j=(X_{1j}, X_{2j}, \cdots, X_{nj})$，$Y_j=(Y_{1j}, Y_{2j}, \cdots, Y_{nj})$，$j=1, 2, \cdots, n$。则评价第 n 个决策单元且判断其有效性的 CCR 模型的对偶规划（D_ε）为：

$$(D_\varepsilon)\begin{cases}\min\left[\theta-\varepsilon\left(e^Ts^-+E^Ts^+\right)\right]=VD_\varepsilon \\ s.t. \sum_{j=1}^{n}\lambda_j x_j+s^-=\theta x_0 \\ \sum_{j=1}^{n}\lambda_j y_j+s^+=y_0 \\ \lambda_j\geqslant 0,\ j=1, 2, \cdots, n \\ s^-\geqslant 0,\ s^+\geqslant 0\end{cases}。 \qquad (7-1)$$

式中，θ 为决策单元 DMU 的 DEA 效率值，λ_j 为权重，s^-、s^+ 为松弛变量。当 $\theta=1$，$s^-=s^+=0$ 时，则称 DMU 为 DEA 有效，否则为 DEA 无效。

根据 BCC 模型计算的纯技术效率值 θ_p 和 CCR 模型计算的总效率 θ_t，可计算出规模效率值 θ_s（$\theta_s=\theta_t/\theta_p$）。当 $\theta_s=1$ 时，表明该决策单元的规模收益不变，称为有规模效率；当 $\theta_s<1$ 时，说明该决策单元规模无效，但是不能判断出该决策单元属于规模报酬递增还是规模报酬递减。需要通过计算规模效益 $n\sum\lambda_i$ 来判断。设 K 为规模收益值，$K=\frac{\sum\lambda_i}{\theta_p}i=1$，则若 $K=1$ 时，表示规模收益不变，此时的决策单元已达到最优的规模点；当 $K<1$ 时，表示处于规模收益递增状态，且 K 值越小，规模递增趋势越大。

（2）指标选取

为深度分析甘肃省科技创新投入产出情况，采用 DEA 方法对 2010—2020 年甘肃省科技创新投入产出效率进行测算。紧密围绕科技活动实际，建立如下科技创新投入产出指标体系（图 7－19）。

①投入指标。选择的投入指标包括：R&D 经费内部支出（万元）、R&D 人员全时当量（人年）和规上工业企业新产品开发经费支出（万元）。R&D 经费内部支出是反映科技创新资金投入的主要指标；R&D 人员是科技创新最为重要的人力资源之一，R&D

人员全时当量（人年）是反映科技创新人力资源水平的主要指标；规上工业企业新产品开发经费支出可以反映工业企业采用新技术原理、新设计构思研制、生产的全新产品的研发经费投入。

②产出指标。选择的产出指标包括：技术市场成交额（万元）、国内专利申请授权量（件）。技术市场成交额是指技术开发、技术转让、技术咨询和技术服务类合同的成交额，反映地区技术成果的市场化水平；国内专利申请授权量（件）是反映科技活动产出质量的重要指标。

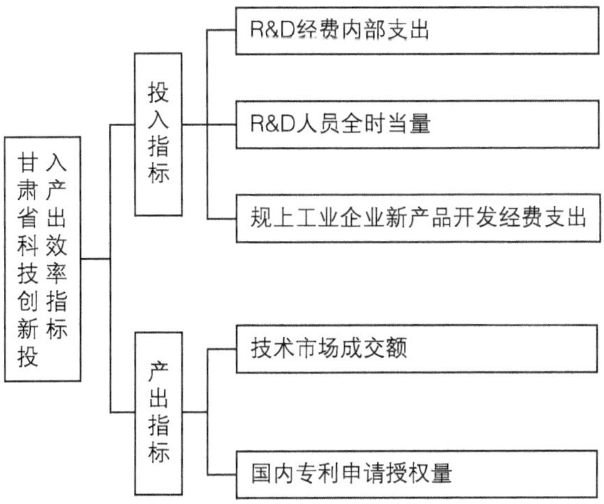

图 7-19　科技创新投入产出指标结构

（3）实证结果

科技创新投入产出效率受多重因素影响，因此建立多投入多产出的 DEA 模型。DEA 方法中的投入指标是指决策单元在社会经济活动中需要耗费的经济量，产出指标是指决策单元在某种投入要素组合下产出成效的经济量。因此，根据评价指标体系，以各年为决策单元进行测算，数据指标值来源于《甘肃发展年鉴》（2011—2021 年）。建立 3 个投入指标 2 个产出指标的 CCR 模型，运用 DEAP 软件进行求解，从而分析得出甘肃省科技创新投入的利用效率及规模效率（表 7-8 和表 7-9）。

表 7-8　2010—2020 年 DEA 输出结果

年份	θ	剩余变量值		松弛变量值		
		s_1^+	s_2^+	s_1^-	s_2^-	s_3^-
2010	0.556	0	0	0	0	0

续表

年份	θ	剩余变量值		松弛变量值		
		s_1^+	s_2^+	s_1^-	s_2^-	s_3^-
2011	0.582	0	323.278	21 588.55	0	39 398.408
2012	0.648	0	284.614	0	0	54 815.969
2013	0.803	0	844.739	0	1722.453	97 917.11
2014	0.804	0	1467.987	0	2058.533	128 913.706
2015	0.845	0	635.109	0	720.685	32 689.872
2016	0.933	0	906.515	0	1338.933	28 900.033
2017	1	0	0	0	0	0
2018	1	0	0	0	0	0
2019	1	0	0	0	0	0
2020	1	0	0	0	0	0
均值	0.8337	0	405.66	1962.6	530.96	34 785.01

表 7-9　2010—2020 年创新投入与产出效率值、规模报酬状态及技术有效性

年份	效率值			规模报酬状态	技术有效性
	技术效率（TE）	纯技术率（PTE）	规模效率（SE）		
2010	0.556	1	0.556	递增	无效
2011	0.582	0.981	0.593	递增	无效
2012	0.648	0.882	0.735	递增	无效
2013	0.803	0.954	0.841	递增	无效
2014	0.804	0.908	0.886	递增	无效
2015	0.845	0.915	0.924	递增	无效
2016	0.933	0.962	0.97	递增	无效
2017	1	1	1	不变	有效
2018	1	1	1	不变	有效

续表

年份	效率值			规模报酬状态	技术有效性
	技术效率（TE）	纯技术率（PTE）	规模效率（SE）		
2019	1	1	1	不变	有效
2020	1	1	1	不变	有效
均值	0.8337	0.9638	0.8641	—	—

（4）小结

结合表 7-8 和表 7-9 发现，甘肃省 2010—2020 年科技创新投入产出效率、DEA 的技术效率和规模效率具有以下特征。

① 2010—2020 年，技术效率值（TE）逐年增长，科技创新投入产出的效率在不断提高，在 2017—2020 年，效率值 $\theta^*=1$，说明甘肃省科技创新投入产出效率在不断优化，并达到了最佳状态，投入产出比例比较合理，应进一步提高科技创新资源和要素的配置效率，以保持效率的最优水平。

② 在投入指标中，R&D 人员的利用效率相对较高，松弛变量相对较小，说明甘肃省人力资本投入方面较为合理，各类科技创新人才得到有效利用。在科技创新资金投入方面，全社会 R&D 经费支出、规上工业企业新产品开发经费支出都存在松弛变量，其中，规上工业企业新产品开发经费支出上的松弛变量相对较大，说明企业研发经费利用效率有进一步提升的空间。

③ 在产出指标中，国内专利申请授权量存在松弛变量，说明 2011—2016 年，存在要素没有得到充分利用。这里的松弛变量的经济含义是，在不改变投入要素数量的情况下，还可以多获得一定量的专利授权数。

④ 2010—2016 年达到 DEA 有效，技术效率整体上升，规模报酬状态也逐年递增，此时产出要素增加比例高于投入要素增加比例，需进一步增加投入以获得更多的产出。2011—2016 年科技创新投入产出均有冗余情况，如：2011 年，R&D 经费内部支出、规上工业企业新产品开发经费支出、国内专利申请授权量分别冗余 21 588.551 万元、39 398.408 万元、323.278 件，说明资源没有得到充分利用，存在资源浪费情况；2012 年，投入与产出指标各有一项存在冗余，规上工业企业新产品开发经费支出 54 815.969 万元、国内专利申请授权量 284.614 件；其余年份冗余分析同上。说明科技创新的投入要素没有充分利用，全社会研发资金投入、企业研发资金投入的效率低，需增强对科技资金投入的引导。

⑤ 从整体的结果来看，2017—2020 年实现 DEA 有效，科技创新投入产出效率

较高，但是各项投入产出存在差异；同时在未达到DEA有效的年份中，具体情况有所不同，而且由同一要素引起DEA无效时，其绝对数量也不相同。从而得出在进行DEA有效性分析的时候，注重的是各要素之间的平衡，而不是绝对数量的多少，当各项科技资源和要素（指标值）的配置达到帕累托最优时，即实现科技创新投入产出效率最优。下一阶段应进一步提高科技创新资源和要素的配置效率，以保持最优效率水平。

三、重点任务完成情况评估

（一）创新平台基地建设稳步推进

按照《甘肃中长期科技规划》部署，努力争取国家创新平台基地，同时，大力优化省级科技创新平台基地布局。兰白两区龙头作用凸显。兰州白银国家自主创新示范区（简称“兰白自创区”）2020年生产总值较2018年设立之初增长12.5%，兰白科技创新改革试验区生产总值较2014年设立之初增长76.1%。兰州、白银高新区申报的中央支持创新创业特色载体获得国家资金9700万元。持续打造一批高水平研究型大学和国家科研机构，包括兰州大学、中国科学院近代物理研究所、中国科学院兰州化学物理研究所、中国科学院西北生态环境资源研究院、中国农科院兰州兽医研究所、中国农科院兰州畜牧与兽药研究所、航天科技集团510所等。拥有一批国家级科技创新平台，包括重离子加速器、钍基熔盐堆、11个国家重点实验室、6个国家工程（技术）研究中心、9个国家野外科学观测研究站等。拥有一批中央在甘科技型企业，包括中核504厂、中核404厂、中石油兰州石化公司、中航工业兰州万里航空机电有限责任公司、中国中化天华化工机械及自动化研究设计院、国药集团兰州生物制品研究所等，以及酒钢集团、金川公司、兰石集团等一批创新能力较强的省属企业。布局一批区域创新基地，包括国家重大科技基础设施1个、国家重点实验室11家、国家工程技术研究中心5家、国家野外科学观测研究站9家、国家高新技术产业开发区2家、国家农业科技园区10家、国家科技企业孵化器12家、国家技术转移示范机构8家、国家众创空间32家，“高精度地基授时系统”、大科学装置科技创新创业园等科研基础设施落地建设。科技部2020年公布的新认定国家高新技术产业化基地名单中，兰州新区国家装备制造高新技术产业化基地顺利获批。

（二）科技人才队伍（团队）持续壮大

甘肃省牢固树立“人才是第一资源”的理念，充分发挥现有国家级高新区、重大科学装置、国家重点实验室等高能级科技创新平台引进、集聚和锻造科技人才方面的优势，打造具有重要影响力的科研团队；依托重大科研任务培养人才，造就高水平科技人才和创新团队。截至 2020 年，甘肃省研究与试验发展人员数量增加至 4.31 万人，人员规模稳步扩大。甘肃省着力加强高层次人才的培养与引进力度，高层次人才队伍日益壮大，全省现有两院院士 24 人（11 人为双聘院士），享受国务院政府特殊津贴专家 1471 人。国家杰出青年基金获得者 57 人，“长江学者”特聘教授 36 人、省级科技拔尖人才 39 人、优秀青年基金获得者 49 人，省杰出青年基金获得者 90 人、省基础研究创新群体团队 56 个，“西部之光”人才培养计划入选者 65 人，省级拔尖人才 20 人、领军人才 917 人，生态产业特聘科技专家 9 人，在甘工作高端外国专家 55 人。2020 年，甘肃省共有 34 家单位获批国家自然科学基金项目 649 项，获得直接资助经费 29 969.93 万元；“十三五”期间，省自然科学基金立项 2274 项，资助资金 1.1 亿元，实现自然科学领域各学科、特色优势产业和全省各地区的“全覆盖”，成为全省科技人才培养的重要基础；先后争取科技部“三区”人才专项资金 1.4 亿元，选派 6474 名科技人员赴基层开展科技服务，为基层提供智力支持。

（三）企业技术创新主体地位进一步凸显

多措并举培育科技型中小企业，建立“入孵初创企业—科技型中小企业—省级科技创新型企业—高新技术企业”的梯次培育体系，结合企业不同发展阶段匹配扶持政策，积极引导科技型中小企业向高新技术企业发展。截至 2020 年 1 月，甘肃省已入库科技型中小企业共八批 1194 家，已报备的高新技术企业中，超过 60%为科技型中小企业评价入库企业。高新技术企业从 2006 年的 463 家增加到 2020 年的 1229 家。培育新型研发机构。甘肃省于 2019 年分两批认定兰州大学白银产业技术研究院等 24 家新型研发机构。据统计，甘肃省 24 家新型研发机构共有注册资金 16.8 亿元，研发场所面积 48.78 亿平方米，研发人员 1135 人。支持新兴产业发展，创新产业集聚加快形成。实施战略性新兴产业骨干企业发展 8 条措施，编制 42 家骨干企业技术路线图。编制十大生态产业技术引进指南和信息服务指南，提高十大生态产业科技含量，有力推动全省发展质量变革、效率变革、动力变革。兰白地区高技术产业、金昌新材料、酒泉新能源、天水装备制造等产业集群初具规模，全省科技支撑产业发展能力明显提升。实施系列纾困举措，帮助科技型中小企业共克时艰。与财政、税务部门共同开展科技型中小企业研发成本补贴，积极帮助企业应对疫情冲击，对 862 家复工复产有显著带动作用的科技型中小企业，支持研发费用补助资金 7740 万元。

（四）基础研究与应用基础研究能力有效提升

基础研究是自主创新之基。围绕省委、省政府决策部署和科技创新重点任务，着力优化基础研究资源配置，努力提升创新基地科技体系效能，加强创新型人才队伍培养，基础研究工作逐步进入快车道，基础研究实力稳步提升，有力地支撑了创新型省份建设。一是出台《甘肃省人民政府关于全面加强基础科学研究的实施意见》，强调充分发挥省自然科学基金支持源头创新的重要作用。动态调整重点实验室等科技创新基地，稳定一批长期服务于甘肃省经济社会发展的科技人才队伍。二是承担国家项目能力不断提升。“十二五”时期，甘肃省获得国家自然科学基金项目 643 项，获资助经费 3.078 亿元；“十三五”时期，甘肃省获得国家自然科学基金项目 3227 项，获资助经费 16.7 亿元，较上一时期增加了 4 倍多。三是成功加入国家区域创新发展联合基金，签订 5 年合作协议，重点围绕生态保护与修复、生物医药、先进制造、中医药、旱作农业、核科学与技术应用、文物保护等甘肃省特色优势领域实施联合资助，助推甘肃省基础研究原始创新能力提升和关键技术攻关。四是按照国家基础研究十年行动方案的部署，完善基础研究人才培养和发展机制，组织实施基础研究人才专项。完善省级基础研究支持计划，在甘肃省自然科学基金中增设重大项目，重点布局杰出青年基金项目和基础研究创新群体项目，在甘肃省优势领域定向组织重大基础研究项目，从而增强源头创新能力，培养高层次科技人才。五是省自然科学基金资助力度持续加强，进一步扩大自然科学基金项目的受众面和辐射面，分两批实施甘肃省自然科学基金项目 1404 项，平均资助率达到 30% 以上，资助经费 5700 余万元，倾斜支持了职业院校、大专院校、专升本高校和各市（州）科研院所，加大了甘肃省杰出青年基金项目和群体项目实施力度，发现和培养有潜力的青年科技人才和高水平人才团队。实施甘肃省自然科学基金自筹项目，完善多元投入机制，引导、撬动企业和社会力量投入基础研究。

（五）科技体制机制改革深入推进

甘肃省科技体制改革全面发力、多点突破、持续向纵深推进。颁布实施《甘肃省科学技术普及条例》《甘肃省科学技术奖励办法》《关于进一步深化科技体制机制创新的意见》等一系列法规、政策，形成与国家相对应的科技政策法规体系，基本涵盖区域科技创新各个环节，规范科技管理程序，推动科技事业的健康发展。“十二五”时期，出台《贯彻落实〈中共中央　国务院关于深化体制机制改革加快实施创新驱动发展战略的若干意见〉的实施意见》等系列政策法规。“十三五”时期，修订《甘肃省科学技术奖励办法》，优化科技奖励机制，增加奖项数量，提高奖金额度，从而在更大范围、更大程度上激励科研人员创新的积极性。实施科技管理流程再造，按照“体系化、规范化、高效化”的原则，重构科技管理制度体系。从科技政策供给入手，制定《甘肃省人民政府关于进一步激发创新活力强化科技引领的意见》等 3 项政策措施，持续加大财政科技投入，加大对科技创新活动的激励力度。科技资源配置方式改革和科技计划管理改革深入推进，科技项目和经费管理不断优化，科技体制改革主体框架基本建立。推动科技领域“放管服”改革，推动《甘肃省支持科技创新若干措施》落实，以补助等形式激发创新主体活力，兑现奖补资金 5.3 亿元。制定《关于深化科技体制机制改革创新推动高质量发展的若干措施》，从 8 个方面提出 83 个政策点，推进科研攻关组织模式创新，初步遴选出有一定带动性的“揭榜挂帅”项目，面向全社会进行招标。推进省级科技计划管理改革，按照“不来即享”的思路，调整省级科技计划项目管理流程，建立“常年受理、定期评审、分批下达”的项目管理新模式，组织实施科技重大专项等年度科技计划。

（六）科技开放合作深化拓展

“十一五”时期，开展与联合国工发组织、联合国环境规划署等 50 多个国际组织和国家（地区）的交流，组建 1 个国家级国际联合研究中心、4 个国家级国际科技合作基地，3 人（次）荣获合作奖和外国专家友谊奖，基本形成“项目－人才－基地”相结合的国际科技合作格局。“十三五”时期，推进“一带一路”技术制高点建设，制定《甘肃省加强创新能力开放合作实施意见》，推进以科技创新为核心的开放合作。立足“一带一路”区位优势，开展中俄科技创新年活动，承担国家科技援助项目和政府间合作项目 7 项，实施国家高端外国专家项目 18 项；国家国际科技合作基地 18 家、国家级引进国外智力成果示范推广基地 4 家，新认定省级国际科技合作基地和引才引智基地各 10 家，搭建了国家、省、市（州）三级引智示范基地框架。甘肃省科技创新及引才引智成果，荣获第 18 届中国国际人才交流大会最佳展示奖。优化外国人来华工作许可办理流程，扩大告知承诺制范围。与钢研科技集团、有研科技集团、矿冶科技集团和机械科学研究总院等 4 家中央科技型企业签署战略合作协议，全方位推进科技合作。积极引导和支持甘肃省科技力量与“丝绸之路经济带”沿线国家开展国际科技合作，共建联合实验室、技术研发和转移中心等科技合作平台。积极参与“一带一路”科技创新行动计划，建设中国－马来西亚清真食品国家联合实验室，成立中国－匈牙利技术转移中心兰州分中心，建成中国－塔吉克斯坦食品检测与研发联合实验室。

四、重点领域评估分析

按照《甘肃中长期科技规划》部署，自 2006 年以来，有目的、有步骤、有计划地谋划部署实施了一系列重大科技计划项目，持续围绕国家需求和全省重点领域开展科研攻关，在一些关键领域取得重大技术突破和重要进展。首次在国际上成功鉴别铀 215

（^{215}U）和铀 216（^{216}U）是铀的两个质量最轻的同位素，向认识铀同位素存在的极限又前进了一步。成功研制了强流质子超导直线加速器，能量达到 5 兆电子伏特（MeV）、连续束流 3.6 毫安（mA），达到国际最好水平。研发的首套国产碳离子治癌设备，打破高端医疗器械方面的国际垄断局面，已顺利进入临床应用。研制暗物质粒子探测卫星“悟空”号关键部件。新材料、空间技术、寒旱农业等领域已具备较强技术优势。生态修复保护、文物保护等技术处在全国领跑地位，文化遗产保护典范和敦煌学研究高地建设取得积极进展。

（一）农业科技创新取得新进步

1. 规划实施情况

按照省委、省政府关于构建十大类绿色生态产业体系、推进现代丝路寒旱农业、助力脱贫攻坚和加快实施乡村振兴战略的部署要求，充分发挥科技创新支撑引领作用，聚焦关键技术需求，创新工作举措，加强工作力量，有力推进甘肃省农业科技创新工作高质量发展。

一是重点围绕甘肃省“牛羊菜果薯药”六大特色产业培育、现代丝路寒旱农业和农业结构调整过程中的核心关键技术需求，组织实施重大专项，通过技术突破和集成示范，为甘肃省积极发展特色农业产业，打造知名“甘味”农产品品牌提供技术支撑。“十二五”时期，“黄土丘陵沟壑区（甘肃）增粮增效技术研究与示范”等 5 个项目获得国家科技支撑计划支持，“敦玉系列玉米新品种制种及高效生产关键技术示范应用”等 8 个项目获得国家星火计划支持。

二是聚焦现代农业发展的核心关键技术，重点围绕农业种质资源创新、化学肥料和农药减施增效综合技术研发，粮食丰产增效科技创新、现代食品加工及技术装备、畜禽重大疾病防控与安全养殖技术研发、农业种质资源培育及高效利用技术、智慧农业技术与智能农机装备等农业领域共性关键技术的研发与示范推广，组织实施一批重点研发计划，为甘肃省高质量推进产业扶贫提供技术支撑。围绕《甘肃省现代种业科技发展规划（2014—2020 年）》支持重点，组建了甘肃省玉米产业技术创新战略联盟，针对甘肃省玉米产业发展中存在的关键技术问题，开展联合攻关，为合力推动甘肃及国家的种业科技发展提供有力技术支撑。

三是围绕产业扶贫，加大科技支撑力度。紧盯甘肃省 58 个集中连片特困县（区）农业科技创新能力不足的现状和产业发展现实需求，通过项目实施在贫困地区示范应用一批综合集成技术和先进实用技术成果，使科技成果更好更多地支撑贫困地区富民产业发展，带动贫困户实现脱贫致富。依托科技计划项目实施和产业扶持，重点打造“农业企业带贫、农民专业合作社带贫、村委会带贫、电商平台带贫、庭院式带贫”5

种带贫模式，为脱贫攻坚提供精准科技支撑。

四是加快推动农业科技园区高质量发展。以农机装备制造、节水材料工程、现代种业加工为主导产业的酒泉国家农业科技园区，以玉米种业为主导产业的张掖国家农业科技园，被科技部认定为第六批国家农业科技园区。以设施无公害蔬菜、农副产品精深加工和农业物流信息产业为主导产业的白银国家农业科技园区，以清真食品产业为主导产业的临夏国家农业科技园区，以藏区特色农牧产业、中藏药材产业为主导产业的甘南国家农业科技园区，被科技部认定为第七批国家农业科技园区，其中，获批国家农业科技园区 10 家，认定白银区等省级农业科技园区 48 家，进一步发挥农业科技园区在支撑现代农业发展的示范带动和创新平台作用。

五是深入推行科技特派员制度、“三区”科技人才计划以及东西部科技合作项目。实施科技特派员服务精准扶贫创新创业专项，选派科技特派员覆盖全省建档立卡的全部贫困村。通过东西部扶贫协作专题，引进羊肚菌、平凉红牛等特色产业实用技术 60 余项，吸引科技援助资金 6150 万元，2 家支持企业落地甘肃省对口帮扶地区。推动东部对口帮扶市科技特派员来甘服务，吸引东部协作地区更多的“周末工程师”“候鸟型专家”为脱贫攻坚提供智力支持。

2. 领域研究进展

“十三五”时期，甘肃省着力依靠科技创新，加快构建现代农业体系，纵深推进生态、绿色、现代丝路寒旱农业发展。省级科技计划在特色作物种质资源保护与创新利用、中药材高效栽培及规范化种植、草食畜产业一体化配套技术、设施农业技术、精准灌溉技术、特色农产品精深加工及贮藏、保鲜技术等领域进行重点布局，为破解制约甘肃省农业现代化发展技术难题、助推科技精准支撑扶贫攻坚、乡村振兴提供有力指引。评估组通过对农业领域调查项目关键词词频分析发现：“精准扶贫”75 次、“新品种研发”70 次、“栽培技术”68 次、“科技特派员”64 次、“技术推广”49 次（图 7-20）。省级科技计划项目的实施包括：培育一批优质高产的农作物新品种，建立一批新产品、新技术推广示范基地，提升农业技术创新能力，提高农产品附加值，不断强化农业供给侧结构性改革的科技支撑。

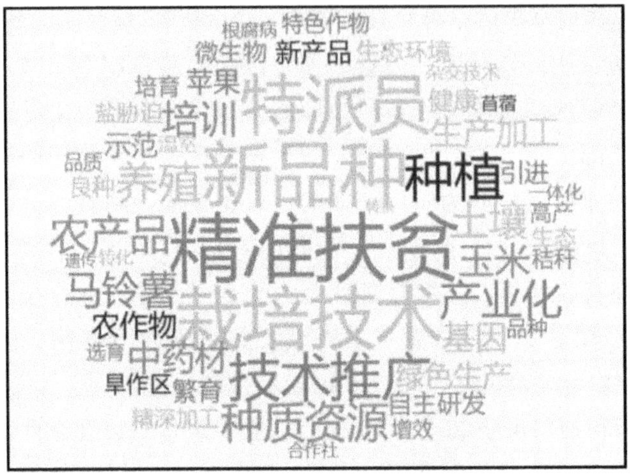

图 7-20　农业科技领域省级科技计划项目关键词词云①

“机收玉米新品种选育及机械化生产技术研发与物联网技术应用”项目构建起机收玉米从种质资源鉴定筛选、自交系及品种选育、良种繁育到示范推广的农艺与农机融合的高效高产高质的技术服务体系，筛选和选育出适宜机收的稳定自交系 32 个，选育杂交玉米新品种 10 个，在黄淮海、东北及西北玉米主产区建成机收玉米推广网点 35 个，建成机收玉米示范区 18 个，三年累计销售种子 254 万千克、示范和推广面积约 127 万亩。

“牦牛重要经济性状功能基因的挖掘与应用”项目以青海牦牛和天祝白牦牛为研究对象，构建出牦牛的拷贝数变异染色体遗传图谱；筛选出与牦牛肉、抗病性状相关的关键功能基因 6 个及 SNPs 位点 13 个，并解析其功能和作用机制；体外原代培养牦牛生殖细胞，解析极光激酶 AURKA 介导精子特异性抗原 STAG3 调节牦牛精子发生的作用机理；阐明隐花色素 CRY1 介导生物钟 CLOCK 调节牦牛季节性繁殖的分子机理。该项目发表论文 26 篇，授权国家专利 6 件，出版专著 4 部。集成了牦牛提纯复壮与产业提质增效技术。该成果已在甘肃、青海、西藏等牦牛主产区进行推广应用，为牦牛种质资源保存、繁殖性能的提升和繁殖疾病的研究提供支撑，促进了牦牛产业发展。

“甘肃省小麦、玉米、马铃薯等六大粮油作物新品种选育及示范推广”项目采用分子标记、物化诱变、组织培养等多种高效育种技术，开展了粮棉油作物优异新种质创制工作，丰富了甘肃省主要粮棉油作物育种创新工作。项目创制优异新种质 187 份，选育（审定）新品种 19 个，制定技术标准 10 项，获得授权发明专利 3 件、奖励 2 项，

① 词云图依据甘肃省科技计划项目关键词绘制，相应关键词词频见附表。

建立主要粮棉油作物绿色高产高效新品种示范田 9 万亩，新增收益 19 046 万元。

(二)工业领域取得新成效

1. 规划实施情况

聚力统筹推进工业领域重大关键技术研发，强化以高新技术企业为核心的技术创新体系，提升企业自主创新能力，提升产业基础能力和产业链现代化水平，以高水平科技供给助力甘肃省工业经济高质量发展，高新技术对经济社会发展的基础、关键和引领作用进一步凸显，推动《甘肃中长期科技规划》内容得到较好落实。

一是加强国家科技计划项目组织申报，全力做好国家科技计划项目组织。“十三五”时期，兰州理工大学作为牵头单位成功获批国家重点研发计划项目，实现了国家科技计划管理改革以来省属高校牵头申报国家重点研发计划项目“零”的突破。兰州大学牵头申报的国家重点研发计划项目“离岸固定式多用途一体化全自然循环小型铅冷堆方案与关键技术研究”、兰州新区创建国家装备制造高新技术产业化基地均获批复，科技引领产业发展能力进一步增强。

二是积极开展省级科技计划项目组织，按照市场需求导向和政策目标导向，突出企业主体，在先进装备制造、人工智能、军民两用技术、新材料、新一代信息技术等领域，积极组织了一批对产业竞争力整体提升带动性强的省级科技计划项目，并取得不错进展。新材料、新能源、生物技术等战略性新兴产业领域具备了较强技术优势。离子电推进系统、高端剃须刀用钢等高端装备制造领域科研成果具备较强竞争力，有望形成新的经济增长点。

三是持续强化企业技术创新主体地位，促进产学研合作。着力打造“孵化器+科技型中小企业”的培育体系，大力加强高新技术企业认定管理工作，认真开展科技型中小企业入库评价，大力加强孵化器建设管理。贯彻落实科技企业孵化器税收优惠政策，通过研发费用税前加计扣除政策税收优惠，调动科技型企业进行技术创新的积极性。实施高新技术企业培育计划，引导各类创新资源加速向企业集聚，不断增强高新技术企业在创新驱动中的主导地位和引领作用。

四是科技奖补资金落实力度加大，有力支撑企业技术创新。为进一步推进甘肃省科技创新发展，改善优化科技生态环境，省科技厅积极贯彻落实《甘肃省支持科技创新若干措施》。2019 年，将 513 家高新技术企业、329 家省级科技创新型企业、33 家国家级、省级科技企业孵化器、12 家产业技术创新联盟和 7 家省级高新技术产业开发区等列为奖补对象，下达奖补资金共计 1.134 亿元(2017、2018 年度认定后补助)，为激发创新主体活力和潜力、促进中小企业聚集发展提供了强有力的科技支撑。

2. 领域研究进展

（1）制造业

“十三五”时期，甘肃省深入实施“中国制造 2025”甘肃行动，围绕先进装备制造、电子信息等产业领域，开展行业关键核心技术的集中攻关，支持企业强化现有技术的集成创新，在工程机械、数控机床、物联网+、智能制造、真空设备、离子电推进系统、高低压电器技术等领域取得一批技术创新成果，在国内、国际均处于较高水平，其中，“智能机动车安全技术检测方法”入选国家标准。基于调查评估项目关键词的词频分析显示：“装备”23 次、“新工艺”17 次、“智能”16 次、“节能”15 次（图 7－21）。省级科技计划项目的实施，有效解决了工业生产中的重大共性关键技术难题，有力促进了技术创新和行业技术进步，推动了传统制造业的转型发展，增强了产业的核心竞争力。

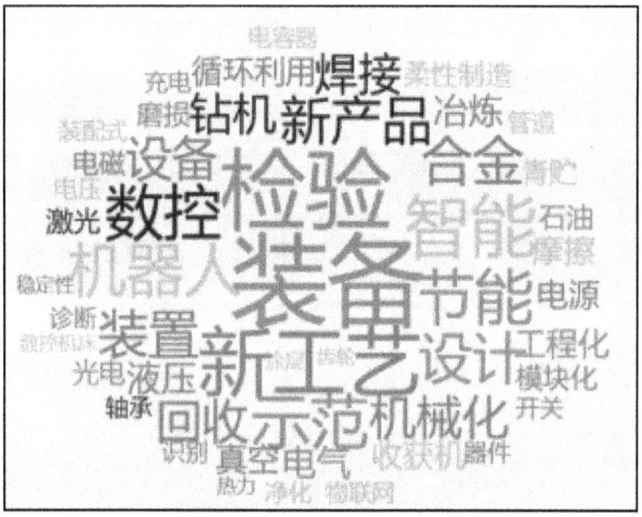

图 7－21　制造业领域省级科技计划项目关键词词云

“特种钻机模块化智能电气控制系统关键技术的研究及产业化”项目在特种石油钻机综合设备工艺融合控制技术、石油钻机电控系统位置确认分级点报警技术、深海钻井平台自动升沉补偿的送钻控制技术等方面取得了重大创新，实现了钻机电气控制系统的特种化、模块化与智能化技术的融合。研制的特种钻机控制系统与国内外主流的油气开采电动钻机的配套针对性强，推广应用前景广阔，实现销售收入 1.6 亿元，新增利税 2153 万元。

“加速器电源技术的研究”项目在模块化电气控制系统关键技术上取得突破，实现产品的模块化及标准化设计，产品在武威、兰州重离子治癌、磁导航电源、上海光源等项目中应用成功，获得授权发明专利 1 件、实用新型 2 件、软件著作权 1 件，成果转化 2 项，实现了加速器特种电源的国产化，已完全替代进口，累计实现销售收入 2171.61 万元，新增利润 542.90 万元。

“基于三维物料输送机器人的柔性多工位智能金属板材剪切自动生产线”项目的实施解决了该行业领域超厚、超宽金属板材旋转剪切四边高精度下料的难题，研制的新产品获得授权发明专利 3 件，实现销售收入 1.8 亿元，培养教授级工程师 2 人、高级工程师 3 人，获中国机械工业科学技术奖二等奖、甘肃省专利奖二等奖各 1 项。

（2）新能源

“十三五”时期，甘肃省在太阳能、风能等新能源发电消纳与稳定外送、超高压电网、大容量储能等关键技术研发上取得阶段性成果，在大规模新能源交直流外送与协调控制技术、复杂电力网络中的电能质量分析与控制技术等方面取得重要进展，推动一批新能源产品研制及其在农村边远地区的适用性改进，实现规模化的示范应用，并带动甘肃省新能源产业快速发展，积极探索新能源综合利用的有效途径和技术路线，为新能源综合开发利用提供技术保障，为建立多元、低碳的能源供应体系提供有力支撑。基于新能源领域调查评估项目关键词的词频分析显示：在新能源领域“太阳能利用”最受关注，词频为 17 次，“新能源电池”10 次、“智能化”9 次、“节能技术”7 次、“光伏”7 次，也是研究热点（图 7－22）。

图 7－22　新能源领域省级科技计划项目关键词词云

“新能源综合利用技术研究及推广”项目完成了 600 kW 液压传动和静压蓄能风力发电机组的设计并制造出一台样机，建成了 1100 米长熔盐线性菲涅尔式聚光集热系统，熔盐温度达到 550 ℃，突破了多时间尺度下的多源协调调峰策略、群间及群内协调调峰策略、送端电网源网协调调峰策略及调峰控制系统研制等系列技术挑战，完成具有国际先进水平的新型液压传动和静压储能的风力发电机组研制，培育出国内新型风电装备完整产业链。获得国家授权发明专利 2 件、实用新型专利 8 件、软件著作权登记 1 件。项目的实施减少了弃风弃光电量 0.5%，累计增加新能源发电 3.22 亿千瓦时，节支总额 1.72 亿元，节约标准煤 9.98 万吨，减排二氧化碳当量 26.17 万吨。

“太阳能光伏新能源民用化技术产品在南亚‘一带一路’重点国家示范和转移转化”项目组完成了一体式太阳能路灯、可折叠式太阳能锂电池移动电源、双玻透光组件太阳能地埋灯等小型太阳能光伏应用产品的研制，并针对南亚国家气候条件件作适用性改进，3 项技术产品通过新产品鉴定，取得授权专利 8 件。完成国内 17 个技术产品示范工程建设，与巴基斯坦、尼泊尔等“一带一路”南亚重点国家的相关政府部门、科研院所达成合作协议，共同开展新技术、新产品在适宜地区的示范推广和转移转化工作，已成功在尼泊尔示范推广一体式太阳能路灯 50 套、可折叠式太阳能锂电池移动电源 20 套，在巴基斯坦完成 1 套农村太阳能水泵系统的示范应用，签订成果转让合同 17 项，总金额 592.70 万元，新增税收 29.63 万元。

（3）新材料

“十三五”时期，甘肃省在镍钴铜新材料、粉体材料、钛材料、电镀材料等有色金属新材料共性关键技术，新型合金材料、稀有/稀贵金属材料、稀土功能材料、石墨烯、凹凸棒等新材料应用研究及产业链延伸产品开发，高技术领域用特种润滑与防护材料、耐高温涂料、功能膜材料、纳米材料等先进高分子新材料的研发能力不断提升，领域的科技成果产出较为丰富，并实现有效转化，取得了不错的经济效益。基于新材料领域调查评估项目关键词的词频分析显示：科研人员对新材料的“性能”关注度最高，该关键词词频为 84 次，其次是“新材料”，词频为 59 次，“复合新材料”27 次、“金属新材料”27 次、“新材料机理”27 次，“石墨烯材料”在“十三五”时期也备受关注，词频为 20 次（图 7-23）。省级科技计划项目的实施，有力推动了一批高性能复合新材料的研制，为成果产业化提供了较高质量的科技供给，有效延伸了产业链条，引领带动了新材料产业的创新发展。

图7-23 新材料领域省级科技计划项目关键词词云

“凹凸棒石结构演化及功能纳米复合材料研究”项目进行了甘肃凹凸棒石黏土结构性增白及伴生矿物演化方面的研究和关键技术开发，在凹凸棒石结构演化及功能纳米复合材料研究和应用方面取得了较显著的成果：获得了2018年国家技术发明奖二等奖1项，甘肃省自然科学奖一等奖1项；在国际重要学术期刊上发表54篇学术论文，出版专著4部；获得授权发明专利12件；建成了多条中试线和生产线，产品性能达到或超过国外同类产品的技术水平，为甘肃乃至全国凹凸棒石功能纳米复合材料的研发和凹凸棒石黏土产业的发展提供了技术保障。从关键技术发明到高值产品开发，形成了具有自主知识产权的完整创新发明链，破解了长期制约甘肃省凹凸棒石高值利用的关键瓶颈，对于推动凹凸棒石产业创新发展具有重要意义。

“激光蚀刻电子浆料用超细粉体的开发及产业化”项目突破激光蚀刻电子浆料用超细粉体纳米级超细粉的制备工艺难题，建成激光蚀刻电子浆料用超细粉体的中试生产线，具备20吨/年激光蚀刻电子浆料用超细粉体生产能力，实现了激光蚀刻电子浆料用超细粉体的国产化及规模化、稳定性生产，开发了高品质电子浆料用超细粉体产品，打破国外产品的技术垄断，对产品替代进口、国内用户在成本节省等方面产生积极作用，成为国内电子浆料粉体行业领先企业。项目获得发明专利1件，实用新型专利2件，发表专业论文2篇，制定企业标准2项。

“多功能金属陶瓷涂层技术及产业应用”项目主要提出利用涂层结构取向强化涂层耐磨性，解决了石油采油缸套柱塞、铜管挤压穿孔针、煤矿采煤支柱导套、催化剂球阀密封面等耐磨损、耐腐蚀问题。生产的WC裹壳定向枝晶、阻塞腐蚀通道的镍基定向结构高承载耐磨蚀涂层腐蚀阻抗提高8.5倍，解决油田抽油泵柱塞和煤矿液压支柱等苛刻的难题：设计高承载耐磨蚀PVD薄膜/HVOF涂层复配防护体系。突破材料性能优势互补、环境因素协同响应及膜层界面匹配调控机制技术难题，生产的 DLC、TNi/Cr_2C_3—20% NiCr 膜层复配催化剂腐蚀介质工作球阀启闭寿命提高 4 倍以上。完成产品防护新体系研制及产业化，系列产品应用 120 余万件（套），为煤炭、石油、矿业企业新增经济效益约 7.3 亿元，申报国家发明专利 10 件，制定企业标准 2 项。

（4）信息及现代服务业

“十三五”时期，甘肃省深入贯彻落实“互联网+”行动方案，重点发展与传统产业融合型数字经济，围绕重点产业领域搭建公共信息服务平台，推进平台基础共性技术推广应用，加速跨行业、跨领域的融合发展，推动工业企业网络化、数字化改造，促进传统产业转型升级，引领现代服务业创新发展。进一步完善科技服务体系，加快推动科技服务发展，推进科技与文化旅游产业、物流业、金融业等的深度融合和创新发展。通过对信息及现代服务业领域调查评估项目关键词的词频分析发现：“系统”和“平台”是省级科技计划项目支持的重点方向，关键词词频分别为 54 次和 47 次，“数据”41 次、“检测”32 次、“智能”25 次、“大数据”24 次、“互联网”23 次（图 7-24）。随着大数据、云计算、物联网、区块链等新一代信息技术与各产业领域交叉融合，无人机、传感器等电子设备推广加快应用，智慧城市、智慧社区、智慧交通等智慧管理信息系统及技术示范加速突破，一批基于大数据和云计算的公共服务信息平台得以建设，经济社会各领域数字化转型加快，信息技术成为全省数字经济、创新经济快速发展的重要驱动力，不断优化完善现代服务业体系，基本建立了紧密协作、互动融通的科技成果转移转化服务体系。

图 7-24　信息及现代服务业领域省级科技计划项目关键词词云

“基于互联网+高精度北斗的地面形变监测预警系统”项目以高精度解算为目标、

多载波相位后处理技术为核心，基于互联网+实现了复杂环境条件下对形变体的高精度计算和预警监测。项目提高了高精度北斗的应用范围和监测体系预警风控能力，具有监测面积广、监测精度高、实时性好等特点。项目实现了复杂环境下对目标的高精度解算和实时预警监测，解决了长基线监测的定位精度问题，研制了针对不同监测体的多通道接收机，建立了互联网+的一体化综合信息处理平台。项目获国家专利和软件著作权多项，可广泛应用于地质滑坡、路基沉降、轨间沉降、高压输送塔形变、大坝变形、高层建筑健康监测等方面。

"藏文智能信息处理"项目采用在藏汉双语平行语料库、藏文句法树库及命名实体库等知识资源库建设、藏文分词、词性标注和实体识别等基础理论与技术研究、知识库规范和藏汉机器翻译、多语言电子商务等应用平台构建等方面做了大量工作，把深度学习算法应用到了自动分词、词性标注、命名实体识别和机器翻译领域，构建了藏汉机器翻译模型，建立了藏语自然语言处理平台。收集藏文单语文本母本语料 2.6 G，建立了分类体系高质量的分词与词性标注语料库 100 万个词。

"文物专用多光谱图像超高分辨率数字采集关键技术与装备"项目已完成 10 000 件以上的文物数字化采集工作，解决了很多特定环境下的复杂采集问题；在甘肃建立全国华夏文明保护传承创新区中，逐步推动文化与科技的深度融合；将文化遗产高清记录与复制技术的研究成果，广泛应用于世界文化遗产的传承与保护；重点支持丝绸之路重点文物和古遗址保护与修复技术、文物修复和数字化技术，非物质文化遗产保护与民族文化传承技术，文化创意产业等社会发展领域。项目已获得 1 件国家发明专利、4 件实用新型专利；发表论文 1 篇；制造龙门吊式多光谱高精度文物数字化采集机器人 4 套、六轴超大画幅图像采集仪 1 套、环轨式三维全景图像采集仪 1 套。

（三）社会发展领域取得新突破

1. 规划实施情况

甘肃社会发展领域科技工作力度不断强化，科技政策制度更加完善。首台具有自主知识产权的大型医疗设备实现产业化，临床医学研究中心建设稳步推进，省级科技计划项目有序实施，促进科技创新成果更多更好地惠及民生。

一是组织实施重大科研攻关项目，争取国家科技计划支持取得显著成效，重点领域取得突破性进展。"十三五"期间，甘肃社会发展领域牵头实施国家重大科研项目（课题）30 项，获批中央财政经费约 3.13 亿元。2019 年，围绕社会发展领域优势学科和优势创新团队组织实施重大科研攻关，面向黄河流域草地生态、祁连山生态保护、传统中医药、藏药以及敦煌文物保护等领域组织推荐了 16 项甘肃省牵头申报的国家重点研发计划项目，争取国家项目 5 项，经费 680 万元。中国科学院西北生态环境资源研究院承担的“祁连山自然保护区生态环境评估、预警与监控关键技术研究”，敦煌研究院承担的“墓葬壁画原位保护关键技术研究”，兰州大学承担的“青藏高原退化草地恢复的主要物源制约因子及其应用技术研发”等项目。“十二五”时期，科技惠民成效显著，入选国家首批科技惠民计划试点省。

二是优化整合创新平台基地，锻造优势领域创新能力。根据《国家科技创新基地优化整合方案》要求，对甘肃省内现有生物技术领域省部级重点实验室、工程技术研究中心，按照各类基地功能定位和改革要求，进行评估梳理，并将其优化整合为技术创新中心和重点实验室，组织甘肃省临床医学研究中心建设工作。生物技术研发领域优化整合后有国家重点实验室 1 个、省级重点实验室 11 个，省级工程技术研究中心 10 个，省级临床医学研究中心 25 个。通过优化生物技术领域创新平台，兰州生物制品研究所、中国农科院兰州兽医研究所及畜牧研究所、甘肃农业大学等单位在生物疫苗、兽用疫苗、生物育种、微生物资源等方面技术优势凸显，打造资源共享、融合开放、协同创新的生物医药领域高端科研基地，提升甘肃省生物医药创新能力，带动生物医药产业高质量发展。

三是聚力开展新冠疫情科研攻关。新冠疫情暴发后行动迅速，甘肃省科技厅打破科研项目的常规申报模式，迅速组织科研项目工作，共拨付 1000 万元科研经费用于开展疫情应急防治技术攻关。组织兰州大学第一医院牵头，由相关高校、科研院所、医院、企业等十几家单位参与，在流行病学研究、快速诊断技术、诊疗模式研究、中药协同治疗防控等方面开展科研攻关。

四是推动生态文明建设和绿色技术创新。整合甘肃省内科研骨干力量在防沙治沙、水资源高效利用、污水处理、环境保护、减排降耗等领域开展关键技术研究。积极以科技创新推动蓝天保卫战、污染防治攻坚行动、甘肃省全域无垃圾行动、发展十大生态产业行动、全民大健康工程，以科技创新促进和确保经济社会高质量发展。推动建立甘肃省激励绿色技术创新的市场机制，对促进绿色技术进步起到积极作用。

五是强化民生科技示范，为如期打赢脱贫攻坚战提供有力技术支撑。为贯彻落实 2019 年中央一号文件、《中共甘肃省委　甘肃省人民政府关于坚持农业农村优先发展做好全省“三农”工作的实施意见》等精神，围绕甘肃省脱贫攻坚“3+1”冲刺清零行动工作重点，将与脱贫密切相关、社会发展领域实施效果好、推广前景好的优秀项目技术，编制成《技术推广目录》，宣传推广 76 项先进适用技术，涵盖人口健康、公共安全、生态环保、资源综合利用等领域。

2. 领域研究进展

（1）生态环境

“十三五”时期，甘肃省重点开展祁连山生态修复与治理关键技术、荒漠化防治和生态安全、黄河流域甘肃段的水污染防治技术以及水资源高效利用技术、地质灾害多发区生态修复与保护等研究与示范，重视污染土壤治理、工业“三废”污染治理、碳减排等环境保护关键技术的研发，致力于通过科技创新破解生态文明建设难题，筑牢生态安全屏障。基于生态环境领域调查评估项目关键词的词频分析显示：“生态土壤”39 次，“环境保护”37 次、“祁连山”32 次、“修复技术”30 次、“黄河流域”18 次、“重金属”17 次（图 7–25）。“十三五”时期，甘肃省生态修复保护、文物保护等技术处于全国领跑地位，文化遗产保护典范和敦煌学研究高地建设取得积极进展，成功研制中国首个石窟围岩风化和壁画盐害机理试验成套装置。省级科技计划项目的实施，有效促进了区域经济社会的绿色、低碳和可持续发展，为改善生态环境、实现人与自然和谐发展提供了可靠支撑。

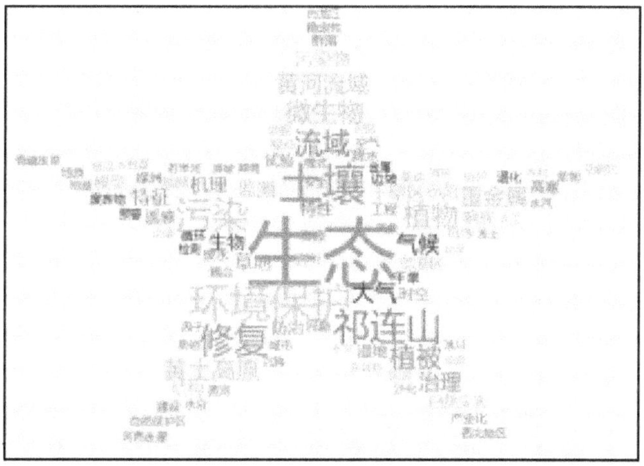

图 7–25 生态环境领域省级科技计划项目关键词词云

“祁连山及其影响区生态系统修复技术研究与示范”项目重点开展了祁连山山地受损生态系统综合修复技术、草畜耦合优化模式、风沙区精准治沙及沙产业技术模式等研究与示范，在天祝县祁连山哈溪保护区内、肃南县马鹿养殖场、平川镇工程村和五里墩村等地建立示范区 3 个，总示范面积 770 亩，为解决祁连山地区草原退化、草–畜矛盾突出、生物多样性减退等问题提供了重要科学依据，为相关部门制定祁连山生态保护与管理等决策提供了可靠的科学支撑。

“石羊河流域湿地演化及其生态修复技术研究与示范”项目在青土湖退化湿地因地

制宜地进行了低覆盖度梭梭造林、盐爪爪补植、补播、封育试验示范，试验示范面积300亩；在祁连山湿地过牧退化草场开展了围栏封育植被恢复3处，种子补播试验，退化湿地草场恢复效果良好。退化湿地生态恢复与可持续发展技术的研究与示范对有效发挥干旱荒漠区的湿地生态效益具有重要引领带动作用，为当地政府制定长期的湿地生态发展规划，提供了基础理论与技术依据。

“退化高寒生态系统综合整治”项目针对高寒牧场草-畜矛盾，通过划破草皮、草种补播、肥料追施、杂草防控等综合措施，对退化、低产天然草地进行定向培育，使其成为高产草地，平均亩产鲜草1800千克以上，增产100%以上，有效解决高寒牧场草-畜矛盾。通过引进可降解、无污染植物纤维网沙障材料，发明立式嵌体格状牛羊粪沙障，筛选抗逆草种，同时，研发治沙和植被恢复技术，集成提出高寒沙化土地治理技术模式，示范面积202.5公顷，示范区内植被快速恢复，流动沙丘牧草覆盖度达65%以上，沙化土地牧草覆盖度达80%以上，种植牧草的保存率达70%以上。针对“鼠荒地”，采取免耕补播乡土草种、免耕补播和返青期休牧结合的综合修复模式，有效恢复草地植被，覆盖度达到90%以上，鲜草产量由实施前的平均亩产510千克增加到实施后的1700千克。

（2）公共安全与社会事业

“十三五”时期，甘肃省围绕防范重大自然灾害、保障公众安全、水污染防治、防灾减灾、应急防控等领域推进科技创新研究工作，开展重大突发事件应急技术及装备的研发及产业化，开展食品安全、社会安全、公共卫生等领域关键技术的研发和推广应用；加大力度开展县域的精准扶贫科技培训以及科技特派员创新创业改革和示范；推进知识产权综合改革试点工程、知识产权强县试点县建设工程的实施，着力缓解甘肃省公共安全与社会事业方面发展中的短板问题。基于调查评估项目关键词的词频分析显示：“创新”62次、“精准扶贫”48次、“培训”37次、“特派员”32次、“知识产权”32次、“人才技能”21次（图7-26）。省级科技计划专项的实施，有效提升了应对公共安全的能力和加快推动社会事业发展，对提高人民生活水平、推动经济高质量发展具有重要的带动作用。

图 7-26 公共安全与社会事业领域省级科技计划项目关键词词云

“中国－马来西亚在清真食品生物技术、检测及标准体系的合作研究”项目建立了中国－马来西亚食品国家联合实验室，开发出 RPA 检测食品中猪源性成分的快速检测方法，申请发明专利 1 件，并撰写数字 PCR 法实验室鉴定肉及肉制品检测鉴定标准方法 1 份。系列研究成果不仅为食品检验实验室节约检测时间、提高检测灵敏度、降低检测成本，还对食品市场监管部门的技术执法提供了科学、高效、灵敏、准确的手段和方法，对于快速检测放行、科学执法具有极大的促进作用。

“甘肃省－国际山地综合发展中心共同推进‘一带一路’科技合作创新能力建设”项目组先后与国际山地综合发展中心、甘肃省境内大学、科研院所以及南亚国家相关机构等签署合作协议；建立了“山地农业甘肃省国际科技合作基地”，并通过国际山地中心形成了合作网络；培养了甘肃与南亚合作关系的国际科技特派员、具有国际合作能力的青年人才 6 名；开展合作对接、学术交流会议 3 次。

“基于智能影像技术的重大公共卫生事件防控体系构建”项目基于人工智能胸部 CT 影像的研究，说明 CT 成像可在智能技术的基础上，在新冠病毒感染患者从诊断到监测、从定性到定量的管理中发挥更重要的作用。研究中，综合全国 16 家医院的 21 位已有肝炎肝硬化病史的患者进行分析，对肝损伤患者，特别是重症监护患者进行肝功能动态监测，对患有肝病及其他基础疾病的患者治疗及防止加重基础疾病的发生有着巨大的参考价值，研究技术成果已应用于新冠感染的防控体系构建，项目发表 SCI 收录论文 5 篇。

“白龙江流域地质灾害隐患识别、临灾预警及应急处置研究与示范”项目建立了复杂地形区滑坡、泥石流隐患“天空地”一体化早期识别方法体系；建立了基于物理过程的滑坡、泥石流启动阈值指标体系；研发了白龙江流域地质灾害监测预警系统；初步建成了集“快速勘查—应急监测—三维建模—险情评估”为一体的大型滑坡应急处置关键技术体系，取得软件著作权 2 件，申请专利 5 件，发表学术论文 8 篇，初步建成了地质灾害临灾预警与应急处置示范基地 2 处，培训地质灾害管理、专业技术人员 150 余人。项目实现了研究成果与防灾减灾工程项目的对接，促进了防灾减灾的有效实施，社会经济效益显著，在地质灾害风险调查、预警预报和应急处置等领域具有较好的应用前景。

（3）水和矿产资源

“十三五”时期，甘肃省重点在水和矿资源综合利用、废弃物资源化处理技术及节能降耗技术等关键技术研发及规模化应用领域进行项目布局，为建设资源节约型环境友好型社会，国家循环经济示范区等提供科技支撑。基于调查评估项目关键词的词频分析显示：“资源化”19 次、“循环”14 次、“高效利用”10 次、“废弃物”10 次（图 7-27）。通过省级科技计划项目的实施，甘肃省循环农业技术、发展模式及业态日趋成熟，在农业（秸秆、尾菜、畜禽废弃物等）资源综合利用及可持续发展技术研究与示范，工业废弃物资源化技术研发，镍、钴、铜等矿产资源综合利用及节能降耗关键技术研发与产业化，电子废弃物处理关键技术研发与产业化等领域取得显著成效，明显提升了资源综合利用率，有效改善了生产生活环境。

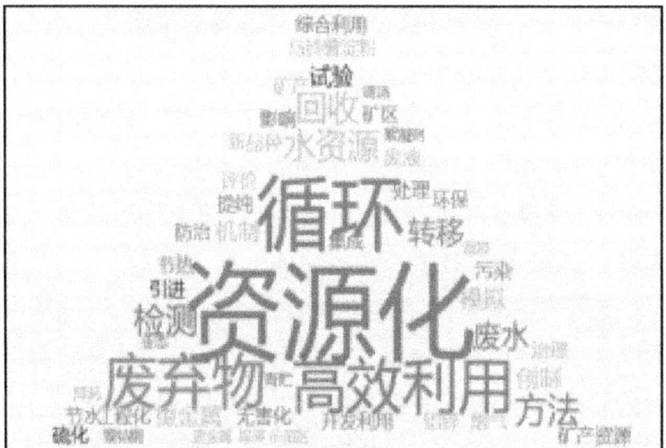

图 7-27　水和矿产资源领域省级科技计划项目关键词词云

“贵金属二次资源清洁高效回收关键技术及示范”项目形成贵金属二次资源清洁高效回收成套关键技术，明显提高了 Au（金）、Pt（铂）、Pd（钯）资源保障能力，建成了 1 吨/年的贵金属二次资源清洁高效回收示范生产线及配套系统，开展了 14 吨贵金属二次资源的工业化试生产，实现了铂、钯、金及镍、铜、铅、锡等有价金属综合回收，取得发明专利 12 件，为企业新增效益 1.5 亿元，实现贵金属回收过程中重金属废渣的无害化及资源化应用，有效解决贵金属再生的环境污染问题，建立贵金属二次资源“回收—冶炼—加工”高效运行示范模式，提高甘肃省二次资源回收利用效率，有效促进甘肃省有色金属资源产业链的延伸。

“铅锌冶炼烟气制酸废水提供技术开发与工程化研究”项目针对铅锌冶炼烟气制酸过程中产生的大量含汞酸性废水，造成巨大的环境污染和汞资源浪费问题，开发了新型脱汞剂和含汞酸性废水汞资源回收新工艺技术，实现了含汞酸性废水中汞的资源化，实现了含汞酸性废水中汞资源的变废为宝和消除含汞酸性废水对环境污染问题的双重目标，并带来显著的经济效益，为全省经济建设和环境保护做出了贡献，对行业的技术进步和经济发展具有较为重要的示范作用和推广价值。

（4）生物医药

“十三五”时期，甘肃省重点围绕不同信号通路抑制肿瘤作用机制研究以及抗肿瘤药物研制、干细胞/仿制药/细胞免疫疗法/生物疫苗等重大生物医药技术开发应用、陇药大品种大品牌的开发和产业化、甘肃方剂开发利用等布局项目；设立新冠疫情科研攻关专项，围绕快速诊断技术、诊疗模式、中药协同治疗防控等展开集中攻关。据生物医药领域调查项目关键词词频分析显示：“信号通路”65 次、“肿瘤”37 次、“中药材”36 次、“药物研制”35 次、“新型冠状病毒”32 次（图 7–28）。省级科技计划项目的实施，有力提升了甘肃省生物医药产业的科技创新能力，国家一类新药“丹参酚酸 A 注射液”临床前研究、13 价肺炎球菌结合疫苗等新药研制项目取得重大进展；口蹄疫疫苗、重组诺如病毒双价疫苗等产业化不断推进；道地药材标准化生产技术示范与推广有序展开，中药材精深加工关键技术升级研究持续推进，陇医陇药产业不断发展壮大。

图 7–28　生物医药领域省级科技计划项目关键词词云

大科学装置——重离子治癌系统产业化发展。甘肃省科技厅高度关注大科学装置——重离子治疗肿瘤技术及装置研究，推动重离子治疗技术的研发体系建设。甘肃近年来，省科技厅积极支持以中国科学院近代物理研究所为核心的单位开展重离子治癌技术研究和设备小型化研究，累计支持各类项目 34 项、省级研发经费 1128 万元。建设甘肃省粒子束辐射工程技术研究中心、甘肃省空间辐射生物学重点实验室培育基地、甘肃省重离子束辐射医学应用基础重点实验室等重离子治疗肿瘤技术科技创新平台，推动重离子治癌系统临床应用和产业化。2020 年 4 月，武威重离子治癌系统正式投入临床应用。该成果是解决重点技术“卡脖子”问题的成功案例，被誉为大科学装置回报社会的典范，受到了社会各界的广泛关注。

“重组诺如病毒双价疫苗的研究”项目在重组酵母菌发酵、目的蛋白的纯化和铝佐剂吸附等工艺技术方面进行了创新，建立稳定的中试规模纯化工艺，建立符合相关标准、适合本疫苗的质控体系，保证对纯化蛋白和最终疫苗产品的质量控制。项目于 2019 年获得 CDE 批复的“临床试验通知书”，并开启 Ⅰ 期临床试验。重组诺如病毒双价疫苗属于国家一类新药，该疫苗的研制及成果产业化将填补国内外空白。同时，疫苗组分中包括 GI.1 和 GⅡ 4 两个在人群中感染率较高的基因型，可以产生 80% ~ 90% 较广泛的保护效果，因而有较好的应用前景。

“天然免疫信号分子 TBK1 降解口蹄疫病毒蛋白 VP3 的机制研究”项目揭示了天然免疫分子 TBK1 抑制 FMDV 的分子机制，为全面阐明 FMDV 抑制天然免疫的机制提供数据支持。阐明 TBK1 通过磷酸化或者泛素化降解口蹄疫病毒蛋白 VP3，并证实 TBK1 关键泛素化酶活性位点，同时鉴定了 VP3 被 TBK1 泛素化和磷酸化的位点，此部分数据发表在病毒学权威杂志 JVI 上，并获得授权发明专利。研究发现 MG132 能够抑制 TBK1 降解口蹄疫病毒 VP3 蛋白，也能够增加口蹄疫疫苗的稳定性。

第 8 章 《甘肃省“十三五”科技创新规划》实施情况评估

一、评估说明

“十三五”时期，是落实“四个全面”战略布局的关键期，是实施创新驱动转型发展和建设创新型省份的攻坚期，也是甘肃省与全国一道全面建成小康社会的决胜期。根据《国家发展改革委关于开展“十三五”规划实施情况中期评估工作的通知》(发改规划〔2018〕238 号)、《科技部关于请协助开展〈“十三五”国家科技创新规划〉实施情况中期评估工作的函》《甘肃省发展改革委关于开展全省“十三五”规划实施情况中期评估工作的通知》(甘发改规划〔2018〕152 号)要求，开展《甘肃省“十三五”科技创新规划》(简称《规划》[①])评估工作。

(一) 评估目的

① 以对《规划》进展情况的调查和评估为载体，准确把握甘肃省科技发展若干重点指标的进展情况。

② 跟踪分析《规划》重点任务落实情况、取得成效和存在问题，总结典型经验进行推广，找出《规划》执行的不足，针对新情况、新问题，根据政策环境的变化提出推动《规划》顺利实施的对策。

③ 为《规划》后期的顺利实施奠定重要基础，推进兰白科技创新改革试验区与甘肃省科技事业的稳步、健康发展。

(二) 评估内容

① 发展目标实现程度评估。《国家“十三五”规划纲要》及《规划》提出的反映全省及兰白科技创新改革试验区科技发展目标的若干重大指标，是否达到预期进度，完成五年目标的趋势判断，是否调整计划指标建议。

---

① 该简称仅适用于本章节内容。

② 重点任务实施情况评估。包括《国家“十三五”规划纲要》提出的发展理念贯彻落实情况；《规划》提出的重点部署、科技重大专项、科技创新支撑产业发展、科技支撑改善民生、科技创新创业环境、重点领域重大改革、保障机制等内容的完成情况。

③ 重大工程项目进展情况。重点评估《国家“十三五”规划纲要》23 个专栏中 165 项重大工程项目中涉及科技部分的实施进展情况；《甘肃省“十三五”规划纲要》中“十大工程”实施进展情况，对重大战略落地的支撑作用，以及落实重大工程项目与推动改革、形成体制机制的有机融合情况。

④ 是否需要对相关内容进行调整修订。对照党的十九大精神和省十三次党代会精神，客观评价规划实施进展情况，综合研判国内外形势变化，深入研究论证是否需要对规划进行调整修订，按照有关程序，提出相关建议。

⑤ 提出“十三五”后两年推动《规划》顺利实施的工作思路、措施建议。根据评估预测情况，及时总结经验教训，提出保证《规划》目标任务完成的工作思路、举措、建议。

（三）评估原则

① 客观原则。实行定性评估和定量评估相结合，客观、公正开展评估工作，依据客观事实作出判断。

② 独立原则。全面考察实际信息，结合评估专家意见，进行独立分析和独立评价，凝练评估结论。

③ 科学原则。选择科学可行的评估模式和技术路线，最大程度呈现规划实施的实际成效。

④ 规范原则。严格按照确定的评估框架、评估方法、时间进度和其他有关要求开展评估工作，确保评估的规范性。

（四）评估方法

通过多层面、多视角、多方式开展中期评估工作，确保全面客观反映科技创新进展。

1. 定量与定性相结合

对《规划》提出的各项目标和科技计划项目的执行进行定量评估，特别是重点目标实施进展情况，阶段性目标实现状况。对重大工程实施、创新能力提升、创新环境建设等内容在定量分析的基础上进行定性评估。

2. 重点和全面相结合

评估既要突出重点，又要全面兼顾，既要对《规划》总体推进情况等进行全面评估，又要对重点任务、重大项目进行重点评估，同时分别根据不同情况得出评估结论。

3. 评估与预测相结合

在对《规划》指标进行评估的基础上，对“十三五”后期的发展进行预测分析，对于进展较慢和难以完成的目标任务，要找出存在问题和原因，并提出下一步发展思路。

（五）评估组织实施

1. 组织领导

规划中期评估工作在省科技厅党组领导下组织，发展计划处牵头协调。委托甘肃省科技发展战略研究院具体实施，省直相关部门（单位）、厅机关各处室及省知识产权局、各市（州）科技局配合。

2. 评估步骤

① 安排部署与资料收集。根据任务分工，省科技厅印发《关于请协助开展〈甘肃省“十三五”科技创新规划〉实施情况中期评估的函》以及《关于开展〈甘肃省“十三五”科技创新规划〉实施情况中期评估的通知》，各协作单位需按照《规划》主要目标和任务工作分工提交相关材料，要求材料真实反映《规划》实施情况、实施措施、效果和存在问题，以及下一步工作建议，并注意总结有特色的经验。

② 开展前期研究。评估工作组针对“十三五”发展目标的实现程度、主要任务的落实情况、对经济科技社会发展的综合效果等深入开展调查研究，获取相应的前期研究资料。

③ 起草评估报告。在前期研究、资料收集的基础上，起草评估报告，并提出工作思路和措施建议。

二、规划目标主要指标实现趋势

（一）主要指标实现趋势

1. 综合科技进步水平

（1）执行情况

《中国区域科技创新评价报告（2016—2020）》显示，2015 年甘肃省综合科技创新水平指数为 49.51%，排在全国第 18 位；2020 年甘肃省综合科技创新水平指数为 51.63%，排在全国第 23 位，属于综合科技进步水平指数低于全国平均水平的第二类地区。

（2）评估分析

① 从监测结果来看，甘肃省科技进步水平与全国相比还有较大的差距，但是已突破“十二五”期间的第三类地区，进入第二类地区。高新技术产业化指数、科技活动产出指数、科技促进经济社会发展指数、科技创新环境指数与上年相比排名有所下降，科技活动投入指数评价排名稍有上升。

② 根据“十三五”科技创新规划目标进行测算，综合科技进步水平 2020 年在全国排名要达到第 17 位，未完成。

（3）建议

① 扩大现有优势，弥补暴露出的短板，努力创造更为良好的科技进步环境。

② 发现和培育新的产业爆发点，大力扶持新兴业态，扶持高技术自主品牌，力促高技术产业发展。

2. 科技进步贡献率

（1）执行情况

2015 年甘肃省科技进步贡献率为 50.3%；2020 年达到 55.1%，同比增长 4.8 个百分点；2015—2020 年均增长率达到 1.84%，科技支撑更加凸显，创新驱动发展水平逐步提升。

（2）评估分析

① 虽然科技进步贡献率测算没有公认的统一方法，但是固定用一种方法、一套数据进行持续测算，找准一个大家认可的基点，也可以进行动态比较。

② 根据“十三五”科技创新规划目标，科技进步贡献率在 2020 年达到 55%，已完成。

（3）建议

① 不断提高企业的自主创新能力。

② 进一步加大科技投入，包括经费投入和人才的投入。

③ 加大对科技的二次创新力度，扩大技术引进。

3. R&D 投入占 GDP 的比例

（1）执行情况

2016 年以来，甘肃省 R&D 投入逐年增加，从 2015 年的 82.72 亿元增长到 2020 年的 109.64 亿元，年均增长 5.79%。但是 R&D 经费占 GDP 比重上涨幅度不大。2020 年 R&D 经费占 GDP 比重为 1.22%，与 2015 年持平。2015—2020 年甘肃省 R&D 投入占 GDP 的比例如图 8－1 所示。

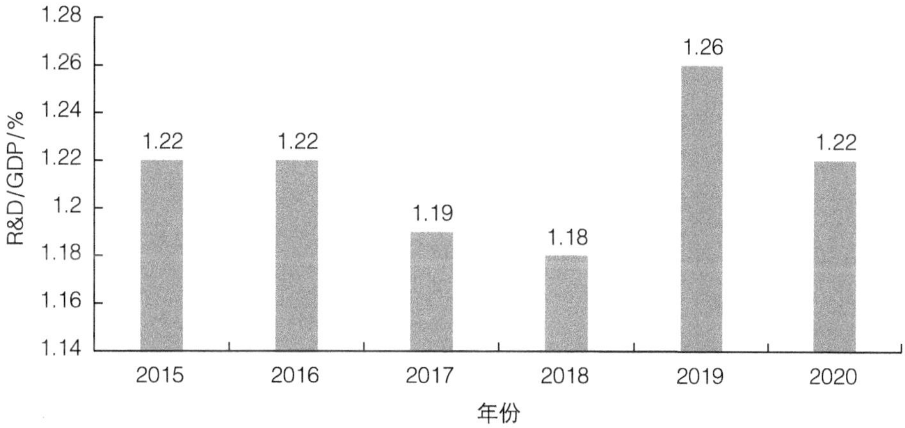

图 8-1 2015—2020 年甘肃省 R&D 投入占 GDP 的比例分布情况

（2）评估分析

① R&D 投入占 GDP 的比例增长缓慢，主要是因为 R&D 经费投入的基数较低，增长幅度较缓。2020 年相比 2015 年，R&D 经费投入增长速度（5.79%）低于 GDP 增长速度（6.58%），导致 2020 年 R&D 经费投入强度没有实现增长。目前经济放缓，GDP 增长速度下降的情形下，甘肃省 R&D 经费投入虽持续增长，但是一直以来 R&D 经费投入的基数较低，增长速度缓慢，占 GDP 比重仍较低。

② 按活动类型看，试验发展经费占到 R&D 经费总支出的半壁江山。

③ 根据“十三五”科技创新规划目标，R&D 经费支出占 GDP 比重在 2020 年要达到 2%，未完成。

（3）建议

① 根据近年来年均增长速度，甘肃省在科技经费投入方面需要加大投入力度，确保 R&D 经费投入增幅明显高于 GDP 增幅。

② 积极构建政府投入为引导、企业投入为主体、全社会参与的多元化投入格局。落实和强化企业财税、金融、商业和知识产权保护政策等激励措施，引导和激励企业开展 R&D 活动，加大全社会 R&D 经费投入力度。

③ 对先进科技资源引进的同时，结合科技发展现状、优势产业等进行消化吸收，促进科技产业结构优化升级，使科技创新更好地服务于实体经济。

4. 万名就业人员研发人力投入

（1）执行情况

2015 年，甘肃省 R&D 人员 40 784 人，就业人员 1346 万人，万名就业人员研发人力投入达 30.30 人；2020 年甘肃省 R&D 人员 43 082 人，同比减少 6.44%，就业人员 1331 万人，万名就业人员研发人力投入达 32.37 人。2015—2020 年年均增长率为 1.33%。

2015—2020 年甘肃省万名就业人员研发人力投入如图 8－2 所示。

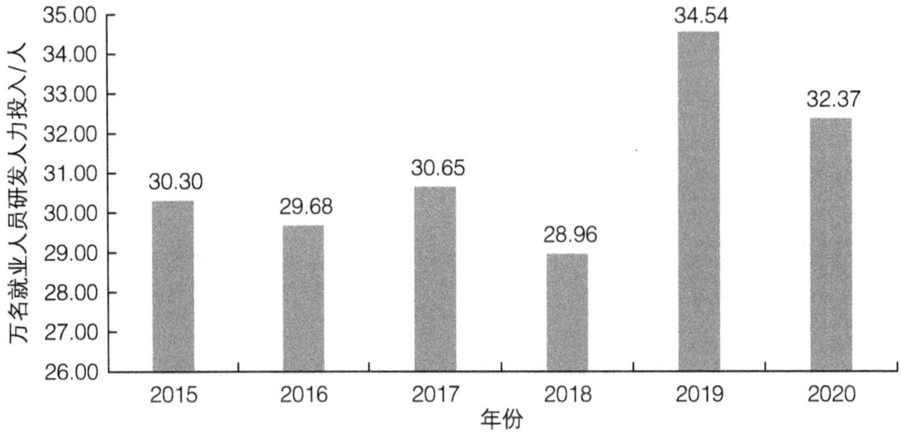

图 8－2　2015—2020 年甘肃省万名就业人员研发人力投入分布情况

（2）评估分析

① 万名就业人员研发人力投入低，且存在下降趋势，反映了科技人力资源的匮乏，甘肃省科技人力投入力度明显不足。

② 根据“十三五”科技创新规划目标，万名就业人员研发人力投入在 2020 年要达到 35 人，未完成。

（3）建议

① 支持高校教师和科研人员到企业挂职锻炼，并从教学考核、职称评定等方面对科研人员给予倾斜支持。

② 建设高端创新人才集聚的创新人才集聚平台，激发各类人才创新创业活力。

③ 鼓励用人单位采取股权、期权等多种方式对人才进行奖励，留住人才。

5. 万人发明专利拥有量

（1）执行情况

2015—2020 年甘肃省有效发明和万人发明专利拥有量持续增长，2015 年，甘肃省有效发明专利 4093 件，万人发明专利拥有量 1.58 件；2016 年，甘肃省有效发明专利 5022 件，万人发明专利拥有量 1.93 件；2017 年有效发明专利达到 6045 件，万人发明专利拥有量突破 2 件，达到 2.32 件；2018 年，甘肃省有效发明专利 6879 件，万人发明专利拥有量 2.62 件；2019 年，甘肃省有效发明专利 7432 件，万人发明专利拥有量 2.82 件；2020 年，甘肃省有效发明专利 8310 件，万人发明专利拥有量 3.14 件；2015—2020 年万人发明专利拥有量年均增长率为 14.72%。2015—2020 年甘肃省万人发明专利拥有量分布情况如图 8-3 所示。

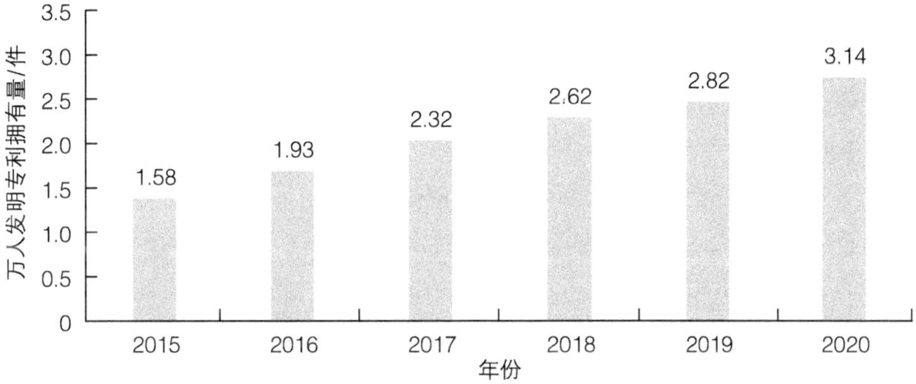

图 8-3 2015—2020 年甘肃省万人发明专利拥有量分布情况

（2）评估分析

① 甘肃省有效发明专利持续活跃，万人发明专利拥有量增速明显。

② 根据“十三五”科技创新规划目标，每万人发明专利拥有量在 2020 年要达到 3.5 件，未完成。

（3）建议

① 进一步加大对知识产权的宣传力度，提升社会公众专利意识，增强对专业技术人才的培养，通过与相关高校合作，培养一批高素质、复合型的专利人才。

② 加大经费投入，让更多的研发工作得到经费支持，保障专利产出持续稳步发展。

③ 加强科技型企业和高技术企业研发机构建设，充分发挥现有重点实验室、工程中心在关键技术发明创造中的核心作用。

6. PCT 国际申请量

（1）执行情况

2015 年，甘肃省拥有 PCT（专利合作协定）国际申请量 19 件；2016 年 8 件，比 2015 年减少了 11 件，同比减少 57.89%；2017 年甘肃省拥有 PCT 国际申请量 46 件，是 2016 年申请量的 5.75 倍；2018 年 37 件，2019 年 15 件，2020 年 53 件，2015—2020 年 PCT 国际申请量年均增长率为 22.77%。

（2）评估分析

① 甘肃省 PCT 国际申请量在 2017 年实现了质的突破。

② 根据“十三五”科技创新规划目标，PCT 国际申请量在 2020 年要达到 100 件，未完成。

（3）建议

① 聚力引进高层次人才，推动高校和科研机构知识创新群体形成，强化科技创新工作，带动经济增长和就业创业。

② 在引进、应用数字通信、新能源、新技术等战略产业的同时，加大对独创性技术的重视和开发。

7. 规模以上企业 R&D 投入占主营业务收入比例

（1）执行情况

2015 年，规模以上企业主营业务收入 8608.88 亿元，R&D 经费投入 48.61 亿元，规模以上企业 R&D 投入占主营业务收入比例达到 0.56%；2020 年规模以上企业主营业收入 7588.41 亿元，R&D 经费投入 52.13 亿元，规模以上企业 R&D 投入占主营业务收入比例达 0.69%。2015—2020 年规模以上企业 R&D 投入占主营业务收入比例年均增长率为 4.26%。2015—2020 年规模以上企业 R&D 投入占主营业务收入比例如图 8–4 所示。

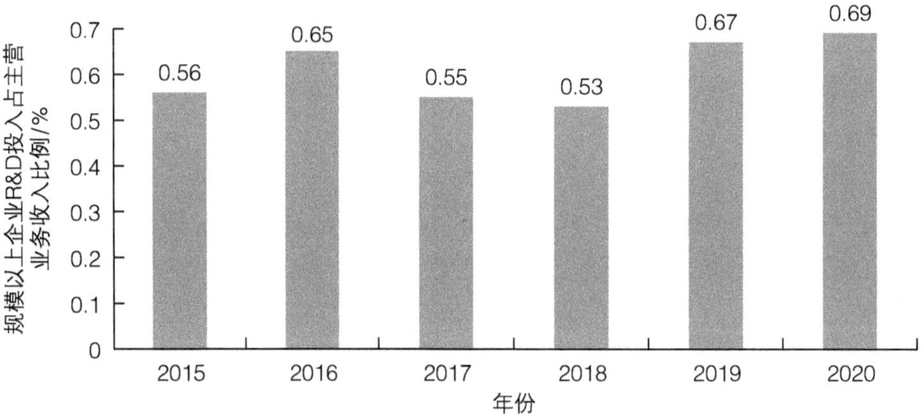

图 8–4　2015—2020 年规模以上企业 R&D 投入占主营业务收入比例分布情况

（2）评估分析

① 规模以上企业 R&D 经费投入偏低，占主营业务收入比例小且增速缓慢。

② 企业资金筹集渠道不多、筹资成本高，影响企业 R&D 经费投入。

③ 根据“十三五”科技创新规划目标，规模以上企业 R&D 投入占主营业务收入比例在 2020 年要达到 1%，未完成。

（3）建议

① 强化政府 R&D 投入、企业增加 R&D 经费投入的引导激励，提升全社会 R&D 投入规模，形成 R&D 投入的多元集聚，支撑地区自主创新能力快速提升。

② 引导企业提升自主创新能力，引导企业制定详细创新目标和计划，保持精确化、持续性和随机调整性。

8. 高技术产业增加值占规上工业企业增加值比重

（1）执行情况

2015 年，甘肃省高技术产业增加值占规上工业企业增加值比重为 5.83%，全国排名第 25 位，低于国家平均水平 14.73%。2017 年，甘肃省高技术产业增加值占规上工业企业增加值比重在 4.71%，距离 12% 的预期目标值还有较大差距。由于统计指标的调整，2017 年以后高技术产业增加值占规上工业企业增加值比重这一指标未开展统计调查，统计年鉴中未见该数据。

（2）评估分析

① 根据“十三五”发展规划目标进行测算，高技术产业增加值占规上工业企业增加值在 2020 年要达到 15%，以 2015 年的 5.83% 为基准值，每年需以 20.80% 的速率进行增长，2016 年需达到 7.04%，2017 年需达到 8.51%。

② 由于统计指标的调整，2017 年以后高技术产业增加值占规上工业企业增加值比重这一指标未开展统计调查，暂无法判断目前实现程度。

（3）建议

① 加大政策宣传和业务培训力度，建立微信公众号与企业互动，及时解答企业提出的相关问题，建立奖惩机制，增强企业的创新意识和创新能力。

② 采取建立人才引进与人才孵化并进机制，通过人才租赁、交流沟通、高端培训等方式，同时，深化企业与高等院校之间的合作，有针对性地为企业培养、调整、筛选博士等，进一步增强人力资源能力。

③ 知识创新是基础，是驱动企业发展的重要因素，制度创新是高新技术企业人力资源管理的重大突破，有助于人力资源管理上升到管理企业员工创新活动的层面。

9. 技术市场合同成交额

（1）执行情况

2015 年，甘肃省技术市场合同成交额为 130.3 亿元，2016 年以 15.73% 同比增长至 150.8 亿元，2017 年技术合同成交额达到 163 亿元，同比增长 8.13%，2018 年达到 180.9 亿元，2019 年达到 196.4 亿元，2020 年达到 233.16 亿元。2015—2020 年年均增长率达到 12.34%，甘肃省技术市场合同成交额如图 8-5 所示。

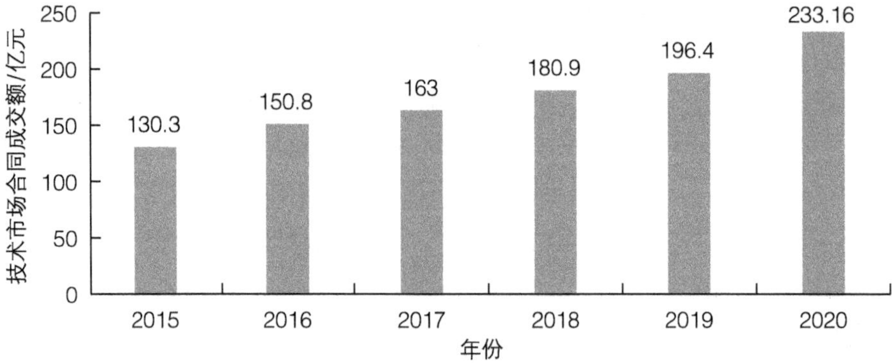

图 8-5　2015—2020 年甘肃省技术市场合同成交额分布情况

（2）评估分析

① 技术市场作为将资源优势转化为现实生产力的重要途径，在优化配置科技资源中发挥了基础性的重要作用。

② 甘肃省技术市场合同成交额逐年上升，并且近几年的上升增速尤为明显。

③ 根据“十三五”科技创新规划目标，甘肃省技术市场合同成交额在 2020 年达到 200 亿元，已完成。

（3）建议

① 加强政府协调作用，落实成果转移转化激励政策，支持鼓励技术市场发展，维护透明高效公平的技术交易环境。

② 重视技术经纪人的培养工作，定期开展技术经纪人培训，强化懂技术、懂法律、懂市场的高素质技术经纪人队伍建设。

③ 扩大技术市场影响力，增强企业和社会的技术产权意识，扩大自身的影响力，积极与媒体门户网站合作，利用电视等媒体加快科技的社会传播和普及。

10. 高技术产品出口额

（1）执行情况

2015 年，甘肃省高技术产品出口额为 3.78 亿美元，占商品出口额比重为 17.5%，居全国第 16 位；2016 年，甘肃省高技术产品出口额为 5.02 亿美元；2017 年，甘肃省高技术产品出口额为 3.07 亿美元；2018 年，甘肃省高技术产品出口额为 3.65 亿美元；2019 年，甘肃省高技术产品出口额为 3.51 亿美元。

（2）评估分析

① 高端技术、人才成为企业发展的瓶颈，外加产品知名度小、区位环境等，进一步阻碍高技术产品出口。

② 根据“十三五”发展规划目标，高技术产品出口额在 2020 年要达到 10 亿美元，因 2019 年之后《中国科技统计年鉴》中无该指标相关数据，暂无法判断目前实现程度。

（3）建议

① 充分挖掘各地区潜力巨大的生物医药、新材料等领域，推进高技术产品薄弱领域出口的稳定快速增长。

② 加强对技术创新的投入力度，持续完善科研和人才管理体系，充分发挥人才在技术创新中的关键作用。

③ 抓住机遇，完善高技术产业链，强化高技术产业群培育，推动高技术产品出口提升。

11. 高新技术企业数

（1）执行情况

2015 年以来，甘肃省高新技术企业数呈稳步增长趋势，2015 年甘肃省高新技术企业 320 家；2016 年 436 家，同比增长 36.25%；2017 年 612 家，同比增长 40.37%，增幅同比上涨 4.12 个百分点；2018 年 897 家，同比增长 46.57%；2019 年 1052 家，同比增长 17.28%；2020 年 1229 家，同比增长 16.83%。2015—2020 年年均增长率为 30.88%。2015—2020 年甘肃省高新技术企业数及增速如图 8-6 所示。

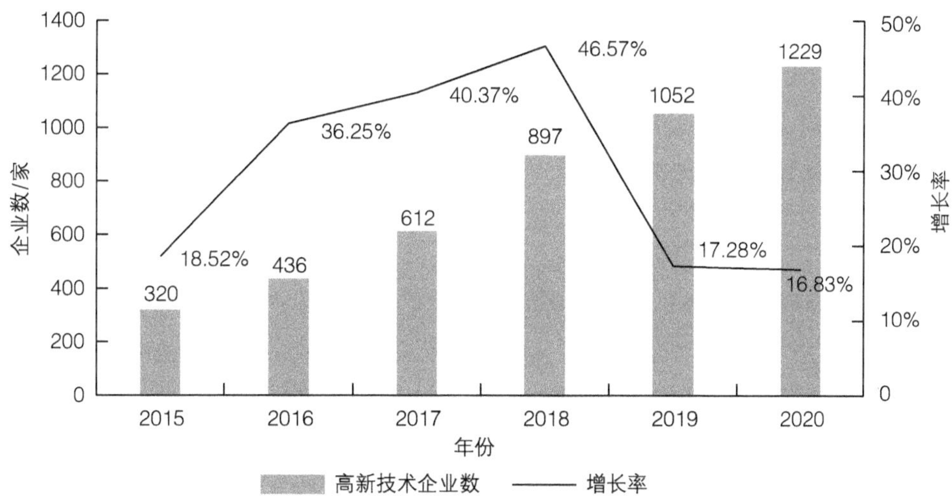

图 8-6 2015—2020 年甘肃省高新技术企业数及增速分布情况

（2）评估分析

① 甘肃省的高新技术企业仍处于起步阶段，显著影响着各地区的经济技术实力，使经济的可持续发展成为可能。

② 根据“十三五”科技创新规划发展目标，高新技术企业数在2020年要达到1000家，已完成。

（3）建议

① 加大对企业研发投入的鼓励和引导力度。以扶持企业科技创新项目的形式，对高新技术企业研发投入超过国家规定比例的再给予一定补贴。

② 加强对高新技术产业发展的法制保障和政策扶持，加强产学研合作创新。积极组织企业与高校、研究机构建立产学研联合体，加强科研开发、人才培养、技术支撑、信息交流和融资投资方面的产学研合作和交流。

12. 公民具备基本科学素养的比例

（1）执行情况

2015年，甘肃省公民具备基本科学素养的比例为3.95%；2018年，甘肃省公民具备基本科学素养的比例为5.16%；2020年，甘肃省公民具备基本科学素养的比例为7.14%。2015—2020年年均增长率为12.57%。

（2）评估分析

① 公民科学素养关系人才的综合素质和创造力以及国家的综合竞争力，提升公民科学素养将是一项长期的艰巨任务。

② 根据“十三五”科技创新规划，公民具备基本科学素养的比例在2020年要达到7%，已完成。

（3）建议

① 加强学生综合实践活动指导，增强中小学科技教育研究，推动建立有利于青少年科学素质提高和创新人才培养的青少年科学素质测评体系。

② 强化公民科普教育，借助社会资源，如政府部门、社会团体、传媒等，实现全社会科普资源共享，同时，发掘社会上各类宣传栏目、墙报等，建立科普宣传阵地。

③ 构建大联合、大协作、共推进的社会化科普工作格局，让科普更具有针对性，与人民群众的生产、生活相联系，让人们在感受科学魅力的同时能够学科学、用科学。

13. 财政科技投入占财政支出比重

（1）执行情况

2015年，甘肃省财政支出2958.31亿元，财政科技投入29.85亿元，财政科技投入占财政支出的比重为1.01%；2020年，甘肃省财政支出4163.4亿元，财政科技投入32.07亿元，财政科技投入占财政支出的比重为0.77%；相比2015年，2020年财政支出增长了40.74%，财政科技投入增长了7.44%。2015—2020年甘肃省财政科技投入及财政科技投入占财政支出比重如图8-7所示。

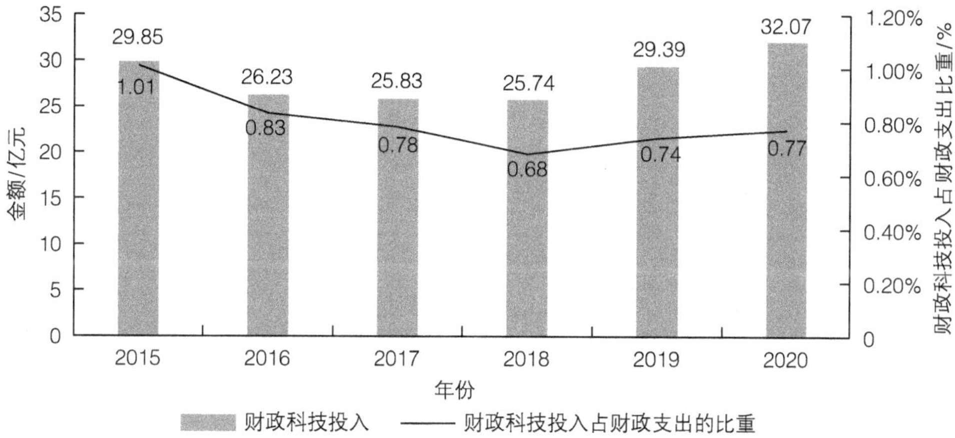

图 8-7 2015—2020 年甘肃省财政科技投入及财政科技投入占财政支出比重分布情况

（2）评估分析

① 科技资源配置效率（特别是财政科技投入效率）不高已经成为科技创新能力提升的重要影响因素。

② 根据“十三五”科技创新规划发展目标，财政科技投入占财政支出比重在 2020 年要达到 1.5%，未完成。

（3）建议

① 加大财政科技投入，将更多的资源配置到各地的优势特色产业研发活动中，有效拉动当地经济增长。

② 借助现有优惠政策，构建多元化的科技投入机制，鼓励和调动更多的社会资金流向科技创新领域。

（二）指标进展评估分析

总体上看，《规划》提出的部分指标已完成阶段性目标（表 8-1）。13 个指标中 4 个指标已经完成目标任务，7 个指标未完成目标任务，其他 2 个指标因数据采集的延时性，还未取得最新数据，暂时无法判断。其中，科技进步贡献率、技术市场合同成交额、高新技术企业数、公民具备基本科学素养的比例等 4 个指标已完成目标任务；综合科技进步水平、R&D 投入占 GDP 的比例、万名就业人员研发人力投入、万人发明专利拥有量、PCT 国际申请量、规模以上企业 R&D 投入占主营业务收入比例、财政科技投入占财政支出比重等 7 项指标未完成目标任务；高技术产业增加值占规上工业企业增加值比重、高技术产品出口额等 2 项指标还未取得最新数据，根据目前指标进展情况，需要进一步加大执行力度，力促实现突破。

表 8-1 "十三五"时期科技发展主要指标

指标	2015 年	2016 年	2017 年	2018 年	2019 年	2020 年	年均增长率/%	2020 年目标值
综合科技进步水平/位	18	18	18	23	23	23	—	17
科技进步贡献率/%	50.3	51.3	52.2	—	—	55.1	1.84	55
R&D 投入占 GDP 的比例/%	1.22	1.22	1.19	1.18	1.26	1.22	0.00	2
万名就业人员研发人力投入/人	30.30	29.68	30.65	28.96	34.54	32.37	1.33	35
万人发明专利拥有量/件	1.58	1.93	2.32	2.62	2.82	3.14	14.72	3.5
PCT 国际申请量/件	19	8	46	37	15	53	22.77	100
规模以上企业 R&D 投入占主营业务收入比例/%	0.56	0.65	0.55	0.53	0.67	0.69	4.26	1
高技术产业增加值占规上工业企业增加值比重/%	5.83	—	4.71	—	—	—	—	15
技术市场合同成交额/亿元	130.3	150.8	163	180.9	196.4	233.16	12.34	200
高技术产品出口额/亿美元	3.78	5.02	3.07	3.65	3.51	—	—	10
高新技术企业数/家	320	436	612	897	1052	1229	30.88	1000
公民具备基本科学素养的比例/%	3.95	—	—	5.16	—	7.14	12.57	7
财政科技投入占财政支出比重/%	1.01	0.83	0.78	0.68	0.74	0.77	-5.28	1.5

三、重点部署情况评估

（一）兰白科技创新改革试验区建设进展

兰白科技创新改革试验区建设在省委、省政府的坚强领导、聚力推动下，在科技部的大力支持、上海张江的鼎力相助下，试验区领导小组 4 个工作组和各成员单位通力协作、集智攻坚，各试验主体实干担当、奋发努力，各项建设持续迈上新的台阶。目前，兰白科技创新改革试验区产业发展优势日益显现，科技创新实力持续提升，创新创业环境不断改善，试验改革成效在不断深化，对适应和引领经济发展新常态、促进甘肃省产业转型升级发挥着重要作用。

1. 进展与成效

（1）落实创新驱动发展战略，突出体制机制创新改革

一是完善政策支持体系。《兰白科技创新改革试验区科技创新规划（2015—2020

年）》《兰白科技创新改革试验区评价指标体系》《甘肃省支持科技创新若干措施》《关于新形势下加快知识产权强省建设的实施方案》等文件的相继出台，为兰白科技创新改革试验区建设提供了政策保障。二是创新体制机制更加完善。把试验区建设作为“一把手”工程来抓，形成了以省委书记和省长任双组长，科技部、上海张江为副组长单位、省上有关部门和兰州、白银两市政府为成员单位的组织模式，组织领导更加坚强有力。2018 年 2 月 1 日，经国务院批复，同意兰州、白银高新技术产业开发区建设国家自主创新示范区，科技创新在全省发展全局中的战略地位提升到新高度，深化巩固了依靠创新引领发展的思想共识。

（2）传统产业提质增效，战略性新兴产业提速发展

一是传统优势产业发展势头强劲。兰石集团落户兰州新区，逐步由传统能源装备制造企业向高端装备制造企业转型，成立能源装备工程研究院以实现创新工程化，签约柬埔寨 2×10^6 吨/年炼油厂 EPC 总包项目，合同总价为 6.2 亿美元，创造了甘肃制造业一次性外贸订单新纪录。二是战略性新兴产业逐渐做大做强。通过引导企业加大研发投入、开发高附加值的新产品、开拓新的市场空间、打造品牌效益，部分企业实现了高速增长。目前，兰州新区生物医药产业园积极承接佛慈、兰药和盛堂等企业“出城入园”，吸引禾邦、申联、锦东等大型医药企业落户，成为兰州生物医药新的集聚区。兰州经济技术开发区建设西部药谷产业园，打造集生产、研发、营销于一体的产业园，成为兰州国家生物产业基地的重要载体。逐步打造形成石油化工千亿级产业链和生物医药、航空航天、特色农产品加工等百亿级产业链，甘肃伯骊江 3D 打印科技有限公司成为西北地区行业翘楚。

（3）狠抓“六个一百”工程，充分释放政策溢出效益

一是“六个一百”技术创新工程持续实施。围绕加快重点产业技术突破、加速科技成果转移转化、强化企业创新主体地位等方面，着力打造全链条创新集群，2020 年新产品销售收入占企业营业收入的比重达到 8.5%。通过持续推进兰白科技创新改革试验区建设和“六个一百”技术创新工程实施，专利权质押融资和专利保险工作成效明显，建立完善专利质押融资风险补偿机制。

（4）创新平台蓬勃发展，园区基础配套建设逐步完善

一是创新平台载体蓬勃发展。中马、中巴合作共建联合实验室等项目稳步推进，国防科技工业空间技术创新中心兰州区域中心等国家级创新平台不断涌现，试验区联合创新研究院、凹凸棒产业技术联盟等创新联合体相继组建，国家科技图书文献中心兰白试验区服务站启动使用，兰州市城关区获批国家双创示范基地，促进平台建设“质”“量”双升。二是逐步完善园区基础配套建设。兰州新区产业孵化大厦建设有效推进，凯博药业建成投产，北科维拓、中国科学院近代物理研究所大科学装置和重离

子产业基地开工建设，中科曙光与甘肃先进计算中心已签订战略合作协议。兰州经济技术开发区西部药谷产业园建设加速推进。白银科技大市场即将挂牌运营，兰白试验区基础设施面貌不断优化改善。

（5）深化拓展创新质量，持续推进重大项目引进落地

一是深化拓展开放创新质量层次。与科技部共建“科技领军人才交流驱动中心（甘肃）”，为科技人才服务产业发展探索路径。举办首届“高端人才甘肃行”活动，与国内外高校搭建“一带一路”高校战略联盟。联合上海张江共同举办第二届兰州科技成果科博会，成功举办“上海张江企业兰州行”和“科技合作对接暨企业签约”活动。二是持续推进重大项目引进落地。坚持把项目建设作为重中之重，通过宣传推介，持续加大招商引资力度。白银有色股份有限公司厂坝铅锌矿300万吨/年采选扩能工程、白银昌元化工年产20万吨金红石型钛白粉综合利用资源工程、中车兰州机车有限公司整体搬迁工艺水平提升建设工程、兰州石化环保技改搬迁工程、510所兰州航天科技园电推进试验基地等重大标志性项目稳步推进。兰州佛慈制药6种中药饮片标准化建设项目，获得中央预算内投资1500万元重点支持。

（6）完善投融资体系建设，促进科技成果转化应用

一是不断提升兰白基金投放效能。强化兰白创新驱动基金管理运行，修订出台《兰白科技创新改革试验区技术创新驱动基金使用办法》等管理办法，从政策源头上降低资金使用门槛，盘活闲置资金，强化基金直接投资效能。二是积极促进科技成果转化应用。持续推进丝绸之路大数据中心暨大数据交易中心等数字平台建设，有力助推“数字甘肃”建设。启动开建智慧小镇、熙熙小镇等田园综合体项目，给“三农”发展提供新的模式。成功举办全国“双创”周甘肃分会场等各类创新创业大赛和技能竞赛，通过“赛场选骏马、创赛搭平台”，帮助一批创新创意获得市场支持。中国科学院近代物理研究所重离子加速器、兰石金化千吨级循环流化床加压煤气化、纳富迪斯微纳碳、甘肃睿思科芯片级光刻胶等重点科技成果先后引进落地并成功转移转化。

2. 下一步推进《规划》落实建议

（1）深入推进兰白自创区创建工作

按照国务院批复，适时开展《兰州、白银国家高新区建设国家自主创新示范区科技创新规划》制定工作，细化任务、靠实责任、突出重点，全力推进落实。推进国家优惠政策和省里已出台的创新政策在试验区内全面落实，突破体制机制瓶颈，进一步激励科技创新。合力推动兰白试验区改革创新举措落地，推动兰州市、白银市（四区）扩大在国内外的交流合作。

（2）合力推动改革创新举措先行先试

深化三方协商工作机制、部省会商机制，借鉴张江、合芜蚌试验区、长株潭试验

区的创新政策，先行在兰白试验区开展“自主创新示范区”政策试点，探索更开放的创新政策、体制机制、运行模式等经验，合力推动兰白试验区改革创新举措落地，扩大兰州市、白银市（四区）在国内外的交流合作。降低兰白试验区各项基金的准入门槛，充分发挥基金在科技型企业成长中的作用。

（3）加强创新型企业及科技服务业的培育

借鉴相关发达省市经验，结合甘肃实际，加大高新技术企业发展的引导支持。设立《试验区高新技术企业培育专项（计划）行动》，给予财政专项资金支持，加强科技型“小巨人”企业、“独角兽”企业培育工作。通过产业引导、政策扶持等措施加强与央企和知名企业的合作，推动高新技术企业的孵化和培育。

（4）强化兰白试验区考核监督与品牌宣传

加快推动兰白试验区发展精准统计监测平台及制度建设，将数据统计、指标监测、数据发布等工作纳入各区考核范围。依托专业研究服务机构，不断健全适应试验区发展要求的年度考核、跟踪监测和第三方评价工作制度。建设兰白试验区的门户网站，对试验区的发展现状、发展政策以及各区的重大项目、人才引进事项等在网上宣传和招商。通过国内主流媒体的宣传报道、项目对接活动等多种形式，展示和推广试验区发展经验，扩大社会影响力。

（二）4个现代产业创新集群建设情况

“十三五”以来，甘肃省加快科技产业深度融合，以科技创新推动产业转型升级、引领产业集群发展，充分发挥国家级开发区和省级开发区平台作用，培育优势产业集群，完善酒嘉、金武、天水、陇东4个现代产业创新集群，推进各类园区高新技术改造提升。

1. 酒嘉新能源产业创新集群

（1）进展与成效

① 风光电基地示范效应凸显。酒泉千万千瓦级风电基地和百万千瓦级光伏发电基地年发电量相当于一个葛洲坝水电站的发电量。酒泉风电基地累计安装华锐风电、东方电气、金风科技等企业风机5440台，装机容量达900万千瓦，占全国风电装机总量的9%，已成为国内风机型号最多、国内外机型种类最全的世界风机博览园。建设以敦煌、金塔为重点的百万千瓦级以上太阳能发电示范基地，打造世界级光伏发电基地。已建成肃州区东洞滩光伏产业园、金塔红柳洼光伏产业园、敦煌光伏产业园等3个百万兆瓦规模的光伏产业园，光伏装机容量为535兆瓦，在建达936兆瓦，酒泉市光电发电达3.9亿千瓦时，光电装机达到165万千瓦，占全国比例达4%。

② 优化电力输送网架结构。已建成敦煌－鱼卡－格尔木750千伏输电工程，酒泉－湖南 ±800千伏特高压直流输电工程已开工建设。肃州区东洞滩、瓜州柳园、布隆吉、敦煌月牙泉、星光及风电二期配套的330千伏升压站等330千伏输电工程建成投运，金塔、阿克塞民主330千伏变电站开工建设，电网保障能力进一步提高，电力外送能力达到700万千瓦以上，年外送电量达170亿千瓦时以上。新增1座750千伏变电站，13座330千伏升压站，79座110千伏变电（升压）站。建成12条750千伏线路，境内总长度达2704千米；21条330千伏线路，总长度达1495千米；135条110千伏线路，总长度达4355千米；年输送新能源电量超过200亿千瓦时以上。其中330千伏及以上电压等级升压站的建设数量和分布密度在全国地级市名列前茅，已形成联网紧密、远距离输送能力较强的电网运行新格局。有力保障了区内经济社会发展、重点项目实施，以及包括航空航天、军事、油气输送、铁路交通等相关国家战略工程的电力所需，同时为酒泉可持续发展夯实了基础。

③ 调峰电源建设取得突破。酒泉热电厂热电联产2×33万千瓦项目建成投运，大唐八〇三电厂上大压下2×33万千瓦项目开工建设，甘肃电投瓜州常乐电厂400万千瓦调峰火电项目列入国家规划。酒泉城区集中供热面积达到1459万平方米，惠及人口逾20多万人。水电开发稳步推进，小水电达到79个，装机容量46.2万千瓦。玉门昌马120万千瓦抽水蓄能电站列入国家和省上规划，玉门30兆瓦生物质能发电项目基本建成，科陆电子玉门风光储电网融合示范项目建成投产。

④ 延伸完善新能源产业链。嘉峪关市重点支持华锐风电、金风科技、中材科技、东气集团、西部重工等国内领先风电制造企业在酒嘉建设风电装备生产基地，积极鼓励省内企业为风电、光电装备制造企业配套生产产品，提高风光电设备本地化生产程度；积极引进规模大、实力强的光电产品生产企业在酒嘉设立生产基地，实现晶体硅原料、硅棒、硅锭等上游产品的生产，太阳能电池与组件以及LED绿色照明产品生产，逐步延伸光伏发电产业链。

⑤ 发展核燃料循环产业。嘉峪关市依托中核四〇四集团的工业基础，抓住国家大力发展核电的机遇，积极推进大型商用乏燃料后处理厂项目建设，加快建设天然铀战略储备库和保税区、氟化氢项目及铀转化项目，建设中国大型商用乏燃料处理基地和铀转化基地。大力研制开发密度计、液位计、多路称、物位计等同位素仪器仪表系列产品，开发烟道气辐射脱硫脱氮、辐射加工、辐射灭菌、材料改性等辐照装置。

（2）下一步推进《规划》落实建议

① 以大规模、间歇式并网发电、多能互补及大容量储能为重点，突出新能源领域技术示范及推广应用，加快新能源产业升级，加大培育新能源现代服务业，同时，制

定新能源发展相应倾斜政策，结合经费安排、科研计划等措施实施，培育并发展新能源领域研发基地。

② 统筹开展各新能源基地总体接入系统方案设计，提高输转能力和效率，大力推广储能技术、鼓励风、光、储一体化发展，配套完善光伏产业园区基础设施，建成集光伏发电、观光旅游、科普教育、生态建设四位一体绿色光伏发电示范区。

③ 制定和完善促进新能源发展的财税优惠政策，依托政府融资平台，加大对新能源企业的贷款支持力度，创新金融产品和服务方式，建立新能源企业研发支持基金，对大型能源企业建立研发机构的予以资金补助和贷款贴息。

2. 金武新材料产业创新集群

（1）进展与成效

① 加强有色金属新材料产业协同创新。依托骨干企业，积极发展高校地企合作，与四川大学、中南大学、兰州大学、兰州理工大学等高校建立长期稳定的合作关系。目前已建有镍钴资源综合利用国家重点实验室、国家镍钴新材料工程技术研究中心、金川集团国家企业技术中心、10 个省级企业技术中心、2 个博士后科研工作站、2 个高校科技园分园，新材料领域国家高新技术企业 7 个，省级重点实验室 2 个、省级工程技术中心 6 个，拥有新材料产业各类科技人员 3000 余人。在镍、钴、铜、铂族金属、粉体材料等领域形成了一批达到国内领先水平、具有自主知识产权的核心技术，有力地推动了有色金属新材料产业的快速发展。金川公司与兰州理工大学成立镍钴金属新材料协同创新中心，金昌中圣基新材料有限责任公司同江西理工大学建立了“甘肃超微粉体材料工程中心”，以金川公司“国家级企业技术中心和国家镍钴新材料工程技术研究中心”和兰州理工大学“甘肃省有色金属新材料省部共建国家重点实验室”为依托，重点建设镍钴合金熔炼与铸造、结构与性能测试、塑性加工过程仿真与模拟、焊接、电池材料与电池系统集成等 5 个协同创新研发平台。

② 稳步提升有色金属及新材料产业。一是加快改造提升有色金属传统产业。充分发挥金昌自有矿山在资源战略中的基础性作用，高度重视贫矿资源的开发和利用，矿山选矿冶炼等重点技术改造项目紧紧围绕低品位矿的利用而实施，目前低品位矿石的开采利用已占总出矿量的 46% 以上。加快海外资源的控制和开发，分区域推进海外资源战略。目前，金川集团公司所需镍原料的 60%、铜原料的 80% 来自外部资源。同时，进一步提高镍、铜、钴冶炼生产能力，新建 6 万吨/年电解镍、20 万吨阴极铜生产线等项目，使镍、铜、钴等产品的产能不断提升。大力发展有色金属深加工及新材料产业，重点在镍铜钴深加工和新材料产业上下功夫，镍的深加工方向主要是镍网、合金、粉体材料、高纯金属、镍盐，铜的深加工方向主要是压延产品、合金、高纯金属、粉体材料、铜盐，已形成镍铜钴压延产品、粉体材料、盐类产品、贵金属及稀有

金属新材料等四大产业链。二是大力实施有色金属及新材料项目。近年来相继建成投产的有色金属扩能改造及新材料项目主要有：5000 吨镍及镍合金线棒材生产线、30 万吨铜材深加工、6 万吨精密铜镍合金、150 万套印花镍网、1 万吨羰基镍、5000 吨羰基铁、30 万吨 PVC、10 万吨矿渣棉、10 万吨生物降解塑料、400 万只印花镍网等一批关联度高、带动性强、影响力大的新材料产业化项目。招商引资方面，重点围绕镍基合金和硬质合金材料、有色金属粉体材料、电池材料、电镀材料、铜材深加工（粉体材料、压延材料）等 5 个方面，引进并实施了一批市场前景好、带动能力强的大项目、好项目。

③ 扎实推进化工循环经济产业。坚持把发展循环经济作为转变经济发展方式、推进资源型城市可持续发展的突破口，不断延伸有色金属、冶金、化工等产业链，促进产业在接续中延伸、结构在延伸中调整，实现了从依赖单一资源发展向多产业共生发展的历史性转变，资源综合利用水平显著提高。金川集团公司矿石回采率超过 96%，高于全国 50% 的平均水平，已达到国际先进水平。大力实施“碧水蓝天”工程，通过回收利用二氧化硫、氯气等工业废气配套发展化工产业，将工业废气全部“吃干榨净”，化害为利，变废为宝。先后引进四川新希望集团、贵州瓮福公司、内蒙古太西煤集团等国内知名企业，配套发展 PVC、硫酸钾、磷肥、合成氨、氢氟酸等化工产业，形成了硫、磷、氯碱、煤、氟五大化工产业链。针对水资源，采取管好、用好、保护好等系列措施，确保水资源的永续利用，万元产值耗水量下降到 46 立方米。大力实施 1 万吨白烟灰综合利用项目、110 万吨铜渣选矿、镍弃渣还原提铁等项目，通过固体废弃物处置、建材产品制造、粉煤灰综合利用等方式进行固废污染控制，形成工艺相互依存、物料近距离转运、资源循环利用的产业链条。

④ 提升碳基新材料产业科技创新能力。天祝高性能碳基新材料特色产业基地以产业集聚集约创新发展为目标，以碳基新材料为主导产业，以高性能无机非金属耐磨、耐腐蚀、耐高温、耐侵蚀材料为特色，以技术创新为驱动力，培育壮大天祝玉通、华藏新型研磨材料等碳化硅企业，集聚创新要素资源，优化创新创业环境，着力提高自主创新能力和水平。目前，基地共建成天祝玉通碳化硅有限责任公司技术中心、武威市新型碳化硅陶瓷材料工程技术研究中心等 4 家省市级创新研发机构，组建了碳基新材料产业技术创新联盟、天祝碳基新材料协会。紧盯碳基新材料产业发展方向和产业政策导向，通过政府引导，鼓励企业广泛开展与高等院校、研究机构、科技服务机构的科技合作。充分利用科研人员的专利技术，改造提升现有生产效率和开发新产品。天祝玉通碳化硅有限责任公司“玉通牌”碳化硅段砂、细粉是甘肃的名牌产品，也是国内同行业知名品牌。2016 年，基地综合 R&D 投入强度达到 3.38%；企业销售收入实现 20.17 亿元，其中主导产业销售收入实现 17.40 亿元，主导产业销售收入占总销售收

入的比例达 86.3%；吸纳就业 2400 余人。园区已经形成全国乃至世界规模最大、技术和装备最先进，产业集聚程度最高的碳基新材料产业基地。

（2）下一步推进《规划》落实建议

① 采用新技术、新工艺、新装备改造提升现有生产线，降低生产成本，推进信息化技术与制造技术的融合，针对市场需求，不断优化调整产品结构，整合加工资源。

② 接续发展生物环保、绿色建材等其他新材料产业，利用现有装备基础、资源优势等，积极开展探索废旧金属资源回收利用产业，发展含氟化工新材料，延伸产业链，实现可持续发展。

③ 完善新材料产业创新发展保障体系，不断提高新材料产业化和规模应用能力与效率，支持企业形成持续创新发展能力，加快推动金武地区在新材料产业方面做大做强。

3. 天水电子信息产业创新集群

（1）进展与成效

① 电子信息产业不断壮大。天水市电子信息企业包括华天电子集团、天水华洋、天水六九一三、天水庆华电子科技、天光半导体等 5 家规模以上企业，以及庆华微波仪器、成圆电子网络工程、深圳新天源电子、隆博科技、长开、秦源电子科技等企业，主要从事半导体集成电路、半导体元器件的封装测试、集成电路、微波扫频测试仪器、电源、传感器和成套波导、微波通信器材、LED 大功率照明灯具、半导体集成电路引线框架、通信电源电子产品、快速充电稳压电源、车载电源的研制和生产。以华天、天光半导体、华洋等 3 家省级重点企业为代表的电子信息制造业在全省占比达 80%以上。

② 项目建设不断加快。近年来，实施华天电子科技园、华洋电子集成电路引线框架产业化、明讯通讯产业基地、倒扣封装器件产业化等电子信息产业重点项目，其中华天电子集团先后承担了国家科技重大专项（02 专项）9 项，省科技计划项目 5 项（科技重大专项），通过科技重大专项的实施，大幅提升了企业创新能力，使集团成为国内涵盖技术领域最广的封测企业之一，铜线技术、四边无引脚（QFN）、倒装芯片（flip chip，FC）、硅通孔（TSV）集成技术等方面达到国内一流、国际先进水平。项目的实施取得了巨大的经济效益和社会效益，集团销售收入由 2011 年的 16 亿元提高到 2016 年的 66 亿元，项目技术实施获得的销售收入超过 8 亿元。其中，天水华天科技承担的“多圈 V/UQFN、FCQFN 和 AAQFN 封装工艺技术研发及产业化”项目，是国家科技重大专项（02 专项）第一个通过验收的先立项后补助项目，已累计取得了 7.7 亿元的销售收入。华洋电子集成电路引线框架产业化和二期集成电路封装测试、天水庆华电子出城入园等项目，以及设备模具、半导体功率器件、MEMS 传感器封装研发、

集成电路包装材料等一批扩大规模和产业升级项目已建成投产，天水六九一三电子科技有限公司SMT生产基地已试生产。

③ 创新能力不断增强。华天电子科技园作为省政府确定的天水装备制造业三大园区之一，其微电子产业集聚区在甘肃省三个产业集聚区中占有重要地位。华天电子集团掌握BGA（焊球阵列封装）、CSP（芯片尺寸封装）、MEMS（微机电系统）等国内先进以上技术192项，自主研发的“TF-LFBGA封装产品”等被评为国家重点新产品，“多圈FCQFN封装技术”等被评为中国半导体创新产品和技术，“多芯片堆叠（3D）封装技术研发”被评为甘肃省科学技术进步奖一等奖。华天集团集成电路封测量和销售收入居国内同行业第二位，被评选为中国集成电路生产企业十强。华洋电子科技股份有限公司研发的FGC030系列计算机磁头用平模板产品填补了国内空白。

④ 产业规模不断提升。通信电源、电力仪器仪表、微波仪器等产业发展壮大，已初步形成集成电路封装测试和制造的产业链，为华天集成电路封装测试配套的天水隆博公司、华洋电子、华天机械、包装材料等企业初步形成约2亿元的区域配套能力。天水华天集团在全球集成电路封装行业中排名第6位；企业的集成电路封装收入位居国内同行上市公司第2位，净利润处国内同行上市公司第1位。

⑤ 政策环境不断优化。天水市制定出台了《关于深化体制机制改革加快实施创新驱动发展战略的实施意见》《天水市支持科技创新若干政策措施》《关于深化科技体制改革促进区域创新体系建设的意见》《关于改进加强市级财政科研项目和资金管理的办法》《关于加快科技服务业发展的实施方案》《天水市发展众创空间推进大众创新创业实施方案》《关于重大科研基础设施和大型科研仪器向社会开放共享的实施意见》等一系列支持科技创新创业政策措施，不断推进科技奖励评价改革和科技计划管理改革，修订科学技术奖励办法，增设技术发明奖，提高了奖励金额。改革科技计划管理方式，大幅度提高项目支持力度，推进以科技成果转化、效益产出、对经济社会贡献、人才培养等指标为主的项目绩效评价，为创新发展营造了浓厚的氛围。

（2）下一步推进《规划》落实建议

① 依托华天电子、天光半导体等骨干企业，加速电子信息技术升级换代，着力打造一流电子信息产业集群发展基地。着眼于应用电子，大力发展微波器件、仪器仪表等产业，扩大产业发展规模，推动华天等有实力的企业以低成本扩张发展，带动全市电子信息产业加快发展。

② 大力培养各类人才，完善高端人才选拔激励制度及人才服务联络员制度，对引进的高层次人才给予企业引才奖励。建立校企联合培养人才方式，推动人才培养和实训基地建设，重点培育高层次、复合型和骨干专业技术人才、管理人才。

③ 充分发挥行业协会和产业联盟的桥梁和纽带作用，促进企业之间的交流与合作。建立完善产业集群国际合作交流机制，积极鼓励条件成熟的产业集群“走出去”，开展国际合作。

4. 陇东能源化工产业创新集群

（1）进展与成效

① 积极争取政策支持。制定出台《庆阳千亿级循环经济产业链实施方案》《陇东能源基地开发规划》《关于科技全面支撑经济社会跨越式发展的意见》《关于加强科技成果转化的意见》《关于进一步加强院地院企融合发展的意见》《关于实施科技创新驱动发展推动创新型庆阳建设的意见》《庆阳市专利奖励办法》《平凉千亿级煤电化冶循环经济产业链实施方案》等一系列政策文件，加大政策引导激励，进一步优化创新发展环境，充分调动各方支持陇东能源化工产业创新发展。

② 建设产业创新链。庆阳市能源化工产业创新集群的发展方向，即打造全产业链、全价值链、全循环链、全创新链的石油石化、煤炭生产转化 2 个“千亿元产业链”。石油石化千亿元产业创新链，实施年新增 100 万吨原油产能建设项目，在已建成庆阳石化 300 万吨炼化项目的基础上，推进 600 万吨升级改造项目。煤炭生产转化千亿元产业创新链，2017 年火电装机依靠煤制肥、煤制气、煤制聚烯烃、煤制油和煤制兰炭等 5 条技术创新路径延链、补链、扩链。在庆阳能源化工产业创新集群开发建设中，全市以产业创新融合为突破，坚持企业做主业、地方做辅业，先后成立了庆阳能源化工、交通投资、水务发展 3 个集团公司。目前，庆阳能源化工集团与 28 户石油煤炭企业达成了合作意向，启动民资入股 2.3 亿元。

③ 加大科技创新激励力度。庆阳市制定出台《庆阳市科学技术奖励办法》和《庆阳市专利奖励办法》，2010 年以来平均每年安排科技创新奖励经费超过 60 万元，重奖科技功臣、优秀科技人才、创新企业和科技成果。对能源化工领域新认定的国家级高新技术企业一次性奖励 50 万元、市级优秀科技成果分等次奖励 6000 ~ 10 000 元。支持能源化工企业及专业技术人员发明创造，对当年国内授权的发明专利、实用新型专利、外观设计专利，由市级财政一次性补助 5000 元、2000 元、1000 元，对获得市专利奖一、二、三等奖的分别奖励 3 万元、2 万元、1 万元。

（2）下一步推进《规划》落实建议

① 从政策层面加强市、县科技管理部门机构建设，增加编制，充实力量，单设县区科技管理机构。

② 省列科技项目支持向庆阳老区倾斜，重点增加科技重大专项计划、创新基地和人才计划、知识产权计划立项数量和经费额度。引导兰白科技创新改革试验区技术创新驱动基金经费支持庆阳创新发展。

③ 从政策层面上继续加大创新人才团队选派支持力度。重点加大“三区”科技人才选派规模，支持陇东能源化工、生态循环农业、科技创新服务业及精准扶贫工作。

（三）六个科技创新示范区建设情况

1. 张掖科技创新创业示范区

（1）进展与成效

① 搭建创业创新平台。甘州、民乐被列入省级高新技术产业开发区。临泽、高台、民乐、山丹被确定为省级农业科技园区。张掖科技大市场线上平台即将投入运营，张掖生态产业科技示范园搭建起主体并运行，张掖小微企业创业创新研发平台稳步推进。与中国农科院农业资源与农业区划研究所合作，在张掖农业科学研究院设立了国家数字农业中心张掖试验基地联合实验室。新建祁连山森林生态监测与评估甘肃省国际科技合作基地。成立河西学院祁连山菌物保护利用院士专家工作站，祁连山大型真菌保护利用项目同步启动。

② 强化科技合作，夯实创新基础。科技合作形式从仅限于项目合作逐步拓展到人才培养、团队引进、机构建立、联盟组建等方面。先后已与 100 多所高校、科研院所建立合作关系，与中国科学院兰州分院、兰州大学等 6 所高校院所签订协议共建技术转移、成果转化、人才引进与培训、大学生实习基地。市级、县区、企业 3 个层面先后与 100 多所高校院所建立合作关系，200 多户规上工业企业与高校院所联姻结对，40% 的小微企业已有自己的专家团队。3 年来，共实施院地科技合作项目 57 项、扶持资金 307.51 万元，带动社会投资 3837 万元。

③ 开展投融资服务，创新企业发展。组织指导甘州区与省科投公司合作，分别出资 300 万元、700 万元建立张掖市首支 1000 万元的科技贷款风险补偿金风险池，实现科技金融零突破。组织 75 家企业获得省科技创新券 375 万元，占全省的 18.8%。探索建立知识产权质押融资试点，与兰州银行张掖分行签订“小微企业专利权质押融资合作协议”，设立专利权质押融资风险补偿金，切实解决中小企业融资难的问题，推动小微企业实现其专利价值。

④ 扩大招商引资、引创、引智。深入推进兰州交通大学国家大学科技园民乐分园在张掖市落地。2017 年 5 月 31 日，由张掖市科技局牵头，会同张掖市“双创”办、兰州交通大学国家大学科技园、民乐县人民政府、民乐生态工业园区管委会负责同志就“兰州交通大学国家大学科技园民乐分园”的建设与启动运营召开座谈对接推进会，提出具体的建设目标任务，并形成实施方案。2017 年 8 月 1 日，由张掖市科技局主持，民乐生态工业园区管委会与兰州交通大学科技园有限责任公司签订“兰州交通大学国

家大学科技园民乐分园合作协议”，制定相应的配套保障措施，在民乐生态工业园区成立兰州交通大学国家大学科技园民乐分园。

（2）下一步推进《规划》落实建议

① 搭建“双创”平台，着力保障创新创业人才需求。依托国家和省级人社服务平台建设项目，配套建立市、县区人力资源和社会保障服务中心服务功能，建立“互联网＋人力资源市场服务平台”，“实现线上线下”相结合，为供需双方提供便捷高效的人力资源服务。

② 注重技能培训，持续提升创业创新水平，大力推进政府购买创业培训服务模式，进一步优化和提升企业人才成长环境。

③ 强化人才支撑，不断激发创业创新活力，针对不同产业，选聘针对性、专业性高层次人才，支持并鼓励拔尖人才接受赴外专题培训和研修，同时，加大职称评审向企业、基层一线倾斜力度，为科技“双创”发掘更多人力资源。

2. 甘南黄河上游生态文明示范区和高寒特色农畜产业科技创新示范区

（1）成效与进展

① 生态保护工作全力推进。鉴于甘南州生态地位的重要性和特殊性，国家发展改革委等相关部委先后批复总投资 44.51 亿元的《甘南黄河重要水源补给生态功能区生态保护与建设规划》、总投资 443 亿元的《甘南州生态文明建设示范工程试点实施规划》、总投资 321 亿元的《甘肃“两江一水”区域综合治理规划》（甘南州投资占 76.14 亿元）、总投资 320.87 亿元的《甘南州生态文明先行示范区建设实施方案》以及《甘南州国家主体功能区建设试点示范方案》，力促甘南州生态保护与示范区建设。其中尕海湿地成功列入国际重要湿地名录，玛曲湿地自然保护区成功晋升国家级行列。

② 生态文明制度建设有序推进。立足于甘南实际，州委、州政府确立了“生态立州”战略，把生态保护与建设放在经济社会发展的首要位置。成立生态立州战略领导小组，各县市也成立相应的领导机构，生态环境质量已纳入政府责任考核，编制完成《甘南州生态文明建设规划（2010—2020）》和《甘南州生态文化推广体系》，下发《甘南州生态文明示范州试点工程实施意见》《甘南州国家重点生态功能区转移支付资金使用及绩效评估考核管理（试行）办法》《甘南州深入推进“生态立州”战略，努力建设“生态甘南”的实施意见》。甘肃省第一部关于地方性法规《甘肃省甘南藏族自治州生态环境保护条例》公布实施，从立法层面将生态环境保护工作纳入法治化轨道。该条例依法加强资源开发和生态环境监管，实现“三高”企业和项目零审批、零引进，严格矿业开发准入条件，要求执行环境保护一票否决制，未部署新的探采矿权。同时，甘南州已承办五届“中国生态文明·腊子口论坛”，坚持开展“甘南环保世纪行”及“世界环境日”宣传活动。不断完善生态考核指标体系。

③ 各类科技创新项目引领支撑产业发展。实施"特色藏中药材种植技术示范推广""甘南牦牛肉屠宰加工提质增效关键技术研究与示范""甘南退化草地生态恢复与改良技术示范与推广""甘南藏区青稞增产技术集成示范"等项目，促进生态文明示范区和高寒特色农畜产业科技创新示范区建设发展。根据《甘南藏族自治州人民政府办公室关于印发甘南州2016年为民办实事实施方案的通知》要求，将"高原羊肚菌冬季种植技术示范推广"和"青稞良种推广"两个民生实事列入2016年度州政府为民办实事当中。2016年，各县市共示范种植羊肚菌495座棚（约250亩），产出效益为612.6万元。在合作、夏河、碌曲、临潭、卓尼、迭部、舟曲等六县一市的适宜区域，积极推广种植以甘青4号、黄青1号、黄青2号为主的青稞良种，加快优良品种推广步伐，全面提升粮食综合生产能力，促进全州种植业稳定发展和农牧民持续增收。

（2）下一步推进《规划》落实建议

① 加大对民间创业的引导扶持力度，培育企业家精神和创客文化，依托创业孵化基地、龙头企业，促进人才技术资本等各类创新要素高效配置和有效集成，有机结合创新与创业、孵化与投资，促使甘南建设为知名的藏区创新创业高地。

② 培育以生态文化旅游、生态农牧、生物制药等绿色产业为主的低碳循环产业体系，全力打造区域绿色经济增长极，推进种植业、畜牧业复合循环利用，让广大群众从绿色发展中真正受益。

③ 以"一带一路"沿线地区合作为重点，以市场衔接、政策互惠、人才交流为纽带，形成利益共同体，实现优势互补和错位发展。深化与邻近市（州）的开放合作，强化在基础设施建设、生态保护、社会治安、产业发展等重点领域的密切合作。

3. 临夏清真食品产业科技创新示范区

（1）进展与成效

① 组织实施省级科技项目。2016年，组织临夏州华安生物制品有限责任公司申报甘肃省科技"小巨人"企业培育计划，项目"清真粉末油脂加工技术研究与应用"获得立项，支持科技经费100万元；组织甘肃养泰和生物科技有限公司申报甘肃省科技型中小企业技术创新基金，项目"牛血全资源循环利用技术开发与应用"获得立项，支持科技经费20万元。

② 组织实施州级科技项目。2016年，临夏市清源清真肉制品有限责任公司申报的"青藏高源牦牛血氯化血红素提纯技术研发与开发"获得立项，支持科技经费5万元；临夏市艾米尔清真食品有限责任公司申报的"水晶牡丹盖碗茶产业化开发项目"获得立项，支持科技经费4万元；临夏占林清真食品有限公司申报的"临夏清真食品占林食醋产品工艺优化及产品风味的改善"获得立项，支持科技经费5万元；临夏州益之恒食品有限责任公司申报的"牦牛多肽蛋白质粉系列产品加工技术研究及应用"获得

立项，支持科技经费 5 万元；临夏州伊克拉穆清真食品有限公司申报的“速冻马铃薯丸子的制备方法”获得立项，支持科技经费 4 万元。

③ 企业创新体系建设。组织临夏州燎原乳业有限公司、临夏华安生物制品有限公司申报高新技术企业，组织临夏壹清清真食品有限公司申报甘肃省科技创新型企业，组织临夏州燎原乳业有限公司申报甘肃省乳制品工程技术研究中心，均通过认定。认定临夏什锦集团清真食品研究所、临夏州清真营养食品工程技术研究中心、临夏州乳制品工程技术研究中心为州级工程技术研究中心。认定临夏州华安生物制品有限公司、临夏华羚酪蛋白有限公司、临夏州燎原乳业有限公司、甘肃养泰和生物科技有限公司为州级科技型企业。

（2）下一步推进《规划》落实建议

① 持续健全面向企业的技术创新服务平台。促进科技资源整合和优势互补，推动形成一批专业领域技术创新服务平台，培育一批专业化、社会化、网络化的示范性科技中介服务机构。以政府资金为引导，带动社会投入，围绕特色产业和战略性新兴产业创新发展，建立科技企业孵化器、科技服务示范平台等。

② 推进科技资源开放共享。建立和完善科技人才网、技术成果交易网、大型科学仪器网共享运行机制，促进科技资源优化配置和高效利用。建立健全科研院所、企业的科研设施和仪器设备等科技资源向社会开放的合理运行机制，并将资源开放共享情况作为其运行绩效考核的重要指标。

③ 提升企业技术创新开放合作水平。鼓励企业通过人才引进、技术引进、专利交叉许可等方式开展国际创新合作；加大科技计划开放合作力度，鼓励跨国公司依法设立研发机构，与本地企业、科研院所开展合作研发，共建研发平台，联合培养人才。

4. 定西马铃薯中药材科技创新示范区

（1）进展与成效

① 打造马铃薯种植和加工示范基地。甘肃定西国家农业科技园区现有规模较大的种薯企业 16 家，占地面积 1863 亩，完成总投资 208 亿元，建成组培室及自然光照培养室 18 620 平方米、种薯贮藏库 34 340 平方米，生产马铃薯脱毒种薯的日光温室达到 650 多座、网棚 700 多亩，在定西市周边各县区，靖远、张掖、临泽、山丹、庆阳等不同气候区内建成标准化生产示范基地 28 000 多亩。2015—2017 年共生产各类马铃薯原种 14.02 亿粒，原种 8.9 万吨，一级种 21 万吨。园区马铃薯种薯企业在精准扶贫中给贫困户共投放马铃薯原种 1.5 万吨，在产业帮扶、脱贫致富方面发挥了重要作用。

坚持“生态、优质、健康”的建设理念，在定西市安定区建设“全国马铃薯产业知名品牌创建示范区”，2017 年，全区马铃薯种植面积达 101 万亩，总产量达 130 万吨，农民人均从马铃薯产业中获益 530 多元，占农民人均纯收入比重的 30% 左右，已成为中国马铃薯种植第一县。有品牌示范区骨干企业9家，产品有精淀粉、变性淀粉、全粉、薯条、膨化食品等10多个品种，5家企业先后被认定为市级以上农业产业化重点龙头企业，大部分企业生产的精淀粉综合指标达国标一级品标准，其中部分企业产品达国标优级标准。

② 打造地道中药材种植、加工示范基地。依托陇西县省级农业科技园区，坚持"道地、绿色、质优、提升"的建设理念，在陇西县高质量建设"全国中药材（黄芪、党参）产业知名品牌示范区"，力促园区质量品牌提升。"陇西黄芪""陇西白条党参"顺利通过农产品地理标志保护产品认证，"陇西黄芪"被认定为中国驰名商标，质量信用等级A级的中医药企业8家，甘肃省名牌产品13个，注册"中天泰科"等中医药产品商标30多个，拥有驰名商标1个，甘肃省著名商标10个，中天药业生产的"红芪口服液"具有完全知识产权，是全国独家准字号绿色非处方类药品；"三品一标"农产品产地认证17个，制定《黄芪栽培技术规程》等11项中药材标准已正式发布为甘肃省地方标准。每年中药材提供农民人均可支配收入1500元以上，占农民人均可支配收入的20%以上，带动脱贫人数近50 000人（次）。

（2）下一步推进《规划》落实建议

① 加快优势特色产业转型升级。马铃薯产业要充分发挥主食化开发联盟作用，强化良种繁育和质量检测，加快国家级马铃薯批发市场扫尾建设，提高运营管理水平；争取将党参、黄芪列入国家新资源食品目录，全面建成定西中药材商品交易中心和康美甘肃西部中药城。

② 通过实施"互联网+高效物流"模式，加快建设城乡快递服务网络，促进国家电子商务进农村综合示范县及定西特产电子商务综合体建设，打造进出口货物集散中心。

③ 引导生物制药企业积极与高校、科研院所合作，联合开展技术研发与攻关，加快促进中药向康复、预防、养生保健等方面延伸，大力提升产品的核心竞争力。

5. 陇南特色农产品科技创新示范区

（1）进展与成效

2016年，陇南市现代农业发展步伐持续加快，通过"365"现代农业发展行动计划实施，特色产业提质增效持续进行，花椒、核桃、中药材、油橄榄等主导产业持续做大做强，茶叶、蔬菜、畜牧、马铃薯、苹果、苗木等区域性优势产业加快发展，蜂蜜、水产、食用菌等地方性特色产品长足发展，适宜区全覆盖和规模效益最大化发展成效显著。"十百千万"工程正在加快实施，已积极创建油橄榄全国知名品牌示范区等10个现代农业示范园区，培育了40户骨干龙头企业，打造了20个省级名牌产品。

2017年，陇南市建成46个中药材标准化示范点、100个特色产业示范点。陇南特色农产品交易市场和 12 个便民市场建成运营。礼县成功创建为国家级生态原产地产品保护示范区，祥宁橄榄油获得 2017 年纽约国际橄榄油大赛金奖，陇南茶叶获得首届中国国际茶叶博览会设计银奖。

（2）下一步推进《规划》落实建议

① 做强做大农业特色产业，加快发展花椒、核桃、中药材等特色产品，在提质增效上不断取得新突破。

② 进一步加快农产品深加工企业技术改造，通过与国内大型企业的战略合作，研发生产市场前景好、科技含量高的新产品，充分运用各项惠民信贷政策，发挥金融对科技创新的支撑作用。

③ 持续扶持培育龙头企业、家庭农场、农民合作社等新型经营主体，提高农产品质量安全监管力度，将陇南市建设成为全国农产品质量安全监管示范市。

6. 敦煌文化科技创新示范区

（1）进展与成效

① 敦煌文化产业示范园区建设发展迅速。敦煌文化产业示范园区自 2014 年 12 月 26 日被文化部命名为国家级文化产业示范园区以来，建设发展迅速，基础配套设施不断完善，重大文化项目相继落户园区，中央批准的丝绸之路（敦煌）国际文化博览会在园区隆重举办，园区的国内、国际影响力显著增强，园区承载能力显著提升。2016 年 4 月成立敦煌工美文化创意有限公司，打造平台化的公司，联合个体在这个平台上实现“大众创业、万众创新”。2018 年申报敦煌市文化产业众创空间，该项目突出文化创意产业的特色，为文化创意产品提供创意设计、制作、展示交易的平台。主要致力服务于文化创意类项目创业者、青年小微企业孵化培育，通过为创业者和创业企业提供物理空间、配套设施和培训、会展、专利、天使投资等创业扶持，降低创业者的创业风险和创业成本，提高创业成功率，加快创意成果转化，培育创新型企业和企业家。近年来，园区谋划了文化出口贸易展示中心、敦煌公用型保税仓、敦煌文化艺术品保税仓、敦煌国际空港经济区国际货站、丝路敦煌：大漠孤烟 VR 传奇体验馆 5 个项目，投资达 3.3 亿元。

② 文化遗产保护数字化科技重大专项进展良好。2016 年 5 月 1 日，“数字敦煌”资源库平台启动运行，首批 30 个敦煌经典洞窟的高清数字化内容及全景漫游上线发布，引起国内外高度关注，赢得了社会各界的普遍赞誉；6 月，敦煌文物数字化成果作为甘肃省和全国文物系统唯一项目参加了国家“十二五”科技创新成就展；12 月，体现“数字敦煌”最新成果的“艺海存真·敦煌”展在兰州敦煌艺术馆开幕并长期免费开放。2017 年，“数字敦煌”英文版全球上线，访问量达到 347 万次，开创了文化遗产数字资源全球共享模式。敦煌研究院与腾讯公司签订了战略合作协议，启动了“数字

丝路”计划。敦煌莫高窟数字化保护项目经国家文物局批复同意已启动实施，争取国家补助资金 3007 万元。

③ 建成不可移动文物管理信息系统建设。省文物局于 2015 年建成全省不可移动文物信息管理系统，现已通过验收。该信息系统的建成，为全省不可移动文物建立了电子档案库和基础数据库，实现了信息存储、数据检索、图表生成等功能，为文物保护规划和文物保护利用项目方案编制、文物保护单位“四有”等基础工作提供了信息支撑。

（2）下一步推进《规划》落实建议

① 进一步加强基础设施建设和资金投入力度，不断提升文化创意产业的规模、实力和经营效率；设立文化创意产业政府基金，优先支持文化创意产业发展，同时鼓励和支持各类金融机构优先向文化创意产业提供贷款，引导社会资金投资文化创意产业。

② 做好园区周围配套设施建设及文化园区后期建设土地储备工作，为园区长远发展奠定良好基础；在项目建设上，把重心放在文化旅游、文化休闲、文化博览等开发上。

③ 积极利用好现有政策和资金，主动做好与省直挂项部门的对接、合作，落实已经确定的建设项目，加快推进各类基础设施建设进度。

（四）十大科技创新工程建设情况

1. 传统产业转型升级工程

（1）进展与成效

① 转型发展政策制度不断完善。“十三五”期间，研究制定《中国制造 2025 甘肃行动纲要》《中国制造 2025 甘肃行动有色金属深加工专项计划（2016—2020）》，印发《甘肃省有色产业发展专项行动方案》《甘肃省冶金产业发展专项行动方案》《甘肃省石化产业发展专项行动方案》，加快产业创新体系建设，不断提升产业核心竞争力，加快传统工业转型升级。

② 项目实施推动技术提升。“十三五”期间，围绕有色冶金、装备制造、食品医药、化工、建材、轻工等领域，积极组织实施技术创新项目。积极谋划并争取一批符合国家产业政策和投资方向的重大改造提升项目列入国家支持范围，利用省级工业转型升级专项支持 50 个左右优化产品结构、延伸产业链、实现绿色制造、补齐发展短板、推动产业转型升级的重大改造提升项目，切实提高工业投资质量，推动存量结构优化升级。一种氯浸渣的处理方法，获得 2016 年甘肃省专利奖励的一等奖。该专利技术首次提出一种利用单质硫的燃烧实现氯浸渣中硫的回收及贵金属富集的方法，成功应用于金川集团股份有限公司“富氧自热式氯浸渣脱氯项目”中，填补了冶金行业氯浸渣处理的空白。

③ 信息技术与制造业深度融合。加快核心技术装备研发和产业化，完善以绿色、

智能、协同为特征的智能制造体系，有效提升工业发展的质量和效益。2017 年，兰石集团有限公司“热交换设备远程运维服务平台”、大禹节水集团股份有限公司“农业精量灌溉装备智能制造试点示范”等 4 户企业项目被列入工信部智能制造试点示范项目名单。甘肃工大电子科技公司成为甘肃省首个荣获工信部认定的两化融合管理体系贯标咨询服务机构，白银公司、兰州铝业、兰石集团等 13 家企业被工信部列为 2016 年工作试点单位。

④ 传统产业发展质量不断提升。“十三五”期间，围绕中国科学院兰州分院凹凸棒技术、羰基金属科技成果、中药材电子束灭菌装置、甜高粱种植和加工技术，以及兰州飞行控制公司、兰州万里航空机电公司、甘肃长风电子科技公司在飞行控制系统、伺服系统、传动系统、机场专用装备、灯光和特种电机等方面的技术优势，拓宽合作空间，创新合作方式，加快相关技术尽快产业化，把技术、人才优势转化为产业优势。兰石集团落户新区后，逐步由传统能源装备制造企业向高端装备制造企业转型，成立能源装备工程研究院，签约柬埔寨炼油厂 2×10^6 吨 EPC 总包项目，合同总价为 6.2 亿美元，创造了甘肃制造业一次性外贸订单新纪录。

（2）下一步推进《规划》落实建议

① 引进和培育企业急需的高端人才，通过重点引进国内外创业团队，将团队与企业进行嫁接，全面提高企业研发和管理水平，从技术、管理、产品等多方面扶持企业升级。

② 积极鼓励传统产业相关企业、企业家向新兴产业倾斜，组建并充分发挥战略性新兴产业创业投资基金和风险投资基金作用，引导金融机构积极创新战略性新兴产业信贷模式及金融产品。

③ 政府牵头，联合企业、高校、科研机构等，利用现代信息技术搭建产业发展信息综合服务平台，有效整合政策、管理、技术、行业、人才等信息需求与供应，为企业转型升级提供资源支持。

2. 新兴产业引领聚集工程

（1）进展与成效

① 战略性新兴产业集聚发展。省委、省政府围绕实施战略性新兴产业发展总体攻坚战，持续加大战略性新兴产业培育力度，从政策引导、资金支持、人才培育、技术服务、自主创新、成果转化、园区建设、知识产权保护和企业动态管理等方面，出台了《甘肃省战略性新兴产业骨干企业认定和考核评价管理办法》《甘肃省战略性新兴产业创业投资引导基金管理办法》《甘肃省战略性新兴产业省级财政资金投资管理办法》等一系列扶持政策和措施，制定印发了《甘肃省“十三五”战略性新兴产业发展规划》，已形成省政府高位推动、牵头部门认真履职、相关部门密切配合、投资平台市场化运

行、骨干企业引领带动、全社会广泛参与的工作机制，为战略性新兴产业发展提供了有力支撑。战略性新兴产业发展已具备较好的产业基础并呈现良好发展势头。

② 产业结构持续优化升级。作为西部欠发达地区，甘肃正处在产业成长期、聚集期，也是一个科技创新的关键时期。总体来看，甘肃工业化阶段明显由中期向后期过渡，其中投资拉动与创新驱动两种力量同时存在，已进入科技体制改革攻坚期、创新驱动发展战略窗口期、创新要素聚集发力期。

③ 循环经济技术体系逐步构建。金昌市、白银市、通渭县、泾川县、临夏市被国家列为循环经济示范市（县），确定了 8 个省级循环经济示范县（区）；金昌经济技术开发区等 8 个园区被国家列为循环化改造示范试点园区；兰州市、白银市被列为国家餐厨垃圾无害化处理资源化利用试点城市；甘南州、定西市、酒泉市、兰州市先后被列入国家生态文明先行示范区。兰州经济技术开发区红古园区被列为国家第五批“城市矿产”示范基地，初步形成了煤基循环、生物科技、新型建材、再生资源利用、高端炭素、有色冶金六大循环经济产业体系。金昌区域循环经济发展模式和白银企业循环经济发展模式被国家列为循环经济典型模式在全国推广。金川公司、神雾集团开发的神雾循环经济典型产业化示范工程——金川冶炼渣综合利用项目总投资 37 亿元，总占地面积 1000 亩，规划处理金川公司每年镍铜冶炼渣约 260 万吨，分三期建设。作为全球首条铜尾渣循环利用示范生产线，为中国有色、钢铁行业冶炼废弃渣、尾矿等大规模资源综合利用开辟出新的路径。

（2）下一步推进《规划》落实建议

① 依托科技创新催生新业态新模式，创造新供给提供新服务，培育新消费满足新需求，使新兴产业成为实施供给侧结构性改革和“补短板”的重要内容。

② 培育技术先进、行业领先、竞争优势明显的骨干企业，支持其尽快进入国内同行业优势企业行列，带动一批协同合作、具有发展潜力的科技型中小企业，发展壮大战略性新兴产业规模。

③ 依托高等院校、职业院校、科研院所和企业，通过设置符合产业发展需要的专业、定向培养、联合培训等方式，培育紧缺急需和实用性人才。

3. 现代农业科技创新工程

（1）进展与成效

① 农业科技研发工作有序开展。积极组织国家项目的申报。组织推荐申报“大马力拖拉机电液提升器”“淀粉基绿色木材胶黏剂关键技术研究及产业化”“西部牧区高效节水灌溉技术与集成应用”等 12 个国家项目。加强省级项目的组织实施。组织实施省级农业领域科技重大项目 7 项，其中精准扶贫项目 4 项，创新成果 2 项，特色产业 1 项；围绕动植物优良品种选育、农林作物高效栽培和安全生产新技术、畜禽健康高效

养殖综合技术研发、农产品加工与收储运技术、美丽宜居村镇技术创新、农业废弃物资源化及农村清洁能源利用技术与设备等内容，安排省级科技支撑计划项目 43 项，组织实施中央引导地方科技发展农业类专项。秦巴山片区（甘肃）精准扶贫富民产业培育及示范、秦巴山片区（甘肃）精准扶贫科技创新综合服务平台建设、植物源生物农药在绿色果蔬基地建设中的示范推广和白银国家农业科技园区创新能力建设等 4 个项目获得经费 1100 万元，给甘肃省陇南秦巴山区的科技扶贫和兰白改革试验区特色农业产业发展提供有力的技术支撑。

② 农业科技平台创建成效明显。甘肃省获得科技部正式批复建设白银、甘南、临夏 3 个国家级农业科技园区，使甘肃省国家级农业科技园区达到 8 个，天水国家农业科技园区顺利通过科技部的考核验收。第一批国家级“星创天地”创建成果显著，立足本省实际，通过层层筛选，组织专家评审，共推荐 40 家单位上报，科技部通过评审已备案公示 33 家，位居全国第五，西北第一。

③ 推动“互联网+”现代农业发展。“十三五”期间，推动农产品电子商务发展，打造集物流配送、村级服务站运营维护、农产品信息采集发布、电子商务政策宣传于一体的农村电商服务中心和服务站，使之成为脱贫致富的“新引擎”。全省已建成 75 个县级电商服务中心，实现贫困县全覆盖，建成 1159 个乡级电商服务站，5360 个村级电商服务点，分别覆盖了 70% 的贫困乡和 50% 的贫困村。不断扩大和深化与阿里巴巴、京东、苏宁等知名电商企业合作，加大与国内知名电商大平台合作“借船出海”。积极培育和壮大本土电商平台“造船出海”。支持兰州银行“百合生活网”发展，特别是支持开设了 88 家 O2O 便利店，被商务部评为国家电子商务示范企业。甘南州“藏宝网”被商务部评为国家电子商务示范企业，已有 1500 多家藏族企业入驻。大力培育农产品网络品牌，启动了甘肃省县域电商品牌孵化中心，“琪祥阁”“陇萃堂”“当归人家”“岷府人家”“陇中红”等一批农产品网货品牌知名度不断提升。创新开展电商人才培训，实施“精准滴灌式”的分类分层培训。开展“电商扶贫培训全覆盖”工程，针对贫困户提供辅导、孵化等定向增值性培训，同时强化电商扶贫县、乡、村三级服务体系工作人员以及电商企业运营人员、电商从业者、网店店主、创业青年的实操技能和运营能力提升培训。

④ 支撑农业科技成果转化。2017 年，武威国家农业科技园区通过科技部验收，8 个国家农业科技园区和 24 个省级农业科技园区示范带动作用明显增强，科技创新为甘肃省粮食“十三连丰”提供有力支撑。“甘肃特色瓜菜新品种选育及高品质栽培技术研究与示范”“甘肃省主要粮油作物新品种选育及示范推广”“葡萄籽/皮中有效成分提取与产品开发”等重大项目成效显著，解决了甘肃省农业领域的一些重大问题和重大瓶颈，有力地推动了一批富民产业的培育和农业适用技术的推广，加快了农业科技成果

的转移转化。

（2）下一步推进《规划》落实建议

① 切实加强农业科技创新与推广协作，整合涉农高校、农业科研院所、产业化龙头企业等科技资源，围绕特色优势产业发展开展全产业链技术研发集成，构建现代农业产业技术体系。

② 加快实施新型职业农民培育工程，以县为主整合各类培训资源，精准对接培训需求，分层次组织培训，扩大培训覆盖面，实施到户、到人、到产业的示范性培训，深入实施农村实用人才示范培训和现代青年农场主培育计划，吸引年轻人务农。

③ 实施好国家电子商务进农村综合示范项目、电商扶贫试点和省级电子商务示范工程，加快培育一批在省内注册的电商龙头企业，支持电子商务与物流快递协同发展，提高农村网店物流配送效率，促进线上线下销售，构建多层次、多渠道的农产品营销网络。

4. 科技惠民示范普及工程

（1）进展与成效

① 开展“三区”人才支持专项计划。科技特派员精准扶贫创新创业专项行动深入推进，“三区”人才支持计划科技人员专项计划有力实施。2020 年，结合脱贫攻坚工作需要，组织 28 家单位选派“三区”科技人才 1300 人，组建“三区”科技人才服务团队 193 个，引导广大科技人员，赴甘肃省 60 个受援县大力开展先进适用技术试验示范推广、指导咨询和技术培训等科技服务工作，为甘肃省产业扶贫、农业提质增效、农民脱贫致富提供智力支持。

② 加大科技扶贫宣传力度。组织推进天水神舟绿鹏农业科技有限公司提供的“甘肃天水航天蔬菜新品种”项目、祥宇橄榄油有限责任公司提供的“挂在树上的油壶”、甘肃天宫科普文化传媒有限公司提供的“给植物打点滴”3 个项目参展参加全国科技周暨北京科技周活动。从不同领域展示了甘肃省近年来在航天育种、特色优势产业培育、科普宣传及科技扶贫等方面取得的成就。其中甘肃天宫科普文化传媒有限公司提供的“给植物打点滴”项目入选 2017 年全国科技活动周暨北京科技周主场最受公众喜爱的科普项目。

③ 实施科技扶贫“百千万”工程。为贯彻落实《国务院办公厅关于深入推行科技特派员制度的若干意见》(国办发〔2016〕32 号)、《甘肃省支持科技创新若干措施》和《甘肃省深入推行科技特派员制度的实施方案》，围绕甘肃省委省政府将打赢扶贫攻坚战作为当前最大的政治任务决策部署，结合甘肃省实际，制定《甘肃省贯彻落实科技扶贫“百千万”工程实施方案》。

④ 科技精准扶贫工作扎实推进。制定《甘肃省科技厅精准科技扶贫年工作要点》，

从 4 个方面 13 项具体工作推动科技扶贫工作落实；结合省扶贫办对科技厅党政领导班子科技扶贫考核和通过对全省 58 个贫困县和 17 个插花县科技扶贫工作考核及量化评分，科技扶贫工作扎实有效推进；为纪念红军长征胜利 80 周年，在中宣部的统一组织下，在中国工农红军长征途经的 15 个省份红色纪念地同时开展集中示范活动，甘肃省在陇南市宕昌县哈达铺镇进行相关活动；“双联”工作扎实有序地展开，“大走访、回头看”活动的实施进一步巩固了成效；以“两个共同”示范区为抓手，做好少数民族地区科技扶贫工作的各项任务落实，引领当地产业富民脱贫。

⑤ 科技支撑民生事业发展。编制《民生科技计划成熟技术推广目录》《甘肃省节水治污水生态修复先进适用技术指导目录（2017）》，在全省范围内进行推广和示范。在人口健康、生态保护及污染防治、美丽乡村建设、城镇化建设及社会管理、防灾减灾及公共安全、优秀文化普及等 6 个领域布局一批重点示范项目和推广应用项目。黄芪优质高效栽培及现代化加工技术有效保证道地药材品质和产量，碱糊化淀粉在环保型煤生产研发与应用最大限度减轻燃煤污染，青稞增产技术有效改善甘南藏区农牧民生活质量。

⑥“互联网+智慧养老”顺利实施。“十三五”期间，全面启动全省养老服务信息平台硬件建设和软件开发，促进居家和社区养老服务发展。争取中央专项彩票公益金 3900 万元，实施政府购买居家养老服务项目，建设覆盖省、市、县的养老服务信息平台。建设全省养老服务信息平台，大力实施以“打造一个平台（居家养老服务信息平台）、强化两个支撑（线上管理和线下服务）、抓好三个关键（老年人信息数据库建立、政府购买服务、加盟企业的准入退出机制）、提供四项服务（生活照料、家政服务、健康管理、紧急救援）、做到五个统一（统一服务系统、数据格式、呼叫流程、服务规范、结算方式）”为主要内容的“12345 工程”。

（2）下一步推进《规划》落实建议

① 进一步提高“三区”人才培训质量。发挥省农科院、农业大学、西北师范大学科技特派员培训基地的作用，突出创新创业和实用技术的培训。

② 探索建立团队负责人（首席）责任制，以县域为单位对选派团队跟踪考核和管理，确保“三区”科技人员能精准发力，抱团发展。

③ 督促各建设主体按照计划扎实推进农业科技园区建设水平，鼓励支持贫困地区加强创新创业平台建设。

5. 生态恢复环境友好工程

（1）进展与成效

① 加快生态建设步伐。加快敦煌水资源合理利用与生态保护等重大生态项目建设，深入实施祁连山生态保护与建设综合治理、“两江一水”区域综合治理、渭河源区生态保护与综合治理等重点生态建设规划。大力实施退耕还林还草、天然林保护、三

北防护林等重点生态工程，不断加大防沙治沙用沙力度，已完成营造林达350万亩。抓好敦煌、张掖、陇南水生态文明城市试点建设和甘南、兰州、定西、酒泉4市州国家生态文明先行示范区建设，争创国家生态文明试验区。积极开展坡耕地水土流失综合治理，实施环境恢复治理工程，加强地质灾害防治，治理水土流失面积达2000平方千米，治理率达28.65%。

② 加大环境保护力度。针对祁连山生态保护修复，甘肃省落实《甘肃省加快转型发展建设国家生态安全屏障综合试验区总体方案》《甘肃省生态保护与建设规划（2014—2020年）》《甘肃省加快推进生态文明建设实施方案》《甘肃省“十三五”环境保护规划》等一批措施，为保护区建立生态环境保护治理的长效机制提供了科学依据。全面停止祁连山保护区核心区和缓冲区各类生产经营活动，依法依规坚决关停退出祁连山保护区探矿采矿项目。

③ 构建生态安全屏障。甘肃省积极响应国家生态安全屏障综合试验区生态战略平台建设，提出构建四大生态安全屏障、五大区域可持续发展的战略任务，基本形成以重点开发区、限制开发区和禁止开发区为主体的功能区布局。稳步推进石羊河流域重点治理和甘南黄河水源补给区综合治理，祁连山、“两江一水”、渭河源区生态保护与综合治理规划，以及4市（州）和6县（区）的生态文明示范工程试点实施规划、1州3县生态保护与建设示范区方案获国家批复。划定了林地和森林、湿地、沙区植被、物种等4条生态保护红线。

（2）下一步推进《规划》落实建议

① 持续开展环保宣传，在全社会牢固树立良好的生态文明理念，开发与治理保护同步，防止因过度使用资源而造成资源短缺、浪费。

② 加强新能源装备制造、新能源汽车、矿产资源循环高效利用技术、清洁能源开发与利用技术、环境友好型养殖业等传统优势产业和新型战略产业的科技创新。

③ 发挥好现有生态环境保护领域科研平台功能作用，鼓励其研究领域向大气、水污染防治方向扩展。

6. 文化科技融合创新工程

（1）进展与成效

① 兰州创意文化产业园。2009年，兰州创意文化产业园建立，目前形成以工业设计、动漫影视制作、文化演艺产业为主导，以旅游文化开发产业为延伸，以艺术培训、科技创新、创业孵化、创意产品开发、艺术品交易等产业为辅助的产业体系。2017年9月，A9国际影城正式投入运营。在建设影城过程中，注重多功能集成开发，着力打造以电影放映为主，兼具会议、学术交流、项目路演、影视展播为一体文化艺术交流中心。同期，还挂牌成立雪豹纪录片拍摄基地、原创短片展演基地影视创作展

播机构，积极促进园区影视创作产业平台迈上新台阶。

② 天水 66 文化创意园。天水 66 文化创意园于 2016 年 6 月 26 日开园运营，是按照文化+互联网+旅游+金融+科技的综合模式建立起来的创业、创意、创新和创投文化平台，是全省第一家将文物保护利用与文化“双创”相结合的众创空间。入驻企业主要涉及文化创意、文化影视、设计制作、视频网络、演艺传媒及文化投融资、网络、文化电商、文化网站、网上电商、自驾游、文化金融俱乐部、天津股权交易所驻天水办事机构等。园区建成全省第一家文化 VR 虚拟空间体验馆，着手研发虚拟麦积山、虚拟博物馆、虚拟伏羲庙，将文化与科技、文化与数字有机结合起来，并在麦积区元龙中学建成天水第一家数字书法教室。

③ 推动公共数字文化发展。实施数字图书馆推广工程资源联合建设项目，建成省图书馆 APP 公众号，建成甘肃省公共数字文化支撑平台。实施贫困地区基层公共数字文化建设重大项目，2016 年、2017 年分两批，共计为全省 169 个乡镇基层服务点、408 个村级数字文化驿站配送了公共文化一体机、公共数字文化电视网络终端、照相摄像设备及平板台式电脑，有效提升了基层文化站点公共数字文化服务水平。启动非物质文化遗产数据库建设。

④ 省博物馆“智慧博物馆”试点项目。2014 年 3 月，甘肃省博物馆被国家文物局确定为全国“智慧博物馆”建设试点单位。甘肃省博物馆先后完成“丝绸之路珍贵文物数字化保护”“馆藏彩陶类珍贵文物数字化保护”“简牍与壁画类脆弱不易保存文物数字化保护项目”“可移动文物保存环境质量监督及文物保存环境区域监测”等项目并通过验收；同时运用数字化手段对本馆基本陈列《甘肃丝绸之路文明》进行改造提升，开发推出基于移动终端应用 APP 软件，为观众提供多样式的互动体验方式，通过视频、语音、全景图像、三维沙盘模型等媒介更好地了解文物。在其示范带动下，甘肃省“丝路大遗址数字展示及旅游服务示范”等 3 个项目列入 2017 年度国家文物局“互联网+中华文明”示范项目库，天水民俗博物馆、灵台县博物馆等一批市、县级博物馆实施了数字化保护和展示项目。2018 年按照国家文物局统一部署，积极指导甘肃省、天水市、平凉市、高台县、陇西县等 5 家博物馆申报了数字化保护项目。

⑤ 积极推动文化遗产保护与传承科技工作。“十三五”期间，对丝绸之路（甘肃段）中华文明溯源及遗产保护等技术的研究与示范，为推动甘肃省华夏文明创新区建设提供科技支撑。敦煌国家级文化产业示范园区在国内、国际影响力显著增强，园区承载能力显著提升，重大文化项目相继落户园区，中央批准的丝绸之路（敦煌）国际文化博览会在园区隆重举办。加强对中华传统文化资源进行数字化保护和开发利用。“多场耦合下敦煌石窟围岩风化与壁画盐害机理试验装置研发”项目的研发装置为同类研究国际首创。提升和巩固了甘肃省石窟与壁画保护技术在全国的领先地位。启动运行“数

字敦煌”资源库平台，敦煌文物数字化成果作为甘肃省和全国文物系统唯一项目参加国家“十二五”科技创新成就展，敦煌莫高窟数字化保护项目经国家文物局批复同意已启动实施，争取到国家补助资金3007万元。其他重要石窟文物数字化工作也逐步开展。麦积山石窟彩塑壁画数字化勘察测绘项目已结项，天梯山、仙人崖、云崖寺和陈家洞、木梯寺石窟彩塑壁画数字化勘察测绘项目已完工。

（2）下一步推进《规划》落实建议

① 指导甘肃省博物馆完成所承担的国家文物局项目“绚丽甘肃丝路文明——打造穿越历史的知识驿站”（“互联网+中华文明”示范项目）；指导和支持具备条件的博物馆开展馆藏文物或陈列展览在线或移动互联网终端展示。

② 推荐数字化成果显著、科技发展良好的文化单位、企业参加各类节会展览，利用科技手段，展现甘肃省文化内容，与先进企业进行交流，创造新的融合发展机遇。

③ 利用中央、省级各类创新、科技培训机会，选派骨干文化企业和各地文化工作者参与培训。建立人才联合机制，与国内、省内，甚至国际知名机构建立合作机制。

7. 创新人才队伍聚集工程

（1）进展与成效

① 出台政策措施支持人才发展。按照省委、省政府《关于深化人才发展体制机制改革的实施意见》《关于加快推进人才工作创新发展的意见》等一系列文件要求，在人才培养、引进、管理上提出了一系列导向明确的具体措施，优化政策环境，努力为人才松绑减负，不断激发人才干事创业的活力。制定出台《甘肃省人力资源和社会保障厅关于加强基层专业技术人才队伍建设的实施意见》《2017年推进全省人才强县战略实施拓宽人才引进渠道工作方案》《关于鼓励支持专业技术人才创新创业若干措施》《甘肃省特聘科技专家实施方案》。围绕兰白试验区建设，配合有关部门，为兰白试验区建设制定差别化人才支持政策，制定了《兰白科技创新改革试验区人才发展支持办法》《关于支持兰州新区引进高层次人才政策的意见》。通过实施试验区高层次人才引领工程、试验区人才聚集工程、试验区人才发展激励保障工程等工程，使试验区成为人才创新创业的特区、全省科技创新的高地、实施国家“一带一路”倡议的重要节点。

② 加强国际科技人才交流合作。甘肃省现有13家国家国际科技合作基地，总量在西部地区名列前茅。基地坚持将开展科技人才交流培养作为国际科技合作项目立项前提，并在项目任务书中明确人才培养的具体考核指标，借此强化对甘肃省高层次科技创新创业人才的培养。坚持在与外方的科技合作备忘录或协议中，必须有人才交流互访内容，借以形成推动科技人才学习锻炼的机制。坚持在因公临时出访人员安排中，特别安排优秀青年科技人员出访，着力培养青年科技骨干见世面、长知识。

③ 拓宽人才培养平台和资助渠道。2016—2020年，积极争取3719项各类国家级

科技项目（课题），争取经费达 38 亿元，立项 5807 项甘肃省省级科技计划项目，投入省级财政经费 16.34 亿元。按照《甘肃省科技厅、中国科学院兰州分院“西部之光”人才培养引进计划合作协议》，联合实施“西部青年学者”项目成效显著，院地合作在形式和内容上取得实质性进展。实施省自然科学基金和省基础研究创新群体 B 类计划，形成多元化的人才培养机制，扩大对科技人才培养的覆盖面，激发了科技人员的创新活力。

④ 高层次人才队伍不断壮大。立项 2274 项省级自然科学基金，资助经费达 1.1 亿元，实现自然科学领域各学科、特色优势产业和全省各地区的“全覆盖”，已成为全省培养科技人才的重要依托。获得 1.4 亿元科技部“三区”人才科技人员专项资金，选派 6474 名（次）科技人员深入受援县开展科技服务，为基层提供了高效智力支持。面向世界汇聚一流人才，吸引 4600 余人（次）海外高端人才来甘工作。执行因公出国（境）团组 136 个，累计组织 2507 名青年专业技术人才赴境外培训。通过人才引育措施推进科技人才增量，在一定程度上缓解了科技人才流失问题。2019 年，甘肃省 R&D 人员数量为 4.6 万人，较“十二五”末增长了 12.9%。

⑤ 科技人才工程成效显著。“十三五”期间，11 位专家获得何梁何利奖，兰州空间技术物理研究所“航天测试计量技术及仪器-真空计量研发团队”首次入选“重点领域创新团队”。中国科学院寒区旱区环境与工程研究所冻土与寒区工程研究创新团队荣获国家科学技术进步奖创新团队奖，成为 2017 年度全国 3 个创新团队奖获得者之一。2016 年，兰州大学王锐等甘肃省 8 人入选第二批国家“万人计划”领军人才，兰州理工大学杜小泽等甘肃省 5 人分别入选教育部 2016 年度、2017 年度“长江学者奖励计划”。2017 年，科技领军人才创新驱动中心（甘肃）在兰州正式揭牌启动。首届科技领军人才创新驱动中心“高端人才甘肃行”对接活动在兰石集团成功举办，为兰石集团 6 家子公司破解技术难题的同时，带来最前沿的科技成果和技术项目，为企业发展注入新动能。2018 年“高端人才陇南市康县行对接活动”，深入康县，为当地区域经济与城乡规划、医疗卫生、作物种植“会诊把脉”开具发展良方，现场指导解决技术难题。

（2）下一步推进《规划》落实建议

① 坚持改革创新，科学规划人才发展战略设计，从机构性、预见性、储备性、可持续发展性 4 个方面全面统筹推进人才队伍建设，促进人才工作健康发展。

② 突出重点优先考虑加快稀缺人才的培养，加强市场导向在人才培养过程中的重要作用，以市场和国家的需要为导向，确定急需的创新型人才的范围。

③ 注重引进人才与培养人才相结合，充分了解人才的需求，不断创新制度，以适用于人才的发展为目标，改革其中不适应人才或者严重束缚人才发展的制度。

8. 高新技术优势培育工程

（1）进展与成效

① 大力培育高新技术企业。为积极培育高新技术企业，制定了《甘肃省科技创新型企业认定管理办法》。2020 年高新技术企业达 1229 家、省级科技创新型企业达 465 家、入库科技型中小企业达 1194 家，高新技术企业总产值占地区生产总值比重达 12.42%。

② 积极组建产业技术联盟。制定了《甘肃省产业技术创新战略联盟备案与管理办法（暂行）》围绕全省特色优势产业组建甘肃省聚苯硫醚新材料产业技术创新战略联盟（简称“联盟”）等 7 家产业技术创新战略联盟，通过加强产学研合作，围绕产业发展积极开展技术攻关，提高科技创新能力和产业竞争力。

③ 高新技术产业发展势头强劲。近年来，甘肃省高新技术产业牢牢把握稳中求进总基调，大力实施创新驱动战略，加快释放科技创新活力，特别是兰白科技创新改革试验区的启动建设，为甘肃省创新发展搭建新平台、注入新动力，推动了高新技术产业集聚发展。高新技术企业从 2015 年的 320 家增加到 2020 年的 1229 家，高新技术产业规模和集成度进一步提高，为甘肃省经济社会发展和产业转型升级提供了有力支撑。

（2）下一步推进《规划》落实建议

① 面向企业、科研院所、高等学校等单位实施具有前瞻性的新技术、新工艺、新产品实施重点研发项目，提高企业技术创新能力，培育新兴产业，为传统产业提质增效提供支撑。

② 瞄准全省重大战略需求和未来产业发展制高点，实施科技重大专项，聚焦一批对产业竞争力提升具有全局性及带动性强的关键共性技术进行攻关，加速科技成果产业化，实现高新技术和产业聚集发展的新突破。

③ 继续实施企业科技特派员工作，在全省创新型企业派驻科技特派员，助推中小企业创新、加快成果转化、培育高新技术企业。

9. 创新平台基地建设工程

（1）进展与成效

① 积极开展企业国家重点实验室建设。制订《推进企业国家重点实验室建设工作方案》，组织金川集团股份有限公司和天水电气传动研究所有限责任公司完成了《企业国家重点实验室建设与运行实施方案（2016—2020 年）》的编制工作。按照科技部的要求，组织召开企业国家重点实验室建设方案专家论证会，大型电气传动系统与装备技术国家重点实验室、镍钴资源综合利用国家重点实验室建设与运行实施方案已通过专家论证。同时，与科技部基础司对接后，组织召开甘肃省企业国家重点实验室建设

运行推进会，为镍钴资源综合利用国家重点实验室、大型电气传动系统与装备技术国家重点实验室授牌。

② 推进省部共建国家重点实验室建设。贯彻执行《省部共建国家重点实验室管理办法》，结合甘肃省实际制订实施细则，并组织兰州理工大学、省治沙研究所和甘肃农业大学征求意见。按照科技部要求，组织兰州理工大学编制《省部共建有色金属先进加工与再利用国家重点实验室建设与运行实施方案（2016—2020 年）》，组织完成专家论证并报送科技部备案。

③ 加快建立企业技术创新载体和平台。建设修订完善《甘肃省企业技术中心认定管理办法》，鼓励和支持企业设立较高层次和水平的研究开发机构，为企业发展提供技术支持。围绕全省特色优势产业，在新材料、节水灌溉、道地药材等领域组建甘肃省聚苯硫醚新材料产业技术创新战略联盟等 7 家产业技术创新战略联盟。打造基于互联网的协同创新公共服务平台，为行业企业尤其是中小企业技术创新工作提供技术及信息服务，促进产业做大做强。积极推进军民融合，形成 3D 打印、新能源多用途运载平台等一批科技成果。组建成立 7 个军民融合协同创新中心，兰州、天水、白银 3 个军民融合创新示范区建设加快推进，与中核集团签署战略合作协议，中核甘肃核技术产业园完成投资 42 亿元。处于世界民用核技术前沿的中国科学院钍基熔盐堆核能系统项目落户甘肃省，为实现能源产业风光水火核“五电”并举奠定了基础。加强工业设计中心建设，积极支持大数据产业发展，设立甘肃省大数据研究院、甘肃省大数据产业基地和甘肃省大数据创新创业中心。

④ 加强农业科技创新创业平台建设。提升全省“星创天地”建设管理和创建能力，组织“甘肃省‘三区’人才专项计划信息服务和‘星创天地’评价体系平台操作与实务”培训。组织实施第二批国家级“星创天地”创建活动，进一步加快甘肃省农业领域科技成果转移转化和先进适用农业技术的示范推广，进一步促进甘肃省富民产业的培育和农民脱贫致富，进一步带动返乡农民工、退伍军人、大学生等创新创业。农业科技园区示范引领作用不断增强。按照“政府引导、企业运作、社会参与、农民受益”的原则，组织庆阳市、陇南市积极申报国家级农业科技园区工作，组织符合条件的县区积极申报省级农业科技园区。进一步推进农业科技园区建设质量和水平，不断培育壮大区域特色产业，促进企业科技创新，推动农业科技成果转化与产业化。

⑤ 加强和规范科研基地建设与管理。强化各类科研基地的日常管理工作，确保各项工作任务规范、有序进行。按照科技部的要求，组织国家工程技术研究中心完成年度工作总结和信息报送工作。完成国家工程技术研究中心评估材料的审核上报工作。组织国家重点实验室和省级重点实验室、省级工程技术研究中心完成年度报告。组织完成重点实验室及培育基地，工程技术研究中心的验收和绩效评估工作。组织省级重

点实验室完成整改并全部报送整改完成情况报告。根据《科技部办公厅　财政部办公厅关于开展科研基地调查工作的通知》要求，完成甘肃国家和省级科研基地的调查工作。

⑥ 优化整合甘肃省科技创新基地。2018 年 2 月，省科技厅会同省发展改革委、省财政厅制定了《甘肃省科技创新基地优化整合实施方案》，按照科学与工程研究、技术创新与成果转化、基础支撑与条件保障三大类统筹布局省级科技创新基地建设。到 2020 年初步形成布局合理、定位清晰、管理科学、开放共享、多元投入、动态调整的甘肃省科技创新基地建设发展体系。

（2）下一步推进《规划》落实建议

① 在建设投资及科技经费安排过程中，增加平台建设的投资力度，平台建设经费采取政府引导和有关单位自筹相结合，形成多元投资模式，统筹安排涉及科技创新平台建设和相关科技计划的经费。

② 严格平台建设项目的组织申报，采取定向申报和公开征集相结合的方式开展。

③ 采取灵活多样、切合实际的整合方式与共享模式，形成国家、省和市县资源共享，互联互动，良性发展的有效机制，切实强化科技创新平台开放共享和创新服务功能，建立科技创新服务体系。

10. 创新治理水平提升工程

（1）进展与成效

① 全面深化科技体制改革。“十三五”以来，甘肃省深入实施创新驱动发展战略，深入推进科技体制改革，系统推进资源优化配置与共享、科技管理方式、人才激励评价、知识产权保护、科技奖励制度、成果转移转化等重点领域改革，大力推动科技与经济融通创新，有效激发了创新创业活力。围绕省委、省政府重大决策部署和区域创新布局，制定出台了《中共甘肃省委　甘肃省人民政府贯彻落实〈中共中央、国务院关于深化体制机制改革加快实施创新驱动发展战略若干意见〉的实施意见》《甘肃省深化科技体制改革实施方案》《甘肃省科技创新券实施管理办法》《关于深化人才发展体制机制改革的意见》《关于完善省级财政科研项目资金管理政策的实施意见（试行）》《关于落实实行以增加知识价值为导向分配政策的若干意见的实施方案》《关于推进县域创新驱动发展的实施方案》《甘肃科技决策咨询智库建设方案》《甘肃省科技厅重大行政执法决定法制审核办法》等一系列政策措施，修订了《甘肃省科学技术进步条例》《甘肃省科学技术奖励办法》。被称为科技创新“黄金 30 条”的《甘肃省支持科技创新若干措施》正式发布，“剑指”制约科技创新发展的诸多障碍和约束，鼓励通过奖励、股权激励、后补助等多种形式激发创新主体活力，同时鼓励放开科研单位、企业用人自主权，给广大科研人员松绑。印发《省属科研院所科技创新能力建设实施办法》，有力地激发省属科研院所发展内生动力，提升科研院所科技创新能力。

② 推进科技计划管理与科技资金管理改革。推进了甘肃省科技管理改革，不断完善、优化各类财政科技计划（专项、基金等）管理，以创新驱动发展战略为指引，不断强化顶层设计，统筹科技资源，出台了《甘肃省科技计划管理改革实施方案》，持续构建定位清晰、布局合理、符合甘肃实际的科技计划体系。甘肃省级科技计划按照新计划体系启动运行，配套出台各类科技计划项目管理办法，分步骤、有重点地开展项目资金使用督查及绩效考核评估。科研管理全面落实“放管服”要求，委托第三方机构承接科技管理事务性工作。出台《关于完善省级财政科研项目资金管理政策的实施意见（试行）》，建立健全科研活动分类支持机制、稳定支持和竞争性相协调的机制，健全各类计划管理办法和经费管理办法，推进项目管理专业机构建设，完善科技计划管理平台，实现全链条设计、一体化实施和规范化管理。

（2）下一步推进《规划》落实建议

① 加强科技管理部门自身建设，推进科技创新治理体系和治理能力现代化。

② 积极落实政府重大行政决策法定程序，加快推动依法、科学、民主决策。

四、科技创新支撑产业发展情况评估

“十三五”以来，甘肃省深入贯彻“互联网+”行动、《促进大数据发展行动纲要》和《中国制造2025甘肃行动纲要》，聚焦传统产业转型升级、引领新兴产业突破发展、提升农业现代化水平和促进服务业融合创新四大领域，瞄准全省重大战略需求和未来产业发展制高点，聚焦精准发力，实施重点项目，鼓励企业技术进步和产品优化升级，加快产业创新体系建设，加大新兴产业培育，提升优化产业结构，打造品牌效益，为甘肃省产业迈向价值链中高端提供了强有力的支撑。

1. 项目实施推动技术提升

“十三五”期间，围绕有色冶金、装备制造、食品医药、化工、建材、轻工等领域，积极组织实施技术创新项目。积极谋划并争取一批符合国家产业政策和投资方向的重大改造提升项目列入国家支持范围，利用省级工业转型升级专项支持50个左右优化产品结构、延伸产业链、实现绿色制造、补齐发展短板、推动产业转型升级的重大改造提升项目，切实提高工业投资质量，推动存量结构优化升级。一种氯浸渣的处理方法，获得2016年甘肃省专利奖励一等奖。该专利技术首次提出一种利用单质硫的燃烧实现氯浸渣中硫的回收及贵金属富集的方法，成功应用于金川集团股份有限公司“富氧自热式氯浸渣脱氯项目”中，填补了冶金行业氯浸渣处理的空白。

2. 新能源、新材料、装备制造等技术领域实现重大突破

在新能源产业发展上，通过技术创新，有效激活科技资源，先后引进金风科技、中材科技、东方电气、京城控股等一批国内外驰名企业，有135户新能源企业进驻酒泉，风光电装备制造企业达到48家，形成了600万千瓦风电、500兆瓦光电装配制造能力，重点攻克了风电低电压穿越、兆瓦级风电机组整机及关键部件设计、集成、检测技术，形成较为完整的产业链和产业集群。在装备制造业上，重点发展数字化技术、自动化控制技术、智能化与系统集成技术，集中力量解决成套装备关键技术，在应用高新技术和提升传统产业方面不断加大创新力度。在现代农业发展上，突出发展特色优势产业，重点开展蔬菜、玉米、瓜果、棉花、花卉等新品种引进选育，积极采用耐盐耐旱等抗逆材料技术，玉米、蔬菜等常规育种与组织培养、分子标记、转基因等生物技术相结合的育种技术，加强农作物种质资源创新研究和示范推广。

3. 科技项目支持力度不断加大

重点支持先进装备制造、新材料、现代信息技术、新能源、新型煤化工等5个战略性新兴产业重点领域。在镍产业链、新能源综合利用、六大粮油作物新品种选育、重组诺如病毒双价疫苗、食品质量安全检验检测等领域布局科技重大专项。组织实施科技重大专项“国家一类新药丹参酚酸A注射液临床前研究”“独家产品结核丸质量标准提升及临床评价研究”“13价肺炎球菌结合疫苗临床研究”等项目，积极开展新药创制，提升甘肃生物医药产业科技创新能力，支持资金2600万元。在极地高寒复杂气候条件石油钻采装备、大型高压高温低温和耐腐蚀设备、千万吨级炼油百万吨级大型乙烯成套设备、高端真空设备、核电和高铁用电工电器、高档数控机床、生物医药和高性能医疗器械、有色金属新材料等领域取得重大进展。

4. 加大农业领域科技研发投入

组织实施农业领域科技重大转型、科技支撑项目、重点研发项目。着力推进农业科技创新，加强科技型农业企业自主创新，发展壮大区域优势特色产业，为促进现代化农业发展和农民增收提供科技支撑。2016年中央引导地方科技发展专项资金在农业领域围绕秦巴山片区（甘肃）精准扶贫富民产业培育及示范、秦巴山片区（甘肃）精准扶贫科技创新综合服务平台建设、植物源生物农药在绿色果蔬基地建设中的示范推广、白银国家农业科技园区创新能力建设共投入1100万元。通过项目实施，培育出高山美利奴羊，填补了世界高海拔生态区细型细毛羊育种空白。苦水玫瑰工厂化育苗技术研究、自走式青贮饲料联合收获机组研制等一批项目取得丰硕成果，形成具有甘肃区域特色的现代农业发展新路。“甘肃特色瓜菜新品种选育及高品质栽培技术研究与示范”“甘肃省主要粮油作物新品种选育及示范推广”“葡萄籽/皮中有效成分提取与产品开发”等重大项目成

效显著，解决了甘肃省农业领域的一些重大问题和重大瓶颈，有力地推动了一批富民产业的培育和农业适用技术的推广，加快了农业科技成果的转移转化。

5. 科技服务体系不断完善

深入推进省级众创空间建设，成立兰州创客联盟，形成以科研院所、大学园区、民营企业为主体的众创空间队伍。科技企业孵化器和众创空间为全省经济建设和新经济增长点的形成输送了一批极具成长性和市场竞争力的高新技术企业。兰州新区产业孵化大厦被认定为国家级科技企业孵化器。甘肃省“科聚网”上线运行。积极推进大型科研基础设施和大型科研仪器开放共享，发放科技创新券，降低科技型中小企业创新创业成本。兰州市城关区成功入围全国第二批大众创业万众创新示范基地。甘肃银行、兰州银行等金融机构设立科技支行，有效地解决科技型企业融资难题。

6. 知识产权强省建设加快推进

充分发挥丝绸之路知识产权港、兰州科技大市场等科技服务平台作用，加快推动科技成果工程化、产业化、效益化。积极推进“甘肃省科学院高技术产业园”和“高端知识产权转化产业园”建设，支持特色突出的省级高新区“以升促建”。

五、科技支撑和改善民生情况评估

1. 推进脱贫攻坚帮扶工作

出台《甘肃省贯彻落实科技扶贫“百千万”工程实施方案》和《甘肃省深入推行科技特派员制度的实施方案》。贯彻落实 2019 年中央一号文件《中共甘肃省委 甘肃省人民政府关于坚持农业农村优先发展做好全省“三农”工作的实施意见》等精神，在普惠健康领域，甘肃省在总结完善兰州市城关区虚拟养老院建设经验的基础上，制定出台了《深入推进“互联网+智慧养老”行动建立居家养老服务平台实施方案》，为“互联网+智慧养老”提供了有力的政策支撑。科技特派员精准扶贫创新创业专项行动深入推进，“三区”人才支持计划科技人员专项计划有力实施，2020 年，结合脱贫攻坚工作需要，组织 28 家单位选派“三区”科技人才 1300 人，组建“三区”科技人才服务团队 193 个，引导广大科技人员，赴甘肃省 60 个受援县大力开展先进适用技术试验示范推广、指导咨询和技术培训等科技服务工作，为甘肃省产业扶贫、农业提质增效、农民脱贫致富提供智力支持。

2. 开展中医药科技惠民示范普及工程建设

以推广中医药适宜技术为抓手，不断提升中医药服务能力。建成省级中医药适宜技术推广培训基地，并编写培训教材，为每县（市、区）培养 5 名县级师资。各县建成县级推广培训基地，对县、乡、村和社区医务人员进行培训。目前，省、市、县、乡、村和社区每名医护人员至少掌握15项中医药适宜技术、6项食疗保健技术。同时，以加强中医药重点专科建设为重点，大力提升中医药服务能力。省卫生计生委已确定省中医院中医骨伤科为全省骨伤临床中心，甘肃中医药大学附属医院针灸科为全省针灸临床中心，有力保障了省级中医药重点专科建设。

3. 推进医用重离子临床试验

积极协调国家卫健委、甘肃省食品药品监督局对甘肃省研发制造医用重离子加速器提供必要的政策和临床试验支持。目前，甘肃省武威、兰州两地国产医用重离子治疗肿瘤装置正在加快建设中，医用重离子加速器已完成性能技术标准注册正处于临床试验的前期准备中。国家卫健委已于2018年4月起将医用重离子设备纳入甲类大型医疗设备管理目录。

4. 优化生态环境惠及民生

加强空气质量监测，采取有效措施，推动各地污染物浓度持续下降，空气优良天数持续增加；不断改善大气质量，巩固"兰州蓝"治理成果，提升科学化治理水平，把对市民生产生活的影响降到最低。通过推行河长制，加强水域岸线保护和河流纳污管理，规范河道采砂，开展水资源消耗总量和强度双控行动。把水环境质量目标纳入政府绩效考核，强化饮用水水源地保护、地表和地下水污染防治及城市黑臭水体治理，改善了水环境质量。进一步加强农业面源污染防治，提升废旧农膜回收和尾菜处理利用力度，实施化肥、农药使用量零增长行动，破解农村垃圾污染治理难题。持续加大自然保护区管控力度，大力推广甘南全域无垃圾的治理经验，保护草原生态环境。加强工业污染源治理，尽快实现全面达标排放。加强重点防控区重金属污染治理，消除病险尾矿库、堆渣场、采空区等生态环境安全隐患。加强生态文明制度建设，积极推进环保监管体制改革，不断完善激励约束制度体系，建立长效生态环境保护机制。

5. 民生科技体系不断改善

在人口健康领域大力支持国产重离子治癌技术和装置研发，对重大多发病、传染病、地方病预防控制等关键共性技术开展研究。在生物医药领域利用现代诊断和检测方法，提高药品质量控制水平并对临床疗效进行评价研究，为临床合理用药提供学术依据。在公共安全领域有序组织食品安全快速检测技术研制、自然灾害防灾减灾技术新产品的研发及推广。在生态环境领域就防沙治沙关键技术进行研究，实现了黄河水环境的信息监测与采集，积极支持祁连山生态保护工作。在文化创新领域，围绕文物、民俗等各类典型物质与非物质文化遗产保护的技术需求，不断增加对中华传统文化资源的数字化保护和开发利用。开展"千项技术惠民"行动，加强人口健康、生态环境、公共安全、社会管理和发展等领域的科技创新和推广应用。

6. 设立专项计划发展民生科技

甘肃省科技计划项目体系中设立了省级民生科技计划专项，2016—2017 年支持民生科技计划项目共 56 项，经费 4000 万元，提升了相应领域的科技创新能力和成果转化应用能力，让科技创新成果惠及广大人民群众。除了民生科技计划专项以外，其他计划类别也立项支持民生类科技计划项目，在科技脱贫、普惠健康、生态环境、公共安全 4 个领域着力支撑和改善民生。

六、科技创新创业环境评估

（一）构建产业协同创新体系

1. 强化企业创新主体地位

制定《甘肃省科技创新型企业认定管理办法》，甘肃省创新驱动对经济增长的贡献逐步凸显。推广“兰白科技创新改革试验区科技创新型企业”试点经验。修订完善《甘肃省科技创新券实施管理办法》，支持小微企业和创新团队开展科技创新活动。

2. 以兰白科技创新改革试验区为核心建立产业创新集群

为充分发挥兰白科技创新改革试验区内科技型企业在创新驱动发展战略中的引领示范作用，加快培育高新技术企业，特制定《兰白科技创新改革试验区科技创新型企业认定和管理办法（试行）》，开展兰白科技创新改革试验区科技创新型企业认定工作。兰州新区积极推动科技创新一条街建设，重点实施爆轰波与冲击波合成实验室、微纳碳产业园和中国科学院近代物理研究所重离子治癌、大科学示范园等项目建设。兰州高新区建成三栋综合厂房并组织企业入驻，生物医药产业园研发大楼完成封顶，推动全长达 3.3 千米的创新大街建设。兰州经济技术开发区积极推进西部药谷建设，产品原料库、产品检验中心、标准化制药厂房已建成。

3. 已完成第二批、第三批骨干企业技术路线图的制定

编制完成《甘肃省战略性新兴产业总体攻坚战第二批骨干企业技术路线图》《甘肃省战略性新兴产业总体攻坚战第三批骨干企业技术路线图》，利用简洁简约的图形，配合文字、表格、公式、程序说明，预测技术变化的趋势，进一步帮助骨干企业厘清科技创新的思路和方向，明晰产业链和创新链，为促进战略性新兴产业骨干企业做大做强，增强产业发展创新能力提供科学支撑。

4. 产学研用的创新体系建设逐步完善

为规范产业技术创新联盟管理，引导建立以企业为主体、市场为导向、产学研用相结合的技术创新体系，印发了《甘肃省产业技术创新战略联盟构建与评估办法》，重点引导建立以企业为主体、市场为导向、产学研用相结合的创新体系，围绕产业链布

局创新战略联盟，引导公共科技资源向创新战略联盟聚集，共同突破产业发展技术瓶颈，有效提升甘肃省企业创新能力和产业竞争力。要求核准的创新战略联盟在每年3月31日前向主管部门提交上一年度工作报告，为政府部门进一步引导创新战略联盟发展提供参考。

（二）提升创新平台建设水平

1. 积极推进国家级平台建设

甘肃省为保证镍钴资源综合利用国家重点实验室、大型电气传动系统与装备技术企业国家重点实验室建设运行的水平和质量，按照《科技部关于批准建设第三批企业国家重点实验室的通知》（国科发基〔2015〕329号）的要求，及时制定《推进企业国家重点实验室建设工作方案》，推进省部共建有色金属先进加工与再利用国家重点实验室建设。坚持以企业为主体，推动工程技术研究中心建设，涉及隧道、测绘、乳业、家居材料等多个工程领域。截至2020年，拥有国家实验室1家、国家重点实验室11家、国家工程技术研究中心5家、国家高新区2个，高新技术企业1229家，国家级科技企业孵化器12家，国家级农业科技园区10家。

2. 加快建立企业技术创新载体和平台

修订完善《甘肃省企业技术中心认定管理办法》，鼓励和支持企业设立较高层次和水平的研究开发机构，为企业发展提供技术支持。打造基于互联网的协同创新公共服务平台，为行业企业特别是广大中小企业技术创新工作提供技术和信息服务，促进产业做大做强。

3. 加强农业科技创新创业平台建设

出台了《甘肃省科技创新平台建设与运行管理办法》，进一步规范甘肃省科技创新平台的建设与运行管理。加快发展新农科，大力培育知农爱农新型人才，加强农业领域重大科技创新平台建设，强化农业科技创新源头供给，为乡村振兴作出更大的贡献。出台《全面加强基础科学研究的实施意见》，动态调整重点实验室等科技创新基地，稳定一批长期服务于甘肃经济社会发展的科技人才队伍。

4. 持续开展创新平台建设情况评估

为探索省级科技创新基地优化整合举措，加强和规范创新平台建设和运行管理，总结经验，发现问题，以评促建，省科技厅下发《关于做好2016年甘肃省重点实验室年度报告工作的通知》《关于报送2016年甘肃省工程技术研究中心工作总结的通知》、《关于开展甘肃省重点实验室验收工作的函》《关于对省级工程技术研究中心进行评估的函》，对工程技术研究中心和重点实验室的运行情况进行全面评估。通过绩效评估，全面了解和掌握创新平台的运行状况，促进公共科技服务平台建设，为下一步管理改革和科技创新基地优化整合夯实基础。

（三）强化知识产权保护利用

1. 加快知识产权强省建设

制定《兰州新区知识产权综合管理改革试点方案》《甘肃省知识产权优势企业认定和管理办法》《甘肃省产业知识产权联盟备案办法》《甘肃省知识产权计划项目管理办法》。开展城市和县区知识产权试点示范工作，嘉峪关、定西、张掖、庆阳市 4 个城市成为国家知识产权试点城市，张掖市民乐县获批国家知识产权强县工程示范县，定西市安定区、张掖市山丹县、高台县、白银市靖远县、庆阳市西峰区、宁县、平凉市华亭县 7 个县区成为国家知识产权强县工程试点县，庆阳市华池县成为国家传统知识产权保护试点县。

2. 完善企业知识产权管理规范

修订完善《甘肃省知识产权优势企业管理办法》，加强对优势企业的细化管理和工作指导。完成国家知识产权示范和优势企业的年度考核，继续开展省级知识产权优势企业培育工作。与省工信委联合印发《关于全面组织实施中小企业知识产权战略推进工程的意见》，提高甘肃省中小企业知识产权创造、运用、保护和管理能力。制定《甘肃省产业知识产权联盟备案办法》，推进甘肃省行业和产业知识产权工作。制定《甘肃省知识产权局关于推广实施产业规划类和企业运营类专利导航项目的通知》，大力推动专利导航工作。

3. 加强对专利执法工作的监督

2020 年，甘肃省共受理一、二审知识产权民事案件 1460 件（含旧存 237 件），审结 1223 件，结案率达 83.77%。与 2019 年相比，案件新收总量下降 15%，结案总量下降 17%。审结案件中，专利权案件为 83 件、著作权案件为 493 件、商标权案件为 549 件、植物新品种权纠纷案件为 28 件、技术合同纠纷案件为 24 件、特许经营合同纠纷案件为 28 件、不正当竞争纠纷案件为 8 件、其他知识产权案件为 10 件。

4. 全面改善知识产权保护环境

制定印发《甘肃省 2017 年知识产权执法维权“护航”专项行动方案》《甘肃省举报假冒专利行为奖励办法（试行）》《中国（甘肃）知识产权维权援助中心分中心（工作站）管理办法》，在张掖、天水、庆阳、金昌、临夏成立中国（甘肃）知识产权维权援助中心分中心，在白银、定西、武威和嘉峪关成立中国（甘肃）知识产权维权援助中心工作站。

（四）推进大众创业万众创新

1. 为创新创业提供良好的发展环境

甘肃省从产业政策、环境优化、人才支撑等方面促进大众创业万众创新。配套出台创业创新扶持基金、助创贷等管理办法和支持个转企小升规、小微企业专项资金、科学技术奖励等系列政策措施，形成互为弥补、相互支撑、协同发力，优化小微企业成长环境的政策措施，为大力推动“双创”示范提供强劲的政策支撑。

2. 大众创业万众创新扎实推进

深入推进省级众创空间建设，成立兰州创客联盟，形成以科研院所、大学园区、民营企业为主体的众创空间队伍。科技企业孵化器和众创空间为甘肃省经济建设和新经济增长点的形成输送了一批极具成长性和市场竞争力的高新技术企业。截至 2020 年，甘肃省共有国家级科技企业孵化器 12 家，省级科技企业孵化器 44 家；国家备案众创空间 32 家、星创天地 82 家，省级众创空间 145 家；高新技术企业 1229 家。兰州科技大市场、白银科技大市场建成运营，甘肃省“科聚网”上线运行。积极推进大型科研基础设施和大型科研仪器开放共享，发放科技创新券，降低科技型中小企业创新创业成本。甘肃银行、兰州银行等金融机构设立科技支行，有效解决科技型企业融资难题。

（五）健全军民融合创新体系

1. 推动军民融合示范基地建设

建立兰州创新示范中心和兰州军民融合基地，经甘肃省政府批准成立“甘肃省 3D 打印工程实验室”“甘肃省三维地图快速制造动员中心”。与兰州市国家高新区、北京北斗数据中心、北京银河宇信息技术有限公司联合成立“北斗数据应用中心”“VR（虚拟现实）、AR（增强现实）研发中心”。

2. 军民融合深入发展

印发《甘肃省军民融合协同创新中心认定和管理办法》，旨在建立健全甘肃省军民融合协同创新机制，推进国防科技工业优势技术服务地方经济发展，支持科研院所和民营企业参与武器装备科研生产，促进军民用技术成果双向转移转化应用，涉军企业纳入高新技术企业认定范畴，军民在产业发展、技术研发、成果转化等方面的统筹融合不断深化。

（六）改善四新经济发展环境

1. 积极建设开发旅游资源

为传播具有甘肃地方特色的文化资源，建成《甘肃临夏“花儿”民歌专题片》等资源项目，《甘肃裕固族文化专题片》《甘肃古长城遗址多媒体资源库》2 个项目被国家发展中心评为优秀项目。目前，通过自建、购置、合作共建等多种途径，甘肃省分中心已拥有各类资源总量超 30TB，包括影视作品、舞台艺术、文化专题、公益讲座、农业科技、少年文化等多方面内容。充分发挥“敦煌文化”品牌的集聚引领、示范带动效应，立足敦煌文化创新发展，打造多功能的众创空间。

2. 大力支持电子商务发展

甘肃省政府相继出台《关于促进农村电子商务加快发展的实施意见》《深入实施“互联网+流通”行动计划方案》等文件，通过多项措施，强化顶层设计，提升电子商务在甘肃省的应用水平。围绕“县有电商服务中心、乡有站、村有点”的要求，省商务厅制定印发《甘肃省县乡村三级电子商务服务中心站点建设标准》，省财政配套专项资金，支持贫困县三级电商服务体系建设。

3. 深化与知名电商企业合作

一方面先后与国内阿里巴巴、京东、苏宁三大平台相继签署战略合作协议。加强与“苏宁云商”合作，建立苏宁直营县级服务站。另一方面积极培育和壮大本土电商平台。支持兰州银行“百合生活网”发展，专门召开合作发展会议，帮助平台宣传和招商，开展线上线下融合销售，在商业模式创新、支持电商扶贫方面发挥了积极作用，被商务部评为国家电子商务示范企业。

（七）持续加强应用基础研究

1. 基础研究能力不断夯实

2016—2020 年，形成由 11 个国家重点实验室、5 个国家工程技术研究中心、120 个甘肃省重点实验室（含培育基地）和 138 个省级工程技术研究中心组成的较为完善的科研基地体系。36 项重大科技成果获得国家科学技术进步奖。4 人获得甘肃省科技功臣奖，共评选出甘肃省科学技术奖 758 项，企业技术创新进步奖 5 项，优秀科技创新企业家 4 名。甘肃省在应用基础研究领域具有较强的地位。

2. 应用基础研究成果不断涌现

重离子物理、旱作农业、节水灌溉、摩擦技术、大气物理、航天物理、真空物理、高端油品、地质勘探、灾害防治等方面在国内处于领跑或并跑水平。白银超导电站、重离子治疗和辐射装置、极地石油钻采设备、石化裂解工艺、集群风光电设备、三维数字城市管理系统、双垄沟播技术设施、制种技术与工艺、现代疫苗技术在国内占有较高的市场份额，处于创新前端位置。2016—2020 年，甘肃省共有 36 项重大科技成果获得国家科学技术进步奖。

（八）调整人才聚集发展机制

1. 出台政策措施支持人才发展

按照省委、省政府《关于深化人才发展体制机制改革的实施意见》《关于加快推进人才工作创新发展的意见》等一系列文件要求，在人才培养、引进、管理上提出了一系列导向明确的具体措施，优化政策环境，努力为人才松绑减负，不断激发人才干事创业的活力。制定出台《甘肃省人力资源和社会保障厅关于加强基层专业技术人才队伍建设的实施意见》《关于鼓励支持专业技术人才创新创业若干措施》《甘肃省特聘科技专家实施方案》。围绕兰白科技创新改革试验区建设，配合有关部门，为兰白科技创新改革试验区建设制定差别化人才支持政策，制定《兰白科技创新改革试验区人才发展支持办法》《关于支持兰州新区引进高层次人才政策的意见》。通过实施试验区高层次人才引领工程、试验区人才聚集工程、试验区人才发展激励保障工程等工程，使试验区成为人才创新创业的特区、全省科技创新的高地、实施国家“一带一路”倡议的重要节点。

2. 健全人才管理机制

印发《甘肃省特殊人才职称特殊评价暂行办法》《关于加强新时代人才培养引进工作的实施意见》《关于深化项目评审、人才评价、机构评估改革的实施方案》《“陇原人才服务卡”制度实施办法》等文件紧密结合全省经济社会发展，与“十三五”经济社会发展总体规划、全省中长期人才发展规划、重点产业发展规划、十大绿色生态产业发展规划紧密衔接，全面整合现有人才政策，解决了现有人才政策“碎片化”的问题。

（九）深化科技开放合作机制

1. 开展“一带一路”科技创新合作

推进建设“丝绸之路”科技走廊，先后与“一带一路”沿线白俄罗斯、波兰、北马其顿、以色列等国家在动物疫病防控、新材料等领域开展技术转移合作，引进关键仪器设备。与俄罗斯、马来西亚、巴基斯坦、蒙古联合开展清真食品、生态农业、土地、植被、荒漠化防治监测等领域合作，促进与巴基斯坦、塔吉克斯坦、马其顿、乌兹别克斯坦等国科技人员互访交流。受邀参加中国－东盟、中国－马来西亚、中国－柬埔寨科技部长双边会谈，匈牙利驻华使馆科技参赞和知名科学家来甘肃省访问，达成科技合作意向并稳步推进实施。

2. 举办首届中国兰州科技成果博览会

2016 年 9 月，由省科技厅、兰州市人民政府和张江国家自主创新示范区管委会共同主办了 2016 中国兰州科技成果博览会。博览会以“科技兴业、博览世界、会聚兰州”为主题，旨在推动甘肃省与“一带一路”沿线国家的科技合作交流，建设引领科技创新、促进产业升级的重要平台，助推创新型兰州建设。开展论坛签约和展览展示两大主题活动，共征集签约项目达 201 项，签约金额达 10.9 亿元，举办了兰白科技创新改革试验区展、“十二五”科技创新成果展、战略性新兴产业展、青少年科技嘉年华及“双创”展等多项展览，实现了在更大范围、更高层次、更广领域上的深化交流合作。

3. 国内科技合作水平不断提升

科技部和省政府建立的部省会商工作机制进入第 12 个年头，形成了国家创新资源支持甘肃省重点建设与甘肃省科技对接国家发展战略的良好局面。与中国科学院兰州分院建立成果转移转化协调机制，促进与甘肃省高等院校、科研院所、企业协同创新，推动中国科学院技术创新成果在甘肃转移转化。成功举办西北地区科技合作委员会第 29 次工作会议，推动加强西北地区科技交流合作。

（十）提高科学普及普惠水平

1. 创新科普工作新机制

甘肃省政府印发实施了《甘肃省“十三五”科普发展规划》《甘肃省科普助推创新驱动发展战略行动计划》，组织开展了 2017 年全省科技活动周系列活动，在兰州航天 510 所成功举办“科学之夜”活动。成功举办“甘肃省第二届科普讲解大赛暨 2017 年全国科普讲解大赛预选赛”。进一步创新科普工作新机制，形成了现代科普体系。

2. 甘肃科技馆正式开馆试运行

2017 年 12 月 28 日，甘肃科技馆正式面向社会开放，结束了甘肃 17 年没有科技馆的尴尬历史，标志着甘肃省科普事业迈向了新阶段。甘肃科技馆作为省委、省政府着眼实施科教兴省战略和创新驱动发展战略而投资兴建的重大公益性科普基础设施项目，是普及科学知识、启迪创新思维、弘扬科学精神、培育创新文化、提高公民科学素质的重要阵地。甘肃科技馆内建筑面积达到 50 075 平方米，主要由序厅、常设展厅、临时展厅、科技长廊、特效影院、科学实践与探索中心及学术报告厅等多个功能区组成，累计投资达 6.51 亿元，成为甘肃省有史以来建设、投资规模最大的综合性科普活动场所。

3. 创新文化氛围日趋浓厚

落实好甘肃省《全民科学素质行动计划纲要实施方案》和《科普助推创新驱动发展行动计划》，继续举办甘肃省科技活动周、科普讲解大赛、中小学生科学知识网络竞答、中国创新创业大赛（甘肃赛区）和甘肃省大学生创新创业大赛，在甘肃省努力营造创新创业的良好氛围。开展科普示范基地认定工作，积极营造讲科学、爱科学、用科学的浓厚社会氛围。支持科普创作和科普宣传，推动科普内容、传播方式和服务模式不断创新。省内科普设施建设不断加强，甘肃科技馆投入运行，流动科技馆建设得到进一步加强。进一步加强科研诚信建设，强化科研不端行为管理和联合惩戒。持续开展优秀科技人员先进事迹的宣传报道，营造敢为人先、勇于冒尖、宽容失败的创新文化氛围，大力弘扬科学精神、工匠精神及企业家精神，营造创客文化。

七、标志性成果和成效

遴选的标志性成果共10项，其中，基础前沿成果5项，分别为催化串联反应构筑生物活性分子骨架的新策略和新方法研究、面向超级电容器应用的碳基纳米材料结构设计与性能调控、凹凸棒石的功能化及其在绿色农业中的应用、边坡滑坡泥石流防治结构关键技术与应用研究、暗物质粒子探测卫星关键探测器—塑闪阵列探测。重大共性关键技术和应用示范5项，分别为极端使役条件下高性能固体润滑涂层关键技术与工程应用、动力电池用高镍三元材料开发和产业化、旱地区雨水应成用关键技术体系研究与装备示范、甘肃黄土高原灌草优化耦合技术模式研究与示范、全流程机器人作业的高效铝锭连铸生产线研制及产业化。

（一）基础前沿

成果1：催化串联反应构筑生物活性分子骨架的新策略和新方法研究

该项成果获得2019年甘肃省自然科学奖一等奖。项目研究的一个重要目标是发展新策略解决合成化学中的一些共性问题，针对区域选择性的控制、非对映异构体的精准合成以及如何提高反应活性和催化剂效率等合成化学中长期存在基础性难题。项目选择了一批具有抗癌、抗炎、抗病毒和免疫等生物活性的手性分子，包括螺/并环氧化吲哚、吲哚生物碱、石蒜科生物碱、四氢喹啉、色满等，建立了几十种新颖的催化串联反应来合成这些生物活性分子的核心骨架，一个简单的实验操作可以构筑多条化学键和多个手性中心，实现了多手性中心复杂分子的高效合成，部分反应揭示了新的反应规律。成果的影响力方面，提出并实践了“有机催化接力串联”的策略和“超分子亚胺离子催化”的概念，为这些科学问题的解决提供了新的思路，丰富了不对称催化的研究内容并对后续相关领域的研究具有启示意义。

成果2：面向超级电容器应用的碳基纳米材料结构设计与性能调控

该成果获得2019年甘肃省自然科学奖一等奖。该成果有效解决了能量密度与功率密度不可兼得的科学难题。其原创性方面，利用快速聚合技术制备出了柔性、生物相容性和电容性能突出的碳基复合纸电极材料；超级电容器器件科学的非对称性结构设计，实现了兼具高能量密度和高功率密度超级电容器的构筑；构筑出具有极好倍率和频率响应特性的石墨烯量子点基微型超级电容器和具有自弯曲功能的柔性智能超级电容器。取得的研究成果有效地解决了“鱼（能量密度）与熊掌（功率密度）不可兼得”的科学难题，为新型碳基纳米材料在超级电容器领域的应用提供了科学依据和理论指导。成果的影响力方面，研究成果被相关领域国际权威学者正面评价和广泛引用。相关成果授权国家专利 8 件，项目涉及的部分材料制造核心技术已在企业成功转化。

成果 3：凹凸棒石的功能化及其在绿色农业中的应用

该项成果获得 2019 年甘肃省科技进步奖一等奖。项目首次提出新一代生态肥料集成体系的新思路，并研制出“矿物微量元素+有机质+微生物种群”的三位一体生态肥料。可保水保肥，改良土壤质量，清除土壤污染，补充土壤中有机质、微量元素和有益菌群，提升作物品质。项目解决了凹凸棒石的活化、功能化和复杂技术难题，并应用于包衣肥料和生态肥料；研发了凹凸棒石基包衣肥料，解决了化肥利用率低的难题，减少土壤板结和污染，补充土壤微量元素，提升作物品质，达到减肥增效的目的。该项目涉及的各项技术发明已经在多家企业产业化，产品在甘肃等十几个省、自治区适用推广。

成果 4：边坡滑坡泥石流防治结构关键技术与应用研究

该项成果获得 2019 年甘肃省科技进步奖一等奖。该项目首次提出锚托板支护结构和柔性加固失稳重力式挡墙的新方法及其静力和地震作用下稳定性分析方法。提出了考虑预应力作用的预应力锚杆框架预应力错杆的静力和地震动响应及稳定性分析方法，提出了预应力锚杆柔性支护体系锚杆的变形和抗拔力计算方法和加筋土边坡动力稳定性分析方法；设计出“品”字型抗滑桩结构新形式，并进行全面系统的理论分析、数值模拟和现场监测；总结了基于“土拱效应”黄土边坡抗滑桩、桩板墙施工工法，发明了边坡稳定性三维预警方法；首次提出带钢支撑混合结构、带弹簧、带防撞墩、新型地锚扶壁式格栅坝等新型泥石流拦挡结构形式，并给出了泥石流冲击荷载作用下的内力及稳定性分析方法。研究成果已在数百万项工程实践中推广应用，形成完善有效的技术体系，节省大量工程成本，取得明显经济和社会效益。

成果 5：暗物质粒子探测卫星关键探测器——塑闪阵列探测器

该项成果获得 2019 年甘肃省科技进步奖一等奖。研究通过在轨标定，塑闪阵列探测器（PSD）对带电粒子的探测效率优于 99.999%，开展了塑闪阵列探测器（PSD）的关键技术攻关，完成了电性件、结构件、初样件和正样件的研制，完成了所有工程和科学上的技术指标。实现了对元素周期表上从氢到锆（$Z=1\sim40$）核素的鉴别，在轻核区和较重核区分辨能力已达到和超过国际同类先进探测器，首批科学成果已在 *Nature* 刊物上发表。

（二）重大共性关键技术和应用示范

成果 1：极端使役条件下高性能固体润滑涂层关键技术与工程应用

该项成果获得 2019 年甘肃省技术发明奖一等奖。项目利用 POSS（笼型有机硅氧烷）的表面迁移及区域选择交联特性，实现对空间辐照的长效主动防护，突破了涂层在低轨道复杂空间环境中的适应性难题；采用“板锚”和“板钉”特种纳米结构补强、液体橡胶增韧的方法，发明了高强韧涂层基础树脂的结构设计及制备技术，实现了高负载及变接触应力下润滑涂层的性能提升；利用热诱导效应控制元素扩散、高温相变及摩擦化学反应，发明了具有温度自适应特性的润滑涂层技术，满足了涂层在宽温域和高低温交变下的使用要求；通过原位合成与表面微纳结构可控制备相结合的方法，发明了特殊介质下涂层的表界面设计与相容性调控技术，解决了固体涂层与多种油介质的相容性难题。成果解决了在极端条件下的润滑技术难题，推动了相关行业的技术进步。项目共获国家发明专利 16 件，发表论文 52 篇，出版专著 3 部，获科技成果 4 项，制定行业和型号标准 3 件。研究成果已应用于国内航空、航天、核能和先进制造领域高端装备，近三年新增产值 3.018 亿元，取得显著的社会和经济效益。

成果 2：动力电池用高镍三元材料开发和产业化

该项成果获得 2019 年甘肃省科技进步奖一等奖。项目经多年电池材料湿法合成工艺研究开发和技术积累，自主开发出多釜串联连续合成工艺技术，系统解决了高镍三元前驱体在合成工艺控制工程转化、自动化控制等方面的技术难题。项目采用多釜串联连续合成工艺与分级沉积调控固含量技术结合的方法，解决了高镍三元前驱体在制备过程中粒度控制难、微观形貌不规则、批次稳定性差的难题；项目首次开发了全过程系统去除金属异物技术、使产品磁性异物含量小于 20×10^{-9} μg/kg，解决了动力电池材料中金属异物含量高的难题，实现了低金属异物含量高镍三元前驱体的生产；建设高镍三元前驱体数字化智能化工厂，提高了系统稳定性和抗干扰能力，同时建立高镍三元前驱体材料自评价体系，提升了产品一致性和批次稳定性。该项目获授权专利 6 件，研究成果已成功应用于金川集团股份有限公司高镍三元前驱体产品生产，并稳定运行三年以上。产品性能优良、技术重现性好、成熟度高，产品广泛应用于国内外动力电池行业，已销售产品 1648 吨，销售收入 162 030 万元，经济和社会效益显著。

成果 3：旱地区雨水集成应用关键技术体系研究与装备示范

该项成果获得 2019 年甘肃省科技进步奖一等奖。项目以保障干旱地区集蓄雨水安全为技术目标，分别针对农村和城市进行雨水应用研究，形成从雨水水质特性分析—收集—前处理—储存及水质变化—深度处理全过程集成人饮安全技术保障体系；解决了海绵城市建设中雨水调蓄和水质保障等关键技术问题。建立了窖水储存过程“熟化期”理论，揭示了窖水“物理沉降、生物降解水质趋稳”的时间阶段，分析了集雨窖水中污染物迁移转化规律。针对常规水质窖水、微污染窖水、苦成窖水、高品质饮用水等不同水质特性的窖水，开发了微电絮凝无动力自动反冲洗过滤净水装置、自吸浸没式多级过滤超滤集成净水装置、纳滤集成净水技术、双膜法集成净水装置等系列装备，达到技术上水质达标、经济上满足“双 1”（单套设备不超过 1000 元，1 立方米的水处理成本不超过 1 元）、应用和管理上操作简单，适合农村居民使用。项目发表论文 70 余篇，获批专利 25 件，出版专著 1 部，完成技术规程、工程标准图 1 部。项目联合 15 家单位成立甘肃省水资源与水环境产业创新战略联盟，建立雨水技术保障与应用长效机制。研究成果已在甘、宁、新等地示范推广，并将在雨水资源化利用、水质提升等应用领域服务“一带一路”沿线国家。

成果 4：甘肃黄土高原灌草优化耦合技术模式研究与示范

该项成果获得 2019 年甘肃省科技进步奖一等奖。在甘肃黄土高原开展了适宜灌草种质资源创新利用、灌草品种适宜性评价与高效栽培、草原可持续利用、灌草优化耦合与一体化产业等技术模式的研究与示范推广。项目针对黄土高原灌草配置不合理导致的环境—林草地—家畜—人居系统相悖、资源利用不充分、土地退化和水土流失严重等重大科学和生产问题，提出了以耕地/草地/林地/水域—家畜互为基础的系统耦合模式与途径，选育推广了 3 个牧草新品种，筛选出 35 个适生优良灌草品种，研制了 13 个灌草品种的环境因子、生物因子和利用方式等产量和品质评价快测技术、栽培技术，建立了优良灌草种质资源开发利用和林、草、耕地优化配置模式，研发了 4 类生态生产和配置模式，明确其生产、生态效应，开发了小流域灌草系统多手段、多尺度、自动化的动态监测技术模式等。项目发表论文 100 余篇，获专利和软件著作权 10 余项，登记动植物新品种 3 项，申请地方行业标准 4 项，培养高级专业技术人员 10 余名，研究生 40 多名，研究成果在甘肃黄土高原大面积示范推广。项目区植被盖度提高 21.6%，土壤侵蚀模数降低 28.3%，新增产值超过 5.5 亿元，示范户增收 6000 ~ 8000 元，取得了显著的生态、经济和社会效应，为甘肃黄土高原生态文明建设、农户脱贫、乡村振兴等提供科学依据和技术范式支撑。

成果 5：全流程机器人作业的高效铝锭连铸生产线研制及产业化

该项成果获得 2019 年甘肃省科技进步奖一等奖。项目针对铝锭高速铸造的难题开展科研攻关，完成出高效铝连铸生产线全流程机器人作业系统开发。项目采用整层铝锭层码垛设计，开发出高速重载层码垛机器人、伺服翻转机构和铝锭层整锭装置，实现高速重载机器人层码垛技术，突破了装备效率的瓶颈；采用链支撑与传动功能分离，开发出新型双功能链系统和摆动式内置输送链接锭装置，实现高效平稳传输技术，解决了“水波纹”难题；针对人工参与工序，采用机器人技术，开发出专用打渣机器人、自动在线计量系统、激光标刻机器人、全自动打包系统和铸造机信息化管控系统、实现了专用机器人及作业系统，提高了装备的可靠性。项目制定国家标准1项，授权专利26件（其中发明专利23件），获计算机软件著作权3项，发表SCIEI索引科研论文150余篇。项目产品推广应用19条生产线。出口多个国家和地区，为电解铝生产企业新增经济效益约10.3亿元。

八、典型案例分析

（一）兰州白银国家自主创新示范区建设

为深入贯彻落实习近平总书记视察甘肃时的重要讲话和“八个着力”重要指示精神，探索欠发达地区依靠创新驱动实现跨越发展的新模式、新路径，在聚力开展兰白科技创新改革试验区建设并取得阶段成效的基础上，经甘肃省委省政府不懈努力，2018年2月1日，国务院批复同意兰州、白银高新技术产业开发建设国家自主创新示范区，这是甘肃省获得的又一块“国”字号金字招牌，既是党中央、国务院对甘肃的特殊关怀，又是赋予甘肃的重大责任。

1. 建设路径精准明晰

把兰白自创区建设作为落实习近平总书记“八个着力”指示要求的重大举措，作为甘肃省实施创新驱动发展战略的关键区域和“龙头引领”，融入“一带一路”建设，嵌入“创新甘肃”内涵，纳入脱贫攻坚体系，摆到甘肃省发展的突出和核心位置。成立了由省委书记、省长任“双组长”的兰白自创区建设工作领导小组。会同科技部共同召开兰白自创区建设推进会，科技部王志刚部长和省委林铎书记、唐仁健省长分别作了重要讲话，进行思想发动，凝聚甘肃意志，做出宏观运筹。

2. 创新动能不断激发

两个高新区管委会被赋予省级经济管理权限，按照能放尽放原则，对涉及兰白自创区建设的各类行政审批事项给予充分赋权放权。建立兰白自创区与省直部门的直通机制，实现计划直接上报、项目直接申报、用地直接报批、财政直接结算、经费直接划拨、证照直接发放、统计直接报送等事项。

3. 创能能级不断提升

省级层面加紧筹建自主创新试验示范创新服务中心，兰州高新区先后挂牌成立4个产业研究院和4个科技创新工作站，白银高新区探索形成“四个依托”创新模式，为自主创新提供平台保障。为有效支撑自主创新打造新时代人才“联合舰队”，充分发挥两院院士“旗舰”，“归根”人才“航母”、本土人才“千帆”作用。

4. 主导产业突破发展

围绕十大绿色生态产业，结合两个高新区特色优势，统筹规划兰白自创区产业布局，明晰重点产业发展方向。兰州高新区以生物医药、智能制造、新材料为主导产业，新引进高新技术产业项目 34 个，总投资 134 亿元。白银高新区着力做大做强高效农业、有色、化工、能源、新材料和工业物流等绿色产业，引进甘肃睿思科公司年产 5 万加仑芯片级光刻胶项目，填补了国内该产业空白。

5. 军民融合深入推进

积极发展军民融合产业，兰州高新区推动快速制造国家工程研究中心兰州创新基地建设，发挥航天 510 所、真空设备等军工类科技企业优势，航天高新产业基地创新园、真空设备制造产业园等军民融合项目加快推进。白银高新区积极推进军民融合光气化产业园建设，甘肃刘化集团总部确定迁入军民融合光气化产业园中园。

6. 区域协作持续加强

甘肃省委书记林铎同志率团专程赴上海学习考察，并就加强与张江高新区区域协作进行对接协商，有力推动多家上海高科技企业通过基金注入落户兰白自创区。兰州高新区通过举办协同创新座谈会、东西合作研讨会等活动，邀请省内外科研院所、骨干企业和院士专家共商建设大计；白银高新区主动加强与张江、西安、哈尔滨等高新区协作对接，并成功引进一批合作项目。

（二）实施科技惠民示范普及工程

“十三五”期间，甘肃省围绕科技脱贫、医疗保健、生态环境和公共安全等重大需求，加快一批共性关键技术突破和应用示范，实现科技的包容性、普惠性、个性化发展，为形成绿色发展方式、增强可持续发展能力、改善民生福祉提供重要支撑。

1. 科技支撑民生事业稳序发展

编制《民生科技成熟技术推广目录》《甘肃省节水治污水生态修复先进适用技术指导目录（2017）》，在全省范围内进行推广和示范。在甘肃省科技计划项目体系中设立省级民生科技计划专项，2016—2019 年支持民生科技计划项目共 268 项，经费 9530 万元。在人口健康、生态保护及污染防治、美丽乡村建设、城镇化建设及社会管理、防灾减灾及公共安全、优秀文化普及等领域布局一批重点示范项目和推广应用项目。在人口健康领域大力支持国产重离子治癌技术和装置研发，对重大多发病、传染病、地方病预防控制等关键共性技术开展研究，我国第一台自主知识产权的重离子治癌系统在武威投入临床试验。骨髓移植器官移植技术进一步成熟，心脏介入技术取得突破。在生物医药领域利用现代诊断和检测方法，提高药品质量控制水平并对临床疗效进行评价研究，为临床合理用药提供学术依据。在公共安全领域有序组织食品安全快速检测技术研制、自然灾害防灾减灾技术新产品的研发及推广。在生态环境领域就防沙治沙关键技术进行研究，实现了黄河水环境的信息监测与采集，积极支持祁连山生态保护工作。在文化创新领域聚焦文物、民俗等各类典型物质与非物质文化遗产保护技术需求，强化中华传统文化资源数字化保护和开发利用。黄芪优质高效栽培及现代化加工技术有效保证道地药材品质和产量，碱糊化淀粉在环保型煤生产研发与应用项目最大限度减轻燃煤污染，青稞增产技术有效改善甘南藏区农牧民生活质量。获批国家级可持续发展实验区 3 个，建设省级可持续发展实验区 12 个。积极争取国家项目，2018 年社发领域获批国家重点研发项目（课题）12 项、中央财政经费 1.22 亿元，取得“十三五”以来数量最多、经费最高、领域最广的成绩。

2. 科技精准扶贫工作扎实推进

紧盯“两州一县”和 18 个省定深度贫困县农业科技创新能力不足的现状和产业发展现实需求，组织实施了一批特色产业示范推广和实用技术培训项目。出台《关于推进农业高新技术产业开发区建设的实施意见》《科技助力产业扶贫及乡村振兴战略科技创新三年（2018—2020）行动方案》等，围绕“牛羊菜果薯药”六大特色产业培育和全省农业领域关键共性技术需求，转移转化一批农业先进适用技术和成果。在全省 58 个集中连片特困县强化综合集成技术、先进实用技术成果示范应用，加快推进脱贫攻坚进程。积极与天津、厦门、青岛和福州 4 个东部对口帮扶市科技管理部门沟通对接，设立东西部扶贫协作专题，初步探索出一条“输血与造血结合、支援与合作并举”的科技扶贫协作模式。2019 年全年引进东部新技术 62 项，开展人员培训交流 612 人（次），东部 4 市支持甘肃省科技帮扶资金 7385 万元，科技计划项目 36 项，共建研发平台 2 个。充分发挥省直帮扶康县组长单位职责，聚焦项目、资金、技术深入推进帮扶，承担康县脱贫攻坚帮扶工作的单位共落实帮扶资金 235.75 万元。

3.“三区”人才培养广泛开展

科技部“三区”人才支持计划实施 4 年以来，甘肃累计选派科技人员 4559 人次，培训人数 534 人次，共获得支持经费 9865 万元。根据深度贫困县的产业技术需求，在甘肃省内共计选派 701 名科技人员，占总选派数的 57%；根据深度贫困地区“缺什么技术、补什么技术”原则，为 23 个深度贫困县培训 149 名本土科技人员，占总培训人数的 63%。制定《甘肃省“三区”人才支持计划科技人员专项计划工作实施方案》、持续开展科技特派员创新创业“升级版”创新探索，使科技扶贫与扶志扶智有效结合起来。加强重点引智成果示范推广，助力深度贫困地区脱贫攻坚。充分发挥引智工作在助推精准扶贫等方面的“引火煤”“助推器”作用，加大农业引智成果和技术示范推广。全省活跃在基层一线的科技特派员达到万名，6220 个建档立卡贫困村实现全覆盖。

4. 科技扶贫宣传引导力度加大

依托“科技活动周”等宣传活动，大力解读农业科技创新政策，通过网站和各类微政平台等相关媒介，积极宣传报道扶贫协作典型案例，有力促进干部群众观念互通、思路互动、技术互学、作风互鉴，营造学先进拓思路浓厚氛围。拍摄制作反映身边先进典型专题纪录片，展现省科技厅帮扶驻村工作队队员扎根乡村、服务乡村，为村民脱贫谋思路，为集体致富谋产业、为乡村振兴强基础，不畏困难，担当作为，全身心投入脱贫攻坚和美丽乡村建设的具体行动和工作业绩。举办甘肃省农业科技成果推介会发布陇薯系列马铃薯、陇亚系列胡麻、陇椒系列辣椒、陇糜陇谷系列杂粮等重大农业新成果，展示旱作农业技术、节水农业技术、全膜双垄沟播技术、全膜覆土穴播技术、设施栽培技术、现代果园管理技术、病虫害绿色防控技术，以及马铃薯抑芽防腐剂及配套设备、苹果白兰地及果醋等新产品。

5. 公共安全科技创新能力不断提高

围绕食品、生产、社会、地质灾害防治、国土等安全领域重大科技需求，加强公共安全科技领域的技术攻关，力争实现突发事件监测预警、防控、应急处置等关键技术的持续创新，提升公共安全核心技术与装备的自主研发与工程化能力，强化公共安全科技支撑。2016—2019 年，公共安全领域共支持科技计划项目为 154 项，资金支持 6870 万元，项均支持强度为 44.61 万元/项。加快公共安全领域战略性新兴产业培育，进一步促进甘肃公共安全产业的发展。一是强化甘南陇南地质灾害多发区综合防治技术研发和地质灾害综合防治体系建设，以及滑坡泥石流城乡灾害预警监测体系建设。二是积极组织公共安全技术研发，投入省级安全科研资金 1020 万元，组织实施了“丝绸之路经济带食品质量安全检验监测技术创新合作研究与平台建设”“煤矿本质安全管理体系及监督平台架构研究”等研发项目。

6. 生态文明建设持续加强

聚焦甘肃省生态文明建设与环境保护方面重大民生技术需求，重点支持生态文明建设与环境保护方面的成熟先进技术示范推广，积极推广荒漠化治理技术，推动文冠果在黑河中游地区防风固沙造林和盐碱地区的推广应用。发展农业生态循环技术推广，减少农业废弃物污染，使农民收入可持续增长，推动秦安县生态循环农业集成技术示范推广项目，形成“生产－废弃物资源化－种植业－养殖业”的良性循环经济，加大环境保护力度。开展基层地区环保煤使用推广，组织开展碱糊化淀粉在民用环保型煤生产中的研发与应用示范，有效改善型煤洁净化生产水平，最大限度减轻燃煤污染，探索和实验燃煤企业清洁生产和污染治理。祁连山生态环境治理按期完成整改任务，习近平总书记给予“由乱到治，大见成效”的评价。张掖市成为“国家生态文明建设示范市”，平凉市荣获“全国绿化模范城市”称号。八步沙林场成为“绿水青山就是金山银山”实践创新基地，六老汉“三代人”治沙造林先进群体被中宣部授予“时代楷模”称号。

（三）实施高新技术优势培育工程

甘肃省“十三五”期间重点培育发展了一批创新能力强、成长速度快、市场潜力大的高新技术企业。

1. 大力培育高新技术企业

加大高新技术企业培育力度，一是开展高新技术企业申报实务培训。二是加强高新技术企业培育工作，2019 年高新技术企业数量达到 1052 家，较 2016 年增长 17.28%，科技型企业评价入库数达 678 家，较 2018 年增长 10.8%。三是制定《甘肃省产业技术创新战略联盟备案与管理办法（暂行）》，围绕全省特色优势产业组建产业技术创新战略联盟，提高科技创新能力和产业竞争力。四是认真落实高新技术企业奖补政策，推动研发费用加计扣除政策的落实，2017—2019 年，全省新认定的 635 家高新技术企业获得奖补资金 12 700 万元，复审通过的 261 家高新技术企业获得奖补资金 1305 万元。新认定 329 家省级科技创新型企业共获得奖补资金 1645 万元。高新技术企业及科技创新型企业获得的奖补资金占总奖补资金的 33.58%。2019 年，西北矿冶研究院被认定为全省首家技术先进型服务企业，获得享受以 15% 税率征收企业所得税的优惠政策。此外为提高企业发展速度，促进新型业态发展，围绕生命健康、智能制造、新材料、节能环保、大数据应用等高新技术产业，制定《兰州高新区建设国家自主创新示范区瞪羚企业认定及培育政策》。

2. 培育打造特色高新技术产业

坚持发展高新技术产业，促进区域经济高质量发展。打造以兰白科技创新改革试验区为核心，辐射引领带动陇东、天水、金武、酒嘉高新技术产业创新集群的区域创新发展的梯次布局。2017 年出台《甘肃省省级高新技术产业开发区认定和管理办法》，2017—2018 年设立张掖、金昌、民乐、玉门、定西、平凉、嘉峪关 7 个省级高新技术产业开发区。在新材料、节水灌溉、道地药材等领域备案省级产业技术创新战略联盟 7 家。新增国家级科技企业孵化器 1 家、总数达到 8 家，新认定省级科技企业孵化器 18 家，总数达到 35 家，延伸构建创业苗圃 – 孵化器 – 加速器 – 产业园全孵化服务链条。2018 年，出台《关于推进农业高新技术产业开发区建设的实施意见》。围绕全省“牛羊菜果薯药”六大特色农业产业和技术需求，开展核心关键技术研发和产业化攻关。庆阳市获批建设国家级农业科技园区，酒泉、张掖进入国家农业科技园区建设发展序列，新建 5 个省级农业科技园区，全省共有国家级农业科技园区 9 个、省级 29 个。科技部新备案甘肃省 29 家“星创天地”，总数达到 82 家。《中国区域科技创新评价报告

2019》显示，甘肃省高技术产业利润率位列全国第 4 位，高技术产品出口额占商品出口额比重位列全国第 16 位，知识密集型服务业成长迅速，知识密集型服务业增加值占生产总值的比重排名跃升到第 4 位。兰白科技创新改革试验区带动能力增强，2019 年 284 项技术成果实现产业化应用，共创造经济效益 517.07 亿元。制定科技创新支撑十大绿色生态产业的措施，编制《甘肃省十大生态产业技术引进指南（2019 年版）》《甘肃省十大生态产业省内技术信息服务指南（2019 年版）》，梳理形成十大类 83 项技术，支撑十大生态产业创新发展。

第 9 章 《兰白科技创新改革试验区发展规划（2015—2020 年）》执行情况评估

2014 年 11 月，科技部批复同意甘肃依托兰州新区、兰州高新区、白银高新区、兰州经开区建设兰白科技创新改革试验区。甘肃省委、省政府高度重视兰白试验区建设工作，统筹设计、政策先行，按照科技部赋予兰白试验区的创新改革试验任务，高起点规划、高标准设计兰白试验区建设蓝图，制定并实施《兰白科技创新改革试验区发展规划（2015—2020 年）》。自批复建设以来，甘肃省聚焦建设目标，将实施“三大计划”“五大工程”和“十项创新驱动改革”的“3510”行动作为兰白试验区建设的重要举措扎实、有序推进。甘肃省陆续出台系列《甘肃省支持科技创新若干措施》《甘肃省“十三五”科技创新规划》《甘肃省促进科技成果转化条例》《甘肃省促进科技成果转移转化行动方案》《甘肃省科技创新平台建设与运行管理办法》等系列文件，将兰白试验区作为全省科技创新、传统产业改造升级和新兴产业培育发展的重点区域和龙头引擎，为推动兰白试验区建设提供有力的政策保障。

总体来看，兰白试验区产业发展优势日益凸显，科技创新实力不断增强，创新创业环境持续改善，试验改革成效逐步深化，为适应和引领经济发展新常态和推进产业转型升级发挥了重要作用。2020 年兰白试验区生产总值达到 971.79 亿元，占全省总量的 10.67%。在创新主体培育方面，兰白试验区现有高新技术企业达 553 家，占全省总量的 45%。在科技产出方面，兰白试验区万人发明专利拥有量及技术合同成交额双双攀升，知识产权拥有量持续增长，科技成果交易产出显著提高。在综合科技进步水平方面，各建设主体较往年均有提升，其中，兰州高新区在国家高新区综合排名位列全国第 65 位；白银高新区位列全国第 128 位。2020 年，兰州新区地区生产总值 235.89 亿元，较上年增长 16.98%，“十三五”期间，以年均增速超过 15% 的速度实现高速增长。兰白试验区创新“引擎”作用逐步凸显，兰白试验区生产总值较 2014 年设立之初增长 76.1%，技术合同成交额由 163 亿元增加到 338.57 亿元。

总体认为，兰白试验区肩负着带动和引领全省经济加快发展和社会全面进步的重任，成为新常态经济下保增长、调结构、转方式、增后劲的关键抓手，也是甘肃省实施创新驱动发展战略和“一带一路”倡议的重要支撑。兰白试验区建设在新阶段取得的一系列阶段性成效，呈现出稳中有进、进中向好的良好态势。

一、评估开展情况

此次评估主要针对《兰白科技创新改革试验区发展规划（2015—2020 年）》（简称《规划》①）提出的有关重大任务和重大体制机制改革举措为调研评估对象。评估组基于科技创新改革的全过程评估视角、目标管理和绩效评估的理念，以及国际主流评估界在评估实践中普遍采用的“目标—投入—活动—产出—成效—影响”的监测评估逻辑关系，研究设计了覆盖兰白试验区改革措施目标、执行和效果各个主要环节的综合评估框架，从兰白试验区发展重点任务推进及建设成效的阶段性评价、组织实施与管理经验总结以及问题发现与建议等维度，对兰白试验区的发展情况进行阶段性调研评估，形成评估的主要发现和结论，并提出有关政策建议。

二、目标实现情况

《规划》明确兰白试验区的建设目标是：建设成为西部地区有影响力的区域科技创新中心和创新创业特区，基本实现从要素、投资驱动向创新驱动经济社会发展的战略转变。总体来看，兰白试验区发展 10 项指标和“3510”重点任务及“6 个试验主题”等任务分解符合兰白试验区当时发展的实际需求，对支撑兰白地区快速集聚创新资源，大幅度提升创新能力，推动传统产业转型升级，培育战略性新兴产业发展和现代服务业，明显改善创新创业环境，形成全方位、多层次、宽领域的开放合作的发展格局具有重要意义。

（一）指标完成情况评价

针对兰白试验区发展提出到 2020 年的 10 项主要发展指标，评估工作组依据兰白试验区统计监测、各区工作总结汇报、甘肃省统计年鉴等材料，对兰白试验区总体数据、四区分项数据进行采集。10 项指标执行情况的阶段性进展如下。

兰白试验区 10 项发展指标大致可归为创新投入和创新产出两大类。其中，创新投入指标 3 个，包括：全社会研发投入占 GDP 的比重、财政科技投入占财政支出比重、万人 R&D 人员数。创新产出类指标 7 个，包括：地区生产总值、高技术产业增加值占规上工业企业增加值比重、战略性新兴产业增加值占 GDP 比重、高技术产业劳动生产

① 该简称仅适用于本章节内容。

率、万人发明专利拥有量、技术合同成交额、万元GDP能耗，见表9-1。

表9-1 兰白试验区《规划》主要发展指标

指标	规划起始值（2014年）	规划目标值（2020年）	2018年	2020年
地区生产总值/亿元	552.4	1377	809.50	971.79
全社会研发投入占GDP的比重/%	2.3	2.9	2.82	2.55
财政科技投入占财政支出比重/%	0.9	2.1	3.57	7.88
高技术产业增加值占规上工业企业增加值比重/%	18.7	38.8	29.5	—
战略性新兴产业增加值占GDP比重/%	14.9	28.5	21.3	16.95*
高技术产业劳动生产率/（万元/人）	26.6	48.5	42.9	—
万人R&D人员数/人	63	131	105.37	97.79
万人发明专利拥有量/件	6.6	17.5	38.9	38.88
技术合同成交额/亿元	24	60	46.61	50.4*
万元GDP能耗/吨标准煤（负指标）	2.17	1.7	1.9	—

*数值为2019年值。

总体上，截至2020年底，兰白试验区10项发展指标执行情况较2014年取得了较大进展，但与预期2020年的目标还存在一定的差距。兰白试验区10项发展指标中有财政科技投入占财政支出比重、万人发明专利拥有量等2项指标明显超过预定目标，有5项未达到预期发展目标，其中有战略性新兴产业增加值占GDP比重、技术合同成交额等2项距离发展目标差距较大。有3项指标值暂不掌握，无法评价。

① 地区生产总值（亿元）。2020年，兰白试验区实现地区生产总值971.79亿元，同比增长8.59%，占全省地区生产总值的10.78%。兰白试验区面积2448.65平方千米，在全省0.0057%的土地面积上创造了10.78%的GDP。从兰白试验区4个分区（简称“四区”[①]）的地区生产总值情况来看，兰州经开区的完成情况相对好一些，但受多重因素影响仍未实现预期目标，从表9-2可以看出，兰州新区、兰州高新区、白银高新区距离预期目标值有较大差距。

① 该简称仅适用于本章节内容。

表 9-2 2020 年四区地区生产总值完成情况比较　　单位：亿元

年份	兰州新区	兰州高新区	白银高新区	兰州经开区
预期目标值	500	370	165	342
实际完成值	235.89	291.94	112.46	331.49

② 全社会研发投入占 GDP 的比重（%）。2020 年，兰白试验区全社会 R&D 经费支出 24.81 亿元，R&D 经费支出占地区生产总值比重 2.55%，高出全省平均水平 1.33 个百分点，高出全国 R&D 经费投入强度平均水平达到 1.15 个百分点。从四区的社会研发投入占 GDP 比重情况来看，兰州高新区实现预期目标，兰州新区、白银高新区、兰州经开区未能完成目标值。从表 9-3 可以看出，兰州新区、白银高新区的预期目标设置偏高，存在较大完成难度。

表 9-3 2020 年四区社会研发投入占 GDP 比重完成情况比较　　单位：亿元

年份	兰州新区	兰州高新区	白银高新区	兰州经开区
预期目标值	2.5	3	5	2.5
实际完成值	1.5	3.85	3.35	1.89

③ 财政科技投入占财政支出比重（%）。2020 年，兰白试验区财政科学技术支出 7.37 亿元，较上年增长 2.34%，占兰白试验区财政总支出的 7.88%，高出全省平均水平 7.11 个百分点。从表 9-4 可以看出，四区财政科技投入占财政支出比重这一指标完成情况均很好，明显超过预期目标值，其中，兰州新区、兰州高新区、白银高新区财政科技投入占财政支出比重均处于较高水平。

表 9-4 2020 年四区财政科技投入占财政支出比重完成情况比较　　单位：%

年份	兰州新区	兰州高新区	白银高新区	兰州经开区
预期目标值	3	2.5	1.4	1.6
实际完成值	8.56	14.33	11.62	2.65

④ 高技术产业增加值占规上工业企业增加值比重（%）。2020 年，兰白试验区高新技术企业实现营业收入 676.53 亿元，在全省占比 34.11%；高新技术企业出口 21.00 亿元，在全省占比 42.71%。

⑤ 战略性新兴产业增加值占 GDP 比重（%）。2019 年，兰白试验区战略性新兴产业增加值占 GDP 比重为 16.95%，较 2014 年增幅为 2.05%，距离 28.5% 的目标值仍有

较大差距。

⑥ 高技术产业劳动生产率（万元 / 人）。2018 年，兰白试验区高技术产业劳动生产率为 42.9 万元 / 人，较 2014 年增幅为 16.3 万元 / 人，距离 48.5 万元 / 人的目标值仍有一定差距。

⑦ 万人 R&D 人员（人）。2020 年，兰白试验区 R&D 人员 9700 人，在全省占比 22.52%；万人 R&D 人员为 97.79 人，是全省平均水平的 5.68 倍。

从四区的万人 R&D 人员情况来看，兰州高新区万人 R&D 人员为 316.11 人、白银高新区为 69.47 人，完成既定目标值。从表 9–5 可以看出，兰州新区距离目标值存在一定差距，兰州经开区预期目标值明显偏高，存在较大完成难度。

表 9–5　2020 年四区万人 R&D 人员完成情况比较　　单位：人

年份	兰州新区	兰州高新区	白银高新区	兰州经开区
预期目标值	80	316	56	245
实际完成值	54.88	316.11	69.47	52.82

⑧ 万人发明专利拥有量（件）。2020 年，万人发明专利拥有量 38.88 件 / 万人，是全省平均水平的 12.38 倍。从表 9–6 可以看出，万人发明专利拥有量这一指标有兰州新区、兰州高新区、白银高新区完成情况较好，尤其兰州高新区完成值远远超过预期目标值，兰州经开区万人发明专利拥有量为 236.08 件，距离目标值有一定差距。

表 9–6　2020 年四区万人发明专利拥有量完成情况比较　　单位：件

年份	兰州新区	兰州高新区	白银高新区	兰州经开区
预期目标值	5	35	5	25
实际完成值	8.05	147.56	24.01	23.08

⑨ 技术合同成交额（亿元）。2019 年，兰白试验区技术市场合同成交额共计 50.4 亿元，在全省占比 25.66%。从表 9–7 可以看出，技术合同成交额这一指标仅兰州高新区已完成，且明显超过预期目标，兰州新区、白银高新区、兰州经开区均未能完成目标值。

表 9–7　四区技术合同成交额完成情况比较　　单位：亿元

年份	兰州新区	兰州高新区	白银高新区	兰州经开区
2020 年预期目标值	20	30	4	5
2019 实际完成值	0.03	47.68	1.78	0.91

⑩ 万元 GDP 能耗（吨标准煤）。2018 年，兰白试验区万元 GDP 能耗为 1.9 吨标准煤，未获取到 2019、2020 年的数据。无法进一步分析该指标的完成情况。

（二）战略功能实现情况评价

对标规划目标（把兰白试验区建设成为全面深化改革试验区、创新驱动发展引领区、向西开放战略支撑区、东西协调发展示范区、新型城镇建设样板区、产业承接转移先行区）建设定位，经过几年的探索实践，已取得阶段性成效。

——全面深化改革试验区。坚持“省统筹、市建设、区域协同、部门协作”，成立建设领导小组，由省政府主要领导担任组长，建立科技部、上海市、甘肃省三方会谈机制，积极开展科技体制改革和机制创新，在科研院所转制、科技成果转化、科技金融、科技文化融合、人才引进、绿色发展等方面先行先试，科技创新环境持续优化，科技人才等重点领域改革不断深化，科技金融改革创新力度加大，设立总规模 23 亿元的兰白试验区技术创新驱动基金，创新一体化体制机制逐步完善，要素支撑保障更加有力。

——创新驱动发展引领区。落实创新驱动发展战略，推动以科技创新为核心的全面创新，促进科技资源的聚集、融合与统筹，推动区域创新体系不断完善。区内现有 9 家全国（国家）重点实验室、29 个新型研发机构、6 家企业创新联合体等科技创新平台，集聚了全省 41% 的高新技术企业、29% 的战略性新兴骨干企业和 41% 的上市企业。加快丝绸之路知识产权港建设，通过设立知识产权维权服务中心，完善知识产权保护机制等举措，有效促进兰白两区内科技创新型企业发展。

——向西开放战略支撑区。对外开放合作持续深化，更好发挥丝绸之路经济带黄金段的区位优势，加快构建科技创新开放合作新格局。建成“中国 - 巴基斯坦生物质能源国家联合实验室”等，合作研发禁忌成分标准品开发、农业废弃物资源综合利用等多项成果。充分利用兰洽会、兰州科博会、中国创新创业大赛（甘肃赛区）等大型活动，积极为兰白试验区各建设主体招商引资搭台，努力实现新产业突破发展。努力寻求与深圳自创区、天津自创区、绵阳科技城、新加坡南洋理工大学的合作，吸引更多创新资源助力兰白试验区建设。

——东西协调发展示范区。兰白试验区不断深化跨区域协作，强化与上海张江等国家自主创新示范区的密切合作，促进重大科技项目、高端研发团队、创新基地与服务平台的引进落地，实施双边与多边的科技经济合作，甘沪、甘鲁、甘津务实合作不断深化，创新合作亮点频现，为西部发展奠定坚实基础。举行上海张江科技企业“兰州行”活动，促成上海贵孚信息技术有限公司等多家企业与兰白两区内企业达成合作意向。兰州市政府与网易公司签订战略合作协议，积极促成网易（兰州）联合创新中心等项目落地兰白试验区。

——新型城镇建设样板区。兰白试验区把加快发展+绿色生态产业作为生态文明建设的核心任务，积极推动黄河流域生态保护、加快兰州+榆中生态创新城建设。通过科技创新赋能新型工业化、新型城镇化发展，助力现代绿色产业体系发展。

——产业承接转移先行区。兰白试验区按照各建设主体功能定位，精准对接市场需求，优化投资环境，壮大产业规模，促进信息技术与传统产业融合，按照集聚集约集成发展，促进产业迭代步伐不断提速。在核技术、生物医药、冶金及新材料、装备制造等领域具有较强的工程化技术优势，在重离子治疗、离子电推进系统、动物疫苗、高端聚烯烃材料、高端稀土功能材料、智能钻采装备等领域取得一批重大科技成果，支撑引领"兰白综合性高技术"产业集群加速集聚。

（三）"六个一百"技术创新工程实现情况总体评价

"六个一百"技术创新工程作为落实兰白试验区发展目标的主要抓手，注重活动牵引。着眼打造全链条创新集群，围绕加快重点产业技术应用推广、加速科技成果转移转化、强化企业创新主体地位等方面，接续实施"六个一百"技术创新工程，着力推进要素突破、产业突破和平台突破。省、市、区三级联动，建立协同机制，各任务单位坚决扛起主体责任，围绕既定目标任务，在精准施策上出实招，在精准推进上下实功，在精准落地上见实效。2018年累计开发新产品116个，完成重大科技成果159项，培育高新技术企业107家，搭建创新平台132家，培育和引进创新团队150个，科技创新投入持续增长。

评估认为，四区以"六个一百"为抓手，在企业培育、人才引进、创新平台以及新产品的开发方面取得了显著成效，有力地支撑了兰白试验区阶段目标任务的实现。

三、重大战略任务推进情况

兰白试验区四区持续不断地集聚创新资源与要素，科技企业快速增长，创新成果不断涌现，高技术产业蓬勃发展，在实施创新驱动发展战略中发挥了标志性的引领作用，其阶段性评价是基于兰白试验区资源聚集阶段，四区在推动兰白试验区建设方面所开展的工作及典型效果进行分析。全面梳理十大类生态产业发展现状，明确发展方向和发展重点，制定务实可行的专项行动计划，把构建生态产业体系摆在全局工作的突出位置。

（一）产业发展和产业布局优化

围绕提升产业潜力，坚持规划引领、建管并重，在优化转型升级发展上实现新突破。统筹规划兰白试验区空间、功能和产业定位，按照“核心引领、城市辐射、园区带动、产业集聚、突出重点”的发展思路，着眼现有资源、产业基础和发展潜力，充分考虑区域分工和联系，统筹创新资源的集聚、融合、扩散，探索形成功能梯度布局、产业优化发展的“一核四区多园”总体格局，形成“梯度转移、布局合理、功能互补、协同孵化”的良好创新生态。

1. 兰州新区

兰州新区已初步形成先进装备制造、绿色化工、大数据等优势产业，为实现高质量发展提供了有力支撑，经济增速一直在国家级新区中位居前列。兰州新区 2020 年完成地区生产总值 235.89 亿元，建有规上工业企业 90 家。通过产业发展推进体系建设，围绕石油化工、先进装备制造、电子信息、水性材料、光电制造和生物医药六大产业链，进一步促进产业集聚，实际引进内资额 356.20 亿元。充分发挥比较优势，聚焦绿色产业，着力构建科技含量高、带动能力强、示范作用好的骨干产业体系。利用新区远离江河和人口聚居区的特点，规划 100 平方千米高端化工产业园，开工建设产业项目 53 个、投资超过百亿元。高标准规划建设“千亿级绿色高端化工产业园”，成功引进产业项目 128 个（开工建设 74 个）、落地产品近 400 种、上市企业 8 家，正在快速成长为国内一流的精细化工产品集聚地。

2. 兰州高新区

兰州高新区紧盯“一主一特三集群”产业方向，加快“兰州肽谷”、中以（兰州）绿色、先进制造业、生物产业、纳米新材料、新能源“一谷五园”建设，推动产业集聚发展。2020 年完成地区生产总值 291.94 亿元，建有规上工业企业 41 家。重点建设百亿元级产业项目集群，完成国家生物产业基地创新园一期在建项目，开工建设军民融合产业园、可口可乐出城入园、智能交通产业园、真空装备产业园、西脉新材料产业园、中农威特生物医药基地、鑫盛豪节能环保项目、总部经济三个园区、创新大街、紫光企业总部等。积极推动生物医药产业特色化、规模化、集群化发展，集聚各类生物医药企业 200 多家，陇神戎发生产基地建成投产，中牧股份兰州生物药厂、中农威特生物医药产业园等重点项目加快建设。

3. 兰州经开区

兰州经开区立足打造外资创新产业聚集区，强化战略转移，拓展发展空间，着力发展新能源、新材料、生物工程、人工智能等战略性新兴产业，吸引一批生物医药企业入驻西部药谷产业园，产业集聚能力和发展活力不断增强。GDP 在 2014 年 183 亿元的基础上达到了 2020 年 331.49 亿元，保持年均两位数以上增长。近 3 年，经开区用于科技成果转化、孵化器建设、高新技术企业奖励等资金达到 1500 多万元，奖励主体和奖金数额逐年增长。以机场北高新园区生物医药产业集聚区为发展载体，重点建设兰州西部药谷产业园，全力打造集中医药原材料采购、中药加工、产品生产、科技研发、产品出口、现代物流于一体的产业链条和生产园区；重点发展环保产业，大力发展循环经济，推进传统制造业绿色改造升级；积极发展新材料、新能源产业，发展以合成树脂及其改性材料、合成橡胶及加工、特种润滑油材料、新型建筑材料、精细化工材料、清洁油品等具有国际竞争力的石化新材料产业。

4. 白银高新区

白银高新区围绕“两区四基地”发展思路，以新技术、新业态推动传统产业改造升级，高标准谋划推进循环化工、特色新材料等优势产业建设。以建设“一区六园”“3+4”产业集群为抓手，实现产业链条化和园区集聚化，形成以优势主业为主、多元支撑为辅的产业体系。2020 年完成工业总产值 112.46 亿元，建有规上工业企业 117 家，各项经济指标均高于白银市平均水平。白银高新区已形成以甘肃萃华科技、御美堂科技等为主的凹凸棒生产和开发企业，“西师”口红等特色产品走入市场，凹凸棒年产值达 4 亿元以上。

评估认为，四区主要产业运行态势良好，新能源汽车产业、高端装备制造产业、军用技术民用化等方面都取得了新突破，同时电子信息制造业增长平稳，软件服务业增速回升、产业基地建设初具规模且研发速度不断加快。新材料产业对新材料工业转型升级起到了带动作用，以大型骨干企业的技术和产品为重点，加快新产品研发和新技术、新成果转化应用，产业配套不断优化和完善。

（二）特色产业转型升级提质增效

兰白试验区建设重点依托四区，在化工、冶金有色、装备制造、建筑材料、轻工等五大传统特色产业提质增效方面取得了一定成效。以着力提升科技创新能力和核心竞争力、加快科技成果转移转化、推动新旧动能转换和结构优化升级为指针，以持续深化科技管理体制改革为动力，围绕建设兰白国家自主创新示范区强化区域创新资源布局，加强生态环境保护和可持续发展，推进“一带一路”国际科技合作，充分发挥科技创新在供给侧结构性改革中的基础、关键和引领作用，科技对全省经济社会发展的支撑能力不断增强。

1. 兰白试验区三次产业结构“三二一”的格局继续保持

兰白试验区发展以四区为依托，通过特色产业实施提质增效工作计划，在甘肃省经济保持良好的发展格局下，兰白试验区的产业结构也取得了良好的发展。2020 年，兰州市实现生产总值 2886.74 亿元，同比增长 6.5%。其中第一产业增加值 57.43 亿元；第二产业增加值 933.42 亿元；第三产业增加值 1895.97 亿元。从三次产业投资结构看，全市三次产业投资比重由 2017 年末的 1.27 ∶ 11.93 ∶ 86.80 调整为

1.97 ∶ 32.32 ∶ 65.64，第一产业比重上升，第二产业比重上升，第三产业比重降低。白银市 2020 年完成生产总值 497.27 亿元，生产总值增长率为 2.25%，第一、第二、第三产业较上年增长率分别为 15.55%、0.1%、3.6%。坚持有色绿色齐头并进、农业工业协调发展、三次产业融合提升的发展方向，大力培育现代化产业体系，加快推进新旧动能转换。

2. 传统特色产业提质增效效果显著

围绕国家赋予兰州新区的战略定位，积极承接产业转移，先后引进了深圳正威、珠海银隆、合肥科天、中国铁建、重庆四联、武汉长飞等一批优势企业。通过大力实施企业“出城入园”，引进兰石集团、兰州电机厂、佛慈制药等 47 家大型企业。一是利用新区远离江河和人口聚居区的特点，规划 100 平方千米高端化工产业园，开工建设产业项目 53 个、投资超过百亿元。二是利用新区电价低、气温低、湿度低及国际互联网数据专用通道等优势，加快云计算、大数据产业集聚发展，打造“丝绸之路信息港”。三是依托已有兰石、广通新能源等企业，重点布局石化重型装备制造、新能源装备生产、电工电器生产等设备制造产业体系。四是利用有色金属原材料产量大、电力和运输成本低等优势，定向引进九江德福 5 万吨 6 微米超薄铜箔等重大项目，发展有色金属深加工、光纤光缆产业链。五是利用中药材资源优势，引进建设佛慈、惠仁堂、尚方堂等各类现代制药企业，打造“西部药谷”。白银市与兰州理工大学白银新材料研究院共建白银市首个研究生联合培养基地，巨享创新园（加速器）完成一期工程建设，引进的北京化工大学理学院研发团队与北京恒加润科技公司合作，在白银科技企业孵化器注册甘肃睿思科新材料有限公司，建设年产 1 万千克芯片级光刻胶和年处理 100 吨回收锂离子电池正极材料中试项目。

3. 重大项目实施进程加快

为加快兰白试验区内传统产业的进一步发展，各区实施重大项目规划，部分项目已经建成并投入使用。兰州高新区雁南路创新大街已建成使用，国家生物医药产业基地创新园一期建成运营，重离子医用加速器应用示范基地主体完工，榆中园区红星美凯龙城市综合体、甘肃路桥集团智慧交通产业园和中牧生物药厂整体搬迁等重大项目陆续实施。兰州经济技术开发区甘肃农业大学创新创业园揭牌成立，西部药谷产业园建设加速推进。白银高新区巨享创新园（加速器）一期如期完工，白银科技大市场即将挂牌运营。

4. 国家高新区建设成效稳步提升

从创新主体培育来看，2020 年兰白试验区现有高新技术企业 514 家（兰州新区 63 家、兰州高新区 308 家、白银高新区 70 家、兰州经开区 73 家），比 2018 年增长 26%，占全省（1052 家）48.9%。从高新区科技进步水平来看，2020 年，兰州、白银高新区在全国 169 家高新区中的综合排名分别位列第 65 位和第 128 位，较上年排名分别上升5位和1位。兰州高新区“产业升级和结构优化能力”指标排名第64名，较上年（第81名）上升17位；“国际化和参与全球竞争能力”指标排名第103位，较上年（第121位）上升18位；“可持续发展能力”指标排名第90位，较上年（第106位）上升16位。白银高新区“知识创造和技术创新能力”指标排名第127位，位次与上年一致；“国际化和参与全球竞争能力”指标排名第86位，较上年（第132位）上升46位；“可持续发展能力”指标排名第129位，较上年（第144位）上升15位。

（三）战略性新兴产业培育与发展的步伐加快

兰白试验区建设重点依托四区，在生物、新材料、先进装备制造、节能环保、新能源、信息技术、现代服务业等七大新兴产业领域布局，经过3年的发展，兰白试验区战略性新兴产业发展取得显著成效。

1. 战略性新兴产业发展呈现持续发展的良好态势

兰白试验区经过几年的发展，通过产业转型升级拉动，战略性新兴产业骨干企业达到43家，占全省55.8%。各区战略性新兴产业发展势头高涨，以兰州高新区为例，始终把项目作为加快发展的主攻方向，紧盯重点项目建设、管理、储备等环节，加快推进总投资100亿元的中农威特生物医药产业基地、西脉新材料产业园、百灵生物产业园等11个重点项目建设，努力提升项目发展水平。2018年获批工信部“生物医药—兰州高新区”特色示范基地和财政部中小企业创新创业特色载体，新引进总投资134亿元的高新技术产业项目34个；兰州经开区以培育高新技术企业为重点，对新认定的高新技术企业给予10万元奖励。高新技术企业由2015年的18家增加到2019年的60家，认定国家级众创空间2家，省级孵化平台4个，入选战略性新兴产业总体攻坚战第四批备选骨干企业7家，创新型企业认定达到26家。

2. 战略性新兴产业规模持续扩大

兰白试验区注重战略性新兴产业企业的培育，新增高新技术企业同比增长近三倍，成为全省高新技术企业的主要增长区。兰白试验区聚焦新一轮技术变革，围绕人工智能、机器人、基因工程、二次元产业、区块链、石墨烯、高效储能等新技术领域，超前开展新兴产业前沿技术研发；促进物联网、云计算、大数据等技术在传统产业领域的综合集成应用，不断延伸产业链；围绕高端装备制造、生物医药、现代信息技术、高端新材料、精细化工、节能环保和新能源等战略性新兴产业发展，组织开展重大技术攻关，提升战略性新兴产业发展层次和水平。兰州高新区战略性新兴产业和高新技术产业增加值占地区生产总值的比重达到40%以上，形成了以生物医药、先进制造、新材料、节能环保、电子信息为主导的战略性新兴产业体系，已经成为全市乃至全省重要的科技创新载体和经济增长极。

3. 兰白试验区内创新型企业培育效果初显

兰白试验区充分利用兰洽会、兰州科博会、中国创新创业大赛（甘肃赛区）、中国创新挑战赛（甘肃·兰州）等大型活动，积极为两区各建设主体招商引资引智搭台，推动产学研结合、创新链与产业链融合、新动能和新经济加速集聚、落地见效。今年在第 26 届兰洽会上两区共有 166 个重点项目实施签约，总投资 685.85 亿元；新签约恒大新能源、中国生物、阿里巴巴、华为鲲鹏、中国电子、荣程祥泰等一批知名 500 强企业，涉及生物医药、新基建、互联网金融、总部基地、民生环保、教育及电商直播等广泛领域。中国电建、正威集团等世界 500 强、中国 500 强企业和一批高成长瞪羚企业相继入园进区，投资约 1000 亿元的中韩产业园正在加紧建设，一批中小微科技型企业加速成长，创新主体培育实现跨越式发展。兰白试验区新增科技型中小微企业 1076 家，总数达到 4674 家；兰白试验区内高新技术企业数量达到 359 家，占全省 58.7%。兰州新区围绕产业发展趋势，通过政府支持、校企合作、专业共建，打造一批人工智能领域协同创新中心、联合实验室等创新平台和新型研发机构。兰州高新区累计承担国家科技攻关和产业化项目近 400 项、国家火炬计划项目 150 多项，科技企业孵化器面积达到 60 万平方米，培育科技型企业 1000 多家，注册登记企业达到 8500 多家，高新技术企业、战略性新兴产业骨干企业、上市公司分别达到 175 户、22 户、24 户，数量均占到全省的 1/3，实现营业总收入 1950 亿元，地区生产总值达到 380 亿元。把项目建设作为国家自创区建设的发力重点和推进高质量发展的重要抓手，在此过程中，把创新平台项目建设作为自创区创新能力提升的核心，与各类创新产业基地、产业创新园及单体产业项目建设共同推进，以确保科研创新平台与企业研发需求同步匹配，尽早发挥技术研发平台的源头支撑作用。兰州经开区不断加大对创新创业的扶持力度，大力培育创新创业主体、搭建创新平台、完善政策体系，充分发挥企业与院校的创新主体作用，创新创业取得了丰硕成果。白银高新区 2018 年招商引资签约项目 22 个，投资总额 93 亿元，新开工项目 16 个，是前 3 年招商落地项目总和的 1.5 倍；白银科技企业孵化器新入孵企业 24 家，连续 3 年获评国家级 A 类科技企业孵化器；新培育高新技术企业 17 家、省级科技创新型企业 25 家，全年转化重大科技成果 21 项，被工信部认定为国家绿色园区，自主创新和辐射带动能力不断提升。2019 年，对接洽谈项目 34 个，是近年来项目最多的一年，其中 10 亿元以上重大科技项目 4 个，5 亿元以上 6 个。项目预计投资总额 170 亿元，已形成“建成一批、在建一批、筹建一批、签约一批”的良性循环格局。

（四）科技创新能力显著增强

1. 科技投入逐年提高

2020 年，兰白试验区财政科学技术支出占试验区财政总支出的 7.88%，远高出全省平均水平。2019 年，全社会 R&D 经费支出为 27.38 亿元，R&D 经费占 GDP 支出比重的 3.06%，较上年明显增加，高出全省平均水平。修订印发《兰白科技创新改革试验区技术创新驱动基金使用管理和风险控制委员会管理办法》，不断提升兰白基金效能。组织推荐兰州、白银高新区申报中央支持创新创业特色载体并成功获批，累计获得财政部下达资金支持 9700 万元（兰州高新区 4700 万元、白银高新区 5000 万元）。

2. 创新创业人才和团队建设进一步加强

探索实行持股孵化、专业孵化器建设、产业链集聚等方式，重点引进与新区龙头企业、主导产业链紧密相关的中小企业、高层次人才创业团队，加快培育壮大一批标志性、引领性科技示范项目和示范企业，争取设立国家“双创”示范基地和大数据综合试验区，打造兰白科技创新改革试验区核心区和西部地区的创新创业中心。

兰州新区加强招才引智。面向全国公开引进高学历、有经历、有能力的党政干部、教育卫生、企业管理等人才近万人。制定《兰州新区引进经济技术人才助推绿色产业发展实施细则》，着力解决住房、子女入学、医疗保障、技术深造等后顾之忧，营造重才聚才、容才用才的良好环境。建立“院士工作站”3 家、人才工作服务站 3 家、国外引智示范基地（单位）3 家，“海智计划”甘肃基地工作站 1 家，为高层次人才搭建更加广阔的发展平台。全国最大的示范性职业教育基地——兰州新区科教城一期工程全面建成，入住 5 所院校 5 万人，二期 8 所院校加快建设，推动兰州新区职业教育集团化、国际化发展，为“一带一路”倡议实施提供智力支持。

兰州高新区实施“十百千”人才工程。积极落实省市人才奖励政策，兑现市级奖励扶持资金 385 万元，不断激发和释放本土人才创新创造创业活力。柔性引进院士和专家共 23 人，引进各类高层次人才 85 人、各类实用人才 710 人，企业接收高校毕业生 1000 余人。积极引进倪光南院士设立网络信息安全院士工作站，强化成果转化和产业化，对“临门一脚”科研项目，赋权加大支持力度；引进中国科学院大连化物所李灿院士二氧化碳加氢合成甲醇技术开发与工业化示范工程项目，建成全国首个规模化液态太阳燃料合成工业化示范工程，入选“中国科学院 2020 年度成果转化亮点项目”，顺利通过科技成果鉴定。

白银高新区每年预算 500 万元人才工作资金，专项用于人才引育和服务保障建设。已柔性引进 10 名院士并全部建立院士工作站，发放院士工作站运行经费和顾问费 75 万元。申报省级重点人才项目 9 个，引进 3 名高层次专家、28 名博士、18 名急需紧缺专业硕士、1 名高级技工，研究生基地培养研究生 9 名。

兰州经开区大力推行“人才+项目”“人才+产业”“人才+课题”开发模式，积极引进带着项目、技术的创新人才和创新团队，实现项目与人才的有机对接。推动政产学研用合作，加强经开区企业与省内外重点院校、科研院所的战略联盟，重点依托经开区与北京中关村生命科学园、北京科技大学化学与生物工程学院、中医药防治糖尿病国家级国际联合研究中心、兰州大学基础医学院、甘肃农业大学创新创业学院、甘肃中医药大学药学院等 6 家科研院所建立的友好合作关系，在高层次人才引进、科技成果转化、联合科技攻关、科学技术咨询等方面进行全面合作。积极推荐兰州兰石集团有限公司、兰州和盛堂制药股份有限公司等 4 家企业，成功获批“博士后科研工作站”（全省 6 家），为科技创新青年人才培养发挥了“蓄水池”作用。

3. 科技成果产出能力得到大幅度提高

2019 年，兰白试验区技术合同成交额共计 50.4 亿元，在全省占比 25.66%。万人发明专利拥有量 39.49 件，较上年增长 1.49%。开发新产品、新技术 605 项，规模以上工业企业实现新产品销售收入 84.48 亿元。充分发挥创业担保贷款扶持创业带动就业作用，通过扩大贷款覆盖范围、提高贷款额度、降低贷款条件的措施，积极为两区内符合条件的高校毕业生等群体创业提供创业担保贷款支持，全年新发放创业担保贷款 6.75 亿元（兰州 2.95 亿元、白银 3.8 亿元），扶持 4495 人创业（兰州 1682 人、白银 2813 人）。

兰州新区创新能力显著增强。注重科技成果转化，对高科技成果转化项目按照投资强度给予最优惠的土地政策，对入驻新区的科研院所按固定资产投资额和研发投入比例给予奖励。累计建成院士工作站等创新平台 78 个，组织申报科技研发项目 437 项。二氧化碳加氢制甲醇、同位素药物研发生产等院士团队重大科技研发成果落户新区，兰石集团自主研发的 3000 HP（3000 马力）压裂车组实现市场销售，转化科技成果 151 项、转化率达到 23.6%。实施“科技成果作价入股、科研项目合同制管理、项目包装辅导”等科技项目管理机制改革，按照高科技成果转化项目实际完成固定资产投资额及投资强度给予最优惠的土地出让政策，对快速建成投产的高科技成果转化项目按照固定资产投资额、工业产值情况和缴纳税费金额情况给予奖励，集中政策和经费扶持产业带动效应明显、技术研发团队实力较强的成果转化项目快速建设。

兰州经开区从国家级、省级、市级商务、工信、科技、发改、社会保障等部门争取各类扶持资金达 1.5 亿元以上。同时，每年列支 1000 万元科技创新专项资金，用于企业主体培育、创新平台建设、创新成果转化、孵化平台建设。每年还组织金融机构、企业对接活动，设立了 2.5 亿元生物医药创业投资基金，帮助企业融资达 2 亿元。

白银高新区与中国科学院等 18 家高校院所开展技术交流、成果转化、项目合作，涉及项目 20 余项，促进了高新区企业的技术创新和产业升级。大力促进 26 项国内唯一的技术（专利）成果产业化发展，近 3 年成果转化项目数量增长了 83%；全社会研发投入 5.27 亿元，占 GDP 比重达到 4.56%；高技术产业增加值占规上工业企业增加值的比重达到 27%。

4. 创新平台蓬勃发展

政产学研各方积极参与，推进各类创新平台进入发展快车道。中马、中巴合作共建联合实验室等项目稳步推进，国防科技工业空间技术创新中心兰州区域中心等国家级创新平台不断涌现，兰白试验区联合创新研究院、凹凸棒产业技术联盟等创新联合体相继组建，国家科技图书文献中心兰白试验区服务站启动使用，兰州市城关区获批国家双创示范基地，促进平台建设“质”“量”双升。2018 年，兰白试验区共有各类服务机构 862 个，较上年增加 140 家，增幅达 19.39%，很好地发挥了创新载体和平台的功能。

白银高新区搭建创新平台，以科技企业孵化器为“头脑”，科技大市场为“躯干”、高校科研院所、企业工程技术平台、项目中试基地等为“脉络”的创新平台架构愈加完善。新引进建成中检普泰国家级医放疗设备检测中心、浙江国际协同创新研究院白银分院、北京化工大学新材料研发中心、甘肃省凹凸棒石工程技术研究中心等 10 个创新平台，挂牌成立 9 个院士工作站，孵化项目 24 个。兰州新区建设院士工作站等创新平台 78 个，对新建创新平台按照基础设施、实验设备和研究投入情况给予补助。培育国家级、省级和市级孵化器和众创空间 15 个，引进各类孵化企业 372 户。兰州新区近三届兰洽会共签约项目 138 个，投资总额 931.82 亿元。兰州高新区把项目建设作为国家自创区建设的发力重点和推进高质量发展的重要抓手，在此过程中，把创新平台项目建设作为自创区创新能力提升的核心，与各类创新产业基地、产业创新园及单体产业项目建设共同推进，以确保科研创新平台与企业研发需求同步匹配，尽早发挥技术研发平台的源头支撑作用。紧密围绕产业发展，充分发挥科技资源优势，内外协同，多方联动，挂牌成立了稀土功能材料产业研究院、生命科学技术产业研究院、金属纳米材料产业研究院、深圳市国创新能源研究院兰州分院，组建了兰州大学工作站、西北师范大学工作站、兰州理工大学工作站、膜科院工作站，拟建设食品药品检验检测公共服务平台，加快全省保健食品、药品的研发速度和产业化进程。兰州经开区打造科技孵化平台，整合现有办公场所，建成 5000 平方米的科技孵化中心，为入驻企业提供 1 ~ 3 年 30% ~ 100% 的房租减免扶持，并对新认定的高新技术企业给予 10 万元奖励，现入驻企业 30 家。2017 年，经开区孵化器通过市级科技企业孵化器的认定评审，科技孵化能力进一步提升。

5. 创新创业环境进一步优化

普惠性科技创新政策体系初步形成，《甘肃省支持科技创新若干措施》被科技部领导誉为“黄金 30 条”。重大科研基础设施和大型科研仪器开放共享制度逐步完善，科技资源统筹协调力度进一步加强。科技补助和奖励力度不断加码，有效推动兰白试验区“双创”活动开展和众创空间建设。以兰州新区产业孵化中心为核心，高新区和经济区孵化器联动发展，以新材料、新能源、生物产业、信息技术、先进装备制造、节能环保、现代服务业等战略性新兴产业为重点，引导产业合理布局，有序推动产业转移与集聚，打造以创业苗圃、孵化器、加速器、产业园为一体的功能完备、布局合理的全产业链条孵化体系。各类创赛活动持续成功举办，创赛规模和参赛名额连年攀升，全民创新创业意识不断增强。

自 2015 年起，兰州经开区联合兰州交通大学、甘肃农业大学、兰州职业技术学院、西北师范大学等驻区高校累计举办 11 场大学生创新创业大赛，共计奖励资金 360 万元，并针对在创新创业大赛中涌现出的优异创业项目，优先在经开区科技孵化中心提供空间、培育发展，逐步树立起“经开杯”创新创业品牌，营造经开区浓厚创新创业氛围。同时，经开区依托辖区高校和科研院所聚集优势，分别与驻区高校兰州交通大学、甘肃农业大学、兰州职业技术学院合作共建“创新创业园”，形成了地方与院校、院校与院校互联互通、协调发展的新格局，不断延伸创新创业链条，激发创新创业活力。

兰州高新区成功举办首届兰州美丽健康产业博览会、第二届兰州自主创新论坛、中以产业创新合作论坛；为各类中小微企业、创业人才团队举办创业沙龙、创客分享汇、创客训练营等创业培训活动 10 多次，组织高新区企业参加第八届中国创新创业大赛（甘肃赛区）并取得优异成绩，为高新区创新创业人才提供了优质创业服务和竞争展示平台。

白银高新区积极营造“双创”氛围。以庆祝改革开放 40 周年暨兰白自创区批复 1 周年为契机，举办了白银国家自主创新示范区首届企业家创新论坛、创新政策发布会、2018 年度创新创业颁奖典礼等系列活动，高新区财政列支近 1000 万元重奖了“一区六园”企业纳税大户、创新创业标兵、人才引进先进单位和先进工作者，广大企业家热情高涨、信心十足。成功举办“白银自创区首届创新创业大赛”，吸引了全市共 82 家企业和 31 支团队踊跃参赛，经过初赛、决赛的层层选拔和专家严格评审，评出了企业组和团队组一、二、三等奖及优秀奖，并对获奖企业和团队予以表彰及物质奖励。

兰州新区建立有利于科技资源流动、需求对接、政策落实的创新服务机制，制定了科技项目申报、创新型企业认定、实验室建设、优惠政策落实等方面工作指南，推动企业快速了解和应用创新政策。指派专人为成果转化项目提供公司注册、项目备案、新产品认定、手续代办等“一对一”保姆式服务，所有审批事项按照最快流程限时办理。

（五）创新政策体系不断完善

甘肃省及兰州、白银两市相继出台一系列政策及配套措施，形成了覆盖兰白试验区发展的多层次、宽领域的政策保障体系。甘肃省结合兰白试验区科技创新改革实际，专门出台了《兰白科技创新改革试验区发展规划（2015—2020年）》《甘肃省支持科技创新若干措施》等一系列重大政策；积极制定出台省级层面《关于支持兰州白银国家自主创新示范区建设的若干意见》，将兰白试验区纳入政策辐射区，及时研究制定任务分解表，确保支持举措落地落实；实施《支持兰白试验区八项二十三条政策建议》《甘肃省兰白科技创新改革试验区条例（草案）》重大举措；制定《兰白科技创新改革试验区人才发展支持办法》《甘肃省国土资源厅关于支持兰白科技创新改革试验区发展建设做好用地服务保障的意见》《兰白科技创新改革试验区科技创新型企业认定和管理办法》等一系列配套措施。围绕事业单位绩效、事业单位岗位设置、科技成果转移转化、人才服务保障等4项改革任务，专门制定出台《"陇原人才服务卡"制度实施办法》《关于进一步优化事业单位岗位管理和公开招聘工作的通知》《甘肃省事业单位特设岗位设置管理办法》《关于进一步激发创新活力强化科技引领的意见》等政策措施，积极为兰白两区在内的各类单位引进和聘用高层次人才、急需紧缺人才、高技能人才开设"绿色通道"。兰白试验区（兰州新区、兰州高新区、白银高新区、兰区经开区）在落实省级政策的基础上，也制定了符合本区配套的措施。拟制定完成《兰州白银国家自主创新示范区发展规划纲要（2018—2022年）》（简称《规划纲要》[①]），着力在顶层设计、深化改革、突出特色、集聚人才、"双创"升级、整合资源、开放创新等方面进行大胆探索。《规划纲要》已于2019年1月以省政府名义函报科技部。

兰州市出台了"1+8"科技创新政策、10项"双创"政策、"1+3"财税政策、人才工作创新政策、加强产业发展政策、扶持小微企业政策、加强知识产权保护政策、金融政策以及孵化器政策等配套的政策措施；白银市出台了《兰白科技创新改革试验区人才发展支持办法（试行）》《白银高新区科技服务业区域试点实施方案》等配套政策。兰州新区颁布了《兰州新区鼓励全民创业扶持微型企业发展的优惠政策》《2017兰州新区产业发展扶持及奖励政策（试行）》等政策措施；兰州高新区出台《兰州高新区引进使用急需紧缺人才的政策规定》《兰州高新区引进人才认定办法》等政策；兰州经开区制定出台《科技企业孵化器及孵化器企业认定和管理暂行办法》《入孵企业和创业团队管理办法》，制定《关于支持企业改制上市专项资金使用管理办法》等配套措施；白银高新区出台《2015年白银籍在外知名人士"归根"工程实施方案》《急需紧缺高层次人才（团队）引育计划》等。

① 该简称仅适用于本章节内容。

评估认为：兰白试验区建设以来，甘肃省、兰州市、白银市分别出台多项配套支持政策，四区也制定相应的配套支持措施，形成较完整的政策支持体系，形成许多政策亮点。

四、重大改革任务进展情况

（一）简政放权让市场最大限度发挥调节机制

在科技管理方面，甘肃省进一步放宽省级财政资金使用权限，放宽高校、科研院所基本建设项目的管理权限，激发了科研人员创新热情；启动运行以科技重大专项计划等为主要内容的“5+X”新计划体系，并实施第三方机构承接科技项目管理工作。此外，通过加强技术市场管理、修订《甘肃省科学技术奖励办法实施细则》，进一步完善科技创新评价激励机制。实施以增加知识价值为导向的分配政策，激发广大科研人员的主动性和创造性。

兰州新区对境内出入保税区不涉税、不涉证、不要求退税且不纳入海关统计的货物、物品实施便捷进出区管理模式；允许保税区内富余仓储能力的场地存储国内货物、物品；允许区内电子产品、进口粮食、食品加工等企业利用剩余产能承接境内区外委托加工业务；积极复制推广自贸试验区中与海关特殊监管区域相关的改革试点经验，不断创新兰州新区综合保税区海关监管模式，提高海关通关便利化水平。持续深化行政审批制度改革，全面实行“承诺制、零收费、代办制、信息化”，通过一系列举措，新区行政服务效能大幅提升，营商环境快速优化，为全省改革创新闯出了新路子、积累了新经验。

白银高新区深入推进“放管服”改革，对审批环节实行全链条“系统式”整合，开通 24 小时服务热线，营造高效便捷政务环境。白银高新区被确定为全省“证照分离”试点，颁发了首张“证照分离”营业执照和首张“一照多址”营业执照，实现了企业在异地办理经营手续。主动承接落实首批 78 项市级经济管理权限，进一步简化行政手续审批和办事流程，近期正在梳理第二批市级经济管理权限和省级经济管理权限，力争能够授权到位，实现“园区事务园区办”。

兰州高新区制定实施《工程建设项目“多评合一”实施方案》《工程建设项目区域评估评审工作实施方案》《投资项目审批容缺受理实施办法》《工程建设项目告知承诺制实施办法》《工程建设项目审批帮办代办实施办法》，全面完成政务服务大厅“一窗受理、集成服务”改革，一窗受理事项达到 46 项，“最多跑一次”办事事项达到 34 项，施工许可、竣工验收审批事项实现窗口统一收件、出件，投资项目在线办结率达 100%。

兰州经开区全面落实中央和省委深化科技体制改革部署要求，持续深化涉及创新创业、技术服务、产业发展等领域“放管服”和商事制度改革，加大对新技术、新产品、新模式的支持力度，探索符合创新规律的行政审批制度，不断提高服务创新发展的效率和水平，推动形成政府、企业、社会良性互动的创新创业生态。

（二）探索科技与经济结合的方式

兰白基金创新了财政资金投入与使用方式，采用股权投资、市场化运作、专业化管理方式，引导社会资金参与，建立多元化资金投入体系，通过投资收益和高端增值服务，提高资金使用效益，充分发挥财政专项资金引导放大和杠杆撬动作用，促进大众创业、万众创新，实现兰白试验区产业升级。积极引导金融机构运用小微企业贷款互助担保基金和兰白科技创新贷款增信基金，加大对民营企业的信贷支持。积极促进两区内科技型中小微企业快速发展，与兰州银行、甘肃银行等5家银行合作设立了总规模3亿元科技贷款风险池，形成了“基金+担保+银行”的科技贷款合作机制，累计开展业务119家（次），贷款金额达10亿元。2020年，完成融资贷款8笔，放款近1亿元。

兰州高新区与上海张江自创区开展协同创新，通过“基金+孵化器+科技园区”模式，设立10亿元兰州久有创新发展（风险）投资基金，6家上海科技企业通过基金注入落户。充分发挥兰白基金引导和放大科技产业投资的聚集效应，发起设立10只子基金，认缴总规模47.11亿元，累计完成对60家科技企业的参股投资20.48亿元。2020年各子基金共计投资企业9家，新增投资金额4.95亿元。通过联合主办“兰州科技博览会”“张江兰白服务企业直通车暨两区专场线上推介会”等活动，积极促成兰州和盛堂制药公司与上海张江高新区的汉圃新材料科技有限公司等企业开展联合科研攻关，成功研发出可反复使用防尘口罩；通过“基地+基金”模式成功引进上海高新技术企业——上海炫踪网络股份有限公司落地兰州高新区。上海宏予测试仪器有限公司、上海皓元医药股份有限公司等多家高科技企业与兰白两区内企业达成合作意向。

白银高新区按照“集团化、专业化、市场化、信息化”的发展思路，启动高新投资集团“1+N”模式，完成高新投资公司和高新发展公司改制，新设立高新建设发展有限公司、高新资产管理公司、高新商贸公司3家子公司。积极拓展业务范围，与甘肃股权交易中心达成发行总规模1亿元的企业可转债，完成第一期募集资金3000万元，并启动第二期可转债4000万元募集资金工作；与建设银行达成6000万元信贷支持；引入甘肃金控白银融资担保有限公司提供担保服务，撬动中国农业银行白银分行2亿元信贷资金，支持园区科技型创新创业中小微企业发展壮大，已为5家企业提供担保增信2430万元。

兰州新区鼓励发展壮大各类投资基金、产业基金、创投基金、社会发展基金，吸引养老基金、保险基金、社保基金参与股权投资。用好用活兰州科技产业发展投资基金和兰州科技创新创业风险投资基金，引导担保机构和银行业金融机构为符合条件的科技企业提供便捷和低成本的融资服务，加快培育创新型、成长性科技企业上市或挂牌，推动科技成果、专利等无形资产价值市场化，加快形成多元化、多层次、多渠道的科技创新投融资体系。积极发挥基金杠杆作用，开展与基金公司合作，依托 2.5 亿元"兰州生物医药创业投资基金"，充分吸纳社会资本，投向园区和园区内企业，为园区建设、科技创新型的项目和企业提供资金支持。

截至 2020 年底，甘肃省政府已经与中国人保集团、中信银行和兴业银行就组建绿色生态产业发展基金签署《战略合作协议》。省政府研究设立了绿色生态产业发展基金，采用"母子基金"架构，由十大生态产业省直各牵头部门根据产业发展实际设立相关子基金，基金目标总规模 2000 亿元。其中，母基金目标总规模 400 亿元，省财政厅已按期筹集组建基金首期出资，研究制定出基金管理办法，母基金已注册成立；各个子基金正在抓紧制定方案，加快设立。省国投公司、甘肃兴陇基金管理公司和北京菊华投资基金管理中心、中菊资产管理有限公司签订了甘肃省绿色生态产业发展基金合作协议。基金主要投资十大生态产业项目，以及承接中东部地区产业转移和供给侧结构性改革的项目等，为引资引智，通过产融结合、产业并购等举措，推动绿色发展崛起。全省在建和待建的通道物流产业项目 633 个，总投资 2099 亿元。通道物流产业基金首期规模为 14.3 亿元，已筛选出 20 个投资 318 亿元的重点支持项目，通过多方努力，加快项目建设，早日发挥效益。配合省政府国资委组建甘肃文化旅游投资集团工作有序推进，牵头制定《甘肃省绿色生态产业发展基金文化旅游子基金设立方案》，征集储备文化旅游子基金项目库项目 340 个，总投资 1678.15 亿元。

（三）坚持人才第一，强化人才保障

甘肃省人民政府办公厅制定《兰白科技创新改革试验区人才发展支持办法（试行）》《关于深化项目评审、人才评价、机构评估改革的实施方案》《甘肃省兰白科技创新改革试验区条例》，从省级层面确立了保障兰白试验区发展人才政策的主基调。兰州市出台《关于加快推进人才工作创新发展的实施意见》《关于印发〈兰州市柔性引进高层次人才暂行办法〉的通知》等相关配套政策；兰州新区制定出台《兰州新区人才特区试点工作实施方案》；兰州高新区出台《兰州高新区引进使用急需紧缺人才的政策规定》《兰州高新区引进人才认定办法》《兰州高新技术开发区引进人才的若干规定》《兰州高新区建设国家自主创新示范区支持人才培养与引进政策》及相应的认定办法；白银市制定《2015 年白银籍在外知名人士"归根"工程实施方案》《高新区创新创业人才资助办法》《白银高新区建设国家自主创新示范区创新创业人才培养引进政策》，白银高新

区实施急需紧缺高层次人才（团队）引育计划。

兰白试验区人才政策坚持“不求所有、但求所用”的原则，制定柔性引才办法，采取项目合作、短期兼职、培训指导、挂职服务等方式，汇聚各方优秀人才；允许事业单位离岗创业人员保留其原有身份和职级离岗创业，协议期满后及时回原单位工作可享受离岗时的职务待遇。兰州新区制定专项政策，为高层次人才搭建人才工作服务站、国外引智示范基地等发展平台，解决人才住房、医疗、子女教育等后顾之忧。引导职业教育国际化，推动驻区企业和职业院校技术人才定制培养，大力培养外向型高素质技术人才。2017 年以来，先后面向全国范围累计选调（聘）有经历、高学历、有能力的行政企业、教育医疗等各行业优秀人才 3165 名，弥补了人才短板，为新区建设发展提供了有力的人才支撑。截至 2018 年底，兰州新区已培育高新技术企业 46 家、省级战略性新兴产业骨干企业 11 家，累计引进高层次创新创业团队 52 个、技术研发人才 3228 名，企业研发人员占总员工的比重达到 16.4%，为新区创新发展提供了强大的人才智力支撑。

在人才激励方面，兰白试验区给予企事业单位充分的用人自主权和评聘权，探索兰白试验区事业单位人员企业化管理模式。建立起以岗位要求和专业评委会评价为基础的全员聘用制度，探索采用年薪工资、协议工资、项目工资等方式聘任高层次创新型人才，科技人员从事科技成果转化的业绩可作为职称评聘的重要依据。高校毕业生到兰白试验区内企业就业或创业都会享受相关就业创业扶持政策，四区管委会可自行评聘职业经理人。积极开展技能人才培训，持续推进高技能人才培训基地建设，遴选确定的 100 名专业技术人才为享受甘肃高层次专业技术人才津贴人选。深入实施省级人才项目，支持人才项目 11 项，分配资金 580 万元。

坚持把人才作为创新第一资源，充分利用绿色生态产业领军人才、海外人才引进、特聘科技专家等政策，持续加大紧缺急需人才引进力度。积极争取中组部“西部之光”访问学者项目，深入开展“陇原之光”人才培养计划，遴选兰白试验区中青年专业技术骨干脱产研修学习，引进金融和科技人才到兰白试验区兼职挂职。加强专家联系服务工作，新设立院士专家工作站 12 个、技能大师工作室 9 个，汇聚省内外高端人才深度参与兰白试验区重大项目建设。持续推进高技能人才培训基地建设，积极开展技能人才培训，推广现代学徒制和企业新型学徒制培养模式，不断加大本土人才培养力度。鼓励人才创新创业，通过“人才+项目”“人才+基地”“人才+产业”等形式，提高人才服务兰白试验区产业发展能力。加强人才服务保障，通过支持离岗创业、开展特殊人才评价、下放职称评审权限、落实创业扶持政策等，激发人才创新创业热情。通过引进与培育双管齐下，兰白试验区 R&D 人员达到 9700 人，万人 R&D 人员达到 97.79 人。

（四）探索开放合作模式创新改革

与上海张江示范区在人才培训、园区对接、项目合作、对口支持等方面广泛开展交流与合作。协调上海张江示范区干部在兰挂职，已在上海张江示范区举办两期“兰白试验区创新创业培训班”，邀请上海张江示范区作为 2018 中国兰州科技成果博览会主办方组织企业参会。甘肃省科技厅组织企业参加“中国（上海）国际技术进出口交易会”张江成果展，发布兰白试验区创新创业环境和创新政策，不断扩大兰白试验区的影响力；积极参与长江流域园区联盟活动，拓宽合作交流渠道。上海张江派出 1 名干部先后在白银高新区、兰州高新区挂职 2 年，了解兰白试验区发展需求、协调两地合作、为双方企业落地提供精准服务。白银市派出 5 名、兰州高新区派出 1 名干部赴张江挂职，与上海园区建立了密切联系，积极推进双方园区和企业间的合作交流。结合兰州和白银两市土地资源和产业优势，聚焦生物医药、大数据和能源领域，双方共建兰州高新区榆中园国家生物产业基地创新园和白银银西生物医药产业园，引进上海相关企业在园区内落户。兰白试验区组织开展学习交流，先后赴多个兄弟省份和国家自主创新示范区对机制创新、政策制定、产业发展、创业孵化、金融服务等方面进行调研。

兰州高新区 2019 年全区围绕“生命健康、智能制造和新材料”三大主导产业，共谋划各类重点签约、线索及推动项目 56 个，投资总额超 500 亿元。其中，重点签约项目 8 个，投资总额约 95 亿元；重点线索项目 15 个，投资总额约 206 亿元；重点推动项目 32 个，投资总额约 200 亿元。第 25 届兰洽会兰州高新区共签约各类招商引资项目 4 个，总投资额 52.8 亿元。其中，产业项目 3 个，占签约总数的 75%。加快建设国家级兰州中欧中亚班列集结中心，新开行兰州至曼谷、墨尔本等国际货运航线 4 条，面向“一带一路”沿线国家的物流集散枢纽和多式联运中心正在形成。加快培育发展外贸主体，新设立外商投资企业 2 家、境外投资公司 3 家，国际陆港获批省级开发区。

白银高新区以合作共建为方向，致力于东西合作发展，积极推进与上海张江等自创区、高新区、经开区和科研机构等跨区域双边、多边科技经济合作，形成全方位、多层次、宽领域的开放合作发展格局。2018 年白银高新区依托省内外高校和科研院所等科研力量，先后赴 3 所高校对接校地合作事宜，与中国科学技术发展战略研究院、中国科学院、上海张江高新区管委会、兰州大学、兰州理工大学建立紧密的合作关系，与相关企业在建设院士专家工作站、组建产业战略联盟、打造研发平台、建立校友创业基地等方面达成系列合作共识。

2019 年兰洽会期间，兰州经开区积极对接洽谈了四川新绿色药业中药配方颗粒高技术产业化项目、太平洋制罐股份有限公司易拉罐全自动生产线项目、中清实业有限公司碳硅生物制品加工生产项目等。朝着“创新成果倍增、经济总量翻番、综合排名提升”的目标奋勇迈进，努力将兰州经开区打造成“开放创新先导区、技术转移集聚区、转型升级引领区”。

兰州新区推动综保区–航空口岸–铁路口岸“区港联动”一体化融合发展，建成中川国际航空港进口冰鲜水产品、进口水果、进口肉类指定口岸和两个跨境电商监管中心，设立英国、俄罗斯、巴基斯坦、哈萨克斯坦4个海外保税仓，建立商贸直通渠道。开通兰州至河内、曼谷货运航线，进口货物由生活物资扩展到木材、电解铜等大宗商品。加快构建通道网络，与新加坡太平船务集团合作建立中药材、汽车配件及集装箱中转信息平台，贯通了东南亚至中亚国家的内陆通道。推进中亚、中欧国际货运班列常态化运营。新区空铁海公多式联运工程开工建设，面向“一带一路”的国际物流中心建设步伐加快。

与科技部展开新一轮部省会商，将“以兰白自创区为核心载体，深入推进兰白试验区建设”纳入会商议题。与科技部、上海张江联合召开“三方座谈会”，洽谈合作事项，签署合作协议，推动三方战略合作更密切、更深入、更广泛。成功举办 2018 中国兰州科技成果博览会，共有 319 家参展企业（单位）参加展示，其中国外企业 10 家、省外企业 22 家，参展成果 760 多项、展品 1100 多项，技术交易签约项目 190 项，交易额 15.34 亿元。组团参加首届中国国际进口博览会、北京国际科技产业博览会和深圳国际高新技术成果交易会等重大展会活动，加大走出去步伐，提升兰白试验区对外影响力。通过洽谈业务、对接项目、产业协作等方式，持续加强与国家其他自创区、高新区、经济区等科技经贸务实合作，形成多层次、宽领域的区域间开放合作发展格局。通过共建技术转移中心、联合开展技术攻关、互派人员学习交流等形式，努力寻求与省内外高等院校、科研院所和科技型企业交流合作，院地、院企、校企合作不断深化拓展。

（五）深化财税制度改革，支持兰白试验区的建设发展

在财税制度方面，《规划》指出要围绕创新发展的优先领域、重点任务、重大项目，充分发挥财政资金的示范、引导和放大效应，不断提高财政资金的使用效益。

兰州高新区 2018 年在简政放权上做“减法”，在后续管理上做“加法”，在优化服务上做“乘法”。以持续深化“放管服”改革，大力推进征管体制改革为目标，以绩效管理为抓手，多措并举，确保各项税收优惠政策落实到位。根据相关要求，重点对享受高新技术企业和研发费用加计扣除等优惠政策的企业开展后续管理，逐户核查优惠政策享受情况，确保税收优惠政策应享尽享。

2019 年上半年，在兰州新区纳税的各类投资主体，都可按照企业缴纳税收总额，根据不同比例，享受最高数额等同于企业部分税种纳税总额的专项资金奖励；对于年

纳税总额达到 50 万元的企业，给予一定名额的个人所得税奖励。实行普惠制产业扶持奖励政策，兑现奖励资金 44 亿元，企业社保费率降低 25%，税费负担全省最低；在全省率先出台金融支持实体经济发展的意见，帮助企业担保和融资 1520 亿元。

兰州经济技术开发区税务局 2018 年在省局精心指导下积极探索银行卡、手机网银 APP（手机客户端）、具有支付功能的手机 APP 等多元化缴税方式，有效助力税收业务向信息化、移动化、智慧化发展。一是缩短刷卡时间，提高办税效率。通过闪付功能，在点击金三系统扣款之后，将银行卡放到 POS 机（销售点情报管理系统）上，银联 POS 机就打出扣款小票。实现了税款低于 1000 元无须输入密码即可扣款支付。刷卡时间由原来的 20 秒缩短到 2 秒以内，缩短了刷卡时间，开启了“税务专网 POS 机一机通办”模式。单笔刷卡业务响应时间从过去的 1 分钟缩减到 3 秒钟，发起缴款申请的成功率从过去的 80% 上升到 100%，极大提高了办税效率。二是丰富支付方式，优化纳税服务。POS 机改造升级，实现了传统现金、银行卡支付向银行卡、网银 APP 等多种缴税方式的转变，纳税人只要手机在手就可以实现所有缴税；“POS 机的闪付功能”省去了输入密码和数据交换的时间，有效促进了税收工作的稳步推进。

白银高新区税务局 2018 年充分发挥税收职能作用，主动作为，落实各项税收优惠政策，进一步推动企业转型升级，有力地促进了园区经济的发展。利用办税服务厅公告栏、公开咨询电话等线下服务渠道，实现“线上+线下”结合的宣传模式。对辖区内企业进行全程跟踪服务，定期对有关企业进行走访调研，实时掌握经营动态，有针对性地进行税收政策讲解和纳税辅导，特别是针对企业的实际需求，帮助企业完善财务管理制度，解决税收申报、减免等方面存在的难题，加快高新园区企业发展步伐。及时做好税收优惠政策的落实和宣传工作。在落实税收优惠政策后，对享受政策优惠的企业进行动态管理，实施回访制度，深入企业了解各项税收优惠政策的落实情况，并及时掌握企业的生产经营情况、纳税申报情况，为企业提供便捷有效的服务，助力企业走上办税“快车道”，推动企业不断提升自主创新能力，实现健康发展。

（六）加快产城一体化建设进程

兰州新区着眼打造具有核心竞争力的产业集群，新引进产业项目 95 个、总投资约 514.8 亿元，全国首个规模化液态太阳能合成工业化示范工程启动建设，中科曙光甘肃先进计算中心建成运营，凯博药业动脉止血产品列入军队药品采购目录。坚持把创新作为引领高质量发展的第一动力，抢抓兰白科技创新示范区建设机遇，加快实施创新驱动战略，深化科技创新体制改革，推动“新区制造”向“新区智造”“新区创造”转变。继续加大力度推进“产城融合”，力争打造多个千亿级规模的产业集群，在带动区域经济发展、引领体制机制创新方面发挥探索、示范和引领作用，全力打造全省创新策源地、引领区和重要增长极。建成朱中铁路正线，加快推动中兰客专、景中高速、中白高速、中通道等重大交通项目建设，完成中川机场三期改扩建、兰张三四线等项目前期工作。新建城市道路25条84千米，内外联通、多点循环、快速疏解的路网框架基本形成。实施了一批供热站点、通信设施、垃圾处理等市政配套建设，敷设雨污、中水、热力、电力等市政管线528千米，生活垃圾无害化处理率、污水收集处理率达到100%，核心区160平方千米市政基础设施基本配套。建成公租房、保障房、商品房等各类住房1.9万套，现房销售率达98%以上。

2018年，兰州高新区在市委、市政府的坚强领导下，牢牢把握高质量发展的总要求，抢抓建设自创区机遇，以实施创新驱动发展战略为主线，全力攻坚破难，在全国157个国家高新区（包括苏州工业园）中的排名提升至第60位，连续四年位次前移。在全省开发区考核中连续两年排名第一。在2018年度国家级开发区土地集约利用评价情况通报中位列全国产城融合型开发区综合容积率第二名，实现发展速度效益同步提升。

兰州经开区机场北高新园区项目加紧推进，西部药谷产业园项目进展顺利，兰州科林生物医药冬虫夏草保健品生产线、慈济药业年产1.5万吨中药饮片及浸膏生产线等重点项目陆续签约落地。大力推进绿色园区建设，加大基础设施配套整治，兰白试验区基础设施面貌和营商环境显著改善。把规划建设皋兰示范区作为难得的发展机遇，以“兰州大事、百年大计”的责任心，提振信心，凝聚共识，主动作为，积极协调，各项工作开局良好，进展顺利。

（七）实施平台联动，着力提升创新创业服务载体功能

为了加快推进建设兰白科技创新改革试验区，应加大财政资金支持众智、众包、众扶、众筹等创新创业融资平台建设，扩大创新创业融资渠道。加大财政资金支持科技金融综合服务平台建设，优化科技投融资环境。

丝绸之路国际知识产权港正式挂牌成立，丝绸之路信息港总体规划通过专家评审，“甘肃省自主创新试验示范创新服务中心”即将启动筹建。新建并认定一批专业化众创空间、孵化器、加速器及企业技术创新中心、工程研究中心、制造业创新中心，推进各类创新平台进入发展快车道。省部共建中国兰州留学人员创业园稳步推进，创业就业孵化基地、研究生联合培养基地、大学生创新创业训练计划等有效带动各类创客开展创业。全国“双创”周甘肃分会场等创新创业大赛和技能竞赛成功举办，帮助一批优秀创新创意获得市场支持。NSTL兰白试验区服务站全文服务量居全国第11位，被评为服务进步奖一等奖。目前，兰白试验区共有各类服务机构722个，其中，研发平台351个、创新创业平台56个、科技服务机构60个、其他机构255个，初步形成从产品创意到产品生产全服务的科技创新孵化体系。

统筹省级财政科技支出倾斜扶持兰白试验区建设，安排“中央引导地方科技发展资金”1420 万元专项支持兰白试验区新材料公共服务平台等 6 个项目。加强兰白基金监管，通过全面开展绩效评价，优化基金运作程序，提升基金直接投放效能。兑现奖励补助政策，科技补助和奖励力度不断加码，科技创新券服务支持范围和补助额度持续优化，有效推动“双创”活动开展和“双创”平台建设。落实研发费用加计扣除等扶持企业科技创新发展的各类税收政策，为企业纾难解困，全年累计为兰白试验区内企业减免税款约 15.97 亿元。创新“科技增信贷”金融产品，加大企业上市前期培训，推广专利保险、科技保险等业务，为企业提供全方位金融服务。强化知识产权保护和运用，成立中国（甘肃）知识产权维权援助中心工作站，定期开展专利执法专项检查，落实知识产权优势企业、专利权质押融资和各类知识产权计划，推动兰白试验区争创知识产权示范区，助推兰州、白银成功获批国家知识产权试点城市。跟踪实施统计调查与监测，实时反映兰白试验区建设进展与成效，为领导决策提供科学依据。持续加大“放管服”力度，积极推进“证照分离”改革，有效改善兰白试验区政务环境和营商环境。

白银高新区与腾讯公司等联手推动腾讯云大数据平台、3D 打印之城等项目落地，通过打造新时代人才“联合舰队”，目前已“柔性”引进 22 名院士并全部建立院士工作站，以及 8 个人才工作驻外联络站等平台，为兰白自创区建设汇聚智慧力量。

兰州新区在发展贸易时，将对外贸易列为重中之重。早在 2017 年底，兰州市就已经与 62 个国家实现了双边贸易，而这一数字还在持续增加中。在配套政策方面，兰州市印发《兰州市支持外贸稳定增长实施意见》等一系列文件，旨在不断优化外商投资环境，拓展对外经济合作领域，在打造向西开放战略平台上取得新突破。同时在科技创新体制上大胆创新，发起成立兰白试验区联合创新研究院，为促进专利和成果产业化，促进企业引进新技术、新产品搭建平台。加快新型智慧城市建设，电子政务外网、市政无线专网、城市运营指挥中心、智慧医疗、协同办公等平台上线运行，新区荣获“2018 中国智慧城市创新奖”。积极创建国家绿色金融改革创新试验区，设立新区商业银行、农商行和村镇银行，搭建“政金企”综合性公共服务平台，为高质量快速发展提供金融支撑。正在搭建的政务大数据共享交换平台，将成为兰州新区统一的政务信息资源整合、数据服务和共享交换的平台。大数据平台将打通信息孤岛，实现城市间的互联互通，真正做到让数据多跑路，市民少跑腿。

兰白高新区强化创新服务平台建设，联合高校、科研院所、企业、金融和中介机构等共同建立新型研发机构和政产学研金介用合作平台，共同推进国家大科学中心申报、建设工作。积极发挥高校院所在科技研发、校友资源等方面的特色优势，进一步在创新创业、产业升级等方面合作，推动校地协同创新发展。加快建设创业咖啡、创业社区、创业学院等公共服务平台，助推优势资源本地转移转化。2018 年兰州高新区建立了以市场为导向，企业为主体的高效协同创新机制，通过组织高校、科研院所依托优势学科资源，龙头企业依托行业资源，联合投资机构，共建了 4 个产业研究院、4 个科技创新工作站、1 个院士工作站、1 个产业技术创新联盟等协同创新平台，研究制定了《兰州高新区建设国家自主创新示范区协同创新平台方案》，为构建高质量发展的新兴产业体系提供了强有力的创新支撑，不断推动科学研究、技术研发、产品开发实现应用化、市场化、规模化，最终形成支撑经济发展的新动能和新模式。

五、规划实施中的典型经验和有益探索

（一）经验做法

认真践行习近平总书记视察甘肃省时“着力推进科技进步和创新，增强经济整体素质和竞争力”的重要指示精神，成功获批兰州白银国家自主创新示范区，为甘肃省绿色发展崛起注入新动能。

1. 工作体制机制不断完善

切实发挥领导小组作用，高位推动各项建设工作。甘肃省政府分别负责全面落实规划任务和建设目标，整合政府行政资源和各类创新要素，推动完成“3510”重点任务建设等；科技部负责制定面向试验区的差别化政策，集成人才、平台、项目、资金等科技创新资源重点推进；上海张江示范区管委会负责加强与试验区的交流和对接，建设张江兰白试验区技术转移中心，组织创新团队、高端人才和科技型企业到试验区落地创业，吸引国内外人才、技术、项目、资金进入试验区，推动建设生物、能源专业园区等；领导小组整个运作机制开始走入比较规范、健全的轨道，协调推进加大力度，对运行情况、特别是对存在的问题及时纠偏，对需要研究解决的重大问题及时提交领导小组，加强跟踪和协调，确保试验区建设的各项决策部署能够顺利、有效地落实好。把强化组织领导作为自创区建设的基础保障，将自创区建设作为“一把手”工程，专门成立由省委书记、省长任组长的“双组长”领导小组，兰州、白银两市分别成立由市委、市政府主要领导任组长的自创区建设领导小组，统筹协调建设事宜。在省科技厅加挂兰州白银国家自主创新示范区办公室牌子，在兰州高新区管委会、白银高新区管委会分别加挂自创区管委会牌子，并赋予省级经济管理权限。研究编制《兰州白银国家自主创新示范区发展规划纲要（2018—2022 年）》，着力在顶层设计、深化改革、突出特色、集聚人才、“双创”升级、整合资源、开放创新等方面进行大胆探索。

2. 建设工作强力推进

省委常委会和省政府常务会议专题研究推进兰州白银国家自主创新示范区建设工作，林铎书记、唐仁健省长多次作出指示批示，深入实地调研并召开座谈会和工作推进会，围绕“五区定位”谋篇布局。广泛汇聚各方资源和科技力量，助推兰白试验区发展。成立了由中国科技发展战略研究院相关专家任组长的咨询组，充分学习借鉴北京中关村、上海张江等兄弟省市的做法，在深化改革、集聚人才、“双创”升级等方面进行大胆探索。制定兰白试验区建设时间表和路线图，扎实推进各项任务。甘肃省坚持“一张蓝图干到底”，严格对照兰白试验区建设规划既定任务和科技部有关要求，印发《2018 年兰白试验区建设工作要点》，制定《重点工作任务分解表》，逐级靠实任务、量化指标、明晰责任，进行挂图作战、滚动实施。兰白两市及四区管委会积极推动兰白试验区建设管理。兰州市、白银市成立了以市委、市政府主要领导为双组长的领导小组，依托科技局设立兰白办，实行“领导小组＋兰白办＋工作小组”的工作模式，形成领导小组牵头抓总；兰白办综合协调；四区成员单位各负其责的工作机制；兰州、白银创新办分别负责本辖区试验区建设工作；四区管委会负责协同联动，落实兰白试验区建设各项任务。如兰州新区党工委和管委会主要领导全年累计召开中心组学习会议 3 次，协调推进会 8 次，制定《兰州新区兰白试验区建设任务分解表》，提出建设“一个中心”、实施“三大计划”、推进“六大工程”、实现“两个目标”的“1362”兰州新区试验区建设实施方案。每月听取试验区建设工作汇报，每周向市委主要领导汇报产业孵化大厦建设进展情况等。

3. 创新创业活力不断激发

把政策先行先试作为推进自创区建设的根本保证，省级层面出台《关于支持兰州白银国家自主创新示范区建设的若干意见》，兰州、白银两市分别出台《支持科技创新若干措施》，两个高新区分别构建了“1＋4＋7”和“3＋2＋10”的创新驱动政策体系，为自创区发展提供了有力的政策保障。加快推进科技管理改革，优化和完善各类财政科技计划（专项、基金等）的申报、评审、评价制度，加大对以自创区为重点的区域合作项目的支持力度。加强人才引进和培育，实施中组部“西部之光”访问学者项目，深入开展“陇原之光”人才培养计划，50% 的省级人才项目落地自创区。大科学装置科技创新创业园等重点科技成果转化项目开工建设，形成了 2 千亿级产业集群。兰白试验区技术创新驱动基金已发起设立 11 支基金、总规模 50.14 亿元，帮助科技型中小企业完成融资贷款 387 笔共计 30.3 亿元。

4. 吸引企业能力不断增强

把主导产业培育作为自创区建设的核心，着力打造错位发展、特色鲜明、技术领先的产业集群。积极推动省院合作，持续加强与中国工程院沟通对接并取得阶段性成效。兰州、白银两个高新区分别获得5000万元中央财政支持，打造特色载体、推动中小企业创新创业升级。兰州高新区加快推进11个、总投资100亿元的重点项目建设，白银高新区明确了6个产业园的主导产业。加快培育和认定新型研发机构，先后组织认定新型研发机构15家（全省24家）、培育新型研发机构6家（全省14家）。加快丝绸之路知识产权港建设，通过设立知识产权维权服务中心，完善知识产权保护机制等举措，有效促进自创区内科技创新型企业发展。加大招商引资力度，兰州、白银两个高新区先后引进项目58个、总投资约515.49亿元。注重活动牵引，接续推进“六个一百”技术创新工程。着眼打造全链条创新集群，围绕加快重点产业技术应用推广、加速科技成果转移转化、强化企业创新主体地位等方面，接续实施“六个一百”技术创新工程，着力推进要素突破、产业突破和平台突破。省、市、区三级联动，建立协同机制，各任务单位坚决扛起主体责任，围绕既定目标任务，在精准施策上出实招，在精准推进上下实功，在精准落地上见实效，2018年累计开发新产品116个、完成重大科技成果159项、培育高新技术企业107家、搭建创新平台132家、培育和引进创新团队150个，科技创新投入持续增长。

5. 区域创新协作不断深化

通过发挥部省（市）会商机制，建立高层次的沟通协调，推动甘肃省政府与上海市政府交流，甘肃省科技厅与张江高新区管委会协作。兰州、白银两市四区强化了组织协同、产业协同、创新协同；白银市委、市政府主要领导、分管领导先后4次赴上海张江自主创新示范区进行考察对接。白银市相关部门和企业赴省内外高校院所、张江高新区开展对接。市政府与上海久有股权投资基金管理公司签订了战略合作框架协议；白银高新区牵头组织白银市规划局、环保局、国土局、安监局等部门对青岛雪洁医药中间体、中兴海盛建筑垃圾综合处理、创新峡山旧模板再生循环利用等新入驻项目实行联合审核。通过国际科技合作、跨区域交流合作等渠道推动兰白两市开展跨区域多方、双方（如张江自主创新示范区）协同与合作交流。把加强区域合作作为提高自创区建设层次的主要措施，与上海、浙江等地签订相关战略合作协议，兰州市政府与网易公司签订战略合作协议。举行上海张江科技企业“兰州行”活动，促成多家企业与自创区内企业达成合作意向。与上海张江自创区共同设立10亿元兰州久有创新发展（风险）投资基金。华龙证券设立5只股权投资基金，累计投资自创区内15家企业79.89亿元。与此同时，围绕省政府经济社会发展区域合作重点方向和重点领域，在不断深化与沪浙已有合作的基础上，积极牵线搭桥，推进自创区与陕西、青海等地开展跨区域科技合作。

（二）典型案例

1. 特色载体推动中小企业创新创业升级

2018 年，根据财政部等部委《关于打造特色载体推动中小企业创新创业升级工作的通知》要求，结合兰白自创区各项建设的深入实施，率先将兰白自创区建设实施主体的兰州高新区和白银高新区作为推荐对象，在此区域开展打造特色载体推动中小企业创新创业升级工作，申报科技部中小企业发展专项资金，打造“科技资源支撑型”特色载体，成功获批并获得财政部下达 2018 年中小企业发展专项资金预算 5000 万元补助经费。此次补助资金将用于支持创新创业特色载体提升可持续发展能力，拓展孵化服务功能和辐射范围，为中小企业提供市场化、专业化、精准化的资源和服务，对于提高甘肃省创新创业资源融通效率与质量，促进中小企业专业化高质量发展，助力兰白自创区建设具有重要意义。

2. 兰白区与上海张江自创区的深化合作

省科技厅以培育战略性新兴产业、加快推动兰白自创区产业发展为目标，不断加强与上海张江自创区合作，积极推动高新技术产业（企业）落地兰白自创区。举行上海张江科技企业“兰州行”活动，促成多家企业与自创区内企业达成合作意向。与上海张江自创区共同设立 10 亿元兰州久有创新发展（风险）投资基金。2019 年，与上海张江自创区推荐基金管理机构共同设立总规模 6 亿元的兰白张江基金，已投资 6 家科技企业，投资总额 2.4 亿元，同时带动平行基金投资 3.4625 亿元。2019 年 4 月，甘肃省委副书记、省长唐仁健率团赴沪考察招商，其间出席并见证了上海张江高新区管委会与兰白国家自主创新示范区办公室创新发展合作备忘录的签订仪式。2018 年兰白基金对炫踪网络投资 5000 万元，将其子公司甘肃炫游网络有限公司引进兰州高新区，并约定在 3 年内将其总部迁至兰白自创区。2020 年 7 月 14 日，上海炫踪网络股份有限公司完成工商营业执照变更登记，注册地由上海市迁移至兰州高新区，标志着甘沪科技创新合作再上新台阶。甘肃炫踪网络有限公司落地兰州，并参与甘肃省数字文化产业园建设，将为甘肃省经济发展带来一定经济社会效益。该项目的成功落地，是省科技厅（兰白国家自主创新示范区办公室）与省科技集团携手推动兰白自创区内传统产业转型升级、推动甘肃省信息技术产业做大做强、促进甘肃省经济高质量发展的重大举措，必将对兰白自创区乃至全省的信息技术产业发展带来深远影响。

第 10 章　典型科技创新专项政策实施情况评估案例分析

一、《甘肃省支持科技创新若干措施》实施情况评估

（一）评估说明

1. 评估背景与目的

为推动全国科技创新大会精神贯彻落实，加快实施创新驱动发展战略，突破制约科技创新发展的障碍、束缚，激发创新主体活力、潜力，2016 年 10 月，中共甘肃省委办公厅、甘肃省人民政府办公厅印发《甘肃省支持科技创新若干措施》（简称“创新 30 条”[①]），涉及 7 个方面共 30 条措施。

为更好地推动政策落实，甘肃省科技厅委托甘肃省科学技术情报研究所作为第三方，开展“创新 30 条”实施情况绩效评估，评估期限为 2016 年 10 月至 2019 年 9 月。本次评估根据“创新 30 条”的体例、形式和内容等特点，采取定性分析和定量分析相结合的评估方式，突出重点，逐次评估，多角度采集证据信息和数据，全面梳理和真实反映政策实施效果，分析存在的问题和不足，及时了解科技创新新需求，提出进一步完善政策的建议。

2. 评估原则

本次评估坚持以下原则：

① 独立原则。评估应不受任何机构和个人干扰，根据实际信息，独立判断，得出评估结论，提出建议。

② 客观原则。评估应站在客观公正的立场上，通过多种方法收集数据、意见和信息，为评估工作提供依据。

③ 科学原则。本项工作将根据评估对象的特征，结合案卷调研、统计分析等方法，科学分析，最大程度呈现政策实施的实际成效。

④ 规范原则。严格按照本方案确定的评估框架、评估方法、时间进度和其他有关

---

① 该简称仅适用于本章节内容。

要求，规范开展评估工作。

3. 评估内容与要点

根据委托方对评估工作的要求和评估对象的特点，本次评估重点关注“创新 30 条”出台以来，政策对全省科技创新活力的激发作用、各类创新活动的新需求、科技创新工作的新变化等。同时，分别对 7 个方面共 30 条政策措施的实施进展、成效及影响力进行评估，总结经验，发现不足，提出针对性建议。

本次评估框架包括配套政策制定、组织实施机制、任务实施进展及政策受众评价和影响力等 4 个方面，具体评估内容要点见表 10－1。

表 10－1　“创新 30 条”实施情况评估内容框架

评估维度	评估要点
配套政策制定	1. 各区县市、任务牵头部门配套政策的完备性 2. 与国家、甘肃地方有关文件，及甘肃省科技创新目标及创新需求的相符性 3. 政策制定的执行流程及各管理环节规定的可操作性
组织实施机制	1. 甘肃省相关部门（单位）的责任落实、任务分工、组织实施等情况 2. 过去 3 年开展的重点工作，推动机制、落实机制 3. 科技创新扶持资金来源的可持续性 4. 政策制定目标群体与管理部门沟通渠道 5. 政策制度落实情况的监督检查或绩效评估机制
任务实施进展	1. 开放合作创新体系构建包括的 3 条措施（国际国内合作、军民协同创新和创新平台建设等方面优惠奖励政策）实施进展与成效等 2. 科技创新主体培育包括的 3 条措施（创新主体奖补、简化企业行政审批手续、落实创新企业和创新项目用地等相关优惠政策）实施进展与成效等 3. 省级科研项目资金管理完善包括的 6 条措施（科研项目预算编制简化、间接费用提高比重、明确劳务费开支范围、结转结余资金留用处理、横向经费管理等）实施进展与成效等 4. 创新创业人才队伍扶持包括的 7 条措施（赋予高校和科研院所在选人用人、科学研究、科研人员离岗创业等方面更大自主权等）实施进展与成效 5. 成果转化激励机制优化包括的 4 条措施（创新企业成果转化、知识产权相关优惠政策、科技特派员激励措施等）实施进展与成效 6. 营造良好创新创业环境包括的 6 条措施（金融、财政、税收、科技创新券等）实施进展与成效 7. 宽容失败机制建立情况（在鼓励创新、宽容失败方面的举措及成效）
政策受众评价和影响力	受众群体对“创新 30 条”的认可和满意度

4. 评估方法与活动

基于证据、面向关键问题的评估方法，事实评估与价值评估相结合，专题分析与综合评估相结合。为客观真实和系统收集评估所需的各类支撑信息和数据，根据评估工作需要，综合采取案卷研究、自评估、问卷调查、统计分析等多种渠道和方式充分采集数据进行综合分析，形成评估结果。

① 案卷研究。对甘肃省现有政策文件、工作总结等材料、新闻报道资料等进行系统梳理和综合分析。通过各种渠道，进一步挖掘和补充相关文献资料。

② 自总结评估。为全面掌握政策实施情况，评估组设计了自评报告提纲，甘肃省科技厅于 2019 年 10 月 16 日印发通知，评估组组织联系各市（州）就本地区贯彻落实《甘肃省支持科技创新若干措施》实施情况进行绩效自评，形成的报告是评估的重要依据和主要证据来源。

③ 问卷调查。针对“创新 30 条”政策的受众（企业、高校、科研院所等）设计问卷，选择 50 家单位，于 2019 年 10 月 16 日发放《〈甘肃省支持科技创新若干措施〉实施情况调查问卷》并全部回收，通过数据分析研究政策受众对该改革举措的知晓、认同情况，改革举措的具体落实情况及效果，以及政策受众对改革举措实施效果的满意程度等。

④ 统计分析。对落实“创新 30 条”奖补情况数据、各市（州、区）提交的自评报告数据及受众群体问卷调查数据资料等进行整理统计，形成评估证据数据，对政策重点目标实施进展情况及实施效果进行深度分析。

5. 评估的局限性

由于本次评估周期较短，时间紧、任务重，在一定程度上影响了评估工作的深入开展，专题座谈、实地考察没有成行，可能对评估结果有一定影响。

（二）“创新 30 条”实施成效

1. 强化政策配套落实，构建区域科技创新政策体系

“创新 30 条”出台以后，全省各相关部门、14 个市（州）及兰州新区上下联动、主动作为、精心组织、及时部署、各尽其责、形成合力，将“创新 30 条”推动落实作为全省深化科技体制机制改革，破解制约科技创新发展障碍和束缚、激发创新主体活力潜力的有力抓手，在深入贯彻落实党中央相关政策文件精神的基础上，结合甘肃科技创新发展实际，出台相关配套政策，构建了相对完善的区域科技创新政策体系，全力推动“创新 30 条”落地生根。

（1）省直部门配套政策制定情况

省直相关部门先后配套出台了 14 个有针对性的配套政策文件，明确了“创新 30 条”奖补的各类创新创业主体、基地平台的认定、达标及管理要求，健全完善了相关管理制度，最大限度地激发了全省创新主体活力和潜力，形成贯彻落实“创新 30 条”的政策体系，打出了一套落实“创新 30 条”的“组合拳”，有力助推“创新 30 条”制度化、规范化、程序化实施。具体的政策文件包括《甘肃省国际科技合作基地管理办法（试行）》《甘肃省深入推行科技特派员制度的实施方案》《甘肃省科技创新股权激励暂行办法》《甘肃省军民融合协同创新中心认定和管理办法》《甘肃省企业科技特派员行动计划实施方案（试行）》《甘肃省首件授权发明专利资助办法》《甘肃省国际科技合作基地认定工作细则（试行）》《甘肃省引进人才持有科技创新成果评审认定管理试行办法》《甘肃省科研分支机构认定办法（试行）》《甘肃省科技成果转化项目资助试行办法》《甘肃省科技创新券实施管理办法》《甘肃省专利保险资助资金管理办法》《甘肃省科技创新型企业认定和管理办法》《甘肃省知识产权局关于推行企业知识产权管理规范工作的通知》等（表 10－2）。

表 10－2　甘肃省省直部门落实“创新 30 条”配套政策出台情况

序号	文件名	发文单位	发布时间	相关文号
1	《甘肃省国际科技合作基地管理办法（试行）》	甘肃省科学技术厅	2016 年 12 月	甘科外规〔2016〕17 号
2	《甘肃省深入推行科技特派员制度的实施方案》	甘肃省人民政府办公厅	2017 年 1 月	甘政办发〔2017〕12 号
3	《甘肃省科技创新股权激励暂行办法》	甘肃省工业和信息化委员会、甘肃省财政厅、甘肃省科学技术厅、甘肃省教育厅、甘肃省政府国资委	2017 年 6 月	甘工信发〔2017〕295 号
4	《甘肃省军民融合协同创新中心认定和管理办法》	甘肃省工业和信息化委员会、甘肃省发展和改革委员会、甘肃省科学技术厅、甘肃省财政厅	2017 年 6 月	甘工信发〔2017〕314 号
5	《甘肃省企业科技特派员行动计划实施方案（试行）》	甘肃省科学技术厅	2017 年 7 月	甘科高函〔2017〕40 号
6	《甘肃省首件授权发明专利资助办法》	甘肃省知识产权局	2017 年 7 月	
7	《甘肃省国际科技合作基地认定工作细则（试行）》	甘肃省科学技术厅	2017 年 8 月	甘科外规〔2017〕6 号
8	《甘肃省引进人才持有科技创新成果评审认定管理试行办法》	甘肃省科学技术厅	2017 年 10 月	甘科成规〔2017〕8 号

续表

序号	文件名	发文单位	发布时间	相关文号
9	《甘肃省科研分支机构认定办法（试行）》	甘肃省科学技术厅	2017 年 10 月	甘科计规〔2017〕7 号
10	《甘肃省科技成果转化项目资助试行办法》	甘肃省科学技术厅	2017 年 10 月	甘科成规〔2017〕9 号
11	《甘肃省科技创新券实施管理办法》	甘肃省科学技术厅、甘肃省财政厅	2017 年 11 月	甘科计规〔2017〕16 号
12	《甘肃省专利保险资助资金管理办法（试行）》	甘肃省知识产权局、甘肃省科学技术厅、甘肃省财政厅、中国保监会甘肃监管局	2017 年 12 月	甘知发〔2017〕66 号
13	《甘肃省科技创新型企业认定和管理办法》	甘肃省科学技术厅	2018 年 3 月	甘科高规〔2018〕2 号
14	《甘肃省知识产权局关于推行企业知识产权管理规范工作的通知》	甘肃省知识产权局	2018 年 3 月	甘知发〔2018〕13 号

（2）14 个市（州）及兰州新区配套政策制定情况

14 个市（州）及兰州新区高度重视“创新 30 条”政策落实工作，坚持问题导向和需求导向，以着力推进本地区科技进步和创新，努力构建高效协同的创新生态环境为重点进行了有效改革和探索，在政策制定中积极调研，征求各方意见，注重“创新 30 条”政策落实与本地区科技创新政策措施、发展规划、改革举措、目标任务的统筹协调、有效衔接和推动落实，先后出台了本地区支持科技创新若干措施（图 10-1）。兰州市制定的《兰州市支持科技创新若干措施》，提出 50 条促进科技创新措施，涉及 19 个市级部门。平凉市出台《平凉市贯彻落实支持科技创新若干措施的实施意见》提出了 29 条鼓励创新创业和成果转移转化的激励措施，所属的崆峒区、灵台县、崇信县、泾川县及平凉工业园区也配套制定了县区层面落实“创新 30 条”的实施意见及方案。武威市着眼于突破地区科技创新现有瓶颈障碍，营造良好创新创业环境，逐条逐项对标，制定出台了《贯彻落实“创新 30 条”实施方案》，提出了 29 项重点工作内容和支持措施。所属的凉州区、民勤县、古浪县、天祝县也配套制定了县区层面落实“创新 30 条”的实施意见及方案。金昌市出台了《金昌市加快科技创新发展若干措施》，提出加快科技创新发展的 36 条具体措施。

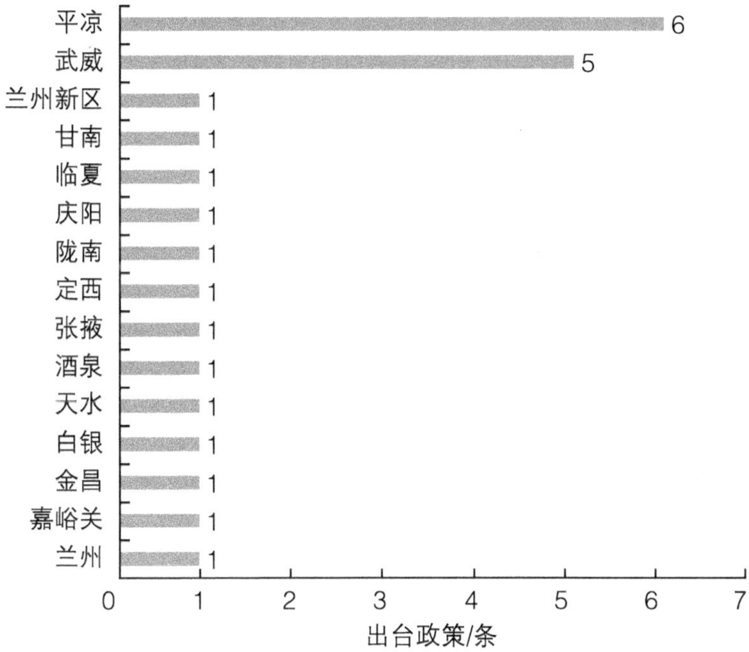

图 10-1　各市（州、区）及所属县区落实“创新 30 条”政策出台情况

（3）参与调查单位配套政策制定情况

全省各类高等学校、科研院所、创新型企业为落实“创新 30 条”，也积极研究制定适合本单位的配套政策或实施细则。调查显示，参与调查的50家单位中，有62%（31家）结合单位科研发展状况，围绕促进科技成果转化，科研项目间接经费、结余资金管理，科研项目绩效发放，人才引进，研发人员奖励、技术创新、科研平台建设等制定相应的管理办法。其中，参与调查的中央级高等学校、科研院所以及地方高等学校均制定了相应的配套政策，国有企业、地方科研院所、医院的配套政策制定情况相对滞后，制定配套政策单位在总调查单位中的占比均低于 50%（表 10-3）。

表 10-3　参与调查单位“创新 30 条”配套政策或实施细则制定情况

参与调查单位类型	单位数量 / 家	制定配套政策单位数量 / 家	占比 /%
中央级高等院校	2	2	100
中央级科研院所	2	2	100
地方高等院校	7	7	100
民营企业	14	9	64
国有企业	17	8	47

续表

参与调查单位类型	单位数量 / 家	制定配套政策单位数量 / 家	占比 /%
地方科研院所	5	2	40
医院	3	1	33
合计	50	31	64

2. 重视宣传解读和舆论引导，优惠措施万众期待

加强政策宣传推广，是促进各类重大科技创新政策措施及时被社会公众认知、快速落实的重要途径。“创新 30 条”出台后，甘肃省各级政府及科技管理部门通过各种方式及渠道开展持续、深入、广泛的宣传及解读，不断提高社会公众及政策受众对政策知晓率及认知度，扩大政策的社会影响力。

（1）多渠道广泛宣传

2016 年 10 月，全省科技创新大会召开，正式印发“创新 30 条”，随后省政府新闻办召开新闻发布会进行“创新 30 条”阐释。甘肃省科学技术厅多次通过召开工作座谈会、会议培训等形式进行政策宣讲，并深入高校、院所、企业开展调研，及时跟踪掌握“创新 30 条”落实及进展情况。同时注重运用媒体开展宣传引导，通过报纸、官方网站及其他网络媒体、微博等多种媒介渠道和宣传平台及时对“创新 30 条”的发布、解读，以及实施过程中的典型事件、典型人物和鲜活经验进行宣传报道，进一步扩大“创新 30 条”网络宣传扩散面，切实提高全社会对政策的知晓率，提升政策的社会影响力。从网络渠道来看，人民网、中国新闻网、中国政府网、中国甘肃网、甘肃日报、每日甘肃网、中国网、凤凰网、新华网、搜狐网、新浪网、网易新闻、网易财经等均对“创新 30 条”相关新闻进行报道及转发。

调查显示：76% 的参与调查者获知“创新 30 条”的渠道是政府官方网站，66% 的获知渠道是有关部门组织的政策宣传、培训，34% 的获知渠道是行业交流，28% 的获知渠道是媒体渠道，16% 的表示是通过此次问卷调查等其他渠道获知。

（2）政策措施普遍认同度高

“创新 30 条”旨在加快实施创新驱动发展战略，破解制约全省科技创新发展障碍和束缚，激发创新主体活力和潜力。调查显示，参与调查者普遍认同“创新 30 条”对促进甘肃创新驱动发展的意义，如图 10–2 所示，有 34% 选择意义“很大”，58% 选择意义“较大”，4% 选择意义“一般”，选择意义“较小”“很小”的只占 4%。

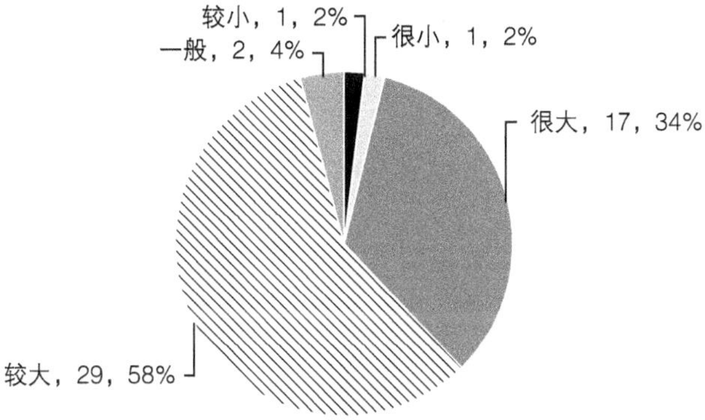

图 10-2　对“创新 30 条”的认可程度

调查显示，参与调查者对“创新 30 条”执行流程及各管理环节规定的清晰程度、落实便捷性普遍持认同态度。对于“创新 30 条”执行流程及各管理环节规定的清晰程度，如图 10-3 所示，68% 的参与调查者选择“很清晰”，22% 选择“部分清晰”，选择“一般”“不太清晰”“不知道”选项的占 10%。对于“创新 30 条”落实的便捷性，如图 10-4 所示，80% 的参与调查者认为“创新 30 条”落实“很便捷”“比较便捷”，20% 的选择“一般便捷”，没有选择“不太便捷”和“不便捷”。

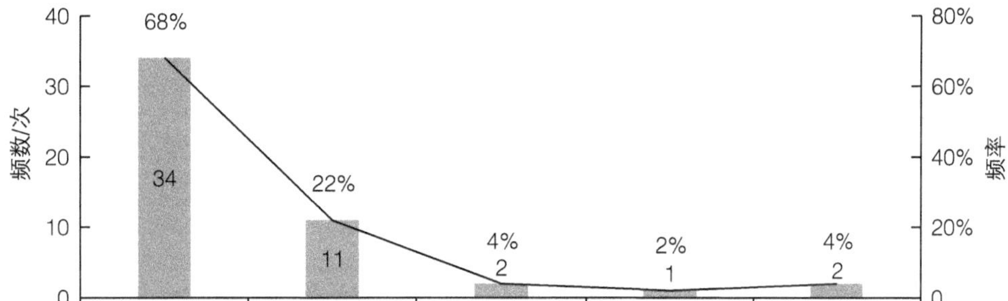

	很清晰	部分清晰	一般	不太清晰	不知道
频数	34	11	2	1	2
频率	68%	22%	4%	2%	4%

图 10-3　“创新 30 条”执行流程及各管理环节规定的清晰程度

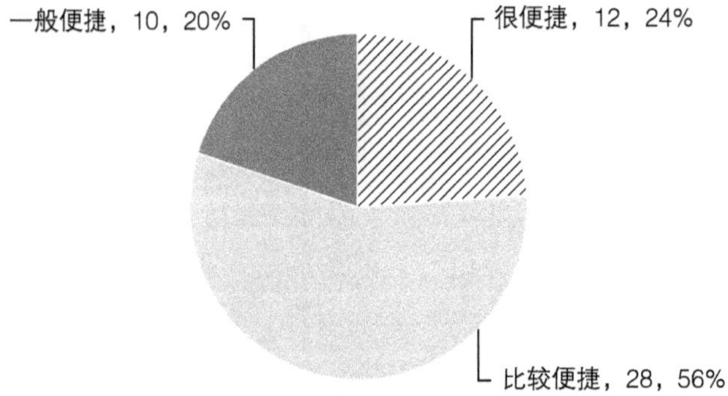

图 10-4 “创新 30 条”落实便捷性

调查结果显示，参与调查者对“创新 30 条”的执行情况和效果满意程度整体较高，总体评价较好。如图 10-5 所示，14% 的参与调查者在对“创新 30 条”执行情况和效果的总体评价满意度调查中选择“非常满意”，64% 的选择“比较满意”，22% 的选择“一般满意”，没有选择“较不满意”和“很不满意”的情况。

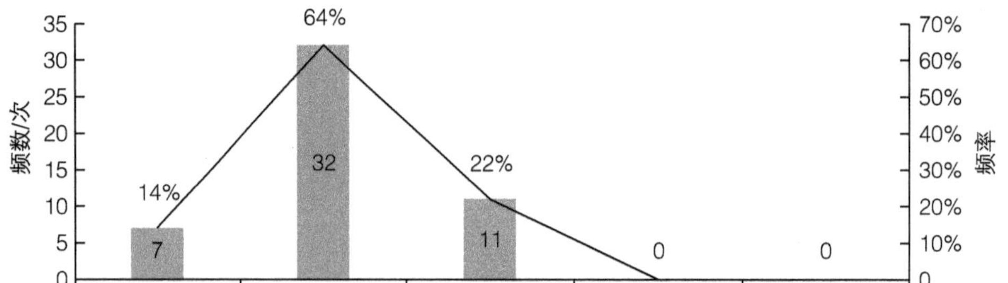

	非常满意	比较满意	一般满意	较不满意	很不满意
频数	7	32	11	0	0
频率	14%	64%	22%	0	0

图 10-5 对“创新 30 条”执行情况和效果的总体评价

针对“创新 30 条”有效落实情况调查显示，参与调查者对“完善省级科研项目资金管理”“构建开放合作创新体系”的落实情况认同度最高，如图 10-6 所示，80.95% 的参与调查者选择“完善省级科研项目资金管理”，76.19% 选择“构建开放合作创新体系 ”，69.05% 选择“培育科技创新主体”，69.05% 选择“扶持创新创业人才队伍”，69.05% 选择“优化成果转化激励机制”，42.86% 选择“营造良好创新创业环境”，19.05% 选择“建立宽容失败机制”。

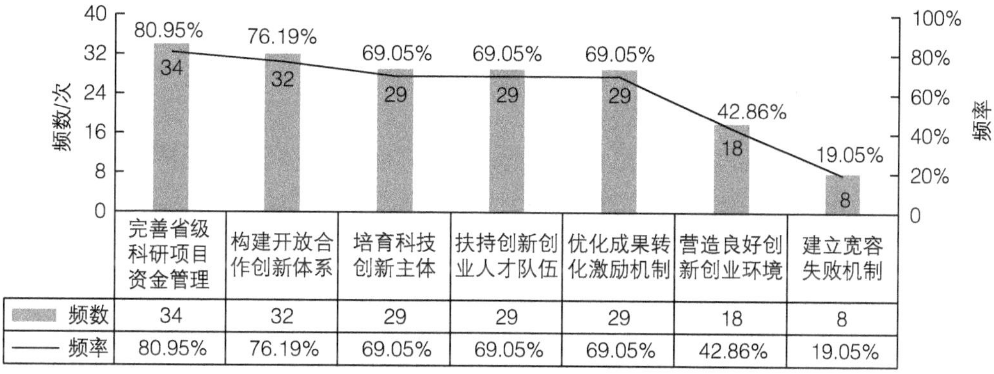

图 10-6　对“创新 30 条”政策落实关键词（多选）

（3）区域协同配合推动落实落地

全省 14 个市（州）及兰州新区高度重视“创新 30 条”贯彻落实，及时召开专题会议传达，并通过各种渠道及形式宣传引导，切实推进政策传送到组织落实的“最后一公里”。兰州市先后 2 次在《甘肃日报》《兰州日报》等媒体进行全文刊发，相继编制了《兰白科技创新改革试验区政策图文导读》，并对其进行了图文并茂的解读。同时，在《兰州晚报》《兰州日报》《兰州科技网》上向社会发布了《〈兰州市支持科技创新若干措施〉实施细则》，相关部门先后深入高等院校、科研院所、科技企业、各区县举办政策宣讲 48 场（次），参训企业 1500 多家、高等院校 20 多家、科研院所 30 多家。白银市科技局按照市委、市政府安排，组成宣讲调研组，赴各县区及园区，采取座谈会形式针对园区、企业负责人和科技管理人员进行“创新 30 条”文件精神宣讲。嘉峪关市委联系点领导、市政府分管领导和科技、发展改革、人力资源和社会保障等部门负责人多次深入企业一线进行调研，对支持科技创新的政策措施进行深入宣传和督查督办。邀请省知识产权事务中心、省高新技术创业服务中心、省科技情报研究所、兰州科技大市场、省生产力促进中心、省分析测试中心、省科学器材公司等部门专家多次来嘉峪关举办科技创新培训班，以科技创新政策措施为主要内容，面向酒钢（集团）公司和市属企业科研人员就知识产权（专利申请）实务、科技企业孵化器、科技大市场、大型仪器共享、科技创新券、检验检测认证、众创空间，以及重点实验室、工程技术研究中心、高新技术企业认定等业务进行专题培训，帮助企业享受政策红利，推动政策措施落地落实。

3. 扎扎实实落实奖补资金，创新创业活力有效激发

甘肃省科技厅全面加大财政科技资金对“黄金 30 条”奖补政策的支持保障，遵循“有诺必践”，财政科技专项资金优先保障“黄金 30 条”各项奖补措施落地生根、开花结果。全省包括中小企业、大型国企、高等学校、科研院所等各类创新主体均实实在在从中获益，提升全省创新创业活力，持续推进科技需求、技术研发、成果转化的融通贯通，提升创新效率。

（1）奖补资金落实总体情况

2017—2018年，甘肃省科学技术厅对政策出台后新认定或复审通过的高新技术企业和科技创新型企业，新建或评估优秀的各类基地和平台进行梳理核准，共下达奖补资金36 374.52万元，奖补项目1682项。其中，2017年奖补资金18 998.52万元，奖补项目810项；2018年奖补资金17 376万元，奖补项目872项。奖补事项包括新认定的国家级及省级国际科技合作基地、国家级及省级科技企业孵化器、国家级及省级农业科技园区、省级高新技术产业开发区、省级技术转移示范机构、科研分支机构（联合实验室）、省重点实验室、技术创新中心，新成立省级产业技术创新战略联盟，考核评估优秀的国家级科技企业孵化器、省级重点实验室、省级工程（技术）研究中心、省级农业科技园区、新认定及复审通过高新技术企业、新认定省级科技创新型企业、新认定全国知识产权服务品牌培育机构、国家级及省级知识产权优势企业、国家知识产权示范企业、省级知识产权联盟，贯标认证企业《企业知识产权管理规范》国际标准认证企业，首件授权发明专利科技型企业、专利保险、科技创新券等26项（表10-4）。其中，对新认定高新技术企业的奖补数量及奖补资金均位列第1位。2017—2018年共奖励512家新认定高新技术企业，每家企业按照20万元标准进行奖补，总共支出奖补资金10 240万元。

表10-4 2017—2018年甘肃省科学技术厅落实“创新30条”奖补情况

序号	奖补类别	补助标准/万元	2017年		2018年		合计	
			项目数量/项	金额/万元	项目数量/项	金额/万元	项目数量/项	金额/万元
1	新认定高新技术企业	20	204	4080	308	6160	512	10 240
2	复审通过高新技术企业	5	106	530	99	495	205	1025
3	省级科技创新型企业（新认定）	5	135	675	194	970	329	1645
4	省级产业技术创新战略联盟（新成立）	30	6	180	6	180	12	360
5	省级科技企业孵化器（新认定）	50	18	900	12	600	30	1500
6	国家级科技企业孵化器（新认定）	100	1	100	—	—	1	100

续表

序号	奖补类别	补助标准/万元	2017 年		2018 年		合计	
			项目数量 / 项	金额/万元	项目数量 / 项	金额/万元	项目数量 / 项	金额/万元
7	国家级科技企业孵化器（考核评估优秀）	100	3	300	3	300	6	600
8	省级高新技术产业开发区（新认定）	50	4	200	3	150	7	350
9	省级技术转移示范机构（新成立）	30	35	1050	25	750	60	1800
10	科研分支机构（联合实验室）（新认定）	50	39	1950	—	—	39	1950
11	省级工程（技术）研究中心、省级重点实验室（考核评估优秀）	50	98	4900	—	—	98	4900
12	甘肃省重点实验室、技术创新中心（新认定）	50	—	—	35	1750	35	1750
13	省级国际科技合作基地（新认定）	50	35	1750	35	1750	70	3500
14	国家级国际科技合作基地（新认定）	300	3	900	—	—	3	900
15	国家级农业科技园区（新认定）	300	—	—	1	300	1	300
16	省级农业科技园区（新认定）	50	—	—	5	250	5	250
17	省级农业科技园区（考核评估优秀）	50	—	—	9	450	9	450
18	专利保险		4	1.52	—	—	4	1.52
19	首件授权发明专利科技型企业	1	62	62	63	63	125	125
20	全国知识产权服务品牌培育机构（新认定）	20	1	20	2	40	3	60
21	国家知识产权优势企业（新认定）	30	23	690	22	660	45	1350

续表

序号	奖补类别	补助标准/万元	2017年		2018年		合计	
			项目数量/项	金额/万元	项目数量/项	金额/万元	项目数量/项	金额/万元
22	国家知识产权示范企业（新认定）	30	2	60	4	120	6	180
23	省级知识产权优势企业（新认定）	20	28	560	27	540	55	1100
24	省级知识产权联盟（新成立）	30	—	—	2	60	2	60
25	贯标认证企业《企业知识产权管理规范》国际标准认证企业	30	3	90	16	480	19	570
26	科技创新券	—	—	—	1	1308	1	1308
合计			810	18 998.52	872	17 376	1682	36 374.52

（2）获得奖补资金的依托单位情况

获得奖补的依托单位主要有企业、中央在甘高等学校及科研院所、地方高等学校及科研院所、医院以及开发区、市州县区科技局、生产力促进中心、知识产权事务中心、分析测试中心等其他单位。从依托单位属性来看，2017—2018年获得奖补资金最多的是企业，共获得奖补项目1506项，占总奖补项目的90%，奖补资金27 313.992万元，占总奖补资金的75.09%；其次是地方高等学校，共获得奖补项目53项，占总奖补项目的3.2%，奖补资金2840万元，占总奖补资金的7.81%；医院所享受的奖补资金最少，共获得奖补项目12项，占总奖补项目的0.7%，奖补资金600万元，占总奖补资金的1.65%（表10–5）。

表10–5　2017—2018年按依托单位属性划分奖补情况

依托单位属性	2017年			2018年			合计		
	奖补项目数量/项	金额/万元	占比/%	奖补项目数量/项	金额/万元	占比/%	奖补项目数量/项	金额/万元	占比/%
企业	696	13 032.992	68.6	810	14 281	82.2	1506	27 313.992	75.09
地方高等学校	39	2180	11.5	14	660	3.8	53	2840	7.81

续表

依托单位属性	2017 年			2018 年			合计		
	奖补项目数量 / 项	金额/万元	占比/%	奖补项目数量 / 项	金额/万元	占比/%	奖补项目数量 / 项	金额/万元	占比/%
地方科研院所	21	1235	6.5	12	495	2.8	33	1730	4.75
中央级高等学校	22	1100	5.8	10	480	2.8	32	1580	4.34
其他	11	420.528	2.2	12	780	4.5	23	1200.528	3.30
中央级科研院所	17	830	4.4	6	280	1.6	23	1110	3.05
医院	4	200	1.1	8	400	2.3	12	600	1.65
合计	810	18 998.52	100	872	17 376	100	1682	36 374.52	100

从依托单位获得的奖补事项来看，2017—2018 年共 1682 项奖补项目，由 1294 家单位获得，其中有 212 家单位获得的奖补项目达到 2 项以上，按照获得奖补项目数量排序，前 10 位的依托单位依次为兰州大学、兰州交通大学、甘肃农业大学、西北师范大学、甘肃省农业科学院、兰州理工大学、中国科学院寒区旱区环境与工程研究所、甘肃省化工研究院有限责任公司、甘肃省轻工业研究所有限责任公司、中国农业科学院兰州畜牧与兽药研究所（表 10-6），其中兰州大学获得奖补项目 28 项，获得奖补资金 1380 万元，均位列第 1 位。

表 10-6　2017—2018 年享受奖补金额前 10 位依托单位情况

序号	依托单位	奖补事项/项	获得奖补金额/万元
1	兰州大学	28	1380
2	兰州交通大学	12	600
3	甘肃农业大学	12	580
4	西北师范大学	11	550
5	甘肃省农业科学院	11	530
6	兰州理工大学	8	650
7	中国科学院寒区旱区环境与工程研究所	7	350
8	甘肃省化工研究院有限责任公司	7	320
9	甘肃省轻工业研究所有限责任公司	6	235
10	中国农业科学院兰州畜牧与兽药研究所	5	250

（3）获得奖补资金单位地区分布情况

从获得奖补事项的依托单位地区分布来看，虽然涵盖了全省 14 个市州及兰州新区，但地区差异比较明显。2017—2018 年，位于兰州市的依托单位获得奖补项目及金额最多，共获得奖补项目 728 项，占总奖补项目的 43.3%，奖补资金 19 593.52 万元，占总奖补资金的 53.9%，主要是全省的中央在甘及省属高等学校、科研院所、高新技术企业及科技型企业大多位于兰州市；其次为张掖市、白银市、酒泉市、天水市、定西市、武威市、兰州新区、嘉峪关市、金昌市、庆阳市、平凉市、陇南市、临夏州，位于甘南州的依托单位获得奖补项目及金额最少，共获得奖补项目 10 项，占总奖补项目的 0.6%，奖补资金 120 万元，占总奖补资金的 0.3%（图 10-7 和图 10-8）。

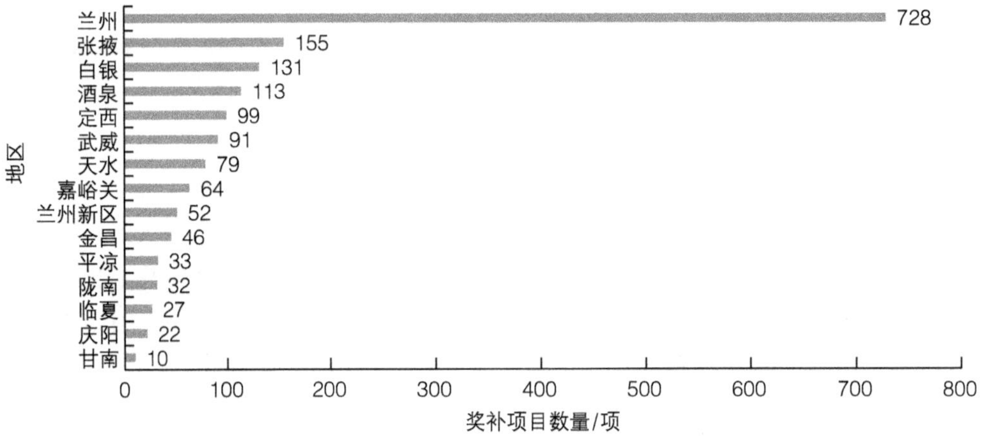

图 10-7　2017—2018 年甘肃省科学技术厅落实“创新 30 条”按地区划分奖补项目数量情况

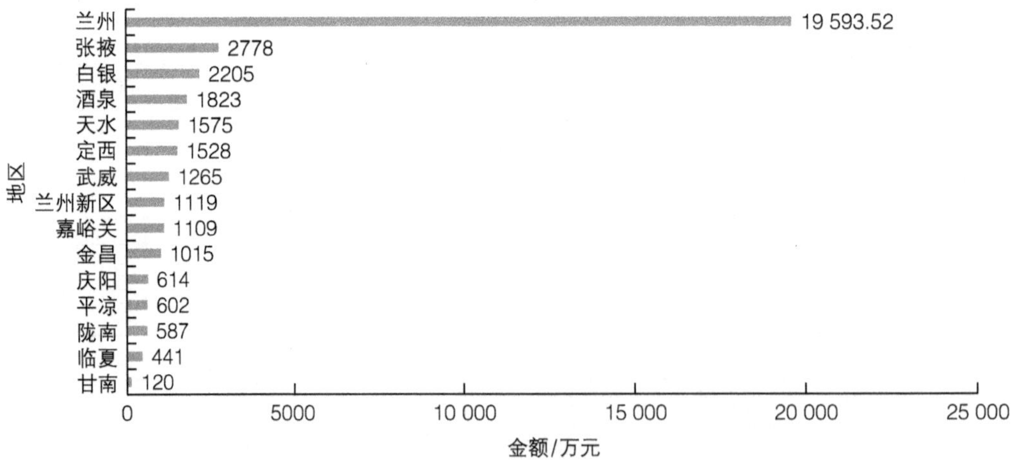

图 10-8　2017—2018 年甘肃省科学技术厅落实“创新 30 条”按地区划分奖补资金情况

（4）地区奖补资金配套情况

全省 14 个市（州）及兰州新区也积极加大地区财政科技投入，保障“创新 30 条”及本地区配套政策有效落地。兰州市各部门落实支持科技创新若干措施，共为各类创新主体提供扶持资金 7.85 亿元。白银市共落实市级奖补资金 733.2 万元。定西市投入市级科技经费 740 万元，支持市直科研、推广单位和科技合作企业实施市级科技计划项目 59 项；推动税收、研发费用加计抵扣等税收优惠政策落实，共为高新技术企业减免所得税 853 万元，企业研发费用加计抵扣 532.13 万元。嘉峪关市共配套落实奖补资金 1067 万元，对全市符合奖补条件的科技创新平台、科技成果、科技人才等给予奖补。金昌市兑现科技创新政策奖补资金 896 万元，主要用于高新技术企业奖补 690 万元、省级创新型企业奖补 110 万元，创新平台奖补 20 万元、知识产权优势企业奖补 16 万元、专利资助 60 万等方面。平凉市对省级认定的 12 家高新技术企业和 13 个创新平台在已经获得省级奖补资金 255 万元的同时，兑现市级奖补资金 66 万元。平凉工业园区管委会对 2018 年园区新增的 3 户高新技术企业每户奖励 20 万元，对 2019 年 4 月迁入的高新技术企业奖励 20 万元。灵台县政府 2019 年兑现“县科技创新 29 条”奖补资金 12 万元。庆阳市 2018 年兑现落实市级科技创新奖补资金 260 多万元，对全市 11 家科技企业和 500 多名科技工作者、专利权人进行了奖补。2019 年争取市级奖励资金 18 万元，对全市科技创新 20 个先进集体、60 名先进个人进行表彰奖励。天水市截至目前兑现市级奖补资金 786 万元。武威市财政 2017—2019 年共配套落实市级奖补资金共 1261 万元。

4. 科技创新供给不断强化，创新实力稳步提升

甘肃省深入实施创新驱动发展战略，科技体制改革向纵深推进，科技创新驱动高质量发展，有力支撑引领构建生态产业体系、推动绿色发展崛起，科技创新供给不断强化，自主创新能力不断提升。2017—2018 年，10 项重大科技成果获国家科学技术奖，5 名科学家获得何梁何利基金科学与技术奖。登记省级科技成果 2246 项，技术市场合同成交 10 922 项、交易额达到 343.9 亿元。争取国家科技计划项目 1434 项，资金 13.86 亿元。2018 年，每万人口发明专利拥有量 2.62 件。245 项应用技术成果实现转化，共创造经济效益 601.22 亿元。科技对经济增长的贡献率达到 52.8%。R&D 经费投入 88.4 亿元、投入强度为 1.19%（2017 年）。全省综合科技创新水平指数达到 51.38%，较上年提高了 0.75 个百分点，综合科技进步水平居全国第 18 位、西部第 4 位，居全国第二梯队。

（1）兰白自创区和兰白试验区建设加快推进

兰州白银国家自主创新示范区和兰白科技创新改革试验区建设加快推进，2018 年，编制起草《关于支持兰州白银国家自主创新示范区建设的若干意见》，进一步明晰发展路径和支持措施。指导制定完善兰州“1+4+7”、白银“3+2+10”政策体系。兰州、白银两个高新区分别获得5000万元中央财政支持，用以打造特色载体推动中小企业创新创业升级。兰州高新区加快推进11个、总投资100亿元的重点项目建设，白银高新区明确了6个产业园的主导产业。兰白试验区建设稳步推进。“六个一百”技术创新工程年度目标任务基本完成，大科学装置科技创新创业园等重点科技成果转化项目开工建设，形成了2000亿级产业集群。兰白试验区技术创新驱动基金已发起设立11支基金、总规模50.14亿元，帮助科技型中小企业完成融资贷款387笔，共计30.3亿元。科技部、上海张江、甘肃省成功召开兰白试验区工作三方座谈会，与上海张江开展东西部区域创新合作进入新阶段。

（2）坚持高质量发展，科技支撑引领推动绿色发展崛起

坚持高质量发展，全面落实十大生态产业发展部署。省级科技计划落实《省政府关于构建生态产业体系推动十大类生态产业发展总体方案》的科研资金占比达到73.1%。省级科技重大专项聚焦绿色发展。集中科技创新优势力量，在节能环保、中医中药等产业领域部署了一批科技重大专项，通过开展核心关键技术的研发和产业化支撑甘肃省绿色发展。

高新技术产业加快发展，出台《甘肃省新一代人工智能发展实施方案》。截至2018年，全省高新技术企业总数达到897家，同比增长46.57%。获批国家重点研发计划“大科学装置前沿研究”项目，在装备制造、航空航天等领域部署重大科技项目。区域创新高地加速崛起。2018年新设立定西、平凉、嘉峪关3个省级高新技术产业开发区、全省总数达到7个，成为带动甘肃省经济结构调整和工业经济转型升级的重要引擎。产业孵化发展体系持续完善，截至2018年，全省省级产业技术创新战略联盟总数达到13家，国家级科技企业孵化器8家、省级47家。累计选派企业科技特派员67名。

（3）科研基地建设继续加强，创新源头供给持续加强

截至2018年，国家实验室1个；重点实验室120个，包含国家重点实验室8个、企业国家重点实验室2个、省部共建国家重点实验室培育基地2个、省级重点实验室106个、研究中心2个；工程技术研究中心144个，包含国家级工程技术研究中心5个、省级工程技术研究中心139个；省技术创新中心13个；省科技创新服务平台（种质资源库和实验材料库）12个；省临床医学研究中心10个；野外科学观测研究站20个，包含国家级野外科学观测研究站6个、省级野外科学观测研究站14个；农业科技园区38个，包含国家级农业科技园区9个、省级农业科技园区29个。2018年加大省自然科学基金的资助强度，立项资助省基础研究项目432项，自然科学领域学科覆盖面进一步扩大。34家单位获批国家自然科学基金项目644项，获得直接资助经费3.06亿元。

（4）科技成果转移转化能力持续增强

科技创新创业与成果转移转化融通发展，成为释放经济新活力、惠及社会大众的“及时雨”。科技成果转移转化路径不断拓展。2018 年，出台《关于建立科技成果转移转化直通机制的实施意见》，推动甘肃省科技优势逐步转化为产业优势，促进科技成果转化效率不断提高。省级科技成果转移转化示范区启动建设。2018 年，同意并批复支持兰州、白银、张掖、金昌 4 个市建设省级科技成果转移转化示范区，探索形成各具特色的科技成果转化机制和模式。技术市场服务体系进一步优化。截至 2018 年，全省共有国家级技术转移示范机构 9 家、省级 60 家。建立科技成果转化情况年度报告制度，依托甘肃科技创新公共服务平台、兰州科技大市场对科技成果及时进行信息发布。支持科技型企业发展。2018 年，新认定省级科技创新型企业 197 家，总数达到 397 家。科技型中小企业评价工作加快推动，入库科技型中小企业 612 家，其中 256 家享受研发费用加计扣除减免所得税 1.54 亿元。新扶持科技“小巨人”企业 24 家、科技型中小企业 80 家、科技型小微企业 100 家，向 993 家单位发放科技创新券 4965 万元。

（5）国际科技合作平台和项目建设加速推进

2018 年，与省外办联合新认定省级国际科技合作基地 35 家，全省国家国际科技合作基地总数 18 家、省级 70 家。围绕生态环境、清洁能源、先进制造等领域，组织开展 33 项省级国际科技合作项目。支持省属高校、科研院所与俄罗斯、柬埔寨等 10 多个“一带一路”国家开展创新合作。组织甘肃省 15 家科研机构 43 项科技成果赴塔吉克斯坦开展“甘肃先进适用技术成果展”。承办科技部 2018 年发展中国家技术培训班项目 6 期、培训 127 人。组织 10 批次、63 名科研人员赴美国、俄罗斯、日本、西班牙等国执行因公临时出国（境）任务。成功举办第三届兰州科技成果博览会，签订成果转化转移项目合同 190 项、金额 15.34 亿元。加大引进外国高层次人才和急需紧缺人才力度，共引进美国等 19 个国家外国高层次专家 135 人次。实施外国人来华工作许可等制度，整合外国人才来甘工作管理服务资源，“高精尖缺”人才引进渠道进一步拓展。做好因公出国（境）培训工作，组织培训任务 23 项，派出国（境）培训 403 人次。

（6）地区科技创新发展硕果累累

“创新 30 条”出台以来，兰州市引进急需紧缺人才和实用人才 7361 名。支持兰州市人才创新创业项目 394 项，下达资金 1.2 亿元；柔性引进国内知名专家、学科带头人 375 名；建成院士专家工作站 22 个，引进和联系院士 22 名、专家 67 名，创建各类人才创新创业载体平台 448 个；建成市级以上科技企业孵化器 44 家（其中国家级 9 家、省级 15 家），孵化面积 123 万平方米；建成国家级企业技术中心 10 家、省级企业技术中心 76 个、省级以上工程研究中心或实验室 90 家（其中国家级 3 家、省级 87 家）；建成中小企业公共服务示范平台 35 家（其中国家级 11 家、省级 24 家）、新型众创空间 106 家；与省科技厅共建的兰州科技大市场，已汇集科技成果及技术交易项目 1865 万项，推介科技成果及专利技术 2803 项，组织技术转移项目 287 项，累计发放科技创新券 1.825 亿元，兑现创新券 5307.09 万元；推进产学研对接，加快科研成果转化，建立科技成果转化基地 51 家，企业在高等院校、科研院所建立企业技术研究中心 20 家。

庆阳市培育认定国家级高新技术企业 11 户，获批 1 个国家级农业园区、1 个国家级星创天地、1 个国家级技术转移示范机构、2 个省级农业科技园区、3 个省级工程技术中心，培育国家和省级知识产权优势企业 5 户、省市级创新型企业 26 户、省级众创空间 2 个、省级科技企业孵化器 1 个、市级工程技术中心 16 个、市级科技企业孵化器、众创空间 6 家。选派"三区"科技人才 99 名，组建团队 16 个，选派科技特派员 451 名，培育农业科技示范村 24 个。创建引智基地 2 个，引进外国人才 20 名。企业技术研发和自主创新能力不断提升，院企合作不断扩展，企业在科技创新中的主体作用更加凸显。创新体系建设工程、科技孵化器建设工程、人才提质增量工程、合作与交流工程、知识产权保护工程、科普入企进户工程六大工程已全面开展；智慧政务、智慧交通、智慧医疗、智慧教育、智慧公共服务和社会管理五大行动在各个层级逐步推进，全市科技创新工作取得了一定成效。张掖市综合科技进步水平指数达 64.19%；全市研究与试验发展 R&D 经费支出占生产总值（GDP）比重达 1.31%；建成较高水平的工程技术研究中心 2 家；科技创新型企业达到 31 家，高新技术企业达到 87 家，129 家企业进入国家科技型中小企业库，各级各类创新平台达到 68 家；科技特派员队伍稳定在 1000 人以上。

（三）重点举措及实施进展

1. 构建开放合作创新体系

甘肃省高度重视开放合作创新体系构建工作，"创新 30 条"提出国际国内合作、军民协同创新、创新平台建设等优惠奖励政策共 3 条措施，旨在引进省外各类科技创新机构设立科技创新机构、联合设立创新机构等，促进军民协同创新。

（1）相关配套政策出台情况

各相关部门相继出台了《甘肃省科研分支机构认定办法（试行）》《甘肃省产业技术创新战略联盟备案与管理办法（暂行）》《甘肃省军民融合协同创新中心认定和管理办法》《甘肃省国际科技合作基地管理办法（试行）》《甘肃省省级高新技术产业开发区认定和管理办法》《甘肃省国际科技合作基地认定工作细则（试行）》《甘肃省企业技术中心认定管理办法》《甘肃省科技创新型企业认定和管理办法》《甘肃省技术转移示范机构管理办法》《甘肃省技术创新中心建设与运行管理办法（试行）》《甘肃省重

点实验室建设与运行管理办法》等配套管理制度文件，以规范对各类创新创业基地、平台等认定及管理，更好推动奖补工作开展。

（2）各类创新基地平台认定及奖补情况

2017—2018 年，甘肃省科技厅对 376 个新成立的科研分支机构、新认定或者考核评估优秀的各类国家级及省级创新创业基地和平台进行奖补，给予财政奖补资金 18 710 万元。具体为：新认定科研分支机构（联合实验室）39 个，补助资金 1950 万元（2017 年）。新认定国家级国际科技合作基地 3 个，补助资金 900 万元（2017 年）。新认定国家级农业科技园区 1 个，补助资金 300 万元（2017 年）。新认定国家级科技企业孵化器 1 个，补助资金 100 万元（2017 年）。考核评估优秀国家级科技企业孵化器 6 个，奖励资金 600 万元，其中，2017 年考核评估优秀 3 个，奖励资金 300 万元；2018 年考核评估优秀 3 个，奖励资金 300 万元。新认定省重点实验室、技术创新中心 35 个，补助资金 1750 万元（2018 年）。新认定省级科技企业孵化器 30 个，共补助资金 1500 万元，其中，2017 年新认定 18 个，补助资金 900 万元；2018 年新认定 12 个，补助资金 600 万元。新认定省级高新技术产业开发区 7 个，共补助资金 350 万元，其中，2017 年新认定 4 个，补助资金 200 万元；2018 年新认定 3 个，补助资金 150 万元。新认定省级国际科技合作基地 70 个，补助资金 3500 万元，其中，2017 年新认定 35 个，补助资金 1750 万元；2018 年新认定 35 个，补助资金 1750 万元。新成立省级技术转移示范机构 60 个，补助资金 1800 万元，其中，2017 年新认定 35 个，补助资金 1050 万元；2018 年新认定 25 个，补助资金 750 万元。新成立省级产业技术创新战略联盟 12 个，补助资金 360 万元，其中，2017 年新认定 6 个，补助资金 180 万元；2018 年新认定 6 个，补助资金 180 万元。新认定省级农业科技园区 5 个，补助资金 250 万元（2018 年）。考核评估优秀省级农业科技园区 9 个，奖励资金 450 万元（2018 年）。考核评估优秀省级工程（技术）研究中心、省级重点实验室 98 个，奖励资金 4900 万元（2017 年）（表 10-7）。

表 10-7　甘肃省科学技术厅 2017—2018 年各类科技创新基地平台奖补情况

奖补类别	奖补标准/万元	2017 年		2018 年		合计	
		项目数量/项	金额/万元	项目数量/项	金额/万元	项目数量/项	金额/万元
国家级国际科技合作基地（新认定）	300	3	900	—	—	3	900
国家级农业科技园区（新认定）	300	—	—	1	300	1	300
国家级科技企业孵化器（新认定）	100	1	100	—	—	1	100

续表

奖补类别	奖补标准/万元	2017年		2018年		合计	
		项目数量/项	金额/万元	项目数量/项	金额/万元	项目数量/项	金额/万元
国家级科技企业孵化器（考核评估优秀）	100	3	300	3	300	6	600
省重点实验室、技术创新中心（新认定）	50	—	—	35	1750	35	1750
省级科技企业孵化器（新认定）	50	18	900	12	600	30	1500
省级高新技术产业开发区（新认定）	50	4	200	3	150	7	350
省级国际科技合作基地（新认定）	50	35	1750	35	1750	70	3500
省级技术转移示范机构（新成立）	30	35	1050	25	750	60	1800
省级产业技术创新战略联盟（新成立）	30	6	180	6	180	12	360
省级农业科技园区（新认定）	50	—	—	5	250	5	250
科研分支机构（联合实验室）（新认定）	50	39	1950	—	—	39	1950
省级农业科技园区（考核评估优秀）	50	—	—	9	450	9	450
省级工程（技术）研究中心、省级重点实验室（考核评估优秀）	50	98	4900	—	—	98	4900
合计		242	12 230	134	6480	376	18 710

甘肃省工信委联合省发展改革委、省科技厅、省财政厅开展省军民融合协同创新中心的申报和认定工作，2017—2018年新认定18家甘肃省军民融合协同创新中心，其中，2017年7家，2018年11家。会同省发展改革委、省科技厅、省财政厅、省国税局、省地税局等部门，委托第三方评价机构组织专家综合评审，开展甘肃省企业技术中心认定工作，2017—2019年新认定51家省级企业技术中心及分中心，对截至2017年已认定的227家省级企业技术中心的建设与发展情况进行了考核评价，有9家企业技术中心考核评价结果为优秀。2019年新认定5家省级行业技术中心（表10-8）。

表 10-8　甘肃省工信厅 2017—2019 年各类创新平台认定情况

奖补类别	项目数量 / 项			
	2017 年	2018 年	2019 年	合计
甘肃省军民融合协同创新中心（新认定）	7	11	—	18
省级企业技术中心及分中心（新认定）	21	15	15	51
省级企业技术中心（考核评价优秀）	9	—	—	9
省级行业技术中心（新认定）	2	—	5	7

甘肃省人民政府 2018 年认定白银刘川工业集中区、金塔工业集中区、皋兰三川口工业园区、庆城驿马工业集中区、通渭县工业集中区、甘南合作生态产业园区、张家川经济开发区、武威天祝金强工业集中区、肃南县祁青工业集中区、康县工业集中区、泾川工业集中区 11 个园区为省级开发区，并纳入全省开发区考核。

（3）政策受众对措施的认同情况

根据调查问卷结果，参与调查单位对“一、构建开放合作创新体系”的 3 条措施认同程度普遍较高，其中，38% 的参与调查单位在对“一、构建开放合作创新体系”措施合理性调查中选择“非常合理”，56% 的表示“比较合理”，仅有 6% 的选择“一般”，没有选择“不太合理”和“不合理”的情况（图 10-9）。

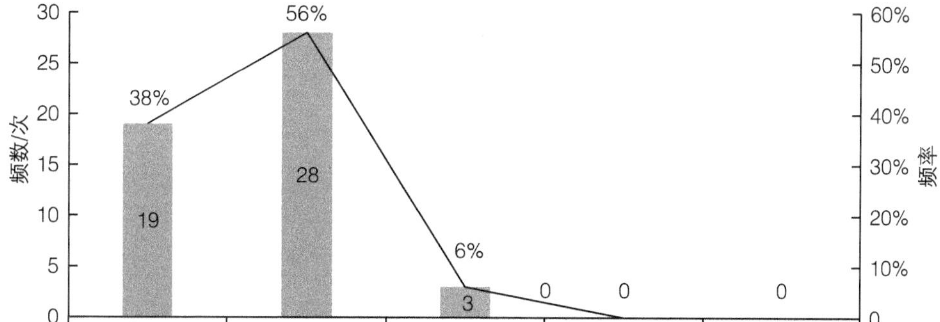

	非常合理	比较合理	一般	不太合理	不合理
频数	19	28	3	0	0
频率	38%	56%	6%	0	0

图 10-9　“一、构建开放合作创新体系”措施合理性调查结果

参与调查单位积极创造条件，加大对科研分支机构、联合实验室、技术转移机构及各类实验室、工程技术中心、产业技术创新联盟等各类创新基地的培育建设力度，争取省级奖补资金，不断推动本单位科技创新能力提升。2016—2018 年，64% 的参与调查单位设立了科研分支机构、联合实验室或技术转移机构并获得资金补助；62% 的

参与调查单位通过搭建创新平台获得补助。

2. 培育科技创新主体

强化企业创新主体地位，科技创新政策的制定重点突出对高新技术企业、科技型中小微企业等创新型企业扶持。甘肃省高度重视培育高新技术企业、科技创新型企业，“创新 30 条”提出了给予创新主体奖补、简化企业行政审批手续、落实创新企业和创新项目用地的相关优惠政策，有力助推全省创新主体培育及发展。

（1）科技创新主体培育及奖补情况

省科技厅、省工信委、省发改委等多部门联动，注重激励创新政策普惠面。一是加快培育高新技术企业，围绕政策解读、企业申报流程等，开展各市州科技管理人员、相关企业业务人员及财务人员专题培训，建立省级科技创新型企业培育认定长效机制，强化省内广大中小微企业技术创新意识，培育高新企业后备队伍。2017—2018年，甘肃省科学技术厅新认定高新技术企业 512 个，共补助资金 10 240 万元；复审通过高新技术企业 205 个，共补助资金 1025 万元。截至 2018 年底，全省高新技术企业达到 897 家，较上年净增 285 家，同比增长 46.57%，增长数量和比例均创历史新高。二是加快科技型企业培育壮大，推广“兰白科技创新改革试验区科技创新型企业”试点经验，于 2018 年 3 月出台《甘肃省科技创新型企业认定和管理办法》，为中小企业注入活力，推动其产业化快速发展，进一步增强全省企业科技创新能力。2017—2018 年，新认定省级科技创新型企业 329 个，共补助资金 1645 万元（表 10-9）。

表 10-9　2017—2018 年甘肃省培育创新主体补助情况

奖补类别	奖补标准/万元	2017 年		2018 年		合计	
		项目数量/项	金额/万元	项目数量/项	金额/万元	项目数量/项	金额/万元
新认定高新技术企业	20	204	4080	308	6160	512	10 240
复审通过高新技术企业	5	106	530	99	495	205	1025
省级科技创新型企业（新认定）	5	135	675	194	970	329	1645
合计		445	5285	601	7625	1046	12 910

（2）政策受众对措施的认同情况

根据调查问卷结果，参与调查的 31 家企业对“二、培育科技创新主体”的 3 条措施认同程度普遍较高，26% 的参与调查单位在对“二、培育科技创新主体”措施合理性调查中选择“非常合理”，64% 的选择“比较合理”，10% 选择“一般”，没有选择“不太合理”和“不合理”（图 10－10）。有 87% 的参与调查企业在 2017—2018 年获得高新技术企业或省级科技创新型企业一次性补助。

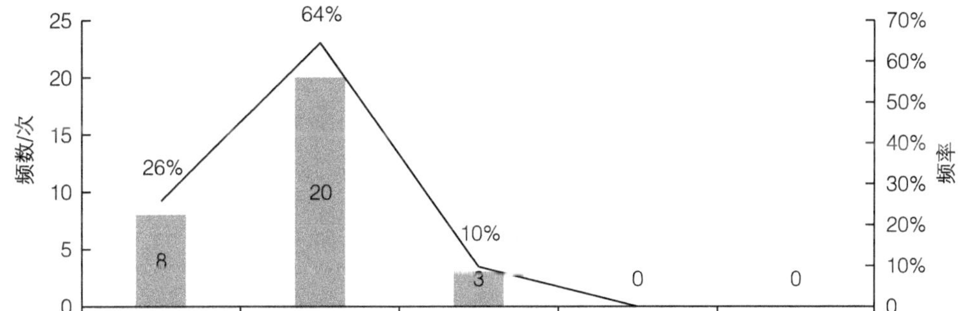

	非常合理	比较合理	一般	不太合理	不合理
频数	8	20	3	0	0
频率	26%	64%	10%	0	0

图 10－10　“二、培育科技创新主体”措施合理性调查结果

针对便利企业注册、退出、变更等提出的“住所登记实行一址多照”“试点开展企业简易注销登记”“优化企业变更登记流程”措施，23% 的参与调查企业表示对激发企业创新创业活力“作用非常大”，39% 选择“作用比较大”，23% 选择“作用一般”，16% 选择“不清楚”，没有选择“作用不太大”和“无作用”的情况。（图 10－11）。

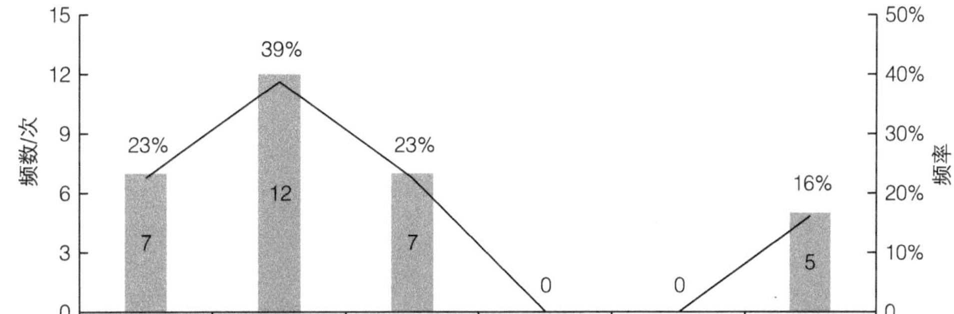

	作用非常大	作用比较大	作用一般	作用不太大	无作用	不清楚
频数	7	12	7	0	0	5
频率	23%	39%	23%	0	0	16%

图 10－11　企业注册、退出、变更等措施对激发企业创新创业活力的作用调查结果

（3）相关措施完善优化情况

为不断优化创新创业环境，推动各类高新技术企业及创新型企业发展，甘肃省进一步强化服务意识，从社会关切的热点、难点、痛点问题入手，提高服务水平，持续释放市场红利。2018 年 7 月，出台《甘肃省市场主体住所（经营场所）登记管理办法》，进一步利用各类场地资源，鼓励投资兴业，降低创业成本，便利便捷住所（经营场所）注册登记，推动企业登记实现“一址多照”。甘肃省市场监督管理局 2018 年 11 月出台《关于全力支持民营经济发展的 28 条措施》，放宽市场准入，优化审批流程，破解“卡点”，住宅住址可登记为市场主体住所。压缩企业开办流程办理时间，在国务院提出压缩至 8.5 天的基础上，进一步压缩至 5 天，营业执照的办理时间压缩至 3 天以内。“证照分离”改革全面推进，解决“准入不准营”难题，取消企业集团核准登记，实行未开展经营活动及无债权债务企业简易注销程序。允许“一照多址”“一址多照”，释放市场活力。

3. 完善省级科研项目资金管理

“创新 30 条”提出简化科研项目预算编制、提高间接费用比重、明确劳务费开支范围、结转结余资金留用处理、横向经费管理等措施共 6 条，以减轻科研人员在经费报销等方面花费的精力，让科研人员投入更多的精力于科技创新。

（1）政策受众对措施的认同情况

根据调查问卷结果，参与调查单位对“三、完善省级科研项目资金管理”的 6 条措施认同程度普遍较高，其中，42% 的参与调查单位在对“三、完善省级科研项目资金管理”措施合理性调查中选择“非常合理”，50% 选择“比较合理”，仅有 6% 选择“一般”，2% 选择“不太合理”，没有选择“不合理”的情况（图 10-12）。84% 的参与调查单位表示“简化省级科研项目预算编制、下放调剂权限”对科研人员松绑减负起到了较大的

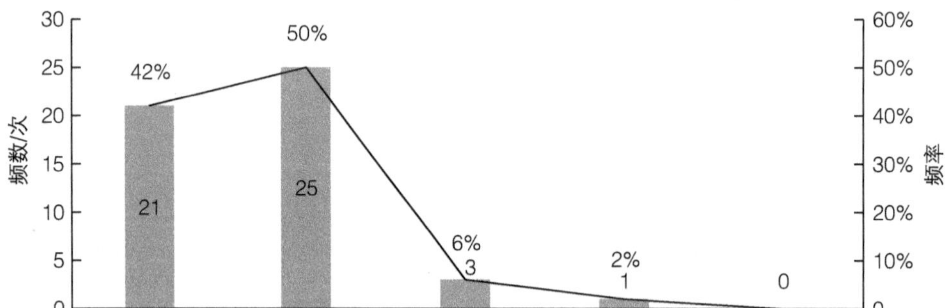

	非常合理	比较合理	一般	不太合理	不合理
频数	21	25	3	1	0
频率	42%	50%	6%	2%	0

图 10-12　“三、完善省级科研项目资金管理”措施合理性调查结果

作用，90% 的参与调查单位表示省级科研项目间接费用比重的提高明显激励了本单位科研人员的积极性。89% 的参与调查单位表示省级科研项目明确劳务费开支范围、不设比例限制明显激励了科研人员创新活力。“创新 30 条”出台后，74% 参与调查的高

等院校、科研院所、医院表示单位利用自有资金、自有土地建设用于科技创新活动的项目管理权限实际扩大。

（2）相关措施完善优化情况

随着国家科技领域“放管服”改革的持续深化，甘肃省全面贯彻落实中共中央、国务院《关于进一步完善中央财政科研项目资金管理等政策的若干意见》《关于实行以增加知识价值为导向分配政策的若干意见》，及国务院《关于优化科研管理提升科研绩效若干措施的通知》等精神，优化完善省级科技计划项目和经费管理，先后出台《关于完善省级财政科研项目资金管理政策的实施意见（试行）》、《甘肃省中央引导地方科技发展专项资金管理办法实施细则》、《关于落实以增加知识价值为导向分配政策的实施意见》、《甘肃省省级科技计划专项资金管理办法》、《甘肃省人民政府关于优化科研管理提升科研绩效若干措施的通知》等一系列“松绑+激励”措施，持续放宽省级财政科技资金使用权限，赋予科研单位更大科研项目经费管理使用自主权，激发科研人员创新创业活力，提升原始创新能力和关键领域核心技术攻关能力，营造更加有利于可持续创新的良好环境。

《关于完善省级财政科研项目资金管理政策的实施意见（试行）》提出试行资金预拨制度、取消绩效支出比例限制、改进高校与科研院所教学科研人员差旅费管理办法等措施。试行资金预拨制度结合财政预算改革提出实行省级科研项目资金预拨制度，保证科研人员及时使用项目资金，提升科研经费使用；取消绩效支出比例限制提出加大对科研人员的激励力度，间接费用在扣除科研项目所需水、电、仪器设备等使用费用和有关费用后，可全部用于科研人员绩效支出，不纳入单位绩效工资总量调节指标。绩效支出安排要与科研人员在项目工作中的实际贡献挂钩；改进高校、科研院所教学科研人员差旅费管理办法，提出结合教学、科研、管理工作实际需要，自行制定本单位内部报销办法，以专业技术职务为主要标准，合理确定教学科研人员乘坐交通工具和住宿标准，对难以取得住宿费和交通票据的科研活动，项目承担单位或课题组在确认科研人员差旅真实性的前提下，据实报销城市间交通费，并在项目经费中发放伙食补助费和市内交通费。在生活条件艰苦地区及高寒、风沙、阴湿、粉尘等环境恶劣区域从事科研活动，可分类制定不超过现有伙食费补贴标准 2 倍野外津贴。《关于落实以增加知识价值为导向分配政策的实施意见》进一步提出提高科研人员科研劳务收入比重，推出知识密集型项目激励政策，探索实行负面清单管理。提高科研人员科研劳务收入比重明确承担横向委托项目的科技人员和研发团队，其承担的软件开发类、设计类、规划类和咨询类项目的劳务收入比例最高可达团队使用经费部分的 70%，其他项目比例最高可达 50%。技术市场交易或登记的技术合同项目，单位应从技术性纯收入中提取一定比例奖酬金，奖励直接贡献的人员，不计入单位奖金总额；知识密集型项目激励政策提出承担单位应在国家政策框架内，对智力密集型项目建立健全符合自身特点的劳务费、间接经费管理方式，可结合科研人员工作实绩，合理安排间接费用中的绩效支出；探索实行负面清单管理提出建立符合科技创新规律的财政科技经费监管制度，对课题研究经费的使用列出“负面清单”，划定研究人员经费使用禁区，对违反规定者予以处罚。建立科研人员信用数据库进行动态监测和评估。《甘肃省人民政府关于优化科研管理提升科研绩效若干措施的通知》进一步下放预算调剂权限，省级科技计划项目直接费用中除设备费外的其他科目费用调剂权全部下放给项目承担单位。

4. 扶持创新创业人才队伍

创新创业人才是推动国家及地区经济社会高质量发展的重要人力资源，甘肃省注重培养扶持创新创业人才队伍。“创新 30 条”提出 7 条政策措施，主要是赋予高校、科研院所在选人用人、科学研究和科研人员离岗创业等方面更大的自主权，推动科研院所自主引才，强化科技创新团队建设。

（1）政策受众对措施的认同情况

根据调查问卷结果，参与调查单位对“四、扶持创新创业人才队伍”的 7 条措施认同程度普遍较高，其中，38% 的参与调查单位在对“四、扶持创新创业人才队伍”措施合理性调查中选择“非常合理”，54% 的表示“比较合理”，仅有 8% 的选择“一般”，没有选择“不太合理”和“不合理”的情况（图 10-13）。参与调查单位表示对于引进的持有符合条件的科技创新成果和科研项目的人才，给予项目转化资金扶持或项目研发资金扶持。引进的各类急需紧缺高层次专业技术人才享受甘肃省高层次急需紧缺引进人才个人所得、住房保障、配偶就业、子女入学、人才“服务绿卡”等优惠政策。科研人才办理落户手续也非常便利。

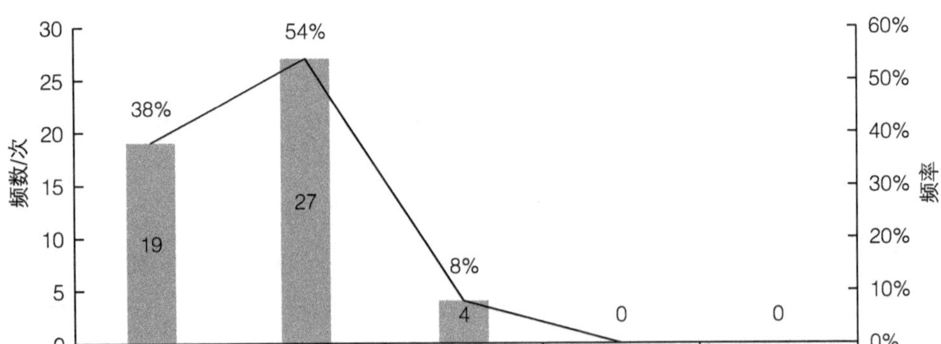

	非常合理	比较合理	一般	不太合理	不合理
频数	19	27	4	0	0
频率	38%	54%	8%	0	0

图 10-13 “四、扶持创新创业人才队伍”措施合理性调查结果

对于“扩大高等学校用人自主权，将岗位设置、职称评聘、选人用人、薪酬分配等权限下放给高等学校；科研院所根据事业发展、学科建设和队伍建设需要补充工作人员时，招聘时间、岗位标准等由用人单位自主决定”措施，79% 参与调查的高等院校、科研院所、医院等表示对本单位选人用人起到了积极的促进作用。75% 的参与调查单位认为“高等学校、科研院所对引进业绩贡献特别突出的高层次人才，可不受职数限制直接聘任。全省在县属及以下企事业单位、少数民族州县、艰苦条件下工作的科研人员及科技特派员，以及 50 岁以上晋升高级职称人员，外语、计算机应用能力考试不再要求。”措施对培养引进创新创业人才队伍起到了积极作用。参与调查单位也积极探索，26% 的单位目前已对急需紧缺的高层次人才、业绩贡献特别突出的优秀人才，实行协议工资、项目工资或年薪制等分配形式。

（2）相关措施完善优化情况

为更好推动扶持创新创业人才队伍政策落实落地，甘肃省后续出台了《甘肃省科技厅关于印发〈甘肃省引进人才持有科技创新成果评审认定管理试行办法〉的通知》《中共甘肃省委办公厅　甘肃省人民政府办公厅印发〈关于落实以增加知识价值为导向分配政策的实施意见〉的通知》《关于鼓励支持专业技术人才创新创业若干措施》《甘肃省人民政府办公厅关于经济技术类人才工作助推绿色生态产业发展的指导意见》《关于印发〈甘肃省特殊人才职称特殊评价暂行办法〉的通知》《关于加强新时代人才培养引进工作的实施意见》《关于进一步做好省属高校和科研院所高层次人才引进工作的通知》《甘肃省人民政府办公厅关于进一步深化城镇住房制度改革完善住房供应体系的指导意见》等政策，从引进人才项目资金扶持，各类高层次专业技术人才个人所得、职称评聘、住房保障、保障，扩大高等学校、科研院所用人自主权等方面，进一步放权松绑，激发创新活力。

《甘肃省引进人才持有科技创新成果评审认定管理试行办法》提出给予引进人才持有科技创新成果资金扶持，明确资金主要用于项目研究、与项目相关的设备购置、改善科研条件和对个人补助等，不得用于其他与科技创新成果无关的开支；《关于鼓励支持专业技术人才创新创业若干措施》提出支持专业技术人才创新创业，提高在甘肃工作院士津贴标准和省领军人才考核奖励标准，院士津贴标准由每月 1 万元提高到 2 万元，领军人才 3 年聘期考核优秀一次性奖励标准由 10 万元提高到 20 万元。设立高层次专业技术人才津贴，每年选拔一批优秀人才，每人每月 1000 元标准发放津贴。设立特聘科技专家岗位，对引进高层次人才由用人单位配备不少于 3 人专业支持团队，用人单位兑现待遇，省政府为每位特聘科技专家每月发放津贴 4000 元；加强收入分配调节，省内高校院所等事业单位可采取年薪制、协议工资或项目工资等形式引进急需紧缺高层次人才。深化用人制度改革，引进急需紧缺高层次专业技术人才可简化程序、一事一议，允许事业单位设置流动岗位引进高层次人才。特殊人才实行特殊评价政策，鼓励支持离岗创业；收入分配向关键岗位和优秀拔尖人才倾斜。《关于落实以增加知识价值为导向分配政策的实施意见》进一步提出构建稳步提高基本工资水平、充分发挥绩效工资激励导向作用、依法落实科技成果转化收入的科研人员“三元”薪酬体系，使科研人员收入与岗位职责、工作业绩、实际贡献紧密联系，激发广大科研人员的积极性、主动性和创造性。《关于经济技术类人才工作助推绿色生态产业发展的指导意见》进一步明确对甘肃省领军人才带团队、带项目服务绿色生态产业企业，且符合条件的，可享受“创新 30 条”引进人才项目资金支持政策。《甘肃省特殊人才职称特殊评价暂行办法》从政策、人才对象、评价方式、服务方式等方面创新人才评价机制，开辟人才评价“绿色通道”，提出“作出重大贡献的专业技术人才，可直接申报评审高级职称”“对待特殊人才要有特殊政策”等措施，将对全省作出重大贡献的人才、高层次急需紧缺人才、全省新兴产业身怀绝技的人才、甘南州和临夏州引进的急需紧缺人才等4类人才列入全省特殊人才范围，推行不受学历、专业、论文、台阶等限制，按“特殊”的方式，明确评价条件标准、评价方式，简化申报程序等措施，打破常规、简化手续，一事一议、特事特办，让作出重大贡献人才直接晋升职称，从国内外引进的高层次人才、急需紧缺人才及时晋升职称，激励人才创新创业创造，助推人才强省战略，落实创新驱动发展战略。《关于加强新时代人才培养引进工作的实施意见》要求着力抓好拔尖人才扶持培育、省领军人才激励扶持、绿色生态发展人才选拔培养、急需紧缺人才引进扶持、企业经营管理人才选拔培养、技能人才选拔培养、“美丽陇原”乡村振兴人才选拔培养、大中专毕业生创新创业扶持、人才（团队）培养基地建设等 9 项重点工作。完善高层次人才培养扶持、急需紧缺人才引进使用、创新创业人才评价激励、储备人才生活保障、人才贡献表彰奖励等政策，构建系统科学有效政策支持体系，激发人才创新创造活力。《关于进一步做好省属高校和科研院所高层次人才引进工作的通知》提出加强人才引进工作组织领导和统筹协调，加大高校院所高层次人才引进力度，聚焦专业领域发展及学科建设需要引才，不简单将引进高层次人才数量与人才工作绩效考核挂钩，改进招聘审批程序，发挥用人单位主体作用，为引进人才搭建事业平台，在住房保障、子女上学等生活待遇方面予以照顾。《关于进一步深化城镇住房制度改革完善住房供应体系的指导意见》提出全面实施人才安居工程，完善人才安居政策体系，支持通过货币补贴、租购人才住房、免租入住等多种方式，有效解决各类人才的住房问题。探索建立人才住房先租后购、以租抵购制度，进一步实化高层次人才安居措施。支持建设人才住房，鼓励社会力量参与人才住房筹建。建设人才公寓、专家公寓等人才住房，统筹考虑解决无房职工住房问题。

5. 优化成果转化激励机制

科技成果转移转化水平反映一个国家及地区科技实力。促进科技成果转移转化是创新驱动发展战略深入实施重要任务，是科技经济紧密结合关键环节，对推进结构性改革尤其是供给侧结构性改革具有重要意义。“创新 30 条”提出优化成果转化激励机制政策措施共 4 条，明确了创新企业成果转化和知识产权相关优惠政策及科技特派员的激励措施，通过奖励促进各类科技成果转化，通过完善知识产权服务业，加大知识产权保护，扩大专利质押贷款，开展专利保险等工作，激励创新主体申报各类知识产权，积极发挥其在经济社会中的作用。

（1）科技成果转移转化进展情况

政策受众对措施的认同情况。根据调查问卷结果，参与调查单位对“五、优化成果转化激励机制”的 7 条措施认同程度普遍较高，其中，34% 的参与调查单位在对“五、优化成果转化激励机制”措施合理性调查中选择“非常合理”，56% 表示“比较合理”，仅有 10% 选择“一般”，没有选择“不太合理”和“不合理”的情况（图 10－14）。

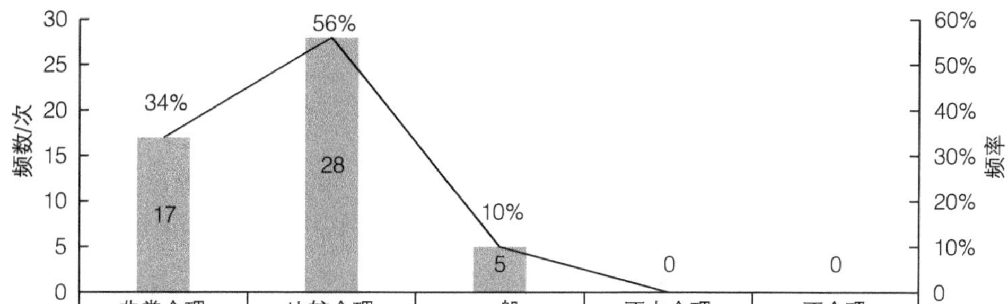

	非常合理	比较合理	一般	不太合理	不合理
频数	17	28	5	0	0
频率	34%	56%	10%	0	0

图 10－14　“五、优化成果转化激励机制”措施合理性调查结果

调查显示，58% 的参与调查单位表示“创新 30 条”提出的“鼓励省属高等学校、科研院所、院所转制企业和科技创新企业对做出突出贡献的科技人员和经营管理人员以科技成果入股、科技成果收益分成、科技成果折股、股权奖励、股权出售、股票（份）期权等方式进行激励。”措施在本单位得到了逐步落实（图 10－15）。

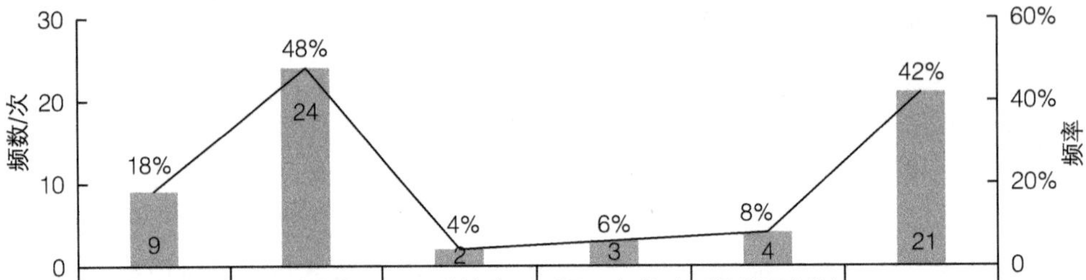

	采取科技成果入股方式的，将科技成果作为出资而获得被投资企业股权，可按不低于所获股权份额60%的比例对有关人员给予奖励	采取科技成果收益分成方式的，从转让该项职务科技成果所取得的净收入中提取不低于60%的比例或每年从实施该项科技成果的营业利润中提取不低于10%的比例对有关人员给予奖励	采取科技成果折股方式的，可将科技成果评估作价或转化创造的新增税后利润折价为本企业股权，折股总额最高可达近3年该项科技成果创造的税后利润的35%	采取股权奖励和股权出售方式的，激励总额最高可达企业和单位近3年税后利润形成的净资产增值额的35%	采取股票（份）期权方式的，可结合本企业本单位的实际情况，根据业绩考核结果对有关人员实施分档股权激励	上述都尚未落实
▬ 频数	9	24	2	3	4	21
—— 频率	18%	48%	4%	6%	8%	42%

图 10-15　参与调查单位落实成果转化激励情况（多选）调查结果

为不断提升成果转化效率，甘肃省进一步围绕全省科技成果转移转化的关键问题和薄弱环节，提出优化成果转化的激励机制。《甘肃省科技成果转化项目资助试行办法》提出，对在甘肃省实施的科技成果转化成效显著的项目予以资助。具体由研究开发机构、高等学校完成的科技成果，通过转让、许可、作价投资等方式转移到本省企事业单位，进行后续试验、开发、应用等工作，形成新技术、新工艺、新材料、新产品，实现了明显经济社会效益的科技成果转化项目，以补助方式，在省级年度科技计划中列项资助。根据成果转化所取得的经济社会效益情况，每个项目资助强度为 20 万 ~ 50 万元。《关于印发〈甘肃省科技创新股权激励暂行办法〉的通知》明确了股权激励实施单位包括：省属高等学校、科研院所、院所转制企业和科技创新企业。其中，科技创新企业包括省级以上高新技术企业、创新型企业，拥有省级以上企业技术中心、工程（技术）研究中心、重点实验室、工程实验室、院士工作站、博士后工作站等的企业。股权激励对象包括对科技成果转化做出突出贡献的科技人员和经营管理人员。带头人享受的股权激励份额可占激励总额的 30% ~ 50%。《关于落实以增加知识价值为导向分配政策的实施意见》中的“五、健全科技成果转移转化收入分配政策”，从完善科技成果转化收益分配相关制度、强化科技成果转化长期激励法人责任、建立知识产权激励机制、提高科技成果转化收益、支持科技成果作价入股、鼓励企业采取股权期权分红激励、落实股权激励有关所得税政策、规范领导干部科技成果股权收益、提高科技特派员成果转化收益、完善国有企业科技人员长效激励机制等 10 个方面进一步细化科技成果转移转化收入分配。《甘肃省科技厅　中国科学院兰州分院关于印发〈建立成果转移转化协调机制方案〉的通知》探索省院科技合作新机制，提出推动中国科学院科技成果在甘肃转移转化措施，包括推动中国科学院科技成果信息共享、院省科技计划共同支持中国科学院技术成果转移转化、中国科学院各院所在甘肃建立科技创新和成果转移转化平台、支持中国科学院各院所积极融入“一带一路”国际科技合作等，更好地推动中国科学院各院所科技成果在甘肃转移转化。甘肃省科技厅、甘肃省财政厅《落实关于建立科技成果转移转化直通机制的实施意见奖励措施实施方案（试行）》提出对综合服务平台年度促成在甘转化落地的高校院所科技成果技术交易额在 3000 万元及以上，产生较好经济社会效益，评审为前 5 名的，按照超额部分的 1‰给予服务团队一次性奖励，最高不超过 300 万元，其中 30% 可用于对个人奖励。对高校院所科技成果转移转化服务机构年度促成在甘落地的技术交易合同额 2000 万元及以上，产生较好经济社会效益，评审为前 5 名的，按照促成技术交易合同额的 1‰给予一次性奖励，最高不超过 100 万元，并按政策规定用于开展技术服务发生的相关支出。对承接高校院所科技成果在省内转化的企业，按照转化成果数量和取得的效益进行综合评价，由省财政对前 5 名分别按 200 万元给予一次性奖补；对购买储备科技成果在本省转化产生较好效益的企业、行业协会，按照转化次年的综合效益指标进行评价，由省财政对前 5 名分别按 100 万元给予一次性奖励。

（2）科技特派员制度落实进展情况

为激发全省科技特派员创新创业热情，促进一、二、三产业融合发展，《甘肃省深入推行科技特派员制度的实施方案》对科技特派员依法取得有偿服务报酬、晋升职称评聘等进行明确。科技特派员创办、领办、协办科技型企业，应当依法取得合理收入，服务科技型企业或在所服务企业中担任职务，可从企业获得有偿服务报酬或股权、期权分红；在农村或城市社区开展公益性技术服务，应取得有偿服务报酬。选派期间，档案工资正常晋升，与原单位人员同等参加职称评定。住房公积金和社会保险费单位缴费部分政策与渠道不变。选派期满后及时回所在单位工作。《甘肃省企业科技特派员行动计划实施方案（试行）》引导高校院所、科技服务机构科技人员以科技特派员身份服务甘肃企业产业创新发展，对企业科技特派员派驻激励进行明确。特派员使驻点企业获得高新技术企业认定资格，并使所属技术成果产生明显经济效益的，给予企业 10 万元的后补助支持，驻点企业对企业科技特派员给予不低于 5 万元的奖励。

（3）知识产权战略实施进展情况

相关配套政策出台情况。甘肃省高度重视知识产权战略实施，通过培育一批知识产权优势明显、具有较强自主创新能力和市场竞争能力的企业，不断提高甘肃省企业运用知识产权制度的能力和水平。先后配套出台《甘肃省知识产权优势企业认定和管理办法》《甘肃省产业知识产权联盟备案办法》《甘肃省首件授权发明专利资助办法》《甘肃省专利保险资助资金管理办法》《甘肃省知识产权局关于推行企业知识产权管理规范工作的通知》等政策措施，并及时兑现奖补。

知识产权落实奖补情况。2017—2018 年，全省共给予 259 个新认定的国家知识产权示范企业、国家及省级知识产权优势企业、知识产权联盟、全国知识产权服务品牌培育机构，新通过《企业知识产权管理规范》国家标准认证的企业，新获得首件授权发明专利的科技型企业及企业机构财政补助资金 3446.52 万元，其中，2017 年 123 个，补助资金 1483.52 万元；2018 年 136 个，补助资金 1963 万元。

具体为：新成立省级知识产权联盟 2 个，共补助资金 60 万元（2018 年）。新通过《企业知识产权管理规范》国家标准认证的企业 19 个，共补助资金 570 万元，其中，2017 年新通过 3 个，补助资金 90 万元；2018 年新通过 16 个，补助资金 480 万元。新认定全国知识产权服务品牌培育机构 3 个，共补助资金 60 万元，其中，2017 年新认定 1 个，补助资金 20 万元；2018 年新认定 2 个，补助资金 40 万元。新认定国家知识产权示范企业 6 个，共补助资金 180 万元，其中，2017 年新认定 2 个，补助资金 60 万元；2018 年新认定 4 个，补助资金 120 万元。新认定国家知识产权优势企业 45 个，共补助资金 1350 万元。新认定省级知识产权优势企业 55 个，共补助资金 1100 万元，其中，2017 年新认定 28 个，补助资金 560 万元；2018 年新认定 27 个，补助资金 540 万元。新获得首件授权发明专利的科技型企业 125 个，共补助资金 125 万元，其中，2017 年新获得 62 个，补助资金 62 万元；2018 年新获得 63 个，补助资金 63 万元。参加专利保险的科技型企业 4 个，给予保费补贴 1.52 万元（2017 年）（表 10－10）。

表 10－10　2017—2018 年甘肃省各类知识产权相关企业机构补助情况

奖补类别	奖补标准/万元	2017 年		2018 年		合计	
		项目数量 / 项	金额/万元	项目数量 / 项	金额/万元	项目数量 / 项	金额/万元
省级知识产权联盟（新成立）	30	—	—	2	60	2	60
贯标认证企业《企业知识产权管理规范》国际标准认证企业（新通过）	30	3	90	16	480	19	570
全国知识产权服务品牌培育机构（新认定）	20	1	20	2	40	3	60

续表

奖补类别	奖补标准/万元	2017 年		2018 年		合计	
		项目数量 / 项	金额/万元	项目数量 / 项	金额/万元	项目数量 / 项	金额/万元
国家知识产权示范企业（新认定）	30	2	60	4	120	6	180
国家知识产权优势企业（新认定）	30	23	690	22	660	45	1350
省级知识产权优势企业（新认定）	20	28	560	27	540	55	1100
首件授权发明专利科技型企业	1	62	62	63	63	125	125
专利保险		4	1.52	—	—	4	1.52
合计		123	1483.52	136	1963	259	3446.52

关于政策受众对措施的认同情况，根据调查问卷结果，参与调查单位对“创新 30 条”中的知识产权相关措施对优化成果转化激励机制的作用普遍比较满意，30% 选择“作用非常大”，52% 选择“作用比较大”，16% 选择“作用一般”，2% 选择“作用不太大”。

针对全省民营企业小、弱、散、慢，发展层次低、规模小，拥有自主知识产权的新技术新产品少的现状，为进一步加快知识产权转移转化，加强知识产权运用，2018 年 11 月出台的《甘肃省市场监督管理局关于全力支持民营经济发展的 28 条措施》提出建设甘肃省知识产权交易中心，为企业专利转移转化、收购托管、交易流转等提供服务。开通企业专利实施许可合同备案、专利质押登记、费减备案、缴费查询等服务的绿色通道。支持企业开展专利信息利用，为企业研发和专利技术转化提供便利。在“创新 30”对知识产权相关奖补事项基础上，扩大奖补范围，新增对获甘肃省专利奖一、二、三等奖的企业，分别给予 8 万元、4 万元和 2 万元奖励。对获得 PCT（专利合作协定）国际专利的科技型企业给予 5 万元补助。对企业国内授权的发明专利和实用新型、外观设计专利每件资助 2000 元和 500 元。支持企业以专利、商标、科研成果等质押融资，对通过专利权质押方式获得银行贷款的企业，按贷款年利息的 50% 给予贴息补助，对为融资而发生的专利权评估费按确认发生额的 50% 给予补助。

6. 营造良好创新创业环境

“创新 30 条”提出营造良好创新创业环境政策措施共 6 条，从金融、财政、税收等方面鼓励扶持科技创新主体积极开展创业创新，减少科技创新中设备采购的流程、减少涉及科技创新的相关税负、降低中小企业科技创新的费用，激发全社会的创新活力。政策体制是创新创业的保障因素，为最大限度释放全社会创新创业创造动能。

（1）政策受众对措施的认同情况

根据调查问卷结果，参与调查单位对“六、营造良好创新创业环境”的6条措施认同程度普遍较高，其中，40%在对“六、营造良好创新创业环境”措施合理性调查中选择“非常合理”，54%表示“比较合理”，仅有4%选择“一般”，2%选择“不合理”，没有选择“不太合理”的情况。普遍认为“鼓励银行业金融机构加强差异化信贷管理，建立中小企业信用平台，放宽创新型中小微企业不良贷款容忍率。鼓励金融机构开展科技保险业务”“向省内中小微企业或创新创业团队发放创新券”“高等学校、科研院所可自行采购科研仪器设备，自行选择科研仪器设备评审专家。简化政府采购项目预算调剂和变更政府采购方式审批流程”“优化进口科教用品采购服务”“企业相关税收优惠措施”等对营造良好创新创业环境、激发创新活力起到了积极的作用。

（2）相关措施完善优化及进展情况

金融支持方面。2017年12月中国人民银行兰州中心支行、省政府金融办出台《甘肃省中小企业信用体系建设实施方案》，提出加大信贷支持力度，引导激励金融机构充分运用人民银行支小再贷款等政策工具，创新适合股权交易中心企业需求特点的金融产品、服务模式，提供融资、结算、咨询等综合性金融服务。进一步推进“银税互动”，开展“甘肃股权交易中心挂牌企业信用贷款试点”，为信用良好的挂牌企业开启“信用绿色通道”，打造“兴陇直通车”信贷品牌。开展“小额贷款保证保险试点”，设立信贷风险补偿基金，推动金融机构支持小微企业。2018年12月出台《甘肃省人民政府办公厅关于聚焦企业关切进一步推动优化营商环境政策落实的通知》，提出推动缓解中小微企业融资难融资贵，加大拓宽贷款扶持范围、放宽贷款条件和反担保方式，提高贷款工作效率，加大企业支持力度；进一步规范创业贷款担保基金管理机制，管好用好创业贷款担保基金，支持高校毕业生群体创业创新；推动知识产权质押融资，支撑企业以商标、专利、科研成果等知识产权质押融资，落实相关贴息补贴政策；积极推进“银税互动”，鼓励商业银行依托纳税信用信息创新信贷产品，推动税务、银行信息互联互通，缓解小微企业融资难题。

甘肃省财税部门推动财税扶持政策、激励措施不断完善落实，创新投融资机制，强化金融服务，统筹各类支持小微企业与创新创业资金，设立创新创业与风险补偿担保基金，推动财政资金，引导财税政策，发挥杠杆作用撬动更多社会资金投入创新创业。放宽对创新型中小微企业不良贷款容忍率，指导各金融机构结合“双创”企业特点开发支持“双创”小微企业融资产品和模式，2018年上半年全省为6205户企业通过“银税互动”累计发放贷款465亿元。不断拓展创新创业融资渠道，持续推进兰白创新驱动基金运营，其中，科技贷款增信基金为505家科技型中小企业融资31.36亿元，科技孵化器专项基金对5家科技孵化器参股投资1.5亿元。补助37家科技孵化器、众创空间 2890 万元，通过科技创新创业引导基金吸引社会资本 31 亿元，累计投资 29 家科技型企业 10.2 亿元。此外，还设立首期规模 15 亿元的中小企业发展基金，支持工业、农业、科技、教育、文化等各行业领域初创成长型中小企业发展。

推动科技创新券发展方面。2016 年 9 月正式向省内中小微企业或创新创业团队发放创新券，支持研究开发、技术转移、检验检测认证、创业孵化、知识产权、科技咨询、科技金融、科学技术普及等专业科技服务和综合科技服务，促进科技创新供需有效对接，激发创新活力。2017 年 11 月修订《甘肃省科技创新券实施管理办法》。截至 2018 年 3 月底，依托“科聚网”和兰州科技大市场，累计向 1474 家企业团队发放创新券 7358 万元，其中，733 家企业团队使用创新券 2636.27 万元。48 家收券机构提供各类服务 9176 项 88 592 次，形成服务成果 13 772 份。重点推进重大科研基础设施和大型科研仪器共享、科技环境建设和能力提升，加快推进科研设施仪器向高校院所、企业、社会研发组织等开放，提升大型科研仪器设备利用率和对外服务率，推进全省科技资源开放共享。科技创新券形式创新财政科技资金投入使用方式，发挥市场在配置科技资源中的主导作用，有效激发全省“大众创业、万众创新”活力。

优化科研仪器设备采购管理方面。围绕省属高校院所科研仪器设备采购管理，2017 年 7 月出台《甘肃省财政厅关于完善省属高校、科研院所科研仪器设备采购管理有关事项的通知》，细化提出省属高校、科研院所可自行采购科研仪器设备，并在变更政府采购方式审批方面有所突破，对省属高校、科研院所科研仪器设备变更政府采购方式，财政部门予以优先审批；省属高校、科研院所可自行选择科研仪器设备评审专家；省属高校、科研院所应加强对科研仪器设备采购的内部控制管理，主动公开政府采购相关信息，做到采购全程公开、透明、可追溯；省属高校、科研院所采购进口科研仪器设备实行备案制管理，同一预算年度内同一进口产品已经备案的，再次采购无需重复组织专家论证，2019 年 3 月出台《甘肃省人民政府关于优化科研管理提升科研绩效若干措施的通知》，进一步放宽高校、科研院所简化科研仪器设备采购流程，对科研急需的设备和耗材，特事特办、随到随办，可不进行招投标程序，对独家代理或生产的仪器设备，可采取单一来源采购等方式增强采购。

强化税收优惠方面。针对科技创新型企业税收优惠，2018 年 4 月出台《甘肃省国家税务局 甘肃省地方税务局关于优化税收营商环境服务甘肃经济高质量发展有关税收措施的通知》，强化税收对科技研发、高新技术孵化、科技成果转化、传统产业改造升级的促进作用，对科技型中小企业实际发生的研发费用，税前加计扣除比例由 50% 提高到 75%，对价值不超过 100 万元的研究专用设备允许一次性扣除，价值超过 100 万元可缩短折旧年限或者加速折旧。推动好技术先进型服务企业按 15% 税率征收企业所得税落实，对符合条件的软件企业增值税税负超过 3% 部分实行即征即退、企业所得税“两免三减半”政策。支持各类企业开展技术研发活动，落实研究开发费用按实际发生额 50% 税前加计扣除，对研发等现代服务业符合条件的企业在一定时期内未抵扣进项税额给予一次性退还，对境内单位和个人向境外单位提供技术转让服务适用增值税零税率。支持高新技术孵化成长，对符合非营利组织条件的国家大学科技园、科技企业孵化器收入免征企业所得税，对自用及无偿或通过出租等提供给孵化企业使用的房产、土地免征房产税和城镇土地使用税，对国家重点扶持的高新技术企业减按 15% 税率征收企业所得税。促进科技成果转化，对创业投资企业采取股权投资方式投资未上市中小微高新技术企业 2 年（24 个月）以上的，按投资额 70% 在股权持有满 2 年的当年抵扣应纳税所得额；当年不足抵扣在以后纳税年度结转抵扣。持续推进“银税互动”助力小微企业发展，完善“银税互动”工作机制，拓展“银税互动”线上平台功能，争取更多合作银行纳入，扩大受惠范围，提高“银税互动”小微企业受益户数比例与纯信用贷款比例，助力解决小微企业融资难、融资贵等问题。

7. 建立宽容失败机制

宽容失败机制是鼓励科研人员大胆探索，挑战未知，推进科技创新向纵深发展的关键一步，“创新 30 条”提出的“全面把握科技创新的规律，重点区分因缺乏经验、先行先试出现的失误和明知故犯的违纪违法行为，区分尚无限制的探索性试验中的失误和明令禁止后依然我行我素的违纪违法行为，区分创新工作中的无意过失和谋取私利的违纪违法行为，实事求是地反映问题，客观审慎地作出处理”。对鼓励创新，形成奋勇争先、投身探索和创新的科研氛围具有重要意义。

根据调查问卷结果，参与调查单位对“七、建立宽容失败机制”措施认同程度普遍较高，其中，40% 的参与调查单位在对“七、建立宽容失败机制”措施合理性调查中选择“非常合理”，50% 表示“比较合理”，仅有 10% 选择“一般”，没有选择“不太合理”和“不合理”的情况。

（四）“创新 30 条”执行中存在的问题

1. 个别措施还需不断调整优化完善

一是作为普惠性奖励，2017—2018 年，全省共奖补新认定及复审通过的高新技术企业及新认定的科技型企业 1046 个，占全省总奖补事项的 62.18%，共奖补资金 12 910 万元，占全省总奖补资金的 35.5%。但数据显示，2016 年到 2017 年，全省高新技术企业从 436 个增加到 612 个，增速为 40.37%，而高新技术企业科技活动经费支出从 41.56 亿元增加到 46.93 亿元，增速为 12.92%，较高新技术企业增速低 27.45%，从一定程度上表明一部分企业只是为了获得政府的奖补资金而去通过各种途径实现符合高新技术企业及科技创新型企业认定的条件，并没有真正具备科技创新能力，获得财政奖补资金却并未开展相应的科技创新活动，同时由于时间较短等原因，企业作为创新主体的创新效应并没有得到充分的发挥。甘肃省属于西部欠发达地区，财政科技投入资金相对有限，应进一步修订奖补细则，确保财政资金对创新发展的最大效应。

二是“创新 30 条”中仅明确了给予奖补的事项及奖补金额，未明确奖补资金的后续使用及管理，缺乏监管依据。

三是一些市（州）也反映本地区制定的落实省上“创新 30 条”的政策措施缺乏操作性强的细化配套政策，导致政策落实难，政策利好不能充分释放，对创新主体的激励效应不明显。

2. 财政科技资金紧张，奖补政策落实执行需要加强

一是个别地区虽然在配套出台的落实省上“创新 30 条”政策中明确规定，要给予符合条件的各类平台、基地及高新技术企业等市级财政补助，但在实际执行过程中，由于地区财政资金紧张，并未落实奖补资金；二是一些地区由于财政科技专项经费有限，落实的奖补资金全部从市级科技专项经费中支出，挤占了科技专项经费，极大减少了扶持科技项目的资金；三是一些地区虽然兑现部分奖补资金，但仍然是择优选择性和“打折扣”地兑现，导致政策落实的“到位率”不高。

3. 宣传力度不够，宣传方式有待创新

调查显示，有 2% 的调查对象在此次问卷调查之前并没有听说过“创新 30 条”，14% 的调查对象听说过，但没翻阅过，这表明对“创新 30 条”的宣传推广还需进一步加强。尤其是一些小微企业对政策了解还很不足。同时宣传的方式有待创新，调查结果显示，只有 28% 的参与调查对象通过媒体渠道宣传知道“创新 30 条”。这表明对通过各类媒体渠道宣传创新政策还不充分，形式较单一，效果不够理想，没有达到长期深入宣传的效果。

4. 地区获得省级奖补资金差异较大

基于全省各市（州）原本的各类科技资源禀赋不同及创新发展能力的差异，各市（州）在积极落实“创新 30 条”中争取享受到的政策红利也存在巨大的差异。根据全省 2017—2018 年获得奖补事项的依托单位地区分布情况可知，庆阳市、平凉市、陇南市、临夏州、甘南州 5 个市（州）获得的各类省级科技创新奖补资金总额均低于奖补总金额的 2%，其中甘南州仅为 0.3%。而兰州由于是省会城市，全省大部分高等院校、科研院所均集中于此，获得的奖补资金达到 53.9%，超过一半。地区之间的差异过大，不利于全省科技创新能力的整体提升。

（五）建议

1. 优化调整和补充完善相关政策措施

对因为政策不够细化、缺乏操作指引导致未能及时落地的个别措施进行修订完善，进一步增强政策的可操作性，让创新主体更加方便快捷地享受政策扶持。例如，制定“创新30条”奖补资金管理办法、实施细则等，规范资金使用，更大化地发挥效应。将新型研发机构、临床医学研究中心等新设立的科研基地纳入奖补范围，给予一定的资金扶持，帮助其提升科技创新能力。

2. 积极发挥财税金融政策的助推作用

针对财政科技资金紧张实际问题，进一步发挥财税金融政策的引导及杠杆作用。持续推动研发费用加计扣除、高新技术企业税收减免、固定资产加速折旧等政策的完善落实，促使各项税收优惠政策实施，让企业应享尽享，降低企业经营成本。进一步加大对科技创新企业金融支持力度，创新投融资机制，强化金融服务，统筹各类小微企业创新创业资金，设立创新创业及风险补偿担保基金，为科技创新型企业开辟信贷“绿色通道”，强化科技企业信用体系建设，加快科技创新企业的规模化、产业化发展速度，促进科技成果更加快速高效的转化应用。

3. 创新宣传形式加大宣传力度

在继续做好政策解读、培训、座谈交流、走访调研、媒体报道等传统宣讲渠道的同时，强化传统媒体与现代电子传媒相结合力度，不断拓宽宣传渠道，丰富宣传形式，充分发挥网络媒体、微信公众号等的宣传推广作用，不断扩大创新政策宣传的覆盖面。注重发挥基层科技部门、科技园区、孵化器平台的媒介宣传作用，引导社会各界、各部门关心和参与科技创新，营造良好的舆论氛围，让甘肃各类科研人员、创新企业及社会大众及时全面了解掌握各类最新科技创新政策措施，全面提升科技创新政策的社会知晓度及认同感，形成推进科技创新的合力。

4. 加强政策执行的区域均衡及分类指导

适当加大科技基础及发展较为薄弱地区的政策及资金倾斜，加强分类指导，从农牧村实用技术推广、科研院所基础条件建设、地区企业创新能力提升等方面给予重点支持，帮助提高地区的科技创新能力、企业技术创新能力和实用技术推广能力。

5. 强化政策执行情况考核评估工作

强化对给予奖补的各类创新主体、基地、平台的管理，强化事中事后监管，推动建立跨部门协同监管、随机抽查、失信联合惩戒退出机制。推动科技创新政策评估制度化、常态化，建立科技政策动态评估调整机制，以评估促落实，及时总结政策实施成效，发现政策难以落地症结，并依据形势需要适时进行修订完善，持续释放政策效应。

二、企业研发费用税前加计扣除政策实施情况评价研究

（一）导论

1. 研究背景

企业研发费用税前加计扣除政策是我国现行创新政策体系中普适性最强、关注度最高的核心政策之一，是促进企业加大研发投入，提高自主创新能力，加快产业结构调整的重要税收优惠政策。我国研发费用税前加计扣除政策的实施可以追溯到 1996 年。国家层面为激励企业加大研发投入，规范企业研究开发费用的税前扣除及执行有关税收优惠政策，近年来，密集出台了《财政部　国家税务总局　科技部关于完善研究开发费用税前加计扣除政策的通知》《财政部　国家税务总局　科技部关于提高研究开发费用税前加计扣除比例的通知》等系列税收优惠政策，对该政策实施有效性的评估研究受到广泛关注和高度重视。2018 年我国将申请优惠政策适用主体的范围由科技型中小企业扩展到所有企业，2019 年《政府工作报告》提出所有企业研发费用加计扣除比例均由 50% 提高至 75%，进一步强化技术创新在企业发展中的主阵地作用。我国研发费用税收优惠政策是不断扩大主体范围、加大税收优惠比例的过程，体现了我国对于企业创新发展的重视不断提高，对于科技力量的重大需求。

甘肃省委、省政府高度重视兰白试验区建设工作，统筹设计、政策先行，自试验区批复建设以来，聚焦建设目标，将实施“三大计划”“五大工程”和“十项创新驱动改革”的“3510”行动作为兰白试验区建设的重要举措扎实、有序推进。2016 年以来，甘肃省陆续出台《甘肃省深化科技体制改革实施方案》《甘肃省促进科技成果转化条例》《甘肃省促进科技成果转移转化行动方案》《甘肃省科技计划项目管理办法》《关于深化项目评审、人才评价、机构评估改革的实施方案》等系列文件，将兰白试验区作为实施创新驱动发展战略的“试验田”，大力推进创新政策先行先试，为激发试验区内企业研发活力提供了有力政策供给。

2. 研究意义

① 加快企业研发费用加计扣除政策落实，对实施创新驱动发展战略、建设创新型甘肃具有重要意义。创新是企业高质量发展的第一动力，推动企业从要素驱动向创新驱动转型。研发费用税前加计扣除政策是我国鼓励企业开展研发活动的重要税收优惠政策，加快推动研发费用税前加计扣除政策红利的落实是贯彻落实创新驱动发展战略的重要抓手。

② 研发费用税前加计扣除政策实施情况评价研究对促进企业提升技术创新能力、强化技术创新主体地位起到重要激励作用。研发费用加计扣除政策作为政府激励企业增加研发投入的重要税收优惠政策之一，其覆盖范围广、实施时间长且实际影响深远。在创

新驱动发展战略的背景下，国家密集出台研发费用税前加计扣除政策的补充完善通知和配套措施，大力推进政策落实，为科技型企业减税降负。相关政策对科技型企业的税收优惠力度持续提升，势必会为其研发投入、创新绩效和财务绩效带来积极影响。

③ 研发费用税前加计扣除政策落实情况评价研究是全面深化体制机制改革阶段加快兰白试验区创新驱动发展试验步伐的重要研究议题，可为政府部门宏观管理决策和创新政策制定提供参考。兰白试验区作为甘肃省科技体制改革试验区、产业品质跃升支撑区、人才资源集聚区、东西合作发展先行区、生态文明建设引领区，一直将创新型企业建设作为推动企业经济转型升级的重点。因此，以兰白试验区为研究对象，调查研究研发费用加计扣除政策在企业中的落实效果，指出政策落实中存在的问题与困难，并提出加快政策落实的举措，为政策普及提供参考。

3. 研究方法

（1）理论分析法

通过对研发费用加计扣除政策的现状分析，分析政策实施现状和存在的问题，找到相关理论作为逻辑关系的支撑，增加本研究分析的可信度。

（2）文献研究法

以“研发费用加计扣除”“研发投入”“创新绩效”等为关键词，查找相关文献，并对这些文献进行一定分析和整理，从而形成对研究对象的初步认识。通过阅读文献，按照时间顺序对研发费用加计扣除政策进行梳理，认识到该政策的享受主体范围逐渐扩大、优惠力度逐渐提升，政策的逐步完善使越来越多的企业受益，为后面的研究提供参考。

（3）实证分析法

根据要求，对兰白试验区广大企业享受研发费用加计扣除政策情况开展专项调查，具体采用填写调查问卷的形式，共有 205 家兰白试验区企业填写调查问卷。根据调查问卷结果进行统计分析并根据分析结果提出政策建议。

（二）研发费用税前加计扣除政策研究现状

1. 国外研究现状

由于不同国家经济科技体系的差异，国与国之间产业发展政策也存在较大差异，因此，各国对于研发费用税收优惠力度也有所不同。在发达国家，由于研发投入较大，加计扣除比例相对较低。通过分析经合组织的文献资料发现，英国的加计扣除政策根据企业规模进行具体设定，随着发展水平不断提高加计扣除比例，大规模公司享受 30% 的加计扣除，科技型中小企业加计扣除比例为 75%；美国的加计扣除政策是根据企业不同发展阶段进行具体设定，对处于初创期、成长期和成熟期的企业分别提供简化抵免、常规税收抵免和递增抵免的税收优惠。大部分发展中国家企业进行自主研发的积极不足、研发投入相对较少，为更好激励企业研发投入积极性，加计扣除比例往往设置较高。印度分行业确定研发费用税前加计扣除比例，加计扣除比例为 100%；根据巴西产业促进法相关规定，企业研发活动中发生的工资、设备和材料费用可从应纳税所得额中扣除，扣除比例范围为 60% ~ 100%。相比于欧美国家，我国的研发费用税前加计扣除比例还不够高，政策的配套措施相对不够完善，缺乏“量体裁衣”“因地制宜”的策略，应当对不同规模、不同发展阶段、不同行业、不同地区的企业制定具有针对性的政策。

2. 国内研究现状

为促进我国企业加大研发投入、提升自主创新能力，加快我国企业产业升级步伐，政府出台了诸多税收刺激政策，如《财政部　税务总局　科技部关于提高研究开发费用税前加计扣除比例的通知》（财税〔2018〕99 号）等。目前，研发费用税前加计扣除优惠政策已成为各界关注的热点问题，有关研发费用税前加计扣除政策实施效果的研究主要分为以下几个方面。

一是对企业研发费用税前加计扣除政策落实现状、问题的研究。部分学者如刘丁蓉（2013）采用问卷调查的方法，通过对 89 家样本企业的调查统计分析研究，发现企业申报加计扣除研发费用的积极性不高，影响企业申报积极性的主要因素有政策审批程序、政策执行人员的服务水平、税收政策的优惠力度、企业的财务管理能力、企业管理层对税收优惠政策的认知等。蒋枫等（2015）对广西的加计扣除政策效果进行分析，发现 2013 年研发费用税前加计扣除税收总额较 2008 年有所增长，但总体上偏低。王珍等（2016）以宜昌市企业为例，发现创新型企业享受研发费用税前加计扣除政策优惠的比例仍然较低，提出企业在执行中存在的主要问题有：企业财务核算与税收政策要求存在一定的差距；企业未按国家统一会计准则规定设置“研发支出”及相关明细科目进行分开核算；企业对不同的研发项目没有分别核算，或未按研发费用性质进行明细核算；部分中小企业的研发费用原始凭证不规范，自制凭证缺失、假票、发票不符合要求等现象时有发生。

二是对企业研发费用税前加计扣除政策效应及影响因素进行实证分析。姜玲等（2019）基于中国省际面板数据利用动态差分 GMM 模型和静态固定效应模型对企业研发费用税前加计扣除政策和高新技术企业税收优惠政策两项创新政策的有效性进行评估分析，结果表明：R&D 税收优惠政策对引导企业增加研发投入具有正向激励作用；不同 R&D 税收优惠政策对企业提高研发投入水平的影响弹性存在差异，研发费用加计扣除政策的作用效力强于高新技术企业税收优惠政策。贺康等（2020）认为，加计扣除政策对 2013—2017 年沪深两市上市公司起到了预期效果，企业的创新产出和创新效率显著提高；加计扣除政策的激励效果存在异质性，激励效果方面，非国有企业、大规模企业、非高新技术企业和高市场化地区企业的创新产出和创新效率更高。崔也光等（2020）以 2014—2017 年我国 A 股上市公司的数据为样本，通过双重差分倾向匹配的方法，实证分析了 2016 年实施的所得税研发费用税前加计扣除政策对企业研发投入的影响。研究发现，研发费用税前加计扣除政策对企业研发具有显著激励效应，且政策效应呈现普适性；相比京津冀与珠三角，研发费用税前加计扣除政策对长三角经济区研发投入促进效果更显著。姚维保等（2020）基于 2015—2017 年我国传统能源上市企业面板数据，回归分析研发费用税前加计扣除对传统能源企业研发投入的激励效应，实证表明，研发费用税前加计扣除能有效促进传统能源企业加大研发投入，但偿债能力、营运能力和盈利能力会影响研发投入和加计扣除力度，传统能源企业需要持续提高生产经营管理效率，提升研发质量，推动产业转型升级。

（三）研发费用税前加计扣除政策体系梳理

1. 国家及各部委政策沿革

研发费用税前加计扣除政策成为各国政府激励企业科技创新的重要税收工具。为从根本上突破自主创新能力不足的障碍，激励企业加大研发投入，早在 1996 年，国家颁布《财政部　国家税务总局关于促进企业技术进步有关财务税收问题的通知》（财工字〔1996〕41 号）以来，我国一直致力于完善研发费用税前加计扣除政策。20 多年来，我国加计扣除政策改革大致可分为 4 个阶段。

（1）1996—2002 年：政策酝酿萌芽阶段

我国实施企业研发费用税前加计扣除政策起始于 1996 年。为了贯彻落实《中共中央国务院关于加速科学技术进步的决定》，积极推进经济增长方式的转变，财工字〔1996〕41 号文首次就研发费用税前加计扣除问题进行了明确：国有、集体工业企业研究开发新产品、新技术、新工艺所发生的各项费用，增长幅度在 10% 以上的，经主管税务机关审核批准，可再按实际发生额的 50% 抵扣应税所得额。

（2）2003—2006 年：政策享受范围扩大阶段

为促进市场经济发展，鼓励各类企业加大研发投入，提高技术创新水平，促进企业公平竞争。2003 年《财政部　国家税务总局联合印发了关于扩大企业技术开发费加计扣除政策适用范围的通知》（财税〔2003〕244 号），将享受研发费用税前加计扣除的主体从“国有、集体工业企业”扩大到“所有财务核算制度健全，实行查账征收企业所得税的各种所有制的工业企业”。2006 年《财政部　国家税务总局关于企业技术创新有关企业所得税优惠政策的通知》（财税〔2006〕88 号），进一步将政策享受主体扩展到“财务核算制度健全、实行查账征税的内外资企业、科研机构、大专院校等”。

（3）2007—2014 年：政策规范化实施阶段

2007 年我国出台的《企业所得税法》及实施条例首次将研发费用税前加计扣除优惠政策以法律形式予以确认。为填补研发费用税前加计扣除政策落实的空白，2008 年《国家税务总局关于印发〈企业研究开发费用税前扣除管理办法（试行）〉的通知》（国税发〔2008〕116 号），对政策适用的主体范围和加计扣除费用的明细范围进行了明确规定。2013 年《财政部　国家税务总局关于研究开发费用税前加计扣除有关政策问题的通知》（财税〔2013〕70 号）进一步扩展了可扣费用的范围，简化了征纳双方就申报项目异议处理办法。

（4）2015 年至今：政策全面实施阶段

为进一步鼓励企业加大研发投入，有效促进企业研发创新活力，2015 年财政部、国家税务总局和科技部联合发布《关于完善研究开发费用税前加计扣除政策的通知》（财税〔2015〕119 号），首次采取“负列举”方式放宽了享受加计扣除优惠的行业类型，沿用“正列举”方式归类可加计扣除的研发费用范围，基本统一加计扣除与高新技术企业认定研发费用的归集口径。为鼓励科技型中小企业加大研发费用投入，2017 年财政部、国家税务总局、科技部联合发布《关于提高科技型中小企业研究开发费用税前加计扣除比例的通知》（财税〔2017〕34 号），将科技型中小企业享受研发费用税前加计扣除比例由 50% 提高到 75%。2018 年《财政部　税务总局　科技部关于提高研究开发费用税前加计扣除比例的通知》（财税〔2018〕99 号），将仅适用于科技型中小企业 75% 的加计扣除比例拓展到所有企业。2021 年财政部、税务总局为了进一步激励企业加大研发投入，支持科技创新，发布《财政部　税务总局关于进一步完善研发费用税前加计扣除政策的公告》，提出制造业科技型企业开展研发活动中实际发生的研发费用，未形成无形资产计入当期损益的，在按规定据实扣除的基础上，自 2021 年 1 月 1 日起，再按照实际发生额的 100% 在税前加计扣除；形成无形资产的，自 2021 年 1 月 1 日起，按照无形资产成本的 200% 在税前摊销。2021 年 5 月 14 日，税务总局发布《研发费用税前加计扣除新政指引》，进一步细化企业享受研发费用税前加计扣除政策的具体要求。

2. 甘肃省出台配套政策情况

2015 年以来，甘肃省积极引导企业加大研发经费投入力度，鼓励开展技术创新，落实《财政部　国家税务总局　科技部关于完善研究开发费用税前加计扣除政策的通知》（财税〔2015〕119 号）、《财政部　国家税务总局　科技部关于提高科技型中小企业研究开发费用税前加计扣除比例的通知》（财税〔2017〕34 号）、《财政部　国家税务总局　科技部关于提高研究开发费用税前加计扣除比例的通知》（财税〔2018〕99 号）等相关政策，甘肃省科技厅、国家税务总局甘肃省税务局、甘肃省工信厅、甘肃省财政厅、甘肃省政府国资委、甘肃省统计局六部门联合出台了《关于进一步推动企业充分享受研发费用加计扣除税收优惠政策的通知》文件，进一步推动了甘肃省企业充分享受研发费用加计扣除税收优惠政策。其次，《中共甘肃省委办公厅 甘肃省人民政府办公厅关于印发〈甘肃省促进中小微企业高质量发展若干措施〉的通知》《甘肃省人民政府办公厅印发〈关于提升甘肃省科技创新综合实力若干措施〉的通知》等文件也涉及企业研发费用加计扣除政策的相关内容。

（四）甘肃省政策落实情况分析

1. 协同有效的工作机制

为加快推动企业研发费用税前加计扣除政策落地实施，省科技厅联合省税务局等部门制定并发布《关于进一步推动企业充分享受研发费用税前加计扣除税收优惠政策的通知》。甘肃省科技、财政、税务、工信、国有资产监督管理、统计 6 部门协同建立企业科技投入的稳定增长机制、创新考核机制和研发经费投入的刚性约束机制；共同推动以需求为导向和以企业为主体的产学研一体化创新机制、创新平台，找准解决企业“不知享”的切入点全力突破，找准解决企业“不会享”的着力点精准帮助，找准解决企业“不愿享”的关键点着力攻克，找准企业“不能享”的堵痛点集中发力，形成了多部门、齐抓共管的良好机制，助力企业深入实施创新驱动发展战略，引导企业持续加大研发投入，加快科技成果转化，确保充分释放研发费用税前减计扣除优惠政策的红利效应。

2. 便捷特色信息服务平台

对企业自行申报软件加设特色开发，做到“线上”关联信息比对，精准锁定研发费用税前加计扣除优惠政策的受惠企业群体，设置温馨智能自动提示，及时提醒符合条件的企业在申报时全面享受到研发费用税前加计扣除优惠政策。企业申报过程中，及时掌握企业研发费用加计享受扣除情况，梳理企业名单，对可能应该享受的企业再次开展“一对一”宣传辅导，帮助纳税人了解税收优惠政策，让符合条件的企业及时享受，有效发挥税收在支持经济发展中的职能作用。

在优惠政策事项的管理方面，严格按照国家税务总局要求，充分发挥税收大数据优势开展分析，寓管理于服务，对汇算清缴申报中的企业申报情况，开展事中分析，针对不同情况分别采取相应的应对措施，要求主管“负面清单”企业的税务机关逐一落实实际情况，及时做好解释工作，防止扩大享受优惠政策，增加纳税人涉税风险；对亏损的高新技术企业，辅导其享受优惠政策等，提高风险防范的精准性。汇算清缴结束后，税务局及时将高新技术企业、省级技术中心企业未享受研发费用税前加计扣除优惠政策的具体原因分户册、分类别，以正式公文函告甘肃省科技厅、甘肃省工信厅，将税务局反馈的情况作为企业评审、复审高新技术企业和省级技术中心企业资格的第一道“关口”，甘肃省科技厅、甘肃省工信厅根据实际采取的数据，取消部分企业年度评选资格，进一步提高了纳税人的税法遵从度，提升了征管质效。

3. 全方位的政策宣传

甘肃省在政策宣传方面，采取全方位、立体式的宣传辅导方式。各级税务机关的企业所得税部门从年初分 3 轮对企业开展“面对面”“点对点”的拉网式宣传辅导，帮助企业正确理解、准确归集研发费用。第一，国家税务总局甘肃省税务局抽调干部组成“辅导释疑解惑团”，从 2020 年 4 月中旬开始采取“沉下去‘问症’、走进去‘把脉’”的方式，对符合条件的企业上门“手把手、一对一”地辅导讲解研发费用税前加计扣除税收优惠政策和享受办法，切实打消一些企业不会享受、不愿享受和不敢享受的顾虑。第二，根据税收政策动态，及时梳理编印研发费用税前加计扣除税收优惠政策汇编和操作指南。第三，充分利用官方网站、微信公众号以及 12366 纳税服务热线等，深入开展宣传，努力提升企业对研发费用税前加计扣除政策的知晓度，同时，在《中国税务报》、《甘肃日报》、人民网、甘肃省政府网等主流媒体对甘肃省研发费用税前加计扣除相关措施和享受优惠政策情况进行报道，产生了良好的宣传效果，促进了研发费用税前加计扣除政策“落地生根”。

4. 及时地监督检查

甘肃省根据《关于进一步推动企业充分享受研发费用税前加计扣除税收优惠政策的通知》及各部门实际工作情况，对企业研发费用税前加计扣除政策的落实情况定期开展督导、检查，对研发费用核算不规范的企业加强督促指导，密切跟踪政策执行中遇到的新情况、新问题，收集基层和纳税人政策落实情况的反馈和工作建议，加强部门间的信息沟通，确保优惠政策落地见效。另外，国家税务总局甘肃省税务局加大对政策落实的督导力度，密切跟踪政策执行情况，认真总结政策落实情况，形成报告，并报送至省政府信息公开办、国家税务总局督导组等部门。

5. 有力的组织保障

甘肃省税务、工信、国有资产监督管理等 6 部门强化组织领导，增强部门间信息共享和工作衔接，形成工作合力，对工作中出现的问题认真分析原因，共同提出解决对策，协商解决。采取有力措施，切实推动研发经费投入工作，主动深入企业开展业务指导服务，帮助企业准确理解研发投入相关指标内涵，使企业充分享受研发费用税前加计扣除税收优惠政策，切实增强了企业获得感和满意度。

（五）甘肃省政策实施情况及效果分析

2020 年 7—8 月，根据《科技部办公厅　国家税务总局办公厅关于开展企业研发费用税前加计扣除政策执行情况评估工作的通知》要求，对甘肃省企业享受研发费用税前加计扣除政策情况开展专项调查。为提高工作效率，减轻企业负担，问卷采取网上填报的方式，由企业分管技术创新和财务工作的人员填写。截至 2020 年 8 月 31 日，共收到有效问卷 501 份，其中兰白试验区调查问卷 205 份。

1. 政策落实总体情况

研发费用加计扣除政策减轻了企业税费负担，降低了研发成本，在企业加大研发投入、提升企业创新能力、促进产业优化升级方面发挥了重要的作用，进一步坚定了企业走创新驱动发展道路的信心。2019 年度甘肃省享受研发费用加计扣除税收优惠政策的企业达到 1631 户，较上年增加 461 户，增长 39.4%，超过国家税务总局考核指标 34 个百分点。享受的加计扣除金额达到 32.81 亿元，较上年增加 8.3 亿元，增长 33.8%，超过国家税务总局考核指标 29 个百分点。高新技术企业享受研发费用加计扣除的户数达到 913 户，占到了全部取得高新技术资格企业的 86.8%，超过国家税务总局考核指标 27 个百分点。无论是“两个增幅”还是“一个占比”，均取得了明显成效，成为深化供给侧结构性改革、推动经济高质量发展的重要举措。

在 2015—2019 年连续享受研发费用加计扣除政策的高新技术企业中，甘肃银光化学工业集团有限公司、兰州飞行控制有限责任公司、天水华天科技股份有限公司等税收减免金额较多，享受到研发加计扣除政策带来的红利，促进了企业创新发展。甘肃银光化学工业集团有限公司在 2015—2019 年累计享受研发费用加计扣除金额 6086 万元，兰州飞行控制有限责任公司累计享受研发费用加计扣除金额 3874 万元，天水华天科技股份有限公司累计享受研发费用加计扣除金额 2865 万元，兰州万里航空机电有限责任公司累计享受研发费用加计扣除金额 2650 万元。

2. 政策落实特点

落实研发费用加计扣除税收优惠政策，使符合享受条件的企业既能达到享受国家红利目的，使节省的资金再次投入研发，促进创新和转型升级。从企业享受优惠政策情况看，主要呈现出以下特点。

（1）政策惠及面逐步扩大，政策落实效果凸显

随着《关于提高科技型中小企业研究开发费用税前加计扣除比例的通知》《关于提高研究开发费用税前加计扣除比例的通知》等相关政策的制定，进一步提升了研发费用加计扣除政策的税收优惠比例，完善并扩大了政策的惠及面，2018 年、2019 年成为政策落实效果突破的关键年份。2018 年享受研发费用加计扣除税收优惠政策的企业 1170 户，较 2017 年度增加 761 户，增幅达到了 186.1%；研发费用加计扣除金额达到 24.52 亿元，较 2017 年度增加 14.64 亿元，增幅达到了 148.2%，按法定税率 25% 换算，相当于减免税额 6.13 亿元，较 2017 年度减免税额增加 3.66 亿元，实现了量的突破。2019 年较 2018 年享受研发费用加计扣除税收优惠政策的企业增加了 461 户，研

发费用加计扣除金额增加了 8.29 亿元，整体呈上升趋势。甘肃银光聚银化工有限公司在 2015—2017 年未获得研发加计扣除政策的支持，通过积极申报政策优惠，2018 年、2019 年分别享受研发加计扣除所得税减免额 610 万元、3499.2 万元；甘肃紫光智能交通与控制技术有限公司、天水华洋电子科技股份有限公司在 2015—2018 年均未获得研发加计扣除政策的支持，随着政策的推广和落实，2019 年分别享受研发加计扣除所得税减免额 330.8 万元和 326.4 万元。

（2）绿色生态产业享受占比高，促进区域产业转型升级

2018 年初，甘肃省出台了推进绿色生态产业发展的规划，提出将培育壮大节能环保、清洁生产、清洁能源、循环农业、中医中药、文化旅游、通道物流、军民融合、数据信息、先进制造等十大重点产业，促进传统产业“脱胎换骨”。从享受研发加计扣除政策企业的行业来看，2019 年，甘肃省纳入“十大绿色生态产业”范畴的企业为 1084 户，占到全部享受户总数（1631 户）的 66.46%，其中：享受优惠位居前 4 位的依次是先进制造业、数据信息产业、循环农业和中医中药产业，分别为 586 户、315 户、105 户和 78 户，表明甘肃省“十大绿色生态产业”研发能力较强、创新劲头足，有力地促进了产业的转型升级。

（3）民营企业研究开发份额扩大，发挥了市场主体作用

从享受企业的性质看，2019 年，民营企业享受份额达到了 1424 户，占到全部享受企业（1631 户）的 87.31%；民营企业享受加计扣除金额 16.95 亿元，占到全部享受总额（32.81 亿元）的 51.67%。其中：民营中小微企业享受的户数达到 1102 户，享受加计扣除金额 10.2 亿元，分别占到了全部享受民营企业的 77.39% 和 60.18%，表明甘肃省民营企业尤其是中小微企业更加注重研发创新和可持续发展，有效发挥了市场主体的作用。

（4）区域创新驱动作用效果好，形成了辐射带动的态势

从享受企业的区域看，依次是兰州市（包括兰州新区）659 户、河西五市 510 户、陇东四市 241 户、中部四市（州）221 户，分别占到了全部享受企业的 40.40%、31.27%、14.78% 和 13.55%。其中：高新技术企业的享受户数依次是兰州市（包括兰州新区）463 户、河西五市 250 户、中部四市（州）114 户、陇东四市 86 户，分别占到了全部享受高新技术企业的 50.71%、27.38%、12.49% 和 9.42%；兰白自创区享受的企业达到 764 户，占到全部享受企业的 46.84%，表明甘肃省区域创新驱动效应好，形成了“中间带、两侧飞”的良好辐射带动态势。

3. 政策落实效果调查分析

研究组设计调查问卷，对全省企业享受研发费用加计扣除政策情况进行了调查分析。采用问卷星进行调查，收回有效问卷 501 份。从企业类型来看，此次参与问卷

调查的企业主要为高新技术企业，共有393家，占比为78.44%，非高新技术企业有108家，占比为21.56%；参与此次调查问卷的入库科技型中小企业有309家，占比为61.68%，非入库科技型中小企业有192家，占比为38.32%。从企业的规模来看，此次参与问卷调查的以小微型企业为主，其中大型企业有11家，占比为2.20%，中型企业有94家，占比为18.76%，小型企业有266家，占53.09%，微型企业有130家，占比为25.95%。

兰白试验区作为全省科技创新的龙头，承担科技改革和创新政策先行先试的重点任务，共有205家企业参与问卷调查。从政策知晓度、政策享受情况、政策效果满意度等方面进行分析。一是政策知晓度方面，研发费用税前加计扣除政策知晓度较高但并未实现全覆盖，小部分企业不知晓、不熟悉该政策。通过对国家及甘肃省出台的相关研发费用税前加计扣除政策的企业知晓度调查结果显示，有176家企业了解《财政部　国家税务总局　科技部关于完善研究开发费用税前加计扣除政策的通知》（财税〔2015〕119号）政策和《财政部　国家税务总局　科技部关于提高研究开发费用税前加计扣除比例的通知》（财税〔2018〕99号）政策，知晓率为85.85%；了解甘肃省科学技术厅等六部门发布《关于进一步推动企业充分享受研发费用加计扣除税收优惠政策的通知》政策的有160家，知晓率为78.05%；了解《关于提高科技型中小企业研究开发费用税前加计扣除比例的通知》（财税〔2017〕34号）政策的有148家，知晓率为72.20%；了解其他政策的有1家，知晓率为0.49%。二是政策享受情况分析。兰白试验区内企业享受研发费用税前加计扣除政策的比例较高，其中高新技术企业享受政策的占比超过九成。根据调查结果，享受研发费用税前加计扣除政策的有156家，占比为76.10%，其中九成企业（142家、91.03%）为高新技术企业，其他企业占比为8.97%；未享受研发费用税前加计扣除政策的有49家，占比为23.90%，未享受政策企业主要是不满足政策享受条件（23家），涉及企业不是查账征收企业、属免税企业、从事的研发活动或申报抵扣的研发费不在政策范围等，其次是对政策没有需求或需求不强烈（6家），5家企业出于经营策略考虑（如经营业绩、保密需要等）而放弃申请，4家企业综合考虑政策申请成本及优惠力度，认为“不划算”而未申请。三是政策效果满意度分析。企业对研发费用税前加计扣除政策在促进自身加大研发投入、提升创新能力以及转型升级方面效果的满意度较高。在被调查企业中，表示满意及以上的企业有149家，占享受政策企业数量（156家）的95.51%（比较满意的有79家，占比为50.64%；非常满意的有70家，占比为44.87%）；表示一般满意的有6家，占比为3.85%；表示不满意的有1家，占比为0.61%。

基于调查分析结果发现，甘肃省大部分企业享受到了研发费用加计扣除税收优惠政策红利，在激励加大研发投入、提升创新能力等方面发挥着重要作用，主要呈现出以下特点。

（1）激励企业加大研发投入，强化技术创新主体地位

研发费用加计扣除政策的落实，对激励甘肃省企业自主建立研发机构，增加研发资金和人力资本投入，提升产品附加值和市场竞争力具有重要的作用。2015 年以来，甘肃省高新技术企业、科技型中小企业的数量快速增长，与此同时，企业研发费用投入及加计扣除减免额同步增长，形成了促进企业技术创新良性循环互动格局。根据对全省高新技术企业的相关统计：2019 年全省高新技术企业获得研发费用加计扣除税收减免额 2.51 亿元，是 2015 年加计扣除额 0.52 亿元的 4.8 倍。政策撬动 2019 年研发费用投入达 69.21 亿元，是 2015 年研究开发费用额的 27.8 倍。

在参与问卷调查的 501 家企业中，有 387 家企业享受了研发费用税前加计扣除政策。其中，研发投入比享受政策前平均增长 5% 及以内有 183 家，占 47.29%；研发投入比享受政策前平均增长 6% ~ 10% 有 112 家，占 28.94%；研发投入比享受政策前平均增长 11% ~ 20% 有 30 家，占 7.75%；研发投入比享受政策前平均增长 21% ~ 30% 有 17 家，占 4.39%；研发投入比享受政策前平均增长 30% 以上有 13 家，占 3.36%；研发投入较享受政策前没有增加有 32 家，占 8.27%。

（2）助力企业提升创新能力，推动供给侧结构性改革

研发费用加计扣除政策的落实，明显降低了中小微企业的税收负担和技术创新成本，提高企业创业创新活力。企业充分利用自身优势，提升生产效率，稳定现有产品质量，努力研发新产品，拓展新市场，推动供给侧结构性改革。在参与问卷调查的 501 家企业中，有 387 家企业享受了研发费用加计扣除政策，表示政策对促进企业提升创新能力的效果显著的有 123 家，占 31.78%；比较显著的有 201 家，占 51.94%；一般的有 56 家，占 14.47%；不显著的有 7 家，仅占 1.81%。中核四〇四有限公司 2019 年研发费用加计扣除税收减免额 258.5 万元，当年专利授权数 64 件，期末有效专利数为 464 件，其中拥有发明专利 280 件，累计形成国家或行业标准 59 件，其中 2019 年形成国家或行业标准 5 件。大禹节水集团股份有限公司 2019 年研发费用加计扣除税收减免额 75 万元，当年专利授权数 39 件，期末有效专利数为 448 件，其中拥有发明专利 55 件，实现高新技术产品（服务）收入 7.5 亿元。

（3）赋能产业转型升级，为企业发展开辟新路径

研发费用加计扣除政策红利的落地，有效缓解了企业资金压力，让企业能投放更多的资金到生产中去，对鼓励企业实施创新驱动战略、发展新兴产业、推动产业升级发挥了重要的推动作用。同时，通过差别化的加计扣除政策，引导资金从负面清单行业向新兴产业集聚，加快生产要素向新兴产业转移，培养新经济增长极。在参与问卷调查的 501 家企业中，有 387 家企业享受了研发费用加计扣除政策，表示政策对促进

企业转型升级的效果显著的有 98 家，占 25.32%；比较显著的有 190 家，占 49.10%；一般的有 86 家，占 22.22%；不显著的有 13 家，仅占 3.36%。天水电气传动研究所集团有限公司 2019 年实现高新技术产品（服务）收入 2.4 亿元，享受研发加计扣除所得税减免额 406.5 万元，实现新产品产值 4 亿元、新产品销售收入 2.4 亿元。甘肃蓝科石化高新装备股份有限公司拥有科技人员 453 人，2019 年实现高新技术产品（服务）收入 7.5 亿元，享受研发加计扣除所得税减免额 320.4 万元，实现新产品产值 3.1 亿元、新产品销售收入 3.1 亿元。

（六）存在问题及原因分析

通过调查研究，分别从企业和管理部门的视角分析企业研发费用税前加计扣除政策落实过程中面临的问题和困难。

1. 存在问题和困难

从企业角度来看，存在不会享受、不敢享受、不愿享受、不能享受、虚假享受的问题。

① 存在“不会享受”的问题。作为研发投入的主体，甘肃省内许多企业规模小，财务核算能力较差，财务人员业务能力不强，致使研发经费支出梳理归集不全、不会归集、难以准确归集，存在有政策不会享受。

② 存在“不敢享受”的问题。一些国有大企业特别是上市公司，唯恐政策掌握不准、应用不规范而带来后期审计发现问题等风险，影响上市公司信誉，存有顾虑、担忧，导致不敢享受政策的问题。

③ 存在“不愿享受”的问题。一些国有企业技术创新能力不强，没有可持续的研发项目，再加上亏损数额较大，短时间内享受不到研发费用税前加计扣除税收优惠政策的红利，因此还存在“不愿享受”研发费用税前加计扣除税收优惠政策的问题。

④ 存在“不能享受”的问题。企业研发费用的归集、资料的收集等，要求企业内部的科技、生产、研发、财务等部门要密切配合，若企业内部的一个部门未按核算要求进行人员、资产合理划分和分别核算，企业就不能准确合理归集各项费用的支出，也就不能按政策规定充分享受研发费用税前加计扣除政策。

⑤ 存在“虚假享受”的问题。一些企业特别是一些高新技术企业、科技型中小企业虽然获取了高新技术企业和科技型企业资格，但实质上没有研发项目、更没有研发经费的投入，“获取资格”仅仅是为了得到政府规定的相关补贴，致使上报通过评审的研发费用数据与向税务部门申报的研发费用数据差异很大。

从政府管理部门来看，存在纳税辅导精准性和高质量还有待提高、政策学习不够深入细致、协同推进上的合力还有待加强等不足。

⑥ 纳税辅导精准性和高质量还有待提高。培训过程中，创新方式还不够，不仅要有培训数量，更要有培训质量，不仅要“铺天盖地”，也要“涓涓细流”日常渗透。日常工作中未能将全覆盖培训和差异化辅导结合起来，缺乏更加精准的宣讲服务，机械式、单调性、无新意的辅导使纳税人产生抵触情绪。

⑦ 政策学习不够深入细致。研发费用税前加计扣除政策企业所得税税制本身很复杂，政策涉及企业财务会计处理和成本核算，享受优惠政策执行过程中，个别税务干部对政策理解掌握不够透彻，不够全面，学习不够深入，对纳税人诉求缺乏系统性梳理，纳税人的难点、堵点问题，没有从实际中找到有效方法。

⑧ 协同推进上的合力还有待加强。目前各级财税、科技、工信、国资委、统计等相关部门信息还没有共享，无论是高新技术企业申报的数据，还是省级技术中心申报的数据等，和税务机关日常管理数据差异较大，存在两张皮，信息不畅通，还没有形成齐抓共管的局面。

2. 主要原因分析

① 研发活动难以认定。研发活动界定标准不够明确和具体。研发费用的“三新”确定缺乏专业机构的认定；不同性质企业对“三新”的理解存在不一致的想法；企业在审定一个新品种时，前期工作中的费用支出列入研发费用但没有项目申报书；品种审定书一般会比费用支出的时间要迟两年左右。

② 研发费用准确归集难度大。研发费用的归集有难点；企业做账可能与税务口径存在不一致的抵扣问题；资本化和费用化的划分节点不清楚；一些费用由于各部门协调配合不力，各项费用的工时统计有难点，无法归集入研发投入。

③ 研发与生产性质不明。研发与生产的关联度高，不方便切割。中小企业技术研发和生产过程高度密切相关，提取研发费用界定难度大，未分工核算，造成企业研发费用不合规定，未能享受加计扣除政策。

④ 专业化人员缺乏。许多小微企业的会计都是临聘人员或代理记账，真正熟悉税收优惠政策、吃透政策的财务人员不多，缺乏既懂技术又懂科研管理的高素质专业技术人才。

（七）加强政策落实的措施

为进一步推动兰白试验区符合享受研发费用税前加计扣除税收优惠政策条件的企业切实享受好这一政策，全面加快转变经济发展方式、加快产业转型升级、加快新旧动能转换，提出以下措施。

1. 联合开展政策宣讲

针对新办的符合享受研发费用税前加计扣除税收优惠政策条件的高新技术企业，

特别是一些对优惠政策不是很了解（因为这一政策的享受方式是“不来即享”，企业自行判别、申报享受）的中小微企业，建议由各级科技部门牵头，税务、工信、国有资产监督管理、统计部门全力参与配合，共同组成政策宣讲团，以县域为单位采取“过筛子”的办法，每年至少开展 1 次联合上门“点对点、面对面”的、有针对性地集中宣讲辅导政策活动。例如，在科技部门组织的高新技术企业获取资格辅导培训会上，有税务干部参加对研发费用税前加计扣除税收优惠政策的讲解辅导；在税务部门组织的诸如企业所得税汇算清缴讲解辅导会上，邀请科技部门的专业人员讲解高新技术企业资格获取的申请流程、条件等，确保高新技术企业从获取资格时就对研发费用税前加计扣除税收优惠政策做到应知尽知。

2. 形成政策落地合力

针对符合享受条件的企业尤其是小微企业（因为许多小微企业的会计都是临聘人员或代理记账），建议由各级税务部门牵头，工信、科技、财政、统计等部门参与，联合邀请业内专家、业务骨干，分别从高新技术企业认定、科技型企业评价入库、建账建制、研发投入账务处理、研发费用归集统计、享受加计扣除税收优惠政策等诸多方面，区分不同企业情况，有的放矢地深入企业开展“特别业务”辅导，使企业在汇算清缴前就对自己的项目有一个全方位、多角度的专家诊断，帮助企业准确归纳研发投入的相关指标，使有研发项目的企业享受政策优惠有底气、有依据、有方向，合力抓好这一优惠政策的全面、正确落实。

3. 强化企业减税意识

针对一些符合享受条件的企业因享受金额小、“怕麻烦”（许多中小微企业临聘的代账会计兼职多家企业，正确归集研发费用耗时费神）等不是很情愿享受这一优惠政策的情况，建议在近几年建立良好协作配合机制的基础上，每年召开 1 次分析研判本辖区企业创新驱动发展情况的联席会议，共商进一步完善企业科技投入的稳定增长机制、创新考核机制、研发投入财政补助机制以及研发投入的刚性约束机制，共同推动健全以需求为导向和以企业为主体的产学研一体化创新机制、创新研发平台，努力引导激发甘肃省企业“老树发新芽”，不断提升核心竞争力，确保充分释放研发费用税前加计扣除税收优惠政策引导企业创新发展的红利效应。

4. 加强部门协作配合

针对各相关部门存在的企业有关信息不是完全共享、数据统计口径不尽统一等“弱项”，建议各级工信、科技、财政、统计、国资、税务等部门进一步建立完善企业研发相关信息数据的互通共享机制，全面加强 6 部门之间的协作配合，相互及时通报企业享受研发费用税前加计扣除优惠政策等情况，并将其作为有关部门研发项目立项及政策扶持的重要参考依据，从机制上整体推进和“倒逼”企业充分享受这一优惠政策。

同时建议 6 部门定期联合开展调研，密切跟踪研发费用税前加计扣除税收优惠政策落实和创新发展过程中的新情况、新问题，共同分析原因、共同研究解决，促使研发费用税前加计扣除税收优惠政策撬动创新的效应得到“最大化”释放，切实为甘肃省创新驱动发展战略和“六稳”“六保”的深入推进起到更加有力的推动作用。

5. 明确政策落地细节

企业研发活动税收政策上虽然有界定，但比较笼统，企业在自行判断的过程中，有时把握不准有些活动是否可以列为研发活动。因此，建议由科技、工信、财政、税务等相关部门组成专家组，从企业研发立项到应用开发给予全面的辅导鉴定等，让企业放心、充分及合理享受。建议出台企业研发费用归集的操作指南，重点围绕研发费用归集范围，辅导企业统计人员、财务人员熟练掌握研发经费统计相关内容，及时准确进行归集。

参考文献

［1］刘丁蓉．企业“研发费用税前加计扣除”政策的执行效果研究［J］．科技管理研究，2013（5）：35－40.

［2］蒋枫，刘景荣，孔祥军．企业研发费用税前加计扣除政策执行效果研究：以广西为例［J］．经济研究参考，2015（23）：79－82.

［3］王珍，王金新，王健伟．企业研发费用税前加计扣除新政实施成效与对策：以宜昌市为例［J］．财会通讯，2016（25）：17－20.

［4］姜玲，张小宁．R&D 税收优惠政策对企业研发投入的作用效力评估—基于中国省际面板数据的实证分析［J］．财会研究，2019（5）：19－23.

［5］贺康，王运陈，张立光，等．税收优惠、创新产出与创新效率：基于研发费用税前加计扣除政策的实证检验［J］．华东经济管理，2020，34（1）：37－48.

［6］崔也光，王京．基于我国三大经济区的所得税研发费用税前加计扣除政策实施效果研究［J］．税务研究，2020（2）：92－98.

［7］姚维保，张翼飞，李淑一．研发费用税前加计扣除对传统能源企业 R & D 的激励效应：来自我国传统能源上市企业面板数据实证检验［J］．科技管理研究，2020，40（1）：25－31.

［8］姜玲，张小宁．R&D 税收优惠政策对企业研发投入的作用效力评估：基于中国省际面板数据的实证分析［J］．财会研究，2019（5）：19－23.

第 11 章　甘肃省科技创新规划与政策评估模式特征总结

一、科技创新规划与政策评估模式总结

科技创新政策评估能够实时监测科技创新政策执行发展情况，对科技创新政策执行能问诊把脉，及时发现政策执行中出现的问题、存在的障碍等，可为已有政策修订完善和新政策制定提供理论依据和实践支撑，有助于减少因科技创新政策无效对科技创新发展的制约，推动科技创新政策的效力最大限度发挥。甘肃省对科技创新规划与政策评估主要是事中和事后评估，侧重于对政策的执行、落实情况与效果的评估。“十一五”以来，主要开展了以下形式的规划与政策评估，采取定性与定量相结合的方法，基于循证证据开展政策实施情况和效果监测评估。

（一）基于规划纲要“发展目标”实现效果进行评估

对《甘肃省中长期科学和技术发展规划纲要（2006—2020）》（简称《纲要》[①]）《甘肃省“十一五”科学技术创新和发展规划》《甘肃省“十二五”科学技术发展规划》《甘肃省“十三五”科技创新规划》（简称《规划》[②]）执行情况进行评估，重点对照规划目标，基于证据，运用定性和定量相结合的方法，对规划目标主要指标进展和指标实现趋势进行评估分析，对《纲要》提出的发展理念贯彻落实情况、《规划》提出的重点任务实施情况、重大工程项目进展情况进行评估分析。“十三五”时期，对《甘肃省“十三五”科技创新规划》《兰白科技创新改革试验区发展规划（2015—2020）》进行中期监测评估，对指标完成进度进行评估研判，分析是否达到预期进度，有针对性地提出对策建议，并对后续目标完成情况进行预测。

（二）基于国家重大科技创新政策贯彻落实情况进行评估

“十二五”时期，对《中共中央　国务院关于深化体制机制改革加快实施创新驱动

① 此处简称仅适用于本章节内容。

② 同①。

发展战略的若干意见》(中发〔2012〕6号)、《国务院办公厅关于强化企业技术创新主体地位全面提升企业创新能力的意见》(国办发〔2013〕8号)等政策落实情况进行评估。"十三五"时期，对《中华人民共和国促进科技成果转化法》、《国务院印发关于深化中央财政科技计划(专项、基金等)管理改革方案的通知》(国发〔2014〕64号)、《中共中央办公厅　国务院办公厅关于进一步完善中央财政科研项目资金管理等政策的若干意见》(中办发〔2016〕50号)等国家重大科技创新政策甘肃贯彻落实情况进行评估。面向甘肃省各市(州)的创新型企业、高新技术企业、有研发活动的企业、转制院所、高等院校和科研院所等发放调查问卷，全面调查我省科技创新政策的贯彻落实情况。

(三)基于"重点典型政策"实施情况进行评估

"十二五"时期，对《中共甘肃省委　甘肃省人民政府关于深化科技体制改革加快区域创新体系建设的意见》和《甘肃省人民政府关于强化企业技术创新主体地位全面提升企业创新能力的实施意见》等政策实施情况，向14市(州)创新型企业、高新技术企业、科技型中小(微)企业；兰州高新技术产业开发区、白银高新技术产业开发区；高等院校、科研院所以及其他相关单位进行调查评估。"十三五"时期，重点对《甘肃省支持科技创新若干措施》实施情况评估，对《甘肃省企业研发费用加计扣除政策》落实情况进行评估，对各市(州)配套政策制定情况、政策落实工作情况、政策实施效果和影响进行评估分析，采取定性分析和定量分析相结合的评估方式，突出重点，逐次评估，多角度采集证据信息和数据，全面梳理和真实反映政策实施效果，分析存在的问题和不足，及时了解科技创新新需求，提出进一步完善政策的建议。

二、存在的不足

(一)不同评估环节力度失衡

科技创新政策评估一般通过事前评估、事中评估和事后评估3个环节对科技创新政策从制定到实施全生命周期进行监督和反馈，以保障科技创新政策执行有效性。从国内外评估实践上看，国外发达国家更注重对政策的事前和事中评估，而国内更关注对政策实施效果评估，即事后评估。目前甘肃省对每项科技创新政策的出台尽管都会进行严格把关，但这仅是将其作为部门工作的程序性规定，与真正意义事前评估还是有所不同。关于事中评估，主要推动开展了科技创新政策实施情况事中监测评估。事后评估主要是针对部门内部工作总结及上级要求进行。当前，甘肃省科技创新政策评估事前评估相对不足，科技创新政策制定的针对性较差，效率不高。

（二）评估方法相对单一

科技创新政策评估方法是推动科技创新政策评估操作的重要工具，科学合理的方法论体系体现了政策价值导向。科技创新政策评估的不同目的决定科技政策评估必须构建不同的评估框架，采用不同的评估方法和手段。为此，必须不断丰富评估方法理论体系，构建评估方法库，综合运用定性定量相结合评估方法，推动科技创新政策评估更加有效科学。当前，甘肃省科技创新政策评估主要还是以定性为主，定量为辅，评估方法仍然较为单一。

（三）科技创新政策评估常态化机制需强化

科技创新政策评估工作处于一种被动评估的状态。评估机制虽然在科技创新政策文件中有所体现，也有所规定，但缺少明确的评估标准、计划和制度保障。政策的制定侧重于弥补政策空白点、改进政策缺陷和实施细则，而对于如何评估科技政策的实施效果则没有或者很少体现。

第 12 章　甘肃省科技创新政策体系建设存在的问题与面临的挑战

一、存在的问题

（一）科技创新政策的整体开拓力度不足

从整体上看，甘肃省制定出台的科技创新政策大多是对国家科技创新政策的贯彻落实，循规蹈矩居多，创新力度不足，发挥地方上的主观能动性还需强化，没有形成鲜明的甘肃省经验，开拓力度明显不足。

（二）科技创新政策落实落地还需强化

近年来，甘肃省围绕科技创新政策落地开展了系列专项行动，通过强化政策解读、强化政策宣传、强化任务分解、强化重点协调、强化基层指导、强化监督评估、强化问题整改、强化跟踪问效等方式促进政策落地，但政策的知晓度还不够高，一些科技创新政策，如科研经费、岗位设置自主权、科技人才等政策还存在堵点和难点，科技创新政策落地“最后一公里”还未完全打通，不利于激发科研人员的创新活力。

（三）同质化科技创新政策实施效果不佳

各地制定的政策都大同小异，结合地区特色针对性制定的政策还不多，竞争力不够强，使得很多科技创新政策的实际实施效果不佳，无法达到预期。例如，科技创新人才引育政策的制定，由于经济实力受限等因素影响，出台的政策与兄弟省市的差别并不大，政策吸引力并不强，导致甘肃省在各地人才大战中并未取得明显优势。

（四）科技创新政策的权威性和延续性有待提升

2006—2020 年，甘肃出台的科技创新政策中有 21.05% 的政策属于“试行”“暂行”政策，体现出甘肃在科技创新政策制定方面的强烈摸索、创新、探索、先行先试精神。但仅 2.31% 的政策属于条例法规类，且仅以条例形式出现，不具备法的形态，造成全省科技创新政策的层次相对较低、权威性差，难以更大发挥效力。1.64% 的政策属于“修订”政策，政策的延续性和稳定性不够。

（五）区域科技创新政策力度有待提升

2006—2020 年，甘肃省围绕兰白科技创新改革试验区、兰州白银国家自主创新示范区、高新区、农业科技园区等重点区域创新发展出台了相应的创新政策，占政策总数中的比重呈下降趋势，核心区域创新发展可以发挥辐射带动效应，从而推动全省科技支撑高质量发展，因此区域科技创新政策力度还需进一步提升。

（六）促进创新主体互动的科技创新政策不足

2006—2020 年，甘肃省促进主体互动的科技创新政策虽然在逐渐增加，但总量依然不足，仅占政策总数的 7.17%，对全省科技成果转移转化的支撑力度不够，激励不够，对科技与产业融合发展的支撑还需强化。

（七）需求面科技创新政策工具的使用力度还需强化

2006—2020 年，甘肃省对需求面科技创新政策工具的使用较为匮乏，仅涉及价格补贴和政策采购工具，且数量较少，其他如国际贸易等处于相对缺位。需求面政策工具的使用和创新亟待加强，以减少市场的不确定性，科技创新政策工具的协调使用需进一步加强，综合效力需进一步发挥。

二、面临的挑战

（一）如何促进科技创新政策与科技创新发展深度融合

科技创新政策是推进科技创新的重要工具和有效手段。当前我国正处于落实创新驱动发展战略、推动科技自立自强的关键时期，面对不断变化的形势，科技创新政策的重要性、多样性和复杂性日益提升，对科技创新政策的定位、理念、研究制定都提出更高要求，必须不断完善和优化科技创新政策体系，充分发挥政策体系的环境营造和创新激励作用。甘肃正处在蓄势待发、爬坡过坎、追赶进位的关键阶段，核心驱动力是科技创新，首要突破口也在科技创新。应全面贯彻落实党的二十大精神及省第十四次党代会精神，大力实施强科技行动决策部署，充分发挥“强科技”引领支撑“强工业”“强省会”“强县域”主线作用。科技创新政策目标同创新机构的创新需求还不够一致，政府科技创新政策之间还缺乏耦合，创新绩效和创新扩散效果不够理想。需加速破解全省创新发展中存在的科研院所改革、科研经费管理改革、外来人才引进、科研经费社会投入等瓶颈问题，不断完善优化科技创新政策体系，突破政策界限，强化政策合力和效应，支撑科技创新整体效能的发挥，支撑全省强科技行动取得实效。

（二）如何推动科技创新政策扎实落地有效提升科技创新绩效

科技创新政策扎实落地是推进科技自立自强、提升创新能力和实力的关键着力点。在政策出台后更应注重政策落实落地，充分听取征集一线科研人员意见，推动政策切实为创新主体和科研人员精准提供服务，激发创新活力，提升创新绩效。需找准甘肃省科技创新政策存在的难点、痛点、堵点，加大各部门之间政策的协调配套性，推进省市政策的协同性，出台科研管理相关办法，统一政策执行力度，加强政策的协调性和操作性，提升政策的知晓度，保障政策兑现能力，充分发挥政策效力，促进创新绩效提升。

（三）如何充分发挥科技创新政策评估指挥棒作用

科技创新政策评估有助于提高科技创新决策科学化、民主化、法治化水平。重大政策出台要从源头上把握政策方向，防止决策的随意性，需充分论证政策必要性、可行性、科学性，科学分析判断政策预期效果和各方面反应，确保政策符合决策部署。政策实施中要密切跟踪监测实施情况，及时掌握政策实施效果和影响，分析新情况和新问题，针对性地调整完善相关政策，确保取得预期成效。政策制定后要对政策设定目标和实际取得效果进行对比分析，总结经验，强化评估结果应用，作为今后相关政策制定的重要依据和参考。当前政策评估学科范式比较薄弱，专业人才储备相对不足，专业化第三方评估机构较为缺乏，评估科学专业能力还需提升。需要坚持问题导向开展评估，切实有效运用评估结果，实现评以致用，推动科技创新政策“制定、执行、评估、完善”的良性循环机制建立。

第 13 章　优化完善甘肃省科技创新政策体系及评价的对策建议

一、优化甘肃省科技创新政策体系建设的对策建议

科技创新政策是推进科技创新的重要工具和有效手段，甘肃省应进一步强化科技创新政策对科技创新活动的引导、激励作用，进一步优化完善科技创新政策体系，合理布局政策目标及工具，形成良好的组合效应，注重政策的落实落地，强化企业主体作用，积极促成科技成果转移转化，推进科技与经济深入融合发展，推动科技创新政策与科技创新绩效形成良性互动，为科技支撑甘肃省高质量发展提供更好的政策供给。

（一）逐步优化完善科技创新政策体系

围绕科技创新支撑甘肃省高质量发展，从战略高度重视科技创新的整体规划与产业发展，持续推进科技创新政策体系建设，发挥科技创新政策集聚效应和辐射效应的联动作用，将创新活动纳入法治化轨道。以科技创新政策与要素禀赋协同演化为支撑点，以科技创新政策评估公平竞争为落脚点，出台有关政策，推动企业创新主体作用充分发挥，产业布局不断优化，科学、合理科技创新管理体制构建，科技创新配套机制健全。聚焦各类创新主体关切的发展中的痛点堵点，优化完善科技创新政策目标，灵活运用科技创新政策工具，增加对现有科技创新政策供给面、需求面、环境面不同政策工具主题频度不高的政策供给，推动产学研专项法规政策优化完善，提高产学研合作协同度。积极探索科技人员激励机制和科技创新政策评价与激励机制，深化科技创新政策体系体制机制改革，持续优化创新政策供给，构建科技、区域、产业、人才、金融、服务协同互促的政策体系。

（二）加大对科技创新政策的开拓力度

加大对科技创新政策的开拓力度，大胆进行先行先试。努力寻找甘肃在科技创新政策方面的突破口，制定出台一批具有特色、差异化的科技创新政策，充分发挥“强

科技”引领支撑“强工业”“强省会”“强县域”主线作用，针对性出台政策，狠抓科技政策扎实落地，促进政策链与创新链、产业链、资金链、人才链深度融合。

（三）进一步推动各职能部门的协同合作

科技创新政策的有效性提升需强化政府间协同治理，科技创新政策的协同网络包括央地的“纵向合作”，区域政府的“横向协作”，政府部门的“平行合作”，政府与企业、科研院所、社会的“内外合作”。长期以来，“政出多门”的现象在科技创新政策制定中普遍存在，省科技厅作为全省科技主管部门，虽然始终作为科技创新政策的核心部门，在实践中并没有完全掌握足够资源。因此，为充分发挥科技对经济的支撑作用，需进一步加强与发改、教育、工信、财政、人社、国资、市场监督管理等经济、财政、人力等职能部门在科技创新政策制定及落实方面的深度沟通协调及合作，推动涉及科技创新政策制定主体的责任边界规范，加强各相关政策制定部门之间的有效性沟通与衔接，建立部门间的协同机制，统一战略规划，避免所出台的相关政策“撞车”。同时，加强科技创新政策与产业升级政策、区域发展政策之间的联系，构建科技、产业、金融、区域协同互促的政策体系，促进科技资源的整合、优化及完善，发挥政策合力，避免造成不必要的政策资源浪费，形成共同作用的政策效应，推动形成政策支撑综合创新能力提升的有效合力，进一步提高科技资源配置、开发和协同利用的效率。

（四）政策目标注重促进主体互动

科技创新政策体系不仅要关注多元主体的科技创新发展，更要通过产学研结合与科技成果转化，促进创新主体之间的互动和关联，推动科技与产业的深度融合，提高创新绩效，实现创新价值最大化。从“十一五”“十二五”到“十三五”，甘肃省促进主体互动的政策数量虽然呈增加趋势，但占政策总数的比重仅为6.25%，尤其是专门针对产学研结合的政策不到2%，远低于其他政策目标，因此，应适当增加以促进主体互动为目标的政策数量，尤其是注重增加专门促进产学研协同创新的政策，激发市场机制的作用，进一步推动创新主体的互动和关联，特别要注重于强化各类原始创新，提升创新活动的效率，促进市场竞争。

（五）优化政策工具的选择和使用结构

在科技创新政策制定中注重对政策工具的高效选择和使用，通过调整政策工具使用比例、优化内部结构、充分利用信息技术等方式，不断推动创新政策工具的多元化和多样化发展，优化组合政策工具使用，增强工具间合力，不断提升政策的前瞻性、针对性、协同性。供给方面政策工具注重科技信息支持型政策工具在促进科技创新发展中的积极作用，支持建立一批科技信息资源数据库，加强开放共享，为科技创新提供信息服务和产业情报，减少信息不对称性。环境方面政策工具应注重对金融支持和税收优惠政策工具的使用，结合创新主体的现实需求，创新支持模式，充分发挥市场在资源配置中的主导作用，增加金融、税收政策工具对政策时效性和区域创新绩效的影响。适度扩大需求型政策工具使用频率，重视需求面政策工具对科技创新的拉动作用，通过发挥价格补贴、政府采购等政策工具的组合效应，合理补充新的需求面政策工具类型，促进不同种类需求面政策工具的合理搭配。

（六）推动科技创新政策扎实落地

制度更加成熟更加定型是与时俱进的动态过程，关键在于执行和落实。实证结果显示甘肃省科技创新政策综合发展指数虽然在增长，但增速明显低于科技创新绩效综合发展指数，并且两者之间并未形成相互促进、良性发展的关系。因此，应深入贯彻落实甘肃省“强科技”行动，开展科技政策落地“最后一公里”专项行动，通过科技创新政策的扎实落地促进科技资源的优化配置，加强创新要素间的良性互动和有效整合，激发创新主体创新活力，实现创新要素集聚和各主体的协同可持续发展，切实提高科技创新效能，最终推动形成科技创新政策和科技创新绩效的良性互动。

（七）构建政策与绩效互相促进的良性反馈机制

在有效推进科技创新政策落实的过程中，强化政策效果评价指挥棒作用，有针对性地对政策实施效果进行评估，及时查找政策落实中存在的问题与不足，并积极主动开展调查研究，完善考核督查和奖惩机制，建立动态调整机制，构建政策与绩效的良性反馈机制，打通科技政策措施落地“中梗阻”，逐步提升二者之间的协同效应，推动耦合协调发展，最大限度激活创新要素、释放创新潜能、提升创新效能。

二、完善甘肃省科技创新政策评价模式的对策建议

（一）推动科技创新政策评估工作常态化

科技创新政策评估是科技管理部门规范运行、有效服务的重要体现，因此，必须把政策全流程评估作为科技主管部门重点工作之一，将科技评估摆在更为突出的位置，推动科技创新政策评估常态化发展。一是增强科技创新政策评估工作意识。科技创新政策制定执行管理部门要牢固树立政策评估意识，提高对评估环节、过程和意义的认识。二是进一步强化重大科技创新政策常态化评估制度的建立健全。充分考虑科技创新政策特点，建立定期评估与动态评估相结合的评估机制，推动科技创新政策评

估常态化、制度化。三是强化政策评估工作规范。无规矩不成方圆，针对政策评估的环节、方法和内容建立相关规范，强化对政策评估的技术支撑。

（二）注重科技创新政策全链条评估

科技创新政策评估充分考虑事前评估、事中评估和事后评估 3 个环节，这 3 个环节同等重要。事前评估突出政策制定的目标性和针对性，事中评估突出发现政策执行中的问题和缺陷，事后评估突出政策实施最终效果及政策落实情况的展现。因此，科技创新政策评估要结合不同阶段评估重点进行，事前评估应注重准确把握问题，论证政策可行性及评估政策实施将产生的预期效果；事中评估应注重对政策实施情况、执行力度、执行资源及产生的负效应评估；事后评估应偏重对政策实施后的效果评估。

（三）注重科技创新政策评估方法选择

科学的评估方法是实现政策评估目的的重要手段，科技创新政策评估方法多种多样，各种方法都有其各自的特点，对于同一政策不同的评估方法可能得出完全不同的结果，因此必须在科技创新政策评估的过程中注意评估方法的选择。一是要理清政策评估技术思路，明确评估技术思路的适用性，在确定评估思路的基础上，选择适当的评估方法；二是要明确政策预期目标，增强政策稳定性，使政策评估方法选择更具合理性、针对性。

（四）建立健全科技创新政策评估机制

坚持问题导向，发现薄弱环节，推动科技政策失灵预警机制建立，推进监督制度化和评估机构独立性，推动科学的科技政策绩效评估体系构建，推进独立法人和中介组织等第三方政策评估力量发展，强化经济与社会效益协调的创新政策评估导向。建立科技创新政策绩效档案，搭建相关数据库，推进政府绩效管理工作从“共同参与”向“自我管理”转变，推进绩效评估管理工作的规范化。加强政策全流程专业化评估，推动政策评估体系和工作机制建立健全，重视对专业评估机构和人才队伍的建设，探索科学的评估理论、方法和技术，强化评估结果多维度运用，提高政策评估透明度。

参考文献

[1] 李红娟 . 以科技创新驱动高质量发展 [EB/OL] .（2020-11-02）[2023-11-27] . http：//www.chinanews.com/cj/2020/11-02/9328787.shtml.

[2] 何增华，陈升 . 科技创新政策对创新资源与绩效的跨层调节影响机制 [J] . 科学学与科学技术管理，2020（4）：19-31.

[3] 宋娇娇，孟溦 . 上海科技创新政策演变与启示基于 1978—2018 年 779 份政策文本的分析 [J] . 中国科技论坛，2020（7）：14-23.

[4] 赵良浩，李玉掸，张玲玉 . 我国科技创新政策绩效区域异质性研究：基于 2000—2010 年大中型工业企业数据的研究 [J] . 工业技术经济，2013（10）：83-89.

[5] 薛琳 . 陕西省科技创新政策演化特征及绩效实证研究 [D] . 西安：西安工程大学，2018.

[6] 贺德方，周华东，陈涛 . 我国科技创新政策体系建设主要进展及对政策方向的思考 [J] . 科研管理，2020（10）：81-88.

[7] 刘晓燕，庞雅如，侯文爽，等 . 关系 - 内容视角下央地科技创新政策协同研究 [J] . 中国科技论坛，2020（12）：13-20.

[8] 任晓刚，郭广生 . 完善科技政策健全创新机制 [EB/OL] .（2019-07-25）[2023-11-27] . http：//theory.people.com.cn/n1/2019/0725/c40531-31254769.html.

[9] 伍蓓，陈劲，王姗姗 . 科学、技术、创新政策的涵义界定与比较研究 [J] . 科学学与科学技术管理，2007（10）：68-74.

[10] 梁正 . 从科技政策到科技与创新政策：创新驱动发展战略下的政策范式转型与思考 [J] . 科学学研究，2017（2）：170-176.

[11] 郄海拓，张志娟 . 基于文本挖掘的我国科技创新政策量化评价研究 [J] . 全球科技经济瞭望，2020（6）：53-60，76.

[12] 方新 . 论科技政策与科技指标 [J] . 科技管理研究，2001（1）：6-9.

[13] 贺德方，唐玉立，周华东 . 科技创新政策体系构建及实践 [J] . 科学学研究，2019（1）：3-10，44.

[14] LUNDVALL B A，BORRAS S. Science，technology and innovation policy [M] . Oxford：Oxford University Press，2006.

[15] 肖士恩，雷家骗，刘文艳 . 科技创新政策评价的理论与方法初探 [J] . 中国科技论坛，2003（9）：24-27.

[16] 赵修卫 . 现代科技创新政策发展的四个特点 [J] . 科学学研究，2006（6）：

895-900.

[17] 贺德方. 对构建科技创新政策体系的几点思考[J]. 科研管理，2020（10）：81-88.

[18] 贺德方. 中国科技创新政策体系与发展趋势：在2015浦江创新论坛上的演讲[EB/OL].（2016-02-19）[2023-11-27]. http://mp.weixin.qq.com/s/C6eAOYrCbHV5Z0eeA41fg.

[19] 孔令瑶. 北京市科技创新政策体系的文本分析：基于目标-工具的框架[D]. 北京：北京林业大学，2019.

[20] 白晶晶. 浙江省科技创新政策：供给特征、绩效评估及优化路径[D]. 杭州：浙江大学，2015.

[21] ROTHWELL R，ZEGVELD W. Reindustrialization and technology[M]. Longman：M.E.Sharpe，1985：13-37.

[22] 黄萃，任弢，李江，等. 责任与利益：基于政策文献量化分析的中国科技创新政府际合作关系演进研究[J]. 管理世界，2015（12）：68-81.

[23] 张炜，费小燕，肖云，等. 基于多维度评价模型的区域创新政策评估：以江浙沪三省为例[J]. 科研管理，2016（4）：614-622.

[24] 张弛，邓周鹏，周广帅. 基于扎根理论的我国政府间科技创新政策特征研究：300份政府工作报告的文本分析[J]. 管理现代化，2021（3）：48-53.

[25] 张玉娟，张微，黎晓东，等. 基于文本分析的北京市财政对市科委和中关村科技创新的支持政策研究[J]. 情报工程，2017（6）：99-111.

[26] 钱婉妍. 基于文本量化分析的长三角区域科技创新政策变迁的制度逻辑研究[D]. 杭州：浙江大学，2020.

[27] 李田丰，朱水成，赵子威. 政策工具视角下上海市科技创新政策文本分析[J]. 经济研究导刊，2021（4）：104-107.

[28] 关鑫宇. 内蒙古科技创新政策文本分析：基于政策工具和科技创新链的双视角[D]. 呼和浩特：内蒙古大学，2021.

[29] 胡宇辰，蒋瑜洁. 地方政府科技创新政策特征探究：基于2000—2019年天津市政策文本分析[J]. 辽宁行政学院学报，2021（1）：33-39.

[30] 黄萃，苏竣，施丽萍，等. 中国高新技术产业税收优惠政策文本量化研究[J]. 科研管理，2011（10）：46-54，96.

[31] 张剑，黄萃，叶选挺，等. 中国公共政策扩散的文献量化研究：以科技成果转化政策为例[J]. 中国软科学，2016（2）：145-155.

[32] 刘伟，范旭. 基于中国创新能力演变的科技成果评价政策研究：对改革开放

以来 127 份政策文本分析［J］. 科技管理研究，2021（6）：26－34.

［33］冯锋，汪良兵. 协同创新视角下的区域科技政策绩效提升研究：基于泛长三角区域的实证分析［J］. 科学学与科学技术管理，2011（12）：109－115.

［34］张芳，邹俊，葛杨生. 地方政府科技创新政策绩效评价研究：以芜湖市为例［J］. 重庆工商大学学报（社会科学版），2018（8）：35－44.

［35］江书军，庞克欣. 河南省区域科技创新政策绩效评价体系构建研究［J］. 创新科技，2018（11）：25－27.

［36］胡丽娜. 中国支持科技创新政策实施效果模拟及对策研究［J］. 中国科技论坛，2020（1）：1－8.

［37］张静雨，张继彤. "十二五"以来中国创新政策效果评价与政策启示［J］. 科技管理研究，2021（13）：17－24.

［38］郄海拓，高雅，张志娟. 区域科技创新政策绩效比较研究：基于北京、上海、天津和重庆的实证研究［J］. 全球科技经济瞭望，2021（2）：31－42.

［39］孟溦，李杨. 科技政策群实施效果评估方法研究：以上海市"科技创新中心"政策为例［J］. 科学学与科学技术管理，2021（6）：45－65.

［40］阎东彬，赵宁宁，丁利杰. 基于"过程－内容－结果"的科技创新政策评估及优化研究［J］. 区域经济评论，2021（6）：66－74.

［41］高建，汪剑飞，魏平. 企业技术创新绩效指标：现状、问题和新概念模型［J］. 科研管理，2004（9）：14－22.

［42］毕克新，赵莉楠，孙金花. 中小企业技术创新绩效评价研究现状和发展趋势［C］. 首届中国科技政策与管理学术研讨会 2005 年论文集（下），2005（12）：569－581.

［43］潘雄锋. 东北老工业基地科技创新绩效分析［J］. 科技与经济，2005（2）：12－15.

［44］高阳，胡明铭，徐姝. 中部区域创新系统与创新绩效评价研究［J］. 湖南商学院学报，2006（4）：44－49.

［45］纪国涛，金敏力. 科技创新绩效的形成机理及其路径选择［J］. 科技管理研究，2008（4）：20－23.

［46］官建成，刘顺忠. 区域创新机构对创新绩效影响的研究［J］. 科学学研究，2003（2）：210－214.

［47］赵付民，邹珊刚. 区域创新环境及对区域创新绩效的影响分析［J］. 统计与决策，2005（1）：17－18.

［48］纪国涛，金敏力. 科技创新绩效：形成机理、影响因素及路径选择［J］. 科技

进步与对策，2009（1）：5－8.

［49］刘文智．影响区域科技创新绩效的关键因素分析［J］．才智，2009（11）：205－206.

［50］杜颖．区域创新环境对创新绩效影响的实证分析［J］．新疆财经大学学报，2011（1）：29－33.

［51］周景坤，段忠贤．区域创新环境与创新绩效的互动关系研究［J］．科技管理研究，2013（22）：9－13.

［52］丁生喜，王晓鹏．青海省区域创新环境对科技创新绩效影响的实证分析［J］．科技管理研究，2016（5）：71－75.

［53］施晓丽，蒋林林．区域创新环境的综合评价及对创新效率的影响分析［J］．科技管理研究，2021（3）：15－22.

［54］黄海燕，李诗辰，付强，等．企业异质性、政府补助与创新绩效［J］．湖北经济学院学报（人文社会科学版），2021（11）：43－47.

［55］ARUNDEL A，KABLA I. What percentage of innovations is patented?：empirical estimates for European firms［J］. Research policy，1998，27（2）：127－141.

［56］刘顺忠，官建成．区域创新系统创新绩效的评价［J］．中国管理科学，2002（2）：75－78.

［57］王海盛，郑立群．区域创新系统创新绩效测度研究［J］．安徽工业大学学报（社会科学版），2005（11）：39－40.

［58］贾建闯，金懿．区域科技创新体系建设中政府绩效评价指标体系的建立［J］．科技信息（学术研究），2008（1）：371－372.

［59］沈冲杰．开发区创新政策对企业创新能力及绩效影响研究［D］．杭州：浙江大学，2007.

［60］程华，钱芬芬．政策力度、政策稳定性、政策工具与创新绩效：基于2000—2009年产业面板数据的实证分析［J］．科研管理，2013（10）：103－108.

［61］李晨光，张永安．创新科技政策作用要素及其响应研究述评［J］．技术经济，2013（3）：41－45，55.

［62］张永安，耿喆，李晨光，等．区域科技创新政策对企业创新绩效的影响效率研究［J］．科学学与科学技术管理，2016（8）：82－92.

［63］赵丽霞，谭超．财政政策对科技创新影响的动力机制实证研究［J］．科学管理研究，2017（2）：99－102.

［64］徐喆，李春艳．我国科技政策演变与创新绩效研究：基于政策相互作用视角［J］．经济问题，2017（1）：11－16，102.

[65] 关宝瑞 . 政策激励和政府创新偏好对科技创新效率的影响 [J]. 产业研究创新，2019（12）：56-58.

[66] 兰美娜 . 中部六省科技创新政策与创新绩效的耦合研究 [D]. 西安：西安工程大学，2018.

[67] 孟凡蓉，陈子韬，袁梦 . 科技创新、科技资源与经济增长的耦合研究 [J]. 科学学与科学技术管理，2019（9）：63-74.

[68] 郑秋生，李金惠，曾凯华 . 广东省科技创新政策评估现状、问题及对策研究 [J]. 特区经济，2017（6）：40-42.

第三篇
甘肃省科技计划项目调查评估研究

科技计划项目是政府推动科技创新政策的重要手段，科技发展战略、科技创新规划落地的主要载体。随着新一轮科技革命和产业革命的深入发展，科技计划管理、组织实施方式发生巨大变化，科技计划、科技专项、科研项目等执行情况和效果的评估受到越来越多的关注。科技计划（项目）执行情况评估，有利于科技管理部门及时掌握项目实施进展，诊断项目实施过程中的难点、痛点和堵点，提出针对性对策建议，进一步完善科技项目和资金管理。

第14章　甘肃省科技计划项目组织实施管理研究

科技计划项目是政府促进科技发展的重要途径，是区域实现创新驱动发展的主要抓手。科技计划项目是指为解决一个比较复杂的综合性的科学技术问题而确定的研究与试验发展工作。科研模式是科技活动规律的理论总结，可为科技计划设置提供指导。科技不断向前发展，同时不断刷新人们对科技创新活动的认识，科研模式逐渐成为驱动科技计划变革的重要力量。线性科研模式自1945年提出以来在很长一段时间内是全球科学研究的基本模式，该模式主张"科学发现项技术创新单向流动"。直至20世纪90年代美国研究人员开展了一场关于科技政策和产业政策的大辩论，而后"发现—发明循环模型""巴斯德象限模型"等新型科研模式相继被提出，有力有效地推动了传统科技计划体系的改革和科技资源的优化配置。

一、科技计划项目组织实施现状

（一）国家科技计划项目组织实施管理现状

国家科技计划是一国政府实现科技发展目标的关键途径，在推动国家科技进步和经济社会发展中发挥着重要作用。根据分类标准的不同，我国现行科技计划项目有以下分类方式：一是按项目资金来源主体分类，可分为国家部委资助的科技计划项目、省级（市县级）科技计划项目、自筹经费的科研项目、外单位委托的横向项目。二是按科技活动性质分类，可分为基础研究项目、应用研究项目和试验发展项目。三是按照科技资金支持对象的选拔方式差异，可以分为竞争性项目和非竞争性项目。四是按照研发目标的不同，可以分为自由探索型项目、任务导向型项目以及科研条件支持型项目。

1. 国家科技计划管理改革主要举措

为加快推进创新驱动发展战略的实施，"十三五"期间科技部会同财政部、发展改革委等部门，在已有的国家科技体制基础上，稳步推进科技计划管理体系改革。

"十三五"国家科技计划管理改革始于2014年中办和国办发布的两个文件，一是《国务院关于改进加强中央财政科研项目和资金管理的若干意见》（国发〔2014〕11号），二是《国务院印发关于深化中央财政科技计划（专项、基金等）管理改革方案的通知》（国发〔2014〕64号）。11号文主要针对项目安排分散重复、管理不够科学透明、资金效益亟待提高等问题，提出加强资金项目统筹、实施项目分类管理、改进项目管理流程、改进项目资金管理、加强项目资金监管、加强相关制度建设、明确落实管理责任等解决措施。64号文主要针对科技计划顶层设计不够完善、科技计划项目碎片化等问题，整合现有科技计划，优化科技计划布局，完善科技计划管理体系。同年，科技部启动了国家科技管理平台建设工作，推动科技计划项目的统一集中管理，优化整合部分科技计划项目，并对5～10个重点专项进行试点。

2015年1月，国务院印发《关于深化中央财政科技计划（专项、基金等）管理改革的方案》，对我国科技计划管理改革作出全面部署，变革科技计划管理模式，逐渐从政府部门管理项目，转变为第三方专业机构管理项目。

到2016年基本完成科技计划优化整合，建成了公开统一的国家科技管理平台，形成了科技管理的制度框架，并全面启动了第一批重点专项。2017年，国家科技计划已全面按照优化整合后的五类科技计划运行，不再保留原有计划渠道，建立了较完备的科技计划和资金管理制度，各科研单位、专业机构和政府部门已依照新的规定开展科研活动和管理业务。通过改革，完成了科技计划优化整合，建成了公开统一的国家科技管理平台，形成了科技管理的制度框架。

2. 国家科技计划管理改革成效

① 有效解决了“碎片化”问题。国家科技计划管理改革初步解决了各科研主体条块分割、各自为政问题，解决了科技计划分散重复、项目多头申报、资源配置“碎片化”等长期存在的问题。

② 加快了政府管理职能转变步伐。国家科技计划管理改革，为转变政府职能创造了条件，帮助政府部门从具体项目管理事务中解脱出来，将主要精力用于“抓战略、抓规划、抓政策、抓服务”。

③ 科技计划目标导向更为明显。新的国家科技计划体系更加有效地瞄准重点领域、聚焦重大任务，使国家目标导向更加明显。

3. 科技项目评估标准制定情况

紧跟新时期科技创新需求和科技评估发展趋势，聚焦科技计划项目评估，全国科技评估标准化技术委员会成员等单位，构建了包括基础层、通用层、应用层的科技评估标准体系。基础层标准包括《科技评估基本术语》（GB/T 40148—2021）、《科技评估　分类》（T/CASTEM 1004—2020）、《标准化第三方评估　基本术语》（T/CAB CSISA 0001—2018）、《科技评估基本准则》（Q/NCSTE 1002—2018）、《科技评估报告基本规范》（Q/NCSTE 1003—2019）等；通用层标准包括《科技评估通则》（GB/T 40147—2021）、《科学技术研究项目评价通则》(GB/T 22900—2022);应用层标准包括《科学技术研究项目评价实施指南　基础研究项目》(GB/T 41619—2022)、《科学技术研究项目评价实施指南　应用研究项目》(GB/T 41620—2022)、《科学技术研究项目评价实施指南　开发研究项目》(GB/T 41621—2022)等,为规范科技计划项目管理提供了重要遵循和指引。

(二)省级科技项目组织实施管理现状

1. 省级科技计划管理改革主要举措

为贯彻落实《国务院关于改进加强中央财政科研项目和资金管理的若干意见》(国发〔2014〕11 号)和《国务院印发关于深化中央财政科技计划(专项、基金等)管理改革方案的通知》(国发〔2014〕64 号)等国家科技计划管理办法规定,按照《甘肃省科技计划管理改革实施方案》的要求,甘肃省科技厅制定了《甘肃省科技计划项目管理办法》,甘肃省对原有科技计划进行了改革,建立了“5+1”的省级科技计划体系。

2. 优化省级科技计划布局

“十三五”期间,根据国家战略需求、政府科技管理职能和科技创新规律,国家将中央各部门管理的近百个科技计划(专项、基金等)整合形成五类科技计划(专项、基金等),包括:①国家自然科学基金。旨在资助基础研究和科学前沿探索,支持人才和团队建设,增强源头创新能力。②国家科技重大专项。旨在聚焦国家重大战略产品和重大产业化目标,发挥举国体制的优势,在设定时限内进行集成式协同攻关。③国家重点研发计划。旨在针对事关国计民生领域中公益性研究、重大科学问题、重大共性关键技术和产品、重大国际科技合作,按照重点专项组织实施,加强跨部门、跨行业、跨区域研发布局和协同创新。④技术创新引导专项(基金)。旨在通过风险补偿、后补助、创投引导等方式发挥财政资金的杠杆作用,运用市场机制引导和支持技术创新活动。⑤基地和人才专项。旨在支持科技创新基地建设和能力提升,促进科技资源开放共享,支持创新人才和优秀团队的科研工作,提高我国科技创新的条件保障能力。上述五类科技计划(专项、基金等)要全部纳入统一的国家科技管理平台管理,加强项目查重,避免重复申报和重复资助。

3. 省级科技项目组织模式分析

科技项目组织申报模式一般有“自下而上申报”和“自上而下组织”。不同科技计划的目标和技术发展阶段各异,表现特征不同,直接导致了组织模式的差异。对于事关全省战略需求和长远发展项目试点组织“重点”项目,采用“自上而下”的模式进行组织,以企业为主体产学研的联合研究;社发类的项目主要体现民生需求以及政府宏观管理决策,多以采用“自上而下”的模式进行组织;基础研究专项支持自由探索,一般以“自下而上”的方式组织。科技项目立项的组织方式可以分为管理部门定向委托、专家咨询型（专家同行评议）、公开竞争型、招投标。

4. 省级科技项目支持重点分析

通过对“十三五”期间甘肃省级科技计划项目申报指南的梳理与分析，发现自《甘肃省科技计划管理改革实施方案》《甘肃省深化科技体制改革实施方案》发布以来，科技计划支持重点逐渐由科研基础条件和创新平台基地建设转向深化科技管理体制改革。为紧跟国家科技管理体制改革的步骤，甘肃省着力推进科技创新治理体系和治理能力现代化，优化整合科技创新资源，加快科技成果转移转化，构建创新生态体系。省级科技项目支持的重点及其变化主要表现在以下方面。

① 以兰白试验区（自创区）为龙头布局创新资源。兰白试验区自 2014 年 11 月成立以来，一直是全省科技创新的龙头；2018 年兰白自创区成立，是试验区的升级版。省级科技计划以兰白试验区和兰白自创区为龙头强化区域创新资源布局。以自创区和试验区为核心优化配置科技创新资源，推动区域创新资源共享，加快创新型甘肃建设。

② 科技扶贫作为第一要务。为贯彻落实党中央、国务院和省委省政府关于脱贫攻坚工作的决策部署，省级科技项目试图整合全省科技创新资源全面推进科技扶贫，以特色农牧业、农产品加工业、现代服务业等为重点，依靠科技创新培育壮大富民产业。组织实施科技特派员精准扶贫创新创业专项行动，引导地方推进产学研结合，在贫困地区示范应用新品种、新技术和新成果。

③ 突出科技创新对高质量发展的支撑引领。十大生态产业发展、生态环境保护是科技项目优先支持的内容。重点围绕十大生态产业，开展核心关键技术的研发和产业化，着力提升科技创新对全省经济社会发展的支撑能力；围绕黄河流域生态保护和高质量发展、祁连山等典型生态脆弱地区生态恢复与污染防治等领域开展共性关键技术集成与产业化。

④ 科技成果转移转化问题备受重视。从 2018 年至 2020 年，科技成果的转移转化处于全省科技创新工作的重中之重，围绕我省科技成果转移转化的关键问题和薄弱环节，省级科技计划项目加大力度支持科技成果转移转化基地平台建设，致力于搭建产学研协同创新机制，深化科研院所、高校与企业合作，加强新技术、新产品、新工艺的推广与应用。

⑤ 项目支持向企业倾斜。针对科技型中小企业不同行业、不同规模、不同发展阶段的需求，实施针对性强的梯度培育发展计划，聚焦政策、强化服务、加大力度，加快构建以企业为主体的技术创新体系，致力于打造一批创新型企业群体和“科技小巨人”企业。同时，促进创新要素向企业集聚，增强企业创新能力，推动实现传统产业现代化。

（三）省级科技计划项目情况

1. 省级科技计划项目立项分析

据统计，2006—2020 年省级科技计划支持项目总量为 14 319 项。“十一五”时期支持项目数量为 3760 项，年均支持项目 752 项；“十二五”时期支持项目数量为 4752 项，年均支持项目约 950 项；“十三五”时期支持项目数量为 5807 项，年均支持项目约 1161 项。

2. 省级科技计划项目经费分析

据统计，2006—2020 年省级科技计划共投入资金 35 亿元，“十一五”时期省级科技计划共投入资金 6.74 亿元，“十二五”时期省级科技计划共投入资金 12.03 亿元，“十三五”时期省级科技计划共投入资金为 16.34 亿元。从图 14－1 中可以看出，在“十一五”“十二五”时期，省级科技计划项目经费逐年稳步上升，“十三五”时期，省级科技计划项目经费总量增加明显，但存在较大波动。

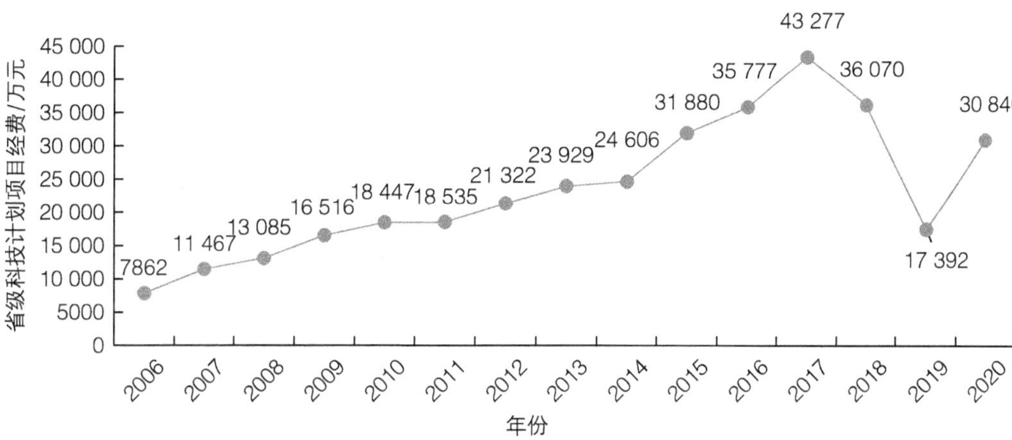

图 14－1　2006—2020 年科技计划项目经费数量

3. 省级科技计划项目区域分布分析

从图 14－2 中可以看出，省级科技计划项目对省会兰州的支持力度最大，2006—2020 年，共投入资金 23.39 亿元，立项支持各类科技计划项目共计 10 186 项；其次是天水市，获得资金 1.99 亿元，立项支持各类科技计划项目 620 项；酒泉位居第 3 位，获得资金 1.28 亿元；白银位居第 4 位，获得资金 1.12 亿元；武威位居第 5 位，获得资金 1.02 亿元；其他市（州）获得项目资金数量相对较少；临夏、甘南地区获得项目资金数量靠后，分别为 4832 万元、4593 万元。

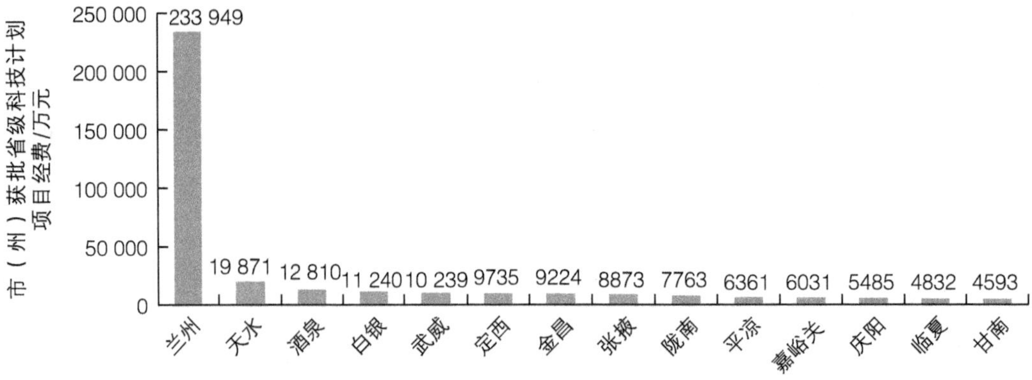

图 14－2　市（州）获批省级科技计划项目经费排名

（1）兰州市获得省级科技计划项目情况分析

兰州市是甘肃省省会，是西部地区重要的区域中心城市，是丝绸之路经济带核心节点城市，现辖城关、七里河、西固、安宁、红古 5 个区和永登、皋兰、榆中 3 个县，以及国家级兰州新区、高新区和经济区。从图 14－3 中可以看出，在 2006—2020 年，兰州地区科研单位（含省直部门、中央在甘单位等）共获批省级科技计划项目 10 186 项，占项目总量的 71.14%，其他 13 个市（州）项目数量占比均低于 5%。科技经费方面，2006—2020 年，投入兰州的省级科技计划资金共有 23.39 亿元，占省级科技计划资金总额的 66.83%。兰州地区除 2014 年、2019 年获得项目经费较上年有所减少，其余年

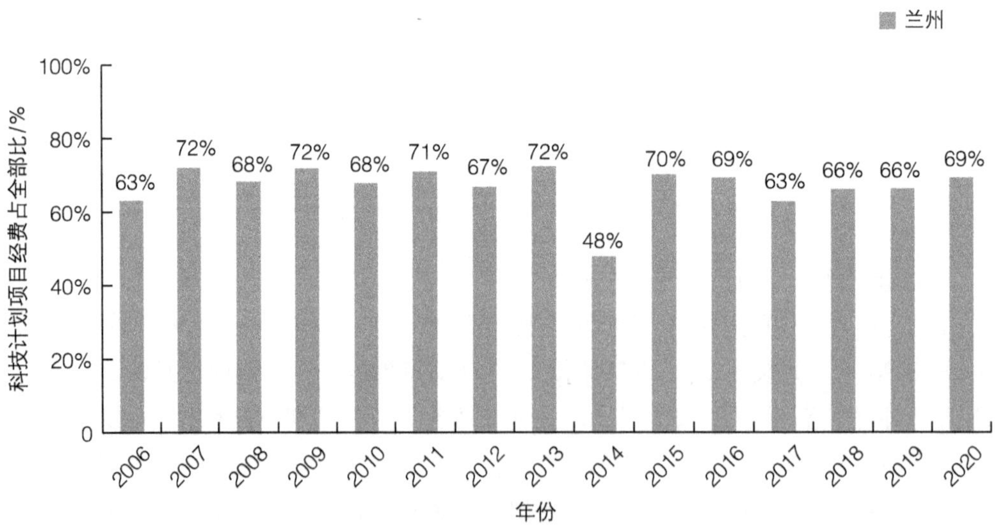

图 14－3　2006—2020 年兰州市获得省级科技计划项目经费占比

份的项目经费总体呈上升趋势。经费占比方面，兰州地区 2014 年获得项目经费占全省科技计划项目资金的比重较低，为 48%，其余年份该比重基本维持在 63% ~ 72%。

（2）嘉峪关市获得省级科技计划项目情况分析

嘉峪关市位于甘肃省西北部，河西走廊中部。2006—2020 年，嘉峪关市获得省级科技计划项目 143 项、资金 6031 万元。从图 14-4 中可以看出，嘉峪关市获得省级科技计划项目数量较少，资金方面，“十一五”时期获得科技资金 889 万元；“十二五”时期获得科技资金 2175 万元，较上期明显增加；“十三五”时期获得科技资金有所增加，为 2967 万元。分年度来看，以 2017 年获得的资金数量最多，有 1037 万元，其次是 2020 年争取科技资金 818 万元，2008 年获得项目和资金数量最少，立项 3 项，资金 35 万元。

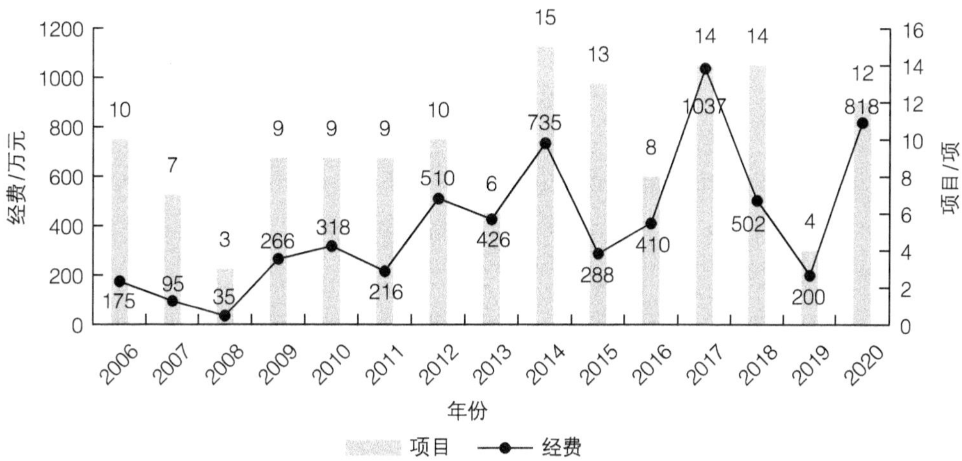

图 14-4　嘉峪关市获得省级科技计划项目情况

（3）金昌市获得省级科技计划项目情况分析

金昌市于 1981 年建市，缘矿兴企、因企设市，因盛产镍被誉为“祖国的镍都”，金昌市下辖永昌县、金川区。2006—2020 年，金昌市获得省级科技计划项目 197 项、资金 9224 万元，从图 14-5 中可以看出，金昌市获得省级科技计划项目数量较少，资金方面，“十一五”时期获得科技资金 944 万元；“十二五”“十三五”时期获得科技资金显著增加，分别为 3268 万元、5012 万元。分年度来看，2015 年和 2017 年，获得项目资金较多，分别为 1682 万元、1690 万元，2009 年，获得立项资金最少，为 43 万元。

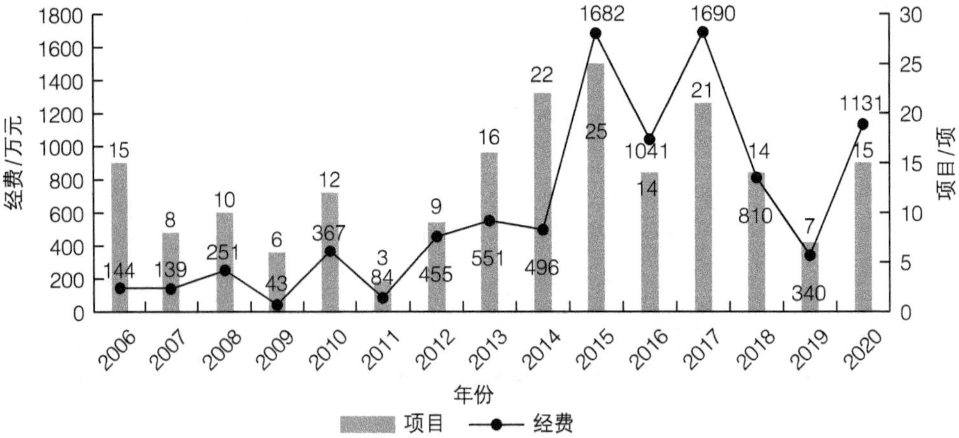

图 14-5　金昌市获得省级科技计划项目情况

（4）白银市获得科技计划项目情况分析

白银市地处黄河上游、甘肃中部，因矿得名、因企设市，是丝绸之路的枢纽要地。白银市辖会宁、靖远、景泰三县和白银、平川两区。

2006—2020 年，白银市获得省级科技计划项目 322 项、资金 11 240 万元，从图 14-6 中可以看出，白银市获得省级科技计划项目不多，资金方面，“十一五”时期获得科技资金 2450 万元；“十二五”“十三五”时期获得科技资金显著增加，分别为 3235 万元、5555 万元。分年度来看，2017 年获得项目资金最多 2073 万元，其次是 2016 年，获得项目资金 1492 万元，2008 年获得项目资金最少，为 337 万元。

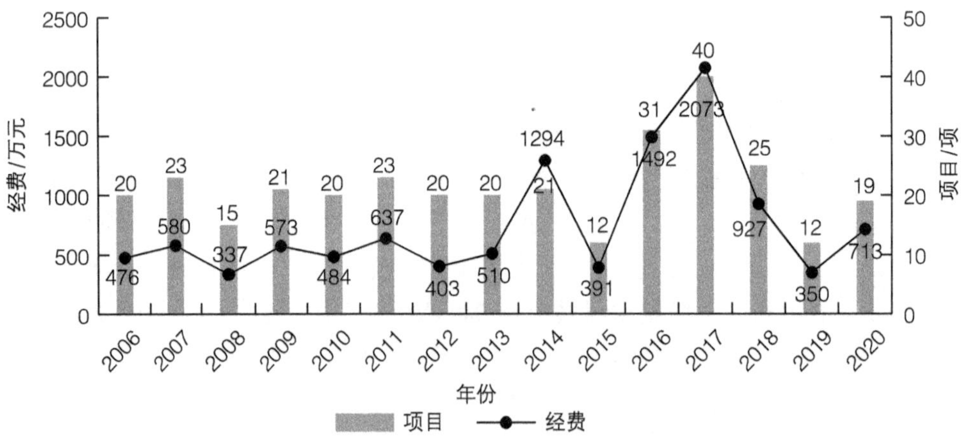

图 14-6　白银市获得省级科技计划项目情况

（5）天水市获得省级科技计划项目情况分析

天水市位于甘肃省东南部，陇东南的交通枢纽和物流中心，全市现辖秦州、麦积两区和甘谷、武山、秦安、清水、张家川回族自治县五县。2006—2020 年，天水市获得省级科技计划项目 620 项、资金 19 871 万元，从图 14－7 中可以看出，天水市作为甘肃的副中心城市，获得省级科技计划项目数量明显少于省会兰州，但与其他市（州）相比，天水获得的项目数量和资金均要多一些，资金方面，“十一五”时期获得科技资金 4304 万元；“十二五”“十三五”时期获得科技资金显著增加，分别为 6667 万元、8900 万元。分年度来看，2016 年、2017 年、2018 年，天水市获得的项目资金较多，分别为 2186 万元、2639 万元、2137 万元。2007 年，获得项目资金相对较少，为 668 万元。

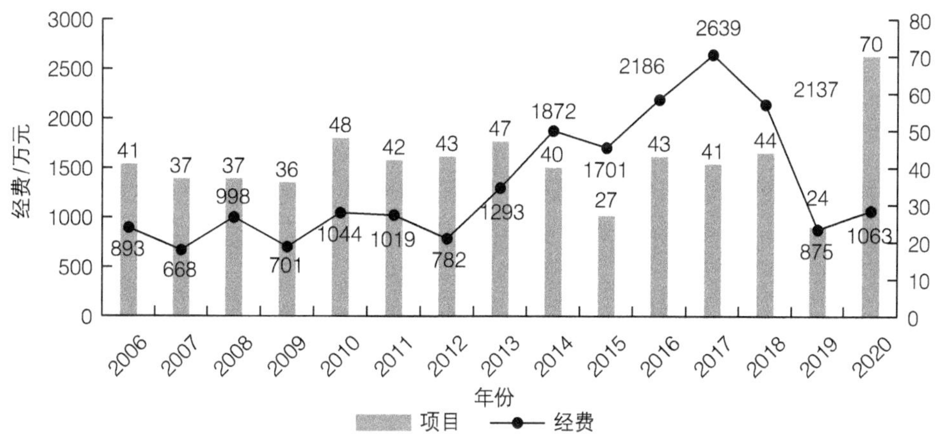

图 14－7　天水市获得省级科技计划项目情况

（6）武威市获得省级科技计划项目情况分析

武威市位于甘肃省中部、河西走廊东端，现辖凉州区、民勤县、古浪县和天祝藏族自治县。

2006—2020 年，武威市获得省级科技计划项目 349 项、资金 10 239 万元，从图 14－8 中可以看出，武威市获得省级科技计划项目数量偏少，资金方面，“十一五”时期获得科技资金 2269 万元；“十二五”“十三五”时期获得科技资金有所增加，分别为 3596 万元、4374 万元。分年度来看，2006 年的经费数量相对较少，为 159 万元。

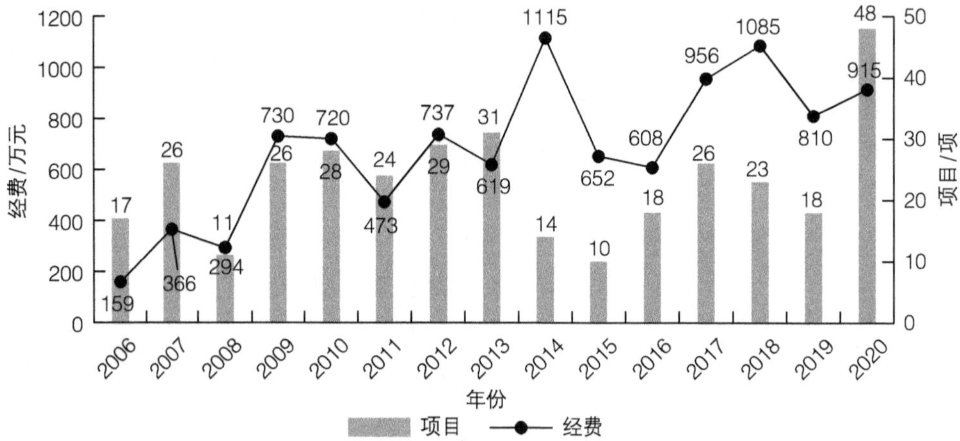

图 14-8　武威市获得省级科技计划项目情况

（7）张掖市获得省级科技计划项目情况分析

张掖市位于青藏高原和蒙古高原交汇的河西走廊中部，是丝绸之路商贾重镇和咽喉要道，全市辖甘州区、临泽县、高台县、山丹县、民乐县、肃南县一区五县。2006—2020 年，张掖市获得省级科技计划项目 425 项、资金 8873 万元，从图 14-9 中可以看出，张掖市获得省级科技计划项目数量不多，资金方面，“十一五”时期获得科技资金 1607 万元；“十二五”时期获得科技资金 3471 万元，较上期明显增加；“十三五”时期获得科技资金有所增加，为 3795 万元。分年度来看，2014 年、2015 年、2017 年、2018 年获得项目资金相对较多，2019 年，获得项目资金较少，为 125 万元。

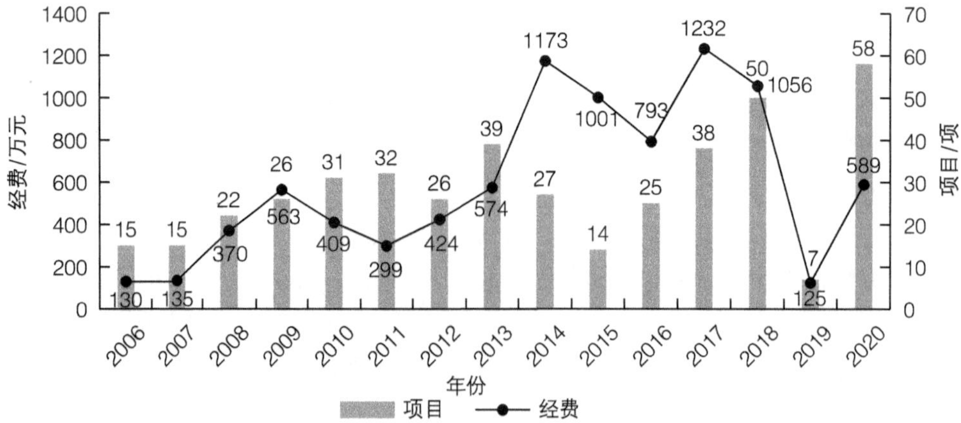

图 14-9　张掖市获得省级科技计划项目情况

（8）平凉市获得省级科技计划项目情况分析

平凉市位于甘肃东部，关中平原城市群的重要节点城市，全市辖崆峒、华亭、泾川、灵台、崇信、庄浪、静宁七县（区）。2006—2020 年，平凉市获得省级科技计划项目 286 项、资金 6361 万元，从图 14-10 中可以看出，平凉市获得省级科技计划项目数量较少，资金方面，"十一五"时期获得科技资金 1453 万元；"十二五"时期获得科技资金 3041 万元，较上期明显增加；"十三五"时期获得科技资金明显减少，为 1867 万元。分年度来看，2014 年最多，获得项目资金 1061 万元，2006 年相对较少，为 134 万元。

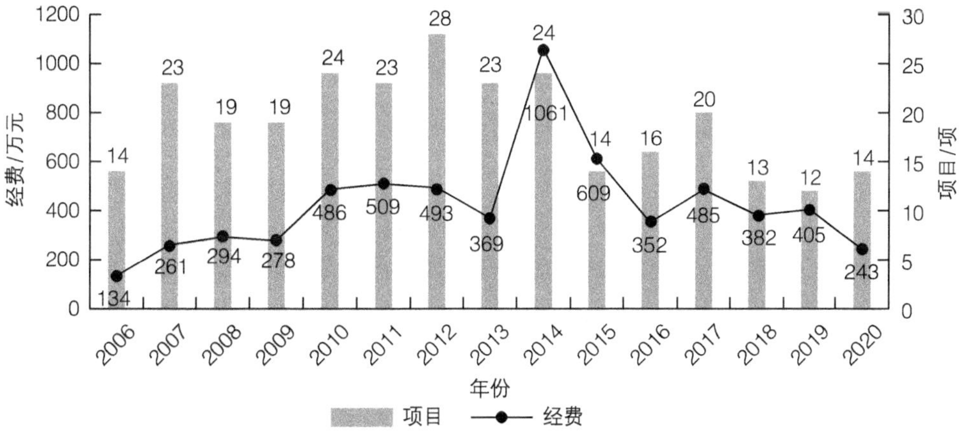

图 14-10　平凉市获得省级科技计划项目情况

（9）酒泉市获得省级科技计划项目情况分析

酒泉市地处河西走廊西端，全市辖一区二市四县，分别为肃州区、玉门市、敦煌市、金塔县、瓜州县、肃北县和阿克塞县。2006—2020 年，酒泉市获得省级科技计划项目 391 项、资金 12 810 万元，从图 14-11 中可以看出，酒泉市获得省级科技计划项目数量较少，资金方面，"十一五"时期获得科技资金 2025 万元；"十二五"时期获得科技资金 3937 万元，较上期明显增加；"十三五"时期获得科技资金明显增加，为 6848 万元。分年度来看，2017 年、2018 年、2020 年获得科技资金较多，2006 年相对较少。

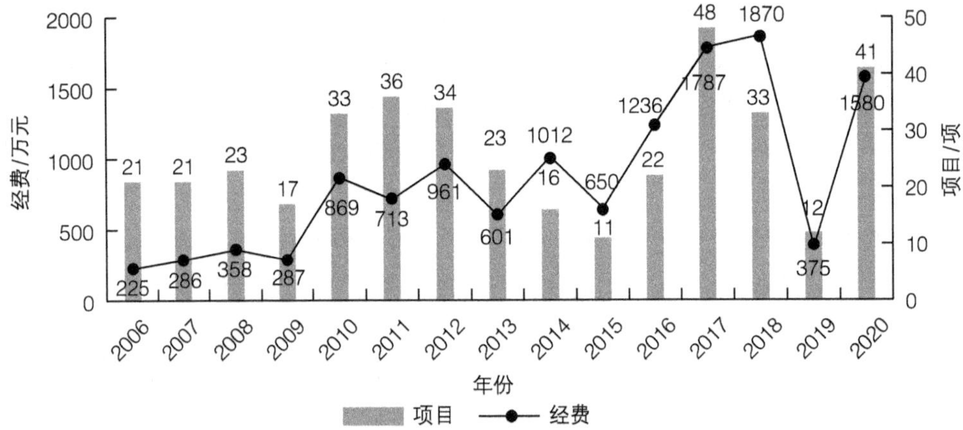

图 14-11　酒泉市获得省级科技计划项目情况

（10）庆阳市获得省级科技计划项目情况分析

庆阳市位于甘肃省东部，辖庆城、环县、华池、合水、正宁、宁县、镇原七县和西峰区。2006—2020 年，庆阳市获得省级科技计划项目 289 项、资金 5485 万元，从图 14-12 中可以看出，庆阳市获得省级科技计划项目数量较少，资金方面，“十一五”时期获得科技资金 889 万元；“十二五”时期获得科技资金 2088 万元，较上期明显增加；“十三五”时期获得科技资金有所增加，为 2508 万元。分年度来看，各年度获得的项目资金均在千万元以下，2019 年获得项目资金最少，为 105 万元。

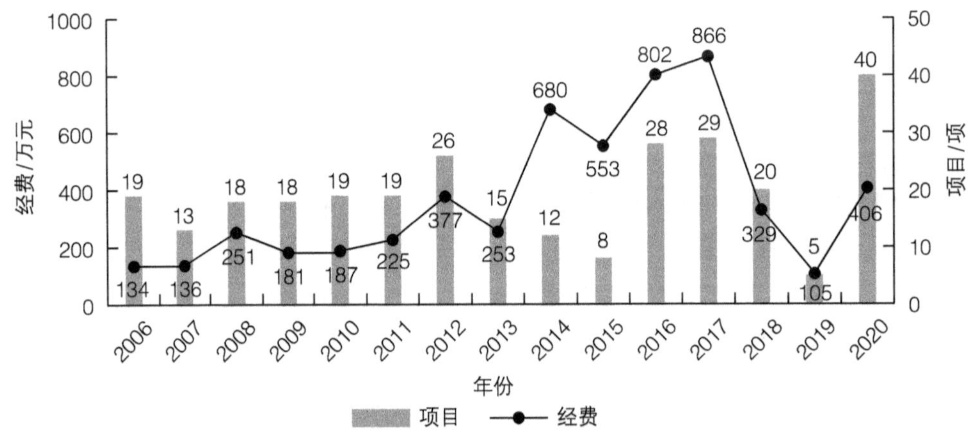

图 14-12　庆阳市获得省级科技计划项目情况

（11）定西市获得省级科技计划项目情况分析

定西市位于甘肃中部，是国家中医药产业发展综合试验区核心区和全国首批区域性马铃薯良种繁育基地，现辖一区六县，分别为安定区、通渭县、陇西县、渭源县、临洮县、漳县、岷县。从图 14－13 中可以看出，2006—2020 年，定西市获得省级科技计划项目 375 项、资金 9735 万元，总体来看，定西市获得省级科技计划项目数量较少，资金方面，“十一五”时期获得科技资金 1708 万元；“十二五”“十三五”时期获得科技资金显著增加，分别为 2975 万元、5052 万元。分年度来看，2014 年、2017 年、2018 年、2020 年获得项目资金超过千万元，2015 年获得项目资金较少，为 121 万元。

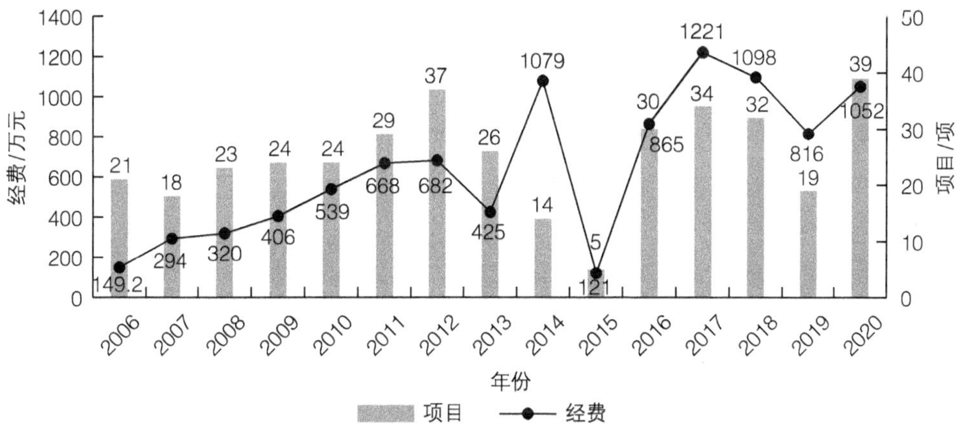

图 14－13　定西市获得省级科技计划项目情况

（12）陇南市获得省级科技计划项目情况分析

陇南市位于甘肃南部，东邻陕西，南接四川，境内辖一区八县，分别为武都区、成县、文县、康县、宕昌县、西和县、礼县、徽县、两当县。从图 14－14 中可以看出，2006—2020 年，陇南市获得省级科技计划项目 314 项、资金 7763 万元，总体来看，陇南市获得省级科技计划项目数量较少，资金方面，“十一五”时期获得科技资金 1083 万元；“十二五”时期获得科技资金 3043 万元，较上期明显增加；“十三五”时期获得科技资金有所增加，为 3637 万元。分年度来看，各年度获得的项目资金均在千万元以下，2016 年获得项目资金相对较少。

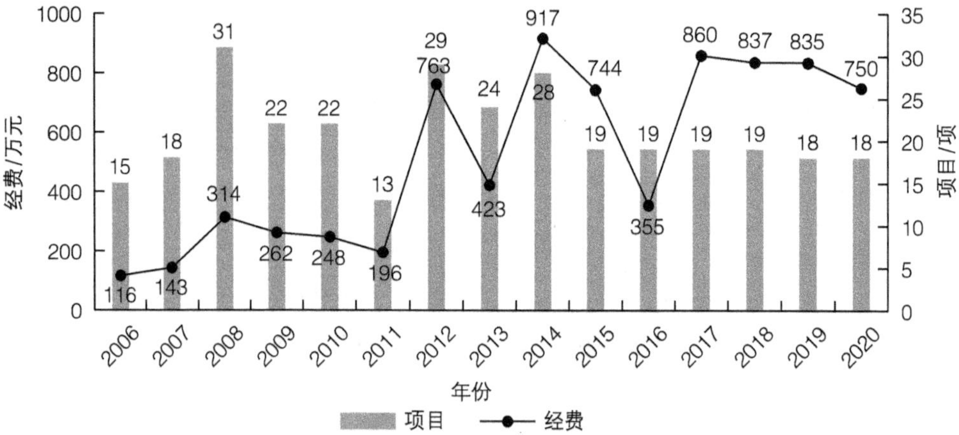

图 14-14 陇南市获得省级科技计划项目情况

（13）临夏回族自治州获得省级科技计划项目情况分析

临夏回族自治州（简称“临夏州”）地处甘肃中部西南，全州辖 1 个县级市、5 个县、2 个自治县，分别为临夏市、临夏县、永靖县、和政县、康乐县、广河县、积石山保安族东乡族撒拉族自治县、东乡族自治县。从图 14-15 中可以看出，2006—2020 年，临夏州获得省级科技计划项目 226 项、资金 4832 万元，总体来看，临夏州获得省级科技计划项目数量较少，资金方面，“十一五”时期获得科技资金 637 万元；“十二五”时期获得科技资金 1893 万元，较上期明显增加；“十三五”时期获得科技资金有所增加，为 2302 万元。分年度来看，各年度获得的项目资金均在千万元以下，2007 年获得项目资金相对较少。

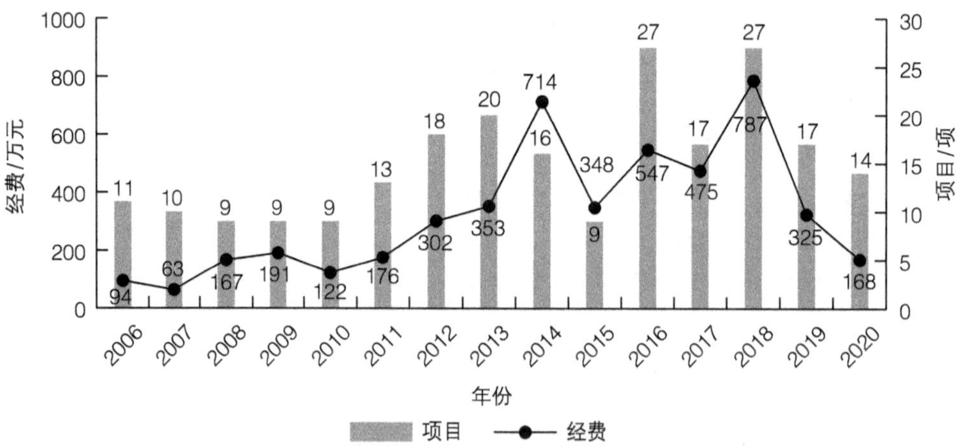

图 14-15 临夏州获得省级科技计划项目情况

（14）甘南藏族自治州获得省级科技计划项目情况分析

甘南藏族自治州（简称“甘南州”）是全国十个藏族自治州之一，位于甘肃省西南部，全州辖夏河、碌曲、玛曲、迭部、舟曲、临潭、卓尼七县及合作市。从图 14–16 中可以看出，2006—2020 年，甘南州获得省级科技计划项目 196 项、资金 4593 万元，总体来看，甘南州获得省级科技计划项目数量较少，资金方面，“十一五”时期获得科技资金 629 万元；“十二五”时期获得科技资金 2099 万元，较上期明显增加；“十三五”时期获得科技资金下降为 1865 万元。分年度来看，各年度获得的项目资金均在千万元以下，2007 年获得项目资金相对较少。

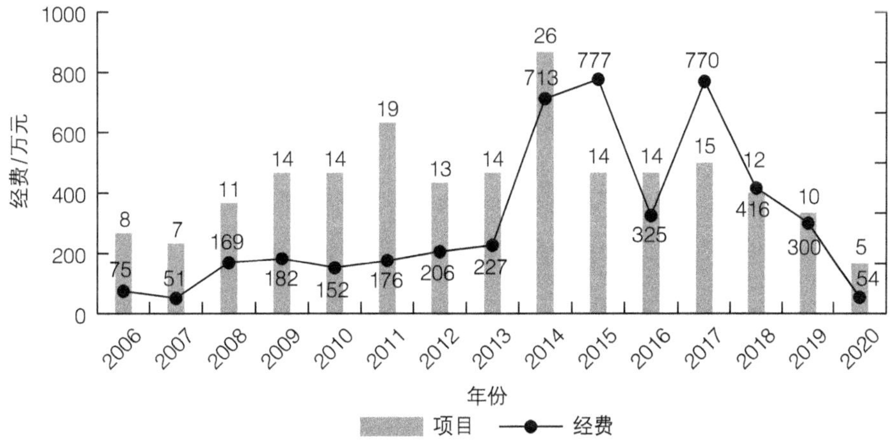

图 14–16　甘南州获得省级科技计划项目情况

二、甘肃省级科技项目组织实施特点

1. 项目组织方式突出顶层设计

围绕省委、省政府重大决策部署和区域创新布局，瞄准经济社会高质量发展的重大科技需求，按照围绕创新链布局资金链的要求，采取公开征集与定向组织的方式，从基础前沿、重大共性关键技术到应用示范进行全链条创新设计和一体化组织实施。

2. 建立项目遴选推荐和决策机制

严格按照项目管理办法，充分发挥学术委员会、智库、专家的咨询职责，强化“外脑”在科技战略、科技预算等方面的建议作用，多方面听取和吸收意见建议，组织遴选和推荐优质项目，切实提高项目质量。按照“两头严、中间松”原则，对项目立项和验收环节严格把关，对项目中间执行阶段充分放权。

3. 多样化的资金支持方式

省级科技资金灵活采取直接补助、后补助、以奖代补、贷款贴息、发放创新券等多种投入方式。在财政科技资金通过省级科技计划项目的安排无偿资助的基础上，探索建立多层次、立体式的全社会研发经费投入机制，广泛吸纳银行贷款、企业自筹、风险投资等研发经费投入方式，用财政资金引导社会加大科研投入。

4. 项目组织突出协同创新

坚持产学研用结合，整合优质优势资源，瞄准全省重大战略需求和未来产业发展制高点，实施重点项目，努力攻克一批对产业竞争力整体提升具有全局性、带动性强的关键共性技术，促进产业化。

5. 高度重视科研诚信

贯彻落实中共中央办公厅国务院办公厅《关于进一步加强科研诚信建设的若干意见》，按照国家五部委“不唯论文、不唯职称、不唯学历、不唯奖项”的改革要求，坚持问题导向和需求导向，实施项目承诺制，在项目组织和遴选中关注项目申报单位、项目申报人的科研诚信，突出项目负责人的品德、能力、业绩导向，注重标志性成果的质量、贡献和影响，对于不符合诚信要求项目不推荐。

6. 深化专业机构管理项目工作

按照科技管理向创新服务转变的改革精神和科技领域“放管服”改革要求，不断深化和扩大项目管理专业机构参与项目管理工作。赋予省科技厅部分直属单位中项目管理专业机构的职能，将省级科技重大专项、重点研发计划等计划项目立项评审、验收等管理职能下放给项目管理专业机构。

7. 突出项目预算绩效管理

强化项目管理风险防控和监管问效，建立“公平公正、权责明晰、行为规范、科学高效”的项目评审立项工作机制，进一步提升项目立项评审和管理运行水平。突出科技创新平台搭建、科技人才团队培养、科技成果转化、高新技术企业培育等绩效考核目标。

三、存在的不足

（一）立项项目难以满足需求，学科领域预判不充分

在编制科技计划项目指南、确定立项支持方向的过程中，产业界、企业界、学术界参与不足，没有形成更大范围的共识，指南方向难以有效解决经济社会发展实际面临的难点、堵点、痛点问题。科技计划项目指南制定前期的技术研判工作还不到位，重点领域指南的研究力度不够、不够细化和具体，对项目立项起到的指导作用不充

分。科技计划项目在产业领域布局有待优化，过于集中到领域内某些特定专家及其相关团队，不利于领域整体发展。

（二）项目组织模式不够科学高效

目前，甘肃省级科技计划项目主要采取“自上而下”模式组织，政府作为科技创新组织管理者主动布局，存在耗费大量人力物力开展一些简单重复的成熟技术研究，在前沿领域难以实现技术突破，不仅造成资源浪费，而且影响领域创新生态、干扰了市场竞争。存在将重大科技专项层层分解为项目、课题、子课题，用课题制来组织重大科技任务，项目管理松散，很难达到预期目的。

（三）项目资金支持力度仍显不足，支持方式不够多元

近年来，甘肃省科技专项资金投入虽有所增加，项目支持力度还不够，对于重点优势学科领域、前瞻性重大科学问题的基础研究缺乏长期稳定的支持；针对重大社会公益性研究，以及产业领域重大共性关键技术、重大国际科技合作，缺乏一体化设计与系统性支持。项目支持方式以直接补助为主，科技专项奖补资金采用后补助方式给予企业较多支持，其他方式采用较少。

（四）科技成果产出的质量和效率存在提升空间

整体来看，科技成果产出质量总体仍有待提高，重大科技成果产出不足，企业参与制定国家标准和行业标准的数量较少；科技成果的实际转化与产业化应用的比例较低，名牌产品或驰名商标缺乏。从科技项目的成果转让情况来看，技术创新成果的转移转化能力依然不足，通过成果转化取得的收益不多。技术研发与生产实际和市场需求之间存在一定距离，新技术规模化、产业化应用难度大。

（五）项目实施的过程监管与风险应对能力有待加强

项目管理的责任机制尚不健全，没有形成责权利一致的管理体系，尤其是第三方项目管理机构与项目主管部门的权责划分需进一步明确。一些项目立项的假设环境和设计条件与项目实施或建成后的实际环境有较大出入，成为项目组织过程中不规范操作、风险防范不足的借口。一些项目的重要责任人年龄偏大，履职能力缺失；一些项目的实施缺乏可行性论证，仓促上马最后烂尾；各种原因导致一些项目实施效果未达预期，未开展结题验收。一些项目单位或项目负责人对实施过程管理和痕迹管理不重视，需强化责任意识。

四、对策建议

（一）构建科学高效的科技计划管理机制

从科技资源配置的全链条出发，对项目计划体系、立项机制、过程管理、绩效评估等实施全过程优化提升。强化科技宏观统筹，建立完善发展目标牵引、重大任务带动、创新能力支撑的科技创新体系。优化省级科技计划体系，支持高校院所联合企业共同承担区域创新联合基金项目、设立省级联合科研基金，围绕重点领域构建多元化投入机制。

（二）着力优化科技计划项目立项流程

改革重大科技项目立项和组织管理方式，建立更加广泛而有效的同行评议制度，发挥企业、行业学会、协会组织的作用，打破利益固化的藩篱，建立"自下而上"与"自上而下"相结合的方式，征集遴选科研项目选题和任务。深化科技部门与行业主管部门、地方政府间的会商机制，共同凝练科技需求、共同设计研发任务、共同组织项目实施。优化项目团队遴选机制，采取公开竞争、定向委托相结合的方式组织项目，探索实施"揭榜挂帅""赛马制"等模式。

（三）加强重点领域的技术预测研究

完善科技计划项目指南形成发布机制，建立由各方参与的指南论证机制，凝练提出研发任务和核心指标。在科技规划制定、指南发布的前期，开展在重点领域面向未来 5 ~ 10 年的技术预测研究，动员各方人士、专家和学者积极参与，集聚大众智慧，共同探讨人类社会发展的重大问题。选择重点产业领域开展卡脖子技术、短板技术研究，确定优先支持领域和竞争前沿关键技术，研判未来科技发展的方向。

（四）建立稳定的专项资金支持机制

建立稳定增长的省级科技专项资金支持机制，创新投入与使用方式，研究完善省级和地方科研投入机制，共同资助联合实施重大科技项目。建立健全重大科技项目投入产出效率考核机制，加强科研绩效管理，提高投入产出效率。政府资金重在引导社会资金开展技术创新活动，对于不同特点和定位的科技计划项目，采用不同经费支持方式，包括探索和完善支持科技创新的银行金融信贷服务体系、促进创业风险投资向智慧资本转变，成为科技成果转化中的资金主力。

（五）完善责权利明确的项目管理机制

改革完善重大科技项目组织实施方式，充分发挥政府部门作为重大科技创新组织者的作用，压实项目决策、管理和实施各环节主体的责任，形成责权利一致的管理模式。建立咨询和具体项目管理工作既相对分开又相互衔接的管理制度。加强绩效目标管理，严格执行重大科技项目综合绩效评价机制。建立全过程嵌入式的监督评估体系和动态调整机制，把项目的事前、事中和事后监管评估完整贯通，注重关键节点目标考核和组织实施效果评估，强化关键节点考核和“里程碑”管理，加强对重点项目的现场检查与验收，对一些中小企业承担项目的能力基础进行深入考察和分析。将监督检查和评估结果作为调整项目或项目预算安排和持续支持的重要依据。

第15章　“十一五”时期甘肃省级科技计划项目调查评估分析

为建立和完善科学的科技计划项目管理机制，提高科技计划项目管理水平和实施成效，受省科技厅委托，省科技发展战略研究院对国家科技计划、国家自然科学基金、甘肃省科技计划3个层次的6565个项目进行了全面总结评估。在深入分析“十一五”时期科技计划体系的基础上，从项目投入、项目产出等方面构建了评估体系，对“十一五”时期科技计划项目的投入力度、成果产出与转化、经济社会效益等方面进行了评估分析，查找问题与不足，提出改进。

一、“十一五”科技计划体系

“十一五”科技计划体系由国家科技计划、地方科技计划和部门（行业）科技计划构成。本次总结评估范围为省级科技计划（甘肃省科技厅）立项项目。

为规范甘肃省科技计划项目管理，建立和完善科学的科技计划项目管理机制，提高科技计划项目管理水平和实施成效，“十一五”初期，甘肃省根据《国家科技计划项目管理暂行办法》和《甘肃省科技计划改革的若干意见》精神，结合甘肃省实际，制定了《甘肃省科技计划项目管理暂行办法》和《关于甘肃省科技计划管理改革的若干意见》，调整了“十一五”省级科技计划体系及其定位。按照突出重点，整合资源，集中力量办大事的原则，甘肃省科技计划体系调整为4+1模式，即4个主体计划，具体为科技重大专项计划、科技支撑计划、科技平台与创新能力建设计划、应用基础研究计划，1个政策引导类计划即创新引导计划。

科技重大专项。围绕省委、省政府确定的全省经济社会发展的重大战略目标和《甘肃省国民经济和社会发展第十一个五年规划纲要》（简称《纲要》[①]）所确定的重大专项，以及发展中出现新的重大科技问题，集中力量解决好优势领域、特色产业和新兴产业不同发展阶段存在的重大共性、关键技术难题。优先支持对甘肃省优势、特色、新兴产业的技术升级和社会可持续发展带动作用大、覆盖面广、关联度高的重大新产品、

① 该简称仅适用于本章节内容。

成套设备、关键集成技术的研究开发及产业化。

科技支撑计划。从全省经济、社会发展的重点技术需求出发，以解决社会公益性技术创新和促进产业技术升级、培育新兴产业为目标，围绕《纲要》确定的重点领域、优先主题等主体任务，开展新产品、新设备以及关键共性技术的研究开发、集成创新及应用示范，重视引进技术与装备的消化吸收再创新，形成一批具有自主知识产权的中试技术和可引导推动产业化的重大科技成果，为甘肃省高新技术产业发展、产业结构调整和人民生活质量提高及社会可持续发展提供技术支撑。

科技创新平台与科技基础条件建设计划。以提高科技创新能力、科技资源集成开放和共建共享为目标，以各类创新基地和载体建设为重点，通过整合、集成、优化科技资源，完善相关基础条件建设，推进企业、高校、科研机构、科技服务中介机构等创新基地的综合创新能力建设，为建设区域创新体系提供支撑。科技创新平台与科技基础条件建设计划由重点实验室建设、工程技术研究中心建设、科技公共服务平台及重点院所建设、学科带头人培养、创新团队建设、科技中介服务体系建设、科技管理信息化建设等计划组成。

应用基础研究计划。应用基础研究计划由自然科学基金计划和中青年基金计划组成，体现政府目标导向，依靠省域内的优势学科和创新团队，紧密围绕全省经济、社会和科技自身发展的前瞻性问题，开展应用基础研究，推进优势学科建设和高层次创新人才队伍培养。同时鼓励探索性研究，培育原始创新能力，加强科技储备。

创新引导计划。在坚持遵循市场机制的基础上，加强政策引导和制度创新，为科技发展及产业化创造良好的环境，在重视政府财政性支持的同时，更加突出相关科技政策的引导和推动作用。

二、科技计划项目投入

“十一五”期间，甘肃省共承担国家及省级科技计划项目 6565 项，年均 1313 项；政府财政科技经费投入 24.6 亿元，年均 4.9 亿元，平均投入强度 37.4 万元/项。其中，承担国家级科技计划项目 1163 项，年均 232.6 项；获得经费支持 11.5 亿元，年均 2.3 亿元，平均投入强度 99.0 万元/项。承担国家自然科学基金项目 1346 项，资助经费 5.3 亿元，年均 1.1 亿元，平均投入强度为 39.4 万元/项。承担省级科技计划项目 4056 项，年均 811.2 项；投入政府科技资金 7.7 亿元，年均 1.5 亿元，平均投入强度 19.0 万元/项。

1. 计划类别分布

按计划类别汇总统计（表 15-1），投入资金所占比例从高到低依次为：科技重大专项计划占 31.5%，科技基础条件与创新能力建设计划占 28.4%，创新引导计划占 22.2%，科技支撑计划占 14.6%，基础研究计划占 3.4%。科技重大专项计划和科技创新平台与科技基础条件建设计划投入资金最多，均超过了 2 亿元，分别为 2.4 亿元和 2.2 亿元，项目投入强度也高，分别为 70.5 万元/项和 63.1 万元/项。产业化项目投入占据较大优势，科技重大专项和科技支撑计划经费投入比重为 46.0%。科技支撑计划、创新引导计划项目投入强度分别为 13.0 万元/项和 11.2 万元/项，基础研究计划项目投入强度为 2.7 万元/项。

表 15-1　省级科技计划经费投入情况

计划类别	项目数/项	总经费/万元	投入强度/（万元/项）
科技重大专项计划	344	24 245.0	70.5
科技支撑计划	866	11 220.0	13.0
科技基础条件与创新能力建设计划	347	21 908.0	63.1
基础研究计划	980	2614.3	2.7
创新引导计划	1519	17 088.7	11.2
合计	4056	77 076.0	19.0

2. 承担单位属性分布

按承担单位属性统计（表 15-2），投入资金所占比例从高到低依次为：企业占 30.8%，省属院所占 24.9%，其他占 20.0%，高校占 10.9%，转制院所占 6.7%，中央院所占 4.5%，医院占 2.2%。投向企业的项目经费最多，达到 2.4 亿元，项目投入强度为 29.6 万元/项；其次为省属院所，项目经费为 1.9 亿元，项目投入强度为 31.8 万元/项；投向其他属性单位和高校的也较多，分别为 1.5 亿元和 0.8 亿元，项目投入强度分别为 17.5 万元/项和 7.9 万元/项。项目投入强度最高的是转制院所，达到 52.9 万元/项。

表 15-2　省级科技计划承担单位属性的资金总量及投入强度

单位属性	项目数/项	总经费/万元	投入强度/（万元/项）
高校	1061	8407.8	7.9
企业	803	23 777.0	29.6

续表

单位属性	项目数/项	总经费/万元	投入强度/（万元/项）
省属院所	605	19 212.5	31.8
医院	430	1713.0	4.0
中央院所	182	3442.0	18.9
转制院所	97	5134.0	52.9
其他	878	15 389.7	17.5
合计	4056	77 076.0	19.0

3. 项目领域分布

按项目所属领域统计（表 15－3），投入资金所占比例从高到低依次为：农业领域占 24.3%，先进制造与自动化领域占 14.8%，生物医药领域占 12.7%，信息产业与现代服务业领域占 10.2%，公共安全与其他社会事业领域占 13.4%，材料领域占 7.9%，能源领域占 4.1%，环境领域占 5.3%，人口与健康领域占 3.2%，资源领域占 2.0%，交通领域占 0.4%，其他领域占 1.7%。农业领域、先进制造与自动化投入领域和公共安全与其他社会事业领域资金均超过了亿元，分别为 1.9 亿元、1.1 亿元和 1.0 亿元，项目投入强度分别为 16.5 万元/项、34.3 万元/项和 26.9 万元/项。投入资金较多的还有生物医药领域、信息产业与现代服务业领域、材料领域，分别投入资金 9786.5 万元、7854.9 万元、6055.3 万元，项目投入强度分别为 20.5 万元/项、19.9 万元/项、18.2 万元/项。能源领域项目投入强度最高，为 38.7 万元/项。

表 15－3 按项目所属领域统计的省级科技计划项目资金总量及投入强度

领域	项目数/项	经费/万元	投入强度/（万元/项）	经费比例/%
农业	1132	18 708.0	16.5	24.3
先进制造与自动化	333	11 409.0	34.3	14.8
生物医药	477	9786.5	20.5	12.7
信息产业与现代服务业	395	7854.9	19.9	10.2
公共安全与其他社会事业	384	10 321.8	26.9	13.4
材料	333	6055.3	18.2	7.9
能源	81	3132.0	38.7	4.1

续表

领域	项目数/项	经费/万元	投入强度/（万元/项）	经费比例/%
环境	228	4096.5	18.0	5.3
人口与健康	513	2498.0	4.9	3.2
资源	42	1574.5	37.5	2.0
交通	44	313.5	7.1	0.4
其他	94	1326.0	14.1	1.7
合计	4056	77 076.0	19.0	100.0

4. 资金投入的年度变化

“十一五”时期，甘肃省级科技计划项目资金投入持续增长（图 15-1），2006 年投入 7973.0 万元，2007 年投入 11 667.0 万元，2008 年投入 13 247.0 万元，2009 年投入 16 432.0 万元，2010 年投入 27 757.0 万元，年均增长 36.6%。以 2007 年为拐点，投入超亿元。

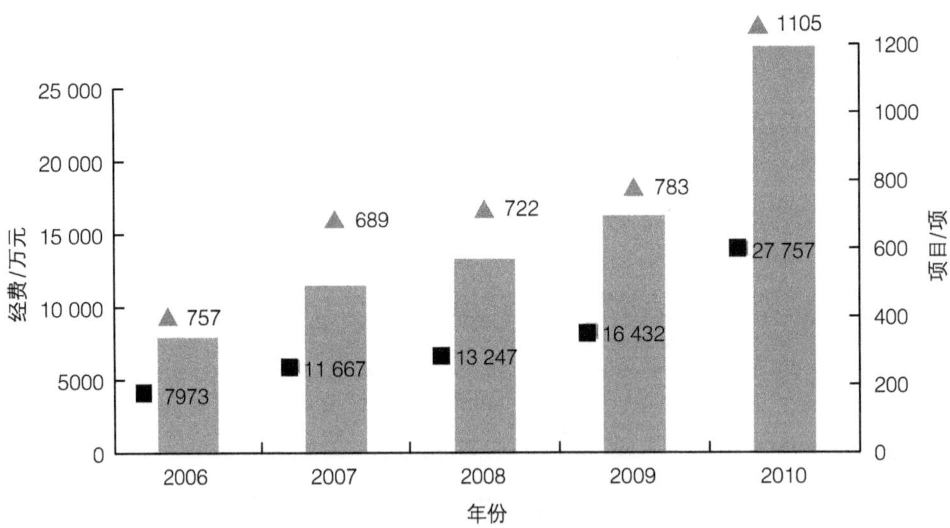

图 15-1 省级科技计划项目政府资金投入的年度变化

三、科技计划产出情况

1. 知识产权

（1）专利

省级计划项目共申请专利 3993 件，授权 2607 件。其中，申请国外专利 48 件，授权 17 件；申请国内发明专利 1560 件，授权 618 件；申请国内实用新型专利 2186 件，授权 1808 件；申请国内外观设计专利 199 件，授权 164 件（表 15-4）。

表 15-4 甘肃省科技计划项目专利申请和授权情况　单位：件

申请					授权				
国外专利	国内发明专利	国内实用新型	国内外观设计	合计	国外专利	国内发明专利	国内实用新型	国内外观设计	合计
48	1560	2186	199	3993	17	618	1808	164	2607

（2）著作权

① 论文

省级计划项目论文产出显著，共产出论文 16 430 篇。收录论文中，SCI、EI、ISTP 共计收录 2600 篇，其他文摘收录 1419 篇；发表期刊论文共计 10 633 篇，其中，国外刊物 766 篇、国内核心刊物 6933 篇、国内一般刊物 2934 篇；发表会议论文 1778 篇，其中，国外学术会议论文 387 篇、国内学术会议论文 1391 篇（表 15-5）。

表 15-5 省级科技计划项目论文发表情况　单位：篇

收录论文		期刊论文			会议论文		合计
SCI、EI、ISTP 收录	其他文摘收录	国外刊物	国内核心刊物	国内一般刊物	国外学术会议	国内学术会议	16430
2600	1419	766	6933	2934	387	1391	

② 专著

省级计划项目共计出版专著 3466 部。其中，外文专著 7 部、中文专著 176 部、编著 95 部、统编教材 57 部、自编教材 3123 部、译著 8 部。

2. 标准

省级计划项目共制定各类标准 1209 项，其中制定国际标准 4 项、国家标准 100 项、行业标准 132 项、地方标准 277 项、企业标准 696 项。

3. 科技成果

省级计划项目共登记科技成果 3242 项。达到国际领先水平的科技成果 31 项，占 0.9%；达到国际先进水平的科技成果 908 项，占 28.0%；达到国内领先水平的科技成果 1811 项，占 55.9%。

省级计划项目共获成果奖励 1286 项。其中，获国家级成果奖励 56 项，获省部级成果奖励 523 项，获市级成果奖励 707 项。

4. 项目合作交流

省级计划项目执行期间进行了广泛的合作交流，共参与国际合作交流 1418 次、国内合作交流 7377 次。合作交流形式多种多样，包括合作研究、主办会议、参加会议、特邀报告等形式（表 15–6）。

表 15–6　省级科技计划项目合作交流情况　　单位：次

国际				国内				合计
合作研究	主办会议	参加会议	特邀报告	合作研究	主办会议	参加会议	特邀报告	8795
143	81	956	238	659	727	4904	1087	

5. 试验示范基地

省级计划项目共建立中试线 443 条、生产线 634 条、示范点 6450 个次。建立研究生培养实习基地 463 个次。

6. 人才培养

省级计划项目培养了大批高素质人才，共培养博士后 65 人次，博士 1233 人次，硕士 6334 人次；新增正高级职称 654 人次，新增副高级职称 1737 人次。

7. 新产品开发与综合经济效益情况

省级计划项目共开发新产品 1737 项，省级以上名牌产品或商标认定 7725 个。新产品产值达 142.7 亿元。

第16章　“十二五”时期甘肃省级科技计划项目调查评估分析

为全面掌握我省科技计划项目的实施情况，加强对科技计划项目的监督管理，省科技厅对“十二五”时期我省五大类科技计划项目进行调查评估（包括科技重大专项计划、民生科技计划、科技支撑计划、基础研究计划、科技创新平台与科技基础条件建设计划等五大类计划17个子计划），从科技投入、成果产出及应用、进展与成效等方面进行总结分析，查找问题与不足，进而提出改进科技计划项目管理的对策建议。此次调查评估工作采取分类评估方式和全样本调查方法，以省级科技计划项目的任务书、结题材料、评估信息表和自评估报告等为评估依据，同时开发了科技计划项目评估信息调查系统，在2016年7月10日—9月12日，组织项目承担单位在省科技厅网站“网上调查”栏目进行在线填报。调查评估数据内容截止时间为2016年6月30日。

一、全省科技计划项目总体情况

“十二五”时期，甘肃省科技计划项目组织实施坚持深入实施创新驱动发展战略，以体制机制改革创新为动力，依靠科技创新加快新动能成长和传统动能改造提升；坚持深入实施“1236”扶贫攻坚行动，以精准扶贫为重点，提升贫困地区发展能力；坚持深入实施“3341”项目工程，以支撑战略性新兴产业发展、兰白科技创新试验区和“一带一路”建设为抓手，积极促进科技成果转化，着力搭建科技创新服务平台，推动大众创业、万众创新工作局面，为促进全省经济社会发展发挥了重要的科技支撑作用。

“十二五”时期，我省科技计划体系由“十一五”时期的“4+1”体系扩展为“5+1”体系，涵盖科技重大专项计划、民生科技计划、科技支撑计划、基础研究计划、科技创新平台与科技基础条件建设计划以及知识产权计划。据统计，“十一五”时期，省级科技计划项目立项4056项，投入科技经费7.7亿元；“十二五”时期，省级科技计划项目立项4818项，投入科技经费11.95亿元。“十二五”时期我省科技计划项目在立项数量上增多了762项，在省级科技经费投入上增加了4.25亿元，科技经费的平均支持强度也有所增强，从平均19万元/项增加到24.8万元/项。

“十一五”初期，省级科技计划项目的立项数量和科技经费均较少。随着科技与经济的快速发展，尤其是《国家中长期科学和技术发展规划纲要（2006—2020年）》及其配套政策等纲领性文件的出台，我省对科技创新的重视程度明显增强，科技经费投入持续增加。2007—2009年省级科技经费增速超过10%，2010年投入省级科技经费2.78亿元，增速达69%，是十年里我省科技经费的“最大值”，同年科技计划项目立项数为1105项，也处于同一时期的“峰值”（图16-1）。

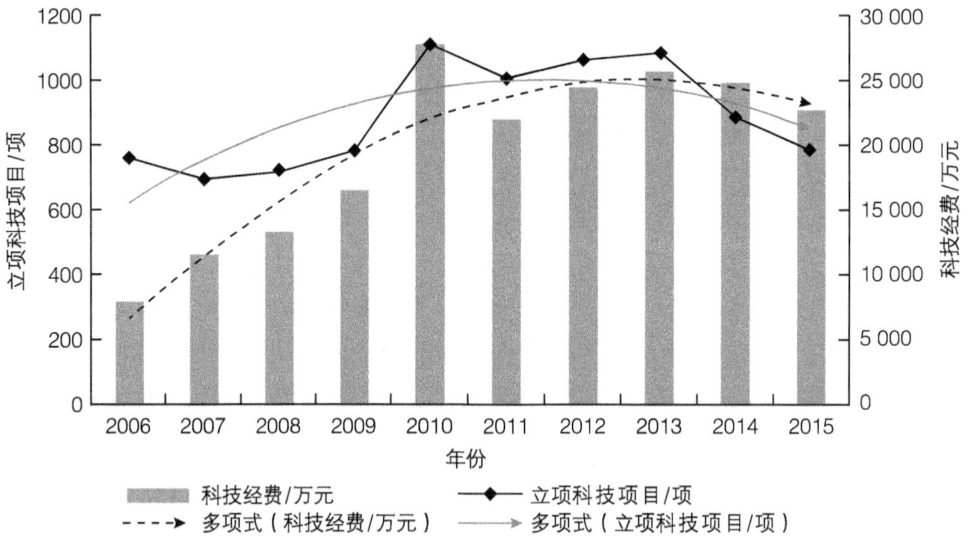

图16-1　2006—2015年甘肃省期间科技计划项目及经费投入

“十二五”时期，随着科技体制改革的深入，我省有效加强了科技计划项目和经费的管理，省级科技计划项目不断凝练，立项数量有所减少，科技经费的支持强度不断增大。立项数量从2011年的1006项精简为2015年的783项，科技经费支持强度从2011年的21.8万元/项增至2015年的28.9万元/项（表16-1）。

表16-1　甘肃省“十二五”时期科技计划项目及经费投入

类别 \ 年份	2011年	2012年	2013年	2014年	2015年	合计
立项科技项目/项	1006	1064	1080	885	783	4818
科技经费/万元	21 895	24 486	25 755	24 779	22 611	119 526
支持强度/（万元/项）	21.8	23.0	23.9	28.0	28.9	24.8

（一）科技重大专项

科技重大专项围绕经济社会发展中的重大科技问题，集中力量解决制约经济结构调整、社会可持续发展和人民生活质量提升的重大共性、关键技术难题。“十二五”时期，我省科技重大专项立项 189 项，投入省级科技经费 3.91 亿元，科技经费支持强度为 206.9 万元/项。

（二）基础研究计划

基础研究计划紧密围绕全省经济、社会和科技自身发展的前瞻性问题，开展应用基础研究，推进优势学科建设和高层次创新人才队伍培养。包括省青年科技基金计划、自然科学基金、杰出青年基金、重点实验室专项、基础研究创新群体等 5 个计划。“十二五”时期，我省基础研究计划立项 2068 项，投入省级科技经费 1.05 亿元，科技经费支持强度为 5.1 万元/项。

（三）科技支撑计划

科技支撑计划以促进产业技术升级和结构调整、解决社会公益性技术问题为主攻方向，以提升企业技术创新能力为核心，开展新产品、新设备以及关键共性技术的研究开发、集成创新及应用示范。涵盖科技支撑计划-工业类、社会发展类、农业类、其他类、国际科技合作专项、中小企业创新基金计划、科技小巨人企业培育计划、富民强县专项等 12 个计划。“十二五”时期，我省科技支撑计划立项 1771 项，投入省级科技经费 2.5 亿元，科技经费支持强度为 14.1 万元/项。其中，中小企业创新基金计划投入的科技经费最多，为 4367 万元。

（四）民生科技计划

民生科技计划以保障和改善民生为根本宗旨，坚持面向基层，以先进实用技术集成和示范应用为重点，依靠科技进步和机制创新，通过在基层示范应用一批综合集成技术，推动一批先进实用技术成果的推广普及，提升科技促进社会管理创新和服务基层社会建设的能力，使科技成果更好更多地惠及民众。“十二五”时期，我省民生科技计划立项 165 项，投入省级科技经费 1.43 亿元，科技经费支持强度为 86.7 万元/项。

（五）科技创新平台与科技基础条件建设计划

科技创新平台与科技基础条件建设计划以各类创新基地和载体建设为重点，通过整合、集成、优化科技资源，完善相关基础条件建设，推进区域综合创新能力的提升，为建设区域创新体系提供支撑。包括工程技术研究中心专项、科技创新平台专项、省属科研院所基础条件建设专项、技术研究与开发专项计划、孵化器及中试基地建设专项计划、创新团队建设计划等。“十二五”时期，我省创新平台与基础条件建设计划立项 494 项，投入省级科技经费 2.88 亿元，科技经费支持强度为 58.3 万元/项。其中，以科技创新平台专项的经费投入最多，为 1.02 亿元。

（六）知识产权计划

知识产权计划以促进知识产权创造、运用、保护和服务为目标，通过不断完善知识产权管理和服务体系，提升知识产权创造和服务能力，更好发挥知识产权对经济社会发展的支撑作用。“十二五”时期，我省知识产权计划立项 131 项，投入省级科技经费 1800 万元，科技经费支持强度为 13.7 万元/项。

二、调查评估项目基本情况

“十二五”时期，我省科技计划项目立项 4818 项，投入科技经费 11.95 亿元。纳入此次调查评估范围的有五大类科技计划，涵盖 17 个子计划 3703 个项目，占立项项目总数的 76.9%，投入省级科技经费 10 亿元，占省级科技经费投入总额的 83.7%。其中，科技重大专项 189 项，投入省级科技经费 3.91 亿元，基础研究计划 2068 项，投入 1.05 亿元，科技支撑计划 989 项，投入 1.67 亿元，民生计划 165 项，投入 1.43 亿元，科技创新平台和科技基础条件建设计划 292 项，投入 1.96 亿元。从经费投入上看，以科技重大专项投入的经费最多，占科技经费总额的 39.1%，其次是科技创新平台和科技基础条件建设计划，占科技经费总额的 19.6%。

三、科技投入分析

（一）科技经费投入

1. 按年份分析

此次调查评估项目的立项数量呈现先增后减的态势，2013 年下达的项目数量处于最大值，为 810 项。随着科技计划管理改革的深入，我省加强了项目与经费的统筹配置，科技计划项目数量得到精简，质量不断提高，2014 年、2015 年省级科技计划项目立项数有所减少，2015 年为 666 项。

据调查，3703 个项目投入的省级科技经费基本呈上升态势。2011 年投入省级科技经费 1.53 亿元，2012 年投入的省级科技经费增加了 22%，2013 年增幅为 14%，2014

年增至 2.35 亿元，2015 年投入的省级科技经费略有降低，为 2.13 亿元。此次调查评估项目的科技经费支持强度也呈上升趋势，支持强度从 21 万元/项攀升至 32 万元/项。

2. 按承担单位属性分析

企业作为技术创新的主体，是我省科技计划项目支持的重点对象。据调查，企业获得 4.6 亿元的省级科技经费支持，位居第 1 位，占科技经费总额的 46%，项均获得省级科技经费 71 万元。生产力促进中心、市县科技局、农业推广中心等其他单位获得 1.6 亿元省级科技经费支持，占 16%。高校获得省级科技经费 1.43 亿元，排在第 3 位，占 14%。地方科研院所获得省级科技经费 1.24 亿元，占 12%（图 16－2）。

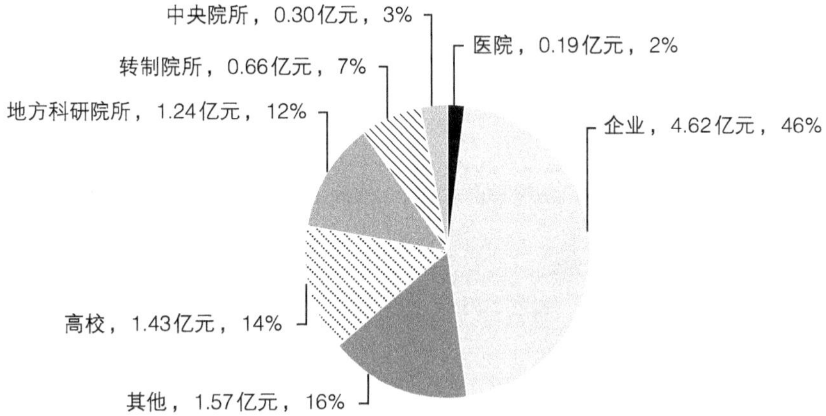

图 16－2　不同属性单位获得科技经费情况

3. 按地域分布情况分析

我省科技计划项目的布局体现了"突出重点、优质突围、统筹兼顾"的原则，在项目安排上，"非均衡"布局的特点较为明显，兰州市作为省会城市，科技研发综合实力较强，是我省科技计划项目支持的重点区域。据调查，我省近八成科技计划项目、六成科技经费投入兰州市，除天水市以外的其他 12 个市州获得科技计划项目数和经费数均不到总体的 5%。在此次调查评估的 3703 个项目中，兰州市组织实施项目 2913 项，占项目总数的 78.7%，获得省级科技经费 5.8 亿元，占科技经费总额的 58.2%；排在第 2 位的是天水市，获得项目 137 项、省级科技经费 7023 万元，分别占总体的 3.7% 和 7%。除兰州市以外，其他 13 个市（州）共实施项目 790 项，占项目总数的 21.3%，获得省级科技经费 4.21 亿元，占科技经费总额的 41.8%（图 16－3）。

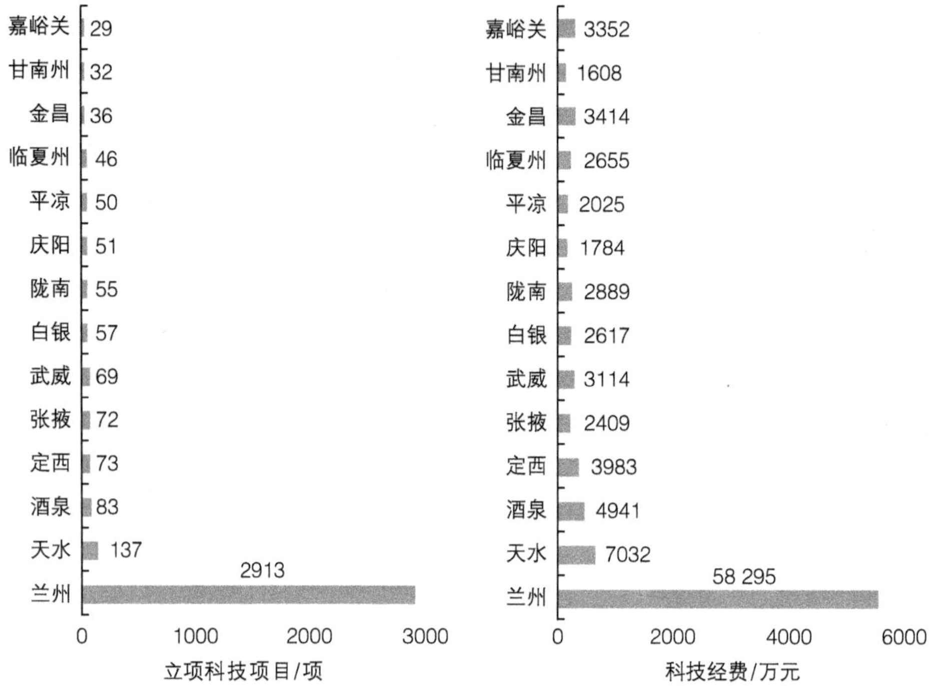

图 16-3 此次调查评估的科技计划项目及资金投入

4. 按技术领域情况分析

我省生物医药产业具有较强的科技和产业实力，是“十二五”时期基础研究及应用研究的热点和重点；作为农业大省，农业领域也是省级科技计划项目支持的重点领域。在此次调查评估的 3703 个项目中，生物医药领域立项 768 项，项目数位居第 1 位技经费最多，2.3 亿元，占科技经费总额的 1/4。材料和新材料领域、制造业领域，分别获得 1.3 亿元和 1.2 亿元省级科技经费。生物医药、生态环境、信息产业等领域也得到较多科技经费支持（图 16-4）。

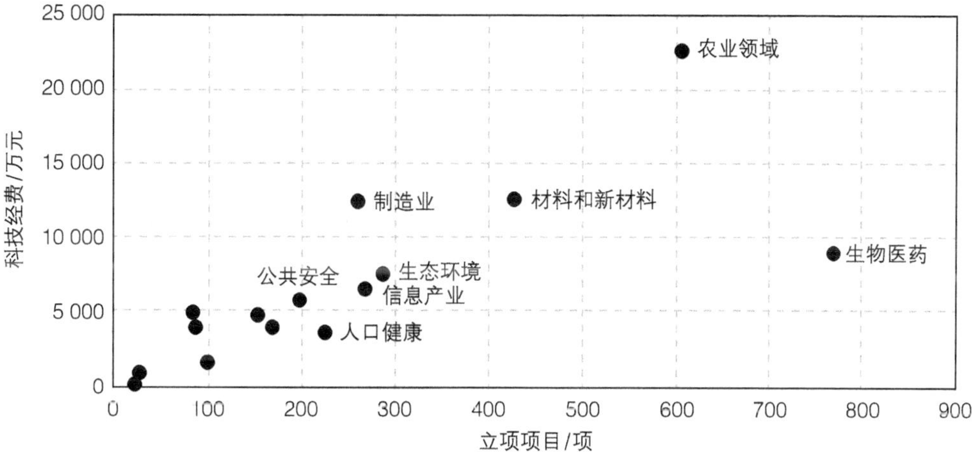

图 16-4 不同技术领域获得项目及经费支持情况

5. 研发资金投入来源分析

“十二五”时期，依托省级科技计划项目的实施，积极开展研发及产业化活动，3703 个项目实际投入各类研发资金 113 亿元，占 2011—2015 年全省 R&D 经费总支出 33.7%[①]，占 2011—2015 年全省 GDP 总量的 0.37%。

从研发资金投入来看，单位自筹资金是研发资金投入的最主要来源。据调查，单位自筹资金 79.49 亿元，占实际投入资金总额的 70.4%。地方政府资金投入 13.08 亿元，占实际投入资金总额的 11.6%，其中，省级科技经费投入 10 亿元，占 8.9%，其他政府部门经费投入 3.06 亿元，占 2.7%（图 16-5）。

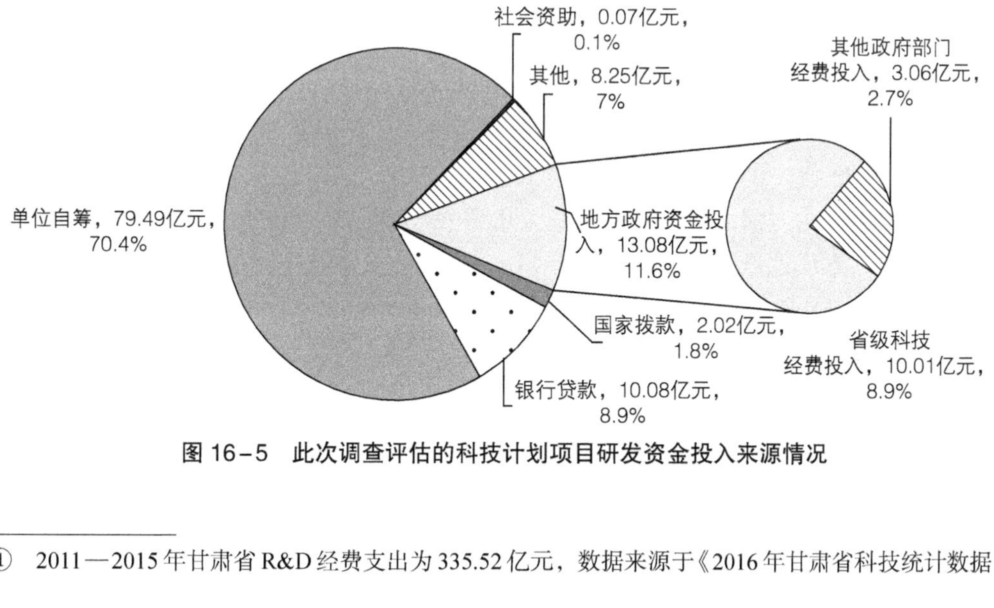

图 16-5 此次调查评估的科技计划项目研发资金投入来源情况

① 2011—2015 年甘肃省 R&D 经费支出为 335.52 亿元，数据来源于《2016 年甘肃省科技统计数据》。

据测算，此次调查评估的3703个项目，省级科技经费投入拉动全社会资金投入（带动强度）为1：11.3（“十一五”为1：6），实现了一定程度的增长，地方政府资金投入拉动全社会资金投入的比例为1：8.6。通过省级科技计划项目的实施，有效带动了项目承担单位的自主研发投入及其他。

（二）科研人员投入

据调查，3703个项目共投入科研人员3.78万人次，其中，高级职称专业技术人员13 477人次，占总体的35.6%；中级职称专业技术人员11 712人次，占总体的31%；博士学历人员5420人次，硕士学历人员11 376人次。

从不同计划类别来看，科技重大专项投入科研人员3336人次，民生计划2398人次，科技支撑计划7248人次，基础研究计划17 314人次，科技创新平台和科技基础条件建设计划7551人次。从高级职称专业技术人员在不同计划类别中所占的比重来看，以基础研究计划中高端科技人才所占比重最高，占比39%。

四、成果产出及应用分析

（一）科技成果产出

依托科技计划项目实施，产生了一批具有自主知识产权的科技创新成果，研发并应用了一批新技术和新工艺，一批重要技术创新产品替代了进口，满足了国内需求。据调查，3703个项目申请专利7039件，其中，申请国内发明专利3433件。获得授权专利2939件，国内发明专利授权1123件。取得标准872项，其中，国家标准34项、行业标准135项、地方标准249项、企业标准454项。发表学术论文23 080篇，其中，SCI、EI、ISTP收录7057篇，其他国外刊物946篇，国内核心刊物12 831篇，省级刊物2246篇。编著中文科技著作159部。取得新技术或新工艺905项、新材料408种、软件著作权206项，登记新药证书22项。

科技成果奖励方面，形成了一批重要的科技创新成果，在一些关键技术领域取得突破性进展。此次调查评估的3703个项目，阶段性成果获得国家级奖励25项，省部级奖励673项，其他奖励148项。

（二）成果转化应用

注重成果推广效应和示范效应，积极探索科技与经济结合的新途径和新机制，转化应用了一批具有重要影响的技术创新成果，推进了不同领域、不同行业、不同企业间的技术融合与扩散，在促进传统产业改造和新兴产业发展方面做出了重要贡献。据调查，3703 个项目，在“十二五”期间签订成果转让合同数 1272 份、实现成果转让成交额 6.76 亿元、已实际应用成果 2356 项。开发新产品 1029 项，新产品产值 64.46 亿元，认定省级以上名牌产品或商标 159 个，实现新增销售收入 151.47 亿元、新增净利润 49.83 亿元。实现综合经济效益 405.3 亿元，占 2011—2015 年全省 GDP 总量的 1.3%。据测算，省级科技经费投入产出比为 1 ∶ 40.5（“十一五”为 1 ∶ 33.8），有明显提升；地方政府资金投入产出比为 1 ∶ 31。

（三）科技人才培养

通过实施高层次人才科技创新创业扶持行动、省属科研院所科技创新团队建设、杰出青年基金等人才培养计划，进一步优化了科技人才队伍结构和提升整体素质，一批优秀人才脱颖而出，成为各自领域的学科带头人或技术带头人，一批承担科研项目的科技人才已经成为本领域的领军人物或科研骨干。据调查，3703 个项目培养各类科技研发人才 8085 名。其中，培养博士后 80 名，培养博士 818 名，培养硕士 6140 名，新增正高 263 名、新增副高 757 名。

（四）科研条件改善

重视科研基础设施与条件建设，对科研仪器设备进行改造升级，通过整合资源、加大投入，工程试验用房、办公用房等得到明显改善，配备了较为完善的产品测试、检测设备，创造了较好的研发、中试及产业化条件，提高了技术集成、消化和吸收能力。据调查，3703 个项目建立中试线 532 条，生产线 579 条，新建各类示范点 3328 个。同时，在科技计划项目的实施过程中，购置单价 5 万元以上仪器设备 5415 台（套），仪器设备原值 77.67 亿元。民生科技计划实施过程，建立管理培训基地 217 个，技术培训基地 534 个。

（五）开放合作交流

以开放共享为导向，开展了合作研究、主办会议、参加会议、特邀报告等多种形式的合作交流，吸引了大量国内外科技人才共同开展合作研究。通过人才合作、技术合作、项目合作和资金合作，产生了大量合作研究成果，在促进协同创新方面发挥了重要的辐射和带动作用；通过组建产业技术创新战略联盟、产业技术联合研发中心或协同创新中心等新型技术创新组织，促进资源相互流动和共享。据调查，3703 个项目开展国际合作研究 188 次，国内合作研究 506 次，学术交流方面，通过发起、主办和承办国际或国内重要学术会议拓展交流广度。5 年来，依托项目承担单位主办国际会议 80 次、参加国际会议 1192 次；主办国内会议 726 次、参加国内会议 7737 次。

五、主要进展与成效

通过调查评估发现，我省五大类科技计划项目在“十二五”期间取得了重要进展与成效。

（一）高投入、稳增长，重大专项取得突破进展

通过科技重大专项的实施，研发并应用了一批新技术和新工艺，攻克了一批关键共性技术，开发了一批具有自主知识产权、高性能、低成本的新产品，并替代进口，对加快全省经济结构转型升级和社会可持续发展起到重要促进作用。热交换、旱作农业、特种钻井技术及装备和物料干燥、高低压电器、有色冶金技术及工艺达到国内外先进水平；国内首台 300 MN 多缸薄板液压机组、国产首台超大型板壳式换热器、国内首套褐煤蒸汽管回转干燥工艺及装备、玉米种子规模化加工技术和成套设备、污泥无害化密闭处理成套技术及装备等一批重要技术创新产品替代了进口，满足了国内需求；国际首例 O/MYA98 疫苗研制成功并实现产业化；国内首个 200 kW 线性菲涅尔+槽式太阳能热发电系统成功并网发电；首台自主研发的医用重离子加速器成功出束，标志着国家重离子辐照技术的应用迈出了实质性的步伐；实现溅射靶材用系列高纯金属的开发及产业化，在半导体芯片关键材料上打破先进国家的技术垄断。

（二）调结构、促创新，科技支撑经济社会发展

科技支撑计划以重大工艺技术及产业共性技术研究开发与应用示范为重点，以提高企业技术创新能力为核心，围绕制造业、新材料、农业现代化和社会发展等重点领域开展科技攻关，获取了一批重要的科技成果，为战略性新兴产业发展、传统产业提质增效以及社会可持续发展提供有力的科技支撑。建立太阳能国际科技合作基地、干旱灌区节水高效农业国际科技合作基地、荒漠化防治与绿洲持续发展国际科技合作基地等国家级国际科技合作基地 15 家，国际科技合作水平、合作层次进一步提升。甘肃省建筑科学研究院建立了红外热像法检测建筑外墙饰面粘结缺陷面积大小的计算公式及分级评判标准，属国际首创；中昊北方涂料工业研究设计院创制并实现了高固体含量聚氨酯涂料的产业化，产品替代进口；中国农业科学院兰州兽医研究所研制了一种与标记疫苗配套的口蹄疫病毒 3ABC 单抗阻断 ELISA 抗体检测试剂盒，实现产业化开发后可获得巨大经济效益；兰州理工大学成功开发了以 ARM 嵌入式核心技术为背景的智能交通控制器各模块设计与技术；武威市农业科学研究院开发了日光温室蔬菜专家智能化精准施肥及管理技术软件，肥料利用率提高 19.8%，节约肥料投入 277.5 元/亩。

（三）聚人才、重积累，基础学科占领国际前沿

面向社会和行业未来发展需求，瞄准科技发展动态前沿，重点部署了一批对我省科技、经济和社会发展具有重大影响的基础研究项目，培养了一批重点学科的带头人，涌现出一批原创性科学思想和前沿技术成果，源头创新能力不断提升。围绕中青年优秀科技人才培养和创新团队建设，组织实施省杰出青年基金项目 49 项，创新群体项目 24 项。中国科学院近代物理研究所首次在国际上成功鉴别铀 215（^{215}U）和铀 216（^{216}U）两个铀最轻的新同位素，向认识铀同位素存在的极限又前进了一步；甘肃省动物寄生虫病重点实验室首次解码了犬弓首蛔虫全基因组及转录组序列，并完成了牛带绦虫和亚洲带绦虫基因组拼接和注释工作；甘肃省极端环境微生物资源与工程重点实验室首次发现了细菌分裂抑制剂类抗生素的抗性基因 RfiA 和促进抗生素合成的 tRNA–Asp–GAT 基因等 2 个抗生素代谢相关的新基因；甘肃省原子分子物理与功能材料重点实验室首次在自然界拍摄到一次球状闪电的全过程及其发射光谱，研究成果发表在国际知名物理期刊 *Physical Review Letters*；甘肃省生物电化学与环境分析重点实验室在国际上首次提出紫外/可见光谱电化学扫描显微镜（UV/Vis–SECM），成功完成了 SECM 与光源系统一体化操作界面的设计。

（四）稳推进、广示范，科技惠及民生成效显著

入选国家首批科技惠民计划试点省份。按照“一县一项目一产业”的总体布局，实施全民健康科技工程、公共安全科技工程、生态环境科技工程、社会管理科技工程、城镇化建设科技工程等科技惠民示范工程，建立一批民生科技综合试验示范基地，加快了一批先进实用技术的应用示范、集成示范，推广普及了一批实用技术成果，培育发展了一批农村科技新兴产业，有效促进了区域经济发展，努力解决了一些广大人民群众最关心、最直接、最现实的利益需求，辐射带动周边地区多元产业发展，带动人民群众发财致富，拉动地方、企业、银行和社会相关机构投入达 6.82 亿元，推广惠民技术 344 项，示范区范围覆盖 200 多个县（市、区），1000 余乡镇，增加就业岗位 8 万多个，惠民人数超过 600 余万人。

（五）筑平台、创生态，科技基础条件完善优化

我省注重加强省属科研院所基础条件建设，提升地方科研院所整体创新能力和服务能力，推进市县科技条件建设，改善基层科技基础条件，促进基层科技服务能力提升。“十二五”期间，我省科技创新基础条件得到提高和改善，区域创新服务能力大幅提升，创新生态环境明显改善，为区域科技创新发展提供服务支撑。建成国家级工程技术研究中心 5 家、省级工程技术研究中心 150 家。建立了特色农产品加工、精细化

学品合成、太阳能资源利用装备制造业数字化设计等产业科技创新平台，食品药品检测、建筑建材行业能效测评等公共检验检测平台以及大型科学仪器协作、网络科技环境等综合性的科技服务平台。依托甘肃省科技情报研究所建立的“科聚网”入驻企业、高校、院所 711 家，集合科技专家 9366 人，入网科研仪器设备超过 2000 台（套）。

六、相关建议

（一）推进职能转变，完善项目资金管理

厘清政府责任、突出市场作用。进一步明确科技管理部门在科技宏观管理体制中的职能定位，工作重心转向科技发展战略、规划、布局、政策等宏观管理层面，推进政府职能从研发管理向创新服务转变。政府科技资金重点支持市场不能有效配置资源的基础研究、社会公益、重大共性关键技术研发等公共科技活动和创新服务平台，营造激励创新的环境。围绕科技计划和项目管理改革，依托现有科研管理类事业单位，遴选、改造、组建成立符合我省科技状况、规范化运行的项目管理专业机构。注重发挥好科技专家、企业家和第三方专业机构在指南设置、项目评审、过程管理和绩效评价等方面的作用，推进研发管理向创新服务转变。注重项目资金使用的过程管理，注重对跨部门科技计划项目资金使用的总体协调。严格贯彻执行《甘肃省科技计划管理改革实施方案》。

（二）创新投入机制，加快引导区域创新

充分发挥财政资金的引导作用，鼓励社会资源共同参与，充分激发各创新主体参与科技创新的积极性和主动性。创新投入机制，依据科技计划项目的特点和定位，选择不同经费投入方式，发挥好金融支撑功能。对于基础性的科技计划项目，政府以稳定持续的资金投入支持产业化前的技术研发；对于产业化导向的科技计划项目，通过前期引导和优惠政策如财政补贴、权益投资、引导基金、贷款等间接方式来推动实施，并通过制定政策来营造产业发展环境；对于维护公共安全和社会管理的科技计划项目完全依靠政府资金投入。积极引导社会资金投入技术创新活动，加快建立多层次、多渠道、多元化的科技创新投融资平台；建立从实验研究、中试到生产的全过程科技创新融资模式，促进科技成果资本化；创新科技金融产品，加强科技企业孵化器和众创空间等建设。

（三）加速成果转化，提高经济社会效益

加强对应用研究、产业化项目的支持，加速推进成果转移转化，以先进技术成果商品化、产业化来推动产业经济持续快速发展。充分发挥企业主体地位作用，鼓励

企业牵头、政府引导、产学研协同，围绕战略性新兴产业，激发企业承接成果转化激情，有效利用工程技术研究中心、企业技术研发中心等创新载体资源，推动科技成果有效转化。对于转化基地成功转化的成果，加大工商、财税、金融支持力度，着力破解科技成果转化与知识产权产业化的资金制约难题，促进科技与金融融合发展。加大对《促进科技成果转化法》《甘肃省促进科技成果转化条例》及相关配套政策宣传执行力度，建立注重成果转化应用的人才评价体系，各级研发机构、高校应当建立符合科技成果转化特点的职称评定、考核评价制度，完善成果处置、收入分配激励约束机制。

（四）优化项目布局，促进协调联动发展

从科技计划项目的顶层设计入手，采取产业、项目、平台、人才、基地“五位一体”的资源配置方式，不断优化科技计划项目体系。健全包括产业创新图谱、企业技术路线图、知识产权预警等一体化科技创新决策机制，通过项目自上而下的顶层设计和自下而上的需求征集，加强项目凝练和前瞻性布局。按照围绕产业链部署创新链、创新链完善资金链的要求，统筹衔接基础研究、应用技术研发、系统集成、成果转化、产业发展等环节，进行全链条设计，一体化组织实施，通过创新项目组织方式将产业链条的各个环节“串联”起来，实现上下游创新无缝衔接。用协同的观念、融合的思维、系统的方法推进科技创新，力促创新链与产业链的深度融合，构建产学研用结合、产业链上下游企业协同的技术创新体系。

（五）盘活资源要素，推进开放合作共享

盘活创新“存量”、激活创新“增量”，减少政府对资源的直接配置，引入市场机制和市场化手段，让创意、专利、资源、人才等要素自由组合、扩大共享程度，提高资源配置效率和效益。完善我省科技资源共建共享的机制体制，依托省内科技服务机构和科技服务平台，加快推进科技服务模式创新，盘活全省的科研设备和仪器，提高科研资源利用效率，使科技创新服务功能向产业突破功能和科技成果转化服务功能延伸。扩大国际科技交流与开放的规模和层次，加强与“一带一路”沿线国家和地区经济技术交流和产业合作。加强区域间在科学技术、发展理念、体制机制等领域的全方位创新合作。强化与省外科研院所、高校、企业等开放式合作与交流，打造集人才培训、合作研究、交流互访等于一体的科技合作平台。

（六）健全监督体系，加强事中事后监管

加强项目实施全过程和痕迹管理，建立全省统一的科技计划项目管理信息系统，将科技监督和评估嵌入科技计划项目管理过程，对各类计划的需求征集、指南发布、

项目申报、立项评审、监督检查、结题验收等全过程进行信息管理和痕迹管理。建立健全科技计划项目的事中和事后监管机制，充分利用绩效考评、信用管理、信息公开、第三方评估与监理、监察审计等多种方式和手段，随机确定检查对象和检查人员，对科技计划项目实施情况进行定期检查，要求项目承担单位分阶段向项目主管部门报告项目进展和经费预算调整情况，将监督检查和评估结果作为调整项目或项目预算安排和持续滚动支持的重要依据。建立科研信用管理制度，建立覆盖项目申请、评估评审、立项、执行、验收全过程的科研信用记录制度，做好对科技计划项目的牵头单位及课题承担单位的信用记录以及信用评价工作，以此作为项目管理的重要依据。

第17章 “十三五”时期甘肃省级科技计划项目调查评估分析

根据《关于改进加强中央财政科研项目和资金管理的若干意见》和《关于深化中央财政科技计划（专项、基金等）管理改革方案的通知》等相关国家科技计划管理办法要求，2016年12月，甘肃省制定并出台了《甘肃省科技计划管理改革实施方案》，从科技计划的顶层设计入手，结合甘肃省实际，采取产业、项目、平台、人才、基地“五位一体”的资源配置方式，重新构建科技计划体系，通过撤、并、转等方式进行合理归并，将原“5+1”科技计划体系[①]合为科技重大专项计划、重点研发计划、技术创新引导计划、创新基地与人才计划、知识产权计划五大类科技计划，以及专项基金（支持科技创新奖补资金），并在2017年度省级科技计划项目管理中启用改革后的新计划体系。

① 科技重大专项计划。聚焦甘肃省重点产业、特色产业和战略性新兴产业等关键产品目标和重大产业化目标，重点支持以企业为主体、产学研联合的集成度高、关联度大、带动性强的重大科技项目，集中各类科技资源，在设定的时限内进行联合式协同攻关。

② 重点研发计划。以解决社会公益性技术创新和促进产业技术升级、培育新兴产业为目标，重点支持工业、农业、社会发展领域的企业、高校、科研院所开展新产品、新设备以及关键共性技术的研究开发与集成创新，着力攻克一批制约甘肃省经济社会发展的技术瓶颈。

③ 技术创新引导计划。充分发挥市场对技术研发方向、路线选择、要素价格、各类创新要素配置的导向作用，加强政策引导，为技术创新和科技成果转化与产业化、适用技术示范推广创造良好环境。

① 原“5+1”科技计划体系包括科技重大专项计划、民生科技计划、科技支撑计划、基础研究计划、科技创新平台与科技基础条件建设计划以及知识产权计划。

④ 创新基地与人才计划。对甘肃省重点实验室、工程技术研究中心、国际科技合作基地等创新基地按功能定位分类梳理，完善评价机制；加大对科技企业孵化器、大学科技园、农业科技园区、众创空间等创新创业基地建设的支持力度；鼓励重大科研基础设施、大型科研仪器等各类科技创新服务平台对外开放共享和提供技术服务。

⑤ 知识产权计划。围绕《深入实施甘肃省知识产权战略行动计划（2014—2020）》部署，推进知识产权强省试点省建设，促进甘肃省知识产权创造，加强知识产权运用和保护，完善知识产权管理，提升知识产权服务能力，发挥知识产权对经济社会发展的支撑作用。

⑥ 专项基金（支持科技创新奖补资金）。按照省委省政府重点工作部署，设置若干专项基金，并进行动态调整。科技创新奖补资金主要用于落实兑现《甘肃省支持科技创新若干措施》中由省科技厅牵头落实的奖补事项。

一、项目总体情况

“十三五”时期，甘肃省五大类科技计划及科技创新奖补资金共支持立项 8287 项，省级科技专项资金投入共计 21.65 亿元，其中，五大类科技计划立项 5807 项（当年立项 5669 项、结转项目 138 项），投入科技专项资金 16.34 亿元；科技创新奖补资金 5.32 亿元，自 2017 年以来，为推动《甘肃省支持科技创新若干措施》落实，按照后补助等形式激发创新主体活力，对 2480 家奖补对象兑现奖补资金。

（一）全部项目立项情况

1. 按立项年度分析

据统计（图 17–1），“十三五”时期立项情况呈现先增后减至逐年增长的态势。其中，2020 年项目数量最多，为 2629 项。从省级科技专项资金投入来看，呈先增后减的趋势，2017 年投入资金最多，达 5.21 亿元；2018 年省级科技计划项目立项数和科技经费都有所减少，共立 1383 项，科技经费投入共 4.41 亿元。

从支持强度来看，省级科技计划项目支持强度呈下降趋势，支持强度从 2016 年的 37 万元/项下降至 2020 年的 14.77 万元/项。主要原因是 2019 年、2020 年科技计划立项数明显增加，尤其是 2020 年立项数达 2629 项，较上年增加了 50.75%。

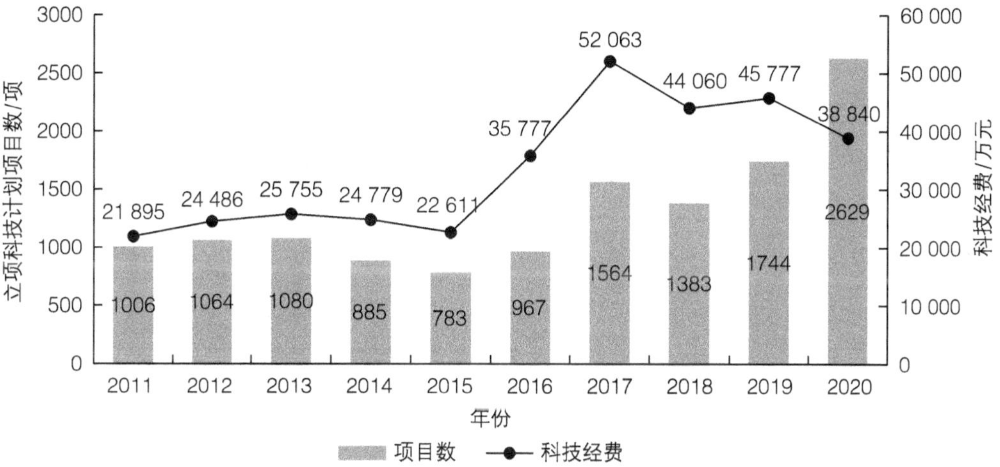

图 17–1　按年度划分的科技计划项目数及科技经费投入情况

相比“十二五”时期省级科技计划项目立项4818项、投入科技专项资金11.95亿元，“十三五”时期省级科技计划项目立项数量增多了3469项，省级科技专项资金投入增加了9.7亿元，省级科技计划项目平均支持强度也有所增强，从平均24.81万元/项增加到26.12万元/项（图 17–2）。

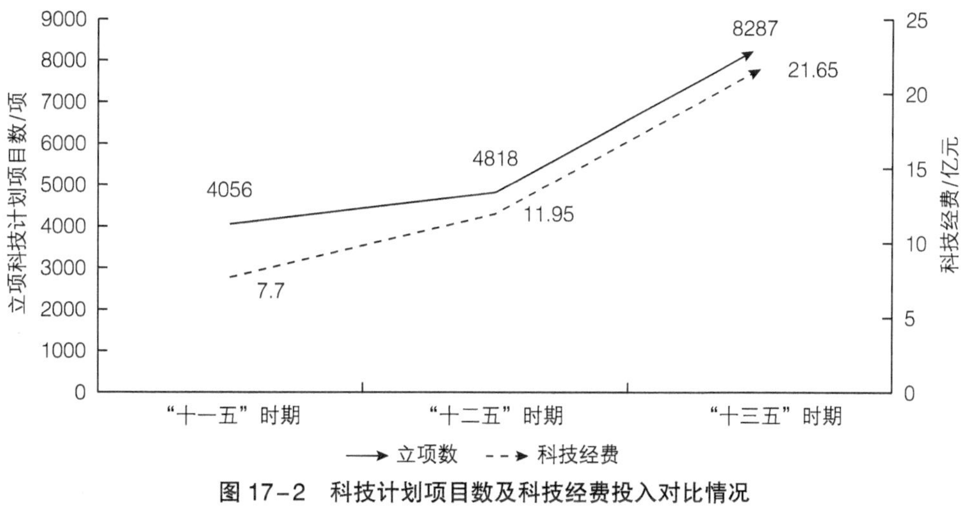

图 17–2　科技计划项目数及科技经费投入对比情况

2. 按计划类别分析

按计划类别分析，创新基地与人才计划立项数和资金数最多，共3234项，投入省级科技专项资金5.82亿元；其次为科技奖补资金，共2480项，投入资金5.31亿元；科技重大专项计划238项，投入资金4.52亿元；技术创新引导计划共1258项，投入资金 2.92 亿元；重点研发计划共 865 项，投入资金 2.48 亿元；知识产权计划共 212 项，投入资金 6000 万元（图 17-3）。

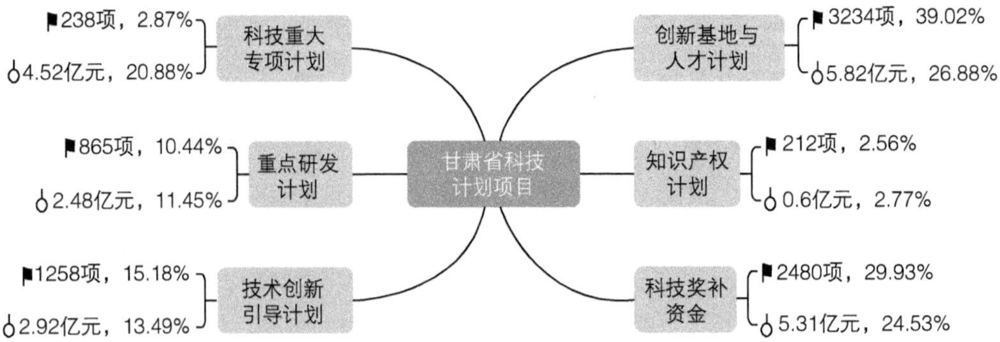

图 17-3　按计划类别划分的科技计划项目立项数及资金投入情况

（1）科技重大专项计划

科技重大专项计划围绕经济社会发展中的重大科技问题，集中力量解决制约经济结构调整、社会可持续发展和人民生活质量提升的重大共性、关键技术难题。“十三五”时期呈先增后减的态势，共支持科技重大专项计划 238 项，投入省级科技经费 4.52 亿元，其中，当年立项 100 项、科技经费 2.96 亿元，结转 138 项、科技经费 1.56 亿元。按项目数统计，2017 年当年立项数及结转数均最多，分别为 25 项、41 项。按科技经费统计，2017 年科技经费较多，为 1.30 亿元。支持强度方面，2017 年当年立项支持强度最大，为 359.84 万元/项；整体来看，2020 年支持强度最大，为 252.26 万元/项，2018 年次之，为 200 万元/项。

（2）重点研发计划

重点研发计划聚焦全省经济社会发展的重点技术需求，以解决社会公益性技术创新和促进产业技术升级、培育新兴产业为目标，着力攻克一批制约甘肃省经济社会发展的技术瓶颈。“十三五”时期共组织立项 865 项，投入资金 2.48 亿元，项均支持强度 28.63 万元。从立项情况分析，呈先增后减再增长的趋势，2020 年最多，为 328 项，占 37.92%，2017 年次之，为 220 项，2019 年最少，仅 5 项；科技经费投入方面，2016 年投入最多，为 7000 万元，占全部重点研发计划投入资金的 28.27%，2020 年次之，为 6463 万元，2019 年仅投入 300 万元，但支持强度最高。

（3）技术创新引导计划

技术创新引导计划围绕行业、企业、区域技术创新活动的需求，加强政策引导，为技术创新和科技成果转化与产业化、适用技术示范推广创造良好环境。“十三五”时期共组织立项 1258 项，投入省级科技专项资金 2.92 亿元，项均支持强度 23.21 万元。

按立项数分析，形成先增后减再增长的趋势，2020 年最多，为 407 项，其次为 2018 年，立项 335 项；科技经费投入方面，2018 年科技经费投入最多，为 7800 万元，占全部技术创新引导计划投入资金的 26.72%，2017 年次之，为 7000 万元。

（4）创新基地与人才计划

“十三五”时期共组织立项 3234 项，投入省级科技资金 5.82 亿元。按立项数分析，形成先减后增的趋势，2020 年最多，为 1487 项，占全部创新基地与人才计划立项数的 45.98%，其次为 2016 年，为 569 项；科技经费投入方面，2017 年科技经费投入最多，为 1.53 亿元，占全部创新基地与人才计划投入资金的 26.27%，2016 年次之，为 1.26 亿元。2020 年支持强度仅 7.65 万元/项，仅占创新基地与人才计划平均支持强度的 42.55%。

（5）知识产权计划

知识产权计划以促进知识产权创造，加强知识产权运用、保护和服务为目标，通过不断完善知识产权管理，提升知识产权服务能力，发挥知识产权对经济社会发展的支撑作用。2016—2018 年，组织立项 212 项，投入资金 6000 万元，项均支持强度 28.30 万元。按立项数分析，2018 年较多，共 77 项，其次为 2016 年，共 70 项；科技经费投入方面，三年投入均为 2000 万元。

（6）科技奖补资金

2017—2020 年，组织科技奖补资金 2480 项，投入资金 5.32 亿元，项均支持强度 21.45 万元。按立项数分析，2019 年最多，为 1407 项，占全部奖补资金项目的 56.73%，其次为 2017 年，是 422 项；科技经费投入方面，2019 年投入最多，为 2.84 亿元，占全部奖补资金的 53.39%，2017 年次之，共投入 8786 万元。

3. 按地域分析

“十三五”时期，甘肃省级科技计划项目区域分布格局基本稳定。兰州市作为省会城市，相较其他市（州）具有更强的科研综合实力，共承担省级科技项目 4266 项，承担科技计划项目数占全省总立项数的 73.5%，其他 13 个市（州）承担省级科技项目数分别占全省总立项数的 1.0% ~ 3.8%。省级科技计划项目共计投入资金 16.34 亿元，兰州市获得科技经费共计 10.87 亿元，占总经费的 66.5%，其他 13 个市（州）获得科技经费分别占总经费的 1.1% ~ 5.4%，其中获得科技经费占比小于 3% 的有 7 个市（州）。

（二）调查评估项目情况

评估组围绕此次调查评估工作，从省级科技计划评估信息调查系统中抽取 2016—

2020年省级科技计划项目4915项[①]进行评估。

1. 按年度分析

按年度分析，从立项数来看，2020年最多，为2002项，占全部调查项目的40.73%；2018年次之，为1053项，占全部调查项目的21.42%。从科技经费投入来看，2017年的资金最多，为3.63亿元，占全部调查项目资金的30.03%；2018年次之，为2.92亿元，占全部调查项目资金的24.20%（表17-1）。

表17-1 "十三五"时期科技计划项目数及科技经费投入情况

年度	立项数/项	立项占比/%	科技经费/万元	科技经费占比/%
2016	921	18.74	26 753	22.16
2017	849	17.27	36 256	30.03
2018	1053	21.42	29 224	24.20
2019	90	1.83	2590	2.14
2020	2002	40.73	25 928.5	21.47
合计	4915	100	120 751.5	100

2. 按计划类别分析

按计划类别分析，在此次调查评估的4915项项目中，创新基地与人才计划项目最多，为2771项，占全部调查项目的56.38%，其次是技术创新引导计划，为1112项，重点研发计划为758项，知识产权计划为184项，科技重大专项计划为90项。从项目资金来看，科技重大专项计划的资金最多，占全部调查项目资金的34.01%；其次是创新基地与人才计划，占24.54%；技术创新引导计划占19.75%；重点研发计划占18.07%；知识产权计划占3.64%（表17-2）。

表17-2 按计划类别划分的科技计划项目立项数及科技经费投入情况

科技计划项目	项目数/项	项目数占比/%	科技经费/万元	科技经费占比/%	支持强度/万元/项
创新基地与人才计划	2771	56.38	29 629	24.54	10.69

① 由于部分项目承担单位、项目负责人对科技计划项目调查评估工作的不重视，未根据省科技厅的通知要求填写并提交项目自评信息，因此，本部分按照已提交自评信息的4915项项目实际情况进行分析。

续表

科技计划项目	项目数/项	项目数占比/%	科技经费/万元	科技经费占比/%	支持强度/万元/项
技术创新引导计划	1112	22.62	23 844.5	19.75	21.44
重点研发计划	758	15.42	21 815	18.07	28.78
知识产权计划	184	3.74	4393	3.64	23.88
科技重大专项计划	90	1.83	41 070	34.01	456.33
合计	4915	100	120 751.5	100	24.57

3. 按地域分析

甘肃省科技计划项目的布局体现了“突出重点、优质突围、统筹兼顾”的原则，在项目安排上，“非均衡”布局的特点较为明显，兰州市作为省会城市，科技研发综合实力较强，是全省科技计划项目支持的重点区域。据调查，甘肃省七成科技计划项目、六成科技经费投入兰州市，除天水市以外的其他 12 个市（州）获得科技计划项目数和经费数均不到总体的 5%。在此次调查评估的 4915 个项目中，兰州市组织实施项目 3639 项，占项目总数的 74.04%，获得省级科技经费 7.04 亿元，占科技经费总额的 58.32%；排在第 2 位的是天水市，获得项目 207 项、省级科技经费 1.1 亿元，分别占总体的 4.21% 和 9.12%。除兰州市以外，其他 13 个市（州）共实施项目 1276 项，占项目总数的 25.96%，获得省级科技经费 5.03 亿元，占科技经费总额的 41.68%。兰白自创区或兰白试验区组织实施 364 项，获得经费 2.43 亿元。

4. 按单位属性分析

企业作为技术创新的主体，是甘肃省科技计划项目支持的重点对象。在此次调查评估的 4915 项项目中，企业获得省级科技经费位居第 1 位；转制科研院所获得 1.44 亿元支持，占 11.95%。

5. 按产业领域分析

甘肃省作为农业大省，农业领域是“十三五”时期省级科技计划项目支持的重点领域。同时，甘肃省具有发展生物医药产业的资源优势，其支持力度也较大。在此次调查评估的 4915 项项目中，农业领域立项 1063 项，项目数位居第 1 位，相比“十二五”时期增长了 75.41%；生物医药领域立项 950 项，居第 2 位，比“十二五”时期增长了 23.70%。

从科技经费的投入情况来看（图 17－4），以农业领域的省级科技经费最多，为 2.85 亿元，占科技经费总额的 23.57%；制造业领域的省级科技经费也较多，为 2.59 亿元，占21.43%；公共安全与社会事业、生物医药、新材料等领域也得到较多科技经费支持。

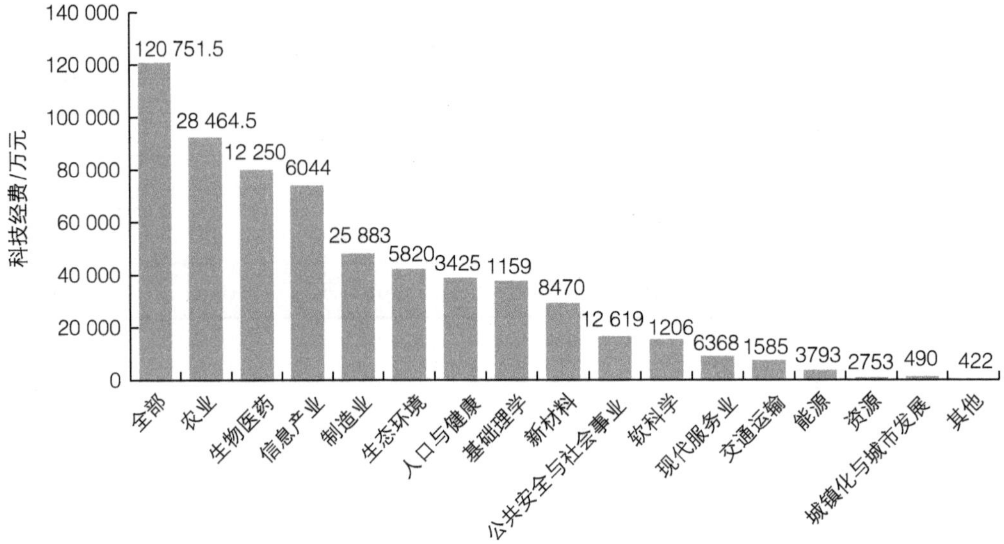

图17－4 不同产业领域获得经费支持情况

二、省级科技计划投入分析

（一）科技经费投入

省级科技计划项目评估信息调查系统实际调查项目为4915项，投入各类资金47.35亿元，从资金投入来源看，单位自筹资金是研发资金投入的最主要来源。单位自筹资金33.49亿元，占实际投入资金总额的70.73%；省级科技专项资金投入12.08亿元，占实际投入资金总额的25.51%，其他资金投入1.78亿元，占3.76%（图17－5）。

"十三五"时期，省级科技专项资金投入拉动全社会资金投入（资金带动强度）为1∶2.92，较"十一五"时期的1∶6、"十二五"时期的1∶11.3均有所下降。资金带动强度降低的原因可能有以下3个方面：一是单位自筹资金量下降，"十二五"时期单位自筹资金项均为214.69万元，"十三五"时期仅为68.15万元；二是基础类项目增加，如自然科学基金立项数较"十二五"时期增加了26.85%，相应资金投入增加了99.61%，而此类项目的自筹资金较少；三是省级科技计划项目的投入强度增加，从24万元/项增加至28万元/项。

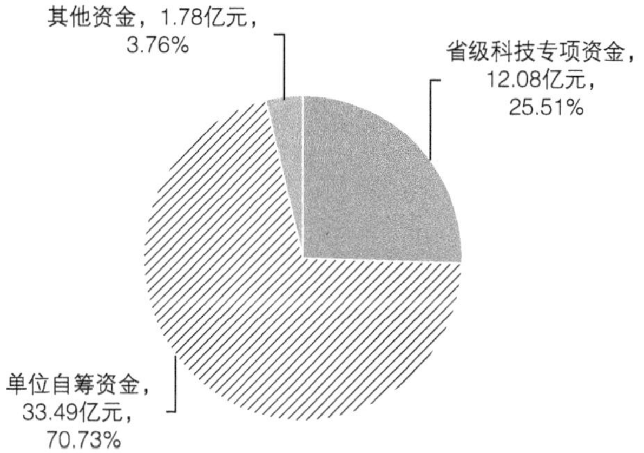

图 17-5 调查科技计划项目资金投入来源情况

（二）项目人员投入

1. 按职称结构分析

据调查，4915 个项目投入科研人员 39 387 人次，其中，高级职称专业技术人员 15 478 人次、占总体的 39.30%，中级职称专业技术人员 11 707 人次、占总体的 29.72%。

从科研人员专业技术职称来看，转制科研院所、地方科研院所的高级职称专业技术人员占比最高，分别达 47.90%、44.87%，高校、医院、中央院所高级职称专业技术人员占比也较高；企业和农技推广中心、畜牧站等其他单位相对较少（图 17-6）。

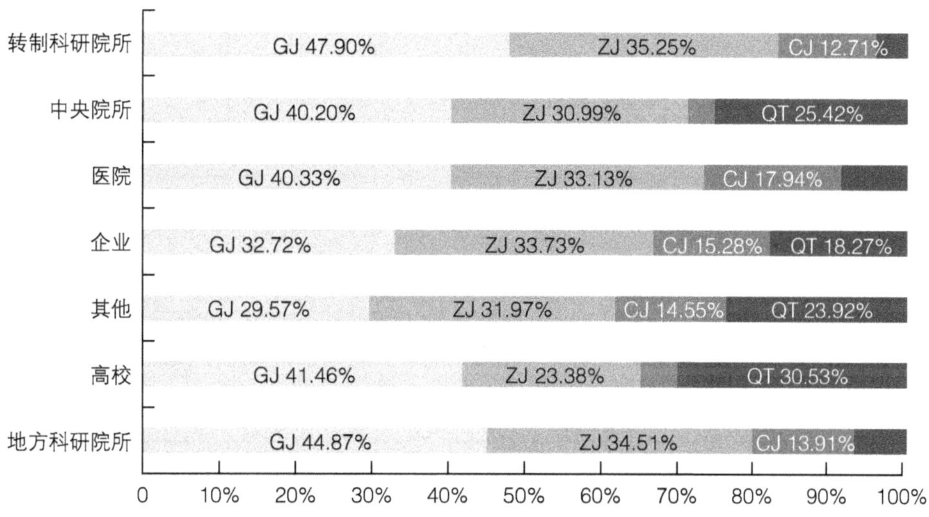

图 17-6 不同单位科研人员职称情况

（注：GJ 代表高级职称、ZJ 代表中级职称、CJ 代表初级职称、QT 代表其他）

从不同科技计划类别来看，参与科技重大专项计划、重点研发计划、技术创新引导计划、创新基地与人才计划研究的科研人员中高级职称占比均最高，分别占54.64%、41.23%、33.05%、40.09%，参与知识产权计划研究的科研人员中其他人员占比最高，达32.81%（表17-3）。

表17-3　不同类别科技计划项目科研人员职称占比情况　　单位：%

计划体系	高级	中级	初级	其他	合计
科技重大专项计划	54.64	29.81	7.06	8.49	100
重点研发计划	41.23	29.54	12.08	17.15	100
技术创新引导计划	33.05	31.83	15.28	19.84	100
创新基地与人才计划	40.09	29.01	9.00	21.91	100
知识产权计划	25.74	28.19	13.26	32.81	100

2. 按学历结构分析

从科研人员学历分析，拥有博士学历人员8507人次，占比为21.65%；拥有硕士学历人员13 852人次，占比为35.17%。其中，从不同单位属性来看，中央院所的博士学历人员比重最高，达47.61%，高校排第2位，达34.22%，医院排第3位，达18.10%。从不同科技计划类别来看，创新基地与人才计划聚集的博士、硕士人员最多，分别占27.67%、40.51%。通过实施创新基地与人才计划，对推动基础研究人才成长发挥了重要作用，为甘肃培养了一批科技创新人才后备力量（表17-4）。

表17-4　不同类别科技计划项目科研人员学历占比情况　　单位：%

学历	博士	硕士	学士	其他	合计
科技重大专项计划	22.84	30.13	40.10	6.92	100
重点研发计划	20.07	35.12	34.76	10.04	100
技术创新引导计划	9.68	25.62	34.93	29.77	100
创新基地与人才计划	27.67	40.51	27.88	3.93	100
知识产权计划	6.68	17.39	36.15	39.78	100

与“十二五”时期对比来看，“十三五”时期，参加科技计划项目研究的人员中，拥有高级职称的占比有明显上升，而拥有中级、初级职称的研究人员占比有所下降。同时，拥有博士、硕士学历的科研人员占比显著增加，拥有学士学历的人员有所减少。

可以看出，通过科技计划项目的实施，聚集了一批具有创新能力的科技人才，培养了一批科技领军人才、学术带头人和科技骨干等高层次科技人才，使一批具有独特科学见解和创新精神的科技工作者在科技项目的支持下得到锻炼和提升，不断支撑甘肃省形成一支梯队合理、科研水平较高和凝聚力更强的科技创新队伍，为创新发展提供动力源。

三、科技产出分析

（一）科技创新成果产出丰硕

“十三五”时期，依托省级科技计划项目实施，甘肃省产生了一批具有自主知识产权的重大科技创新成果，在冰川冻土、草地农业、核物理、防沙治沙、土遗址保护等领域形成一批优势学科群，加快推动了固体润滑、石油化工、有色冶金、装备制造、生物医药、航天航空等产业领域共性关键技术攻关，使一批先进适用的新技术、新工艺、新产品、新材料得以推广应用，使一批较高水平的自主创新产品实现进口替代，较好地满足了国内需求，为各行业领域科技进步提供了较高质量的供给。

1. 自主知识产权成果

省级科技计划项目的实施，产生了一批具有自主知识产权的重要科技创新成果，制定了一批地方或行业标准，为引领行业技术进步、推动高质量发展提供了有力的科技支撑。

此次调查评估的 4915 项省级科技计划项目在“十三五”时期共申请专利 6706 件，其中，申请国外专利 75 件、国内发明专利 2709 件；取得授权专利 3922 件，其中，国内授权发明专利 781 件、实用新型授权 2720 件、外观设计 421 件；制定标准 1121 项，其中，国际标准 3 项、国家标准 63 项、行业标准 105 项、地方标准 285 项、企业标准 665 项。

企业成为专利成果产出和技术标准制定的主力军。在“十三五”时期省级科技计划项目中，企业申请和授权的专利数量均居首位，分别为 4253 件、2457 件，占全部项目专利申请总量的 58.55%、专利授权总量的 62.49%。企业引领行业科技进步作用逐渐增强，由企业主导制定标准达 656 项，占标准总量的 58.5%。

相比“十二五”时期[①]，“十三五”时期调查评估的省级科技计划项目的专利申请量增加 1876 件，授权专利增加 993 件，其中，实用新型授权量增加 1330 件，发明专利授权量减少 342 件，外观设计减少 5 件。在制定标准方面，“十三五”时期标准数量

① 报告中“十二五”时期的科技成果产出相关数据来源于《甘肃省“十二五”科技计划项目调查评估报告》，该报告对“十二五”时期全省 17 个科技计划 3703 项项目、涉及专项资金 10.01 亿元进行了全面的调查评估。

增加 258 项，其中，企业标准增加 215 项、地方标准增加 42 项、国家标准增加 30 项、国际标准增加 1 项，行业标准减少 30 项（图 17－7）。

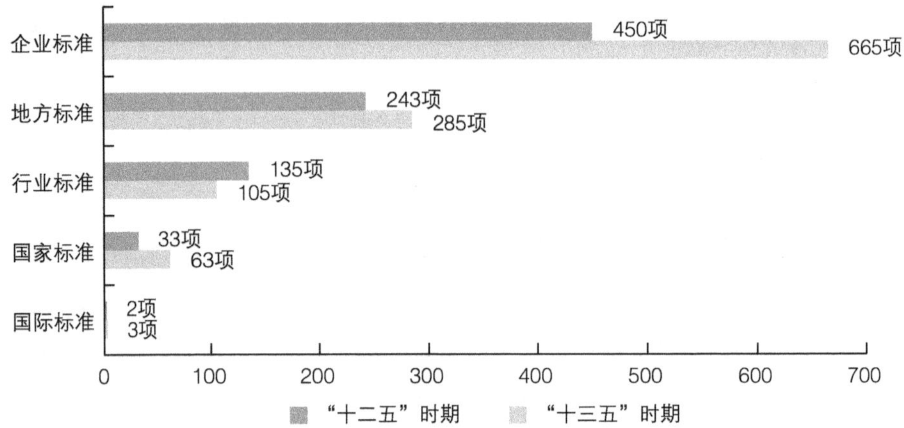

图 17－7　“十二五”“十三五”时期省级科技计划项目标准制定情况

“十三五”时期，省级科技计划项目围绕学科领域的理论前沿、重大议题和热点方向，积极开展了前瞻性的探索，进行了若干突破性研究，取得了系列学术研究成果，发表了一批较高水平的学术论文。依托省级科技计划项目的实施，共发表学术论文 10 404 篇，国外刊物发表 4424 篇，其中，SCI、EI、ISTP 收录 3389 篇，国内刊物发表 5980 篇；出版著作 209 部，其中外文著作 16 部，中文专著 183 部，译著 10 部。高校作为学术知识性机构，是学术论文和专著的主要产出单位，其发表学术论文为 5524 篇，占论文总量的 53%，出版专著 86 部，占专著总量的 41%。

相比“十二五”时期，“十三五”时期调查评估的省级科技计划项目发表论文数量减少 3450 篇，其中，国内核心期刊论文减少 2884 篇，SCI、EI 等收录论文减少 667 篇，国际级期刊发表论文增加 101 篇。专著方面，“十三五”时期出版专著增加 62 部。

2. 技术创新成果

“十三五”时期，省级科技计划项目聚焦关键核心技术攻关，瞄准传统产业转型升级、战略性新兴产业培育的“短板”技术，组织实施一批重大科技项目，培育形成一批标志性技术创新成果，补齐重点领域技术短板，共认定工业新产品 1430 件、植物新品种 657 件，取得新技术 1446 件、新材料 1132 件。通过省级科技计划项目的实施，企业技术创新能力明显增强，研发工业新产品、新技术或新工艺居首位，分别为 822 项、597 项，所占比重达 57.5%、41.3%。地方科研院所研制新材料最多，为 610 项，农业推广中心等其他单位研发植物新品种最多，为 358 项。

相比“十二五”时期，“十三五”时期省级科技计划项目取得的技术创新成果明显增多。“十三五”时期，产出工业新产品 1430 项，较“十二五”时期增加 905 项；新材料产出 1132 项，较“十二五”时期增加 724 项；新技术产出 1446 项，较“十二五”时期增加 541 项；植物新品种认定 657 项，较“十二五”时期增加 153 项。企业技术创新主体地位不断强化，自主创新能力不断提升（图 17－8）。

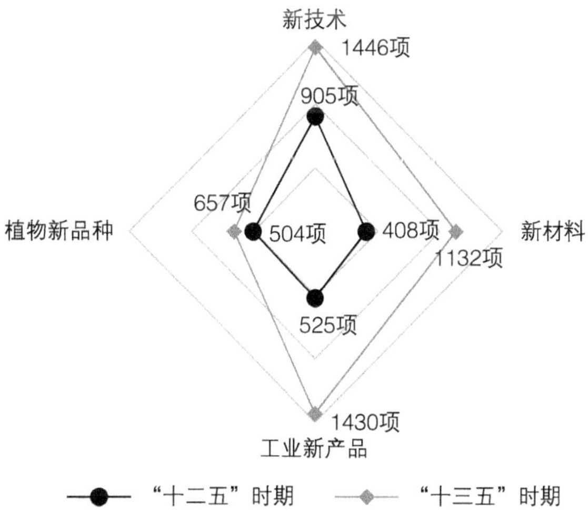

图 17－8　“十二五”“十三五”时期省级科技计划项目主要技术创新成果情况

3. 科技成果奖励

据调查，“十三五”时期，甘肃省在冶金、固体润滑、空间电推进、镍钴新材料、风沙防治、土遗址保护、新能源调峰、动物疫苗和风沙灾害防治等关键技术领域取得重大进展与突破，获得国家科技成果奖励 36 项。

（二）成果转移转化有效推进

“十三五”时期，甘肃省鼓励采用产学研相结合的方式实施，科技计划项目注重成果推广效应和示范效应，积极探索科技与经济结合的新途径和新机制，采取多种形式转化应用了一批具有重要影响的技术创新成果，推进了不同领域、不同行业间的技术融合与扩散，打造“专精特新”产品，提升产业链关键环节的掌控能力。通过提供有效科技创新供给，为促进农业现代化、工业传统产业改造和新兴产业发展做出了重要贡献。据调查，在“十三五”时期共登记科技成果 1167 项，转化应用成果 1017 项，产业地成果 860 项，签订成果转让合同 684 项，成果转让合同总金额 12.08 亿元，较“十二五”时期签订成果转让合同金额增加了 5.3 亿元。

直接经济收益方面，“十三五”时期，调查项目实现新增产值 306.41 亿元，其中新产品产值为72.31亿元，新增销售收入224.44亿元，新增利润33.06亿元。

从产出强度分析，“十三五”时期，省级科技计划专项资金的产出强度较“十二五”有明显提高。据调查数据测算，“十三五”时期调查项目投入科技专项资金与新增产值的比例（产出强度）为1 ∶ 25；“十二五”时期调查项目的产出强度为1 ∶ 24，“十一五”时期调查项目的产出强度为1 ∶ 19（表17–5）。

表17–5　“十二五”“十三五”时期省级科技计划项目产出强度情况对比

时间＼类别	新增产值/亿元	调查省级科技计划项目资金投入/亿元	产出强度
“十一五”时期	142.7	7.71	1 ∶ 19
“十二五”时期	241.35	10.01	1 ∶ 24
“十三五”时期	306.41	12.08	1 ∶ 25

（三）科研基地条件明显改善

“十三五”时期，省级科技计划项目的实施，不断加强了科研基础设施与条件建设，对科研仪器设备进行改造升级，通过整合资源、加大投入，明显改善科研环境，创造了更好的研发、中试及产业化条件，提高了技术集成、消化和吸收能力，明显强化了科技创新的保障能力，有力推动了科技资源的开放共享。据调查，项目建立中试线408条，生产线639条，建立实验基地/孵化基地677家，购置20万元以上仪器设备820台（套）、相关仪器设备原值3.55亿元，开放共享仪器设备3514台（套）。相比“十二五”时期，“十三五”时期项目新建生产线增加60条、中试线减少124条。

（四）学术交流合作不断拓展

甘肃省科技计划项目在“十三五”时期开展了多种形式的合作交流，包括合作研究、主办会议、参加会议、特邀报告等形式，在促进不同创新主体之间的横向协同、纵向联合发挥着积极作用。据调查，“十三五”时期，项目承担单位主办或承办国际会议72场次、参会人数达11 876人次，参加国际会议922场次；主办或承办国内会议509场次、参会人数共58 379人，参加国内会议8085场次。与“十二五”时期相比，受新冠疫情及部分国家关系紧张的影响，主办、承办和参加国际会议的人数均有小幅度下降；国内会议方面，主办的会议场次减少，参加国内会议场次较“十二五”时期有所上升。

在学术合作方面，依托省级科技计划项目的实施，吸引了大量国内外科技人才共同展开合作研究，产生了大量合作研究成果，在促进协同创新方面发挥了重要的辐射和带动作用。据调查，有 2381 项为自主研发项目，占调查项目总数的 48.44%；2534 项项目采取合作方式进行，占调查项目总数的 51.56%，其中，以省内合作为主，省内合作项目 2029 项，省外合作项目 319 项，国（境）外合作项目 186 项。产学研联合已经成为项目合作的重要方式。在 4915 项调查项目中，有 1010 个项目实施采取了产学研联合方式，占调查项目总数的 20.55%，占合作项目的 39.86%。

（五）人才培养力度成效显著

“十三五”时期，省级科技计划大力支持省属科研院所科技创新团队建设、杰出青年基金、基础研究群体等人才培养计划，以项目吸引人才，以项目聚集人才，依托支柱产业、重大科研和建设项目、重点学科和科研基地建设，聚集和培养了一批发展急需的创造型、复合型、外向型高素质科技人才，同时优化了科技人才队伍结构和提升整体素质。据调查，“十三五”时期，省级科技计划项目新增入选省级及以上人才计划专家 152 名，培养博士后 109 名，培养博士 917 名，培养硕士 6477 名。与“十二五”时期相比，博士后增加了 29 名，博士生增加了 99 名，硕士生增加了 337 名，人才培养成效明显，高层次、高学历人才大量涌现，为区域创新驱动发展提供了可靠的智力支撑和人才保障。

（六）创新创业带动作用明显

“十三五”时期，省级科技计划项目的实施注重推进大众创业万众创新，激发市场主体活力，培育发展新动能，通过不断强化对创新创业的政策支持，推动资金链引导创业创新链，一大批创新型企业得以快速成长，创新创业的平台支撑能力不断提升，为经济高质量发展提供了强大动力。据调查，“十三五”时期，依托省级科技计划项目的实施，建设科技信息服务平台 147 家，服务企业 23 364 家，提供技术咨询 / 技术服务次数 32 617 次。

（七）科技精准支撑脱贫攻坚

“十三五”时期，省级科技计划项目将科技创新引领脱贫攻坚、县域发展和乡村振兴作为重要支持方向，紧盯“两州一县”和 58 个贫困县科技创新能力不足的现状和产业发展现实需求，组织实施了一批特色产业示范推广和实用技术培训项目，推动了脱贫攻坚各项任务落实，促进了农业引智成果和技术示范推广，提升了人民群众的满意度，增进了人民群众获得感、幸福感，为如期打赢脱贫攻坚战奠定了坚实基础。据调查，“十三五”时期，依托省级科技计划项目的实施，带动全省 24 万余贫困人口实现脱贫。经测算，“十三五”时期，省级科技计划项目的实施地企业满意度 95.5%、民众满意度95.4%、从事相关工作科研人员满意度96%。

四、“十三五”科技计划实施特点

（一）促重构、优组合，科技计划管理改革成效显著

“十三五”时期，甘肃省稳妥推进省级科技计划管理改革，制定了《甘肃省科技计划管理改革实施方案》，从顶层设计入手，采取产业、项目、平台、人才、基地“五位一体”的资源配置方式，重新构建五大类科技计划，并先后出台了“1+5”的全流程省级科技计划管理办法，提供了规范有效的制度保障。突出重大项目的组织凝练，坚持需求导向，从基础前沿、重大共性关键技术到应用示范进行全链条创新设计和一体化组织实施。项目管理专业机构参与科技重大专项计划、重点研发计划等部分管理任务。充分发挥学术委员会、智库、专家等“外脑”在项目组织遴选方面建议作用，进一步规范参与项目评审专家行为，不断提高项目质量。改革项目组织方式，建立常年受理、定期评审、科学论证、分批下达的项目管理模式，探索运用定向委托、定向择优等方式，完善技术攻关机制。新冠疫情发生后，打破常规科技项目组织方式，紧急启动应对新冠疫情科研攻关特别专项，安排1000万元科研经费，组织34个课题。按照“两头严、中间松”原则，对项目立项和验收环节严格把关，对项目中间执行阶段充分放权。聚焦破除体制机制障碍，推进“三评”改革，监督评估和科研诚信建设取得积极进展。项目组织管理更加符合科技创新规律，更加高效配置科技资源，更加强化科技与经济的融合。

（二）强管理、重协同，科技计划项目实施亮点纷呈

“十三五”时期，科技计划项目单位围绕绩效目标实现，健全项目管理和资金制度，精心研究制定实施方案和技术方案，注重分工合作，建立项目定期协商制度，不断完善资金监管机制，规范会计核算和处理，强化科技资金使用自查与整改，确保资金安全高效使用。改进科技项目组织管理方式，实行“揭榜挂帅”等制度。坚持产学研用相结合，注重协同合作，形成了多种集研究、开发、生产、应用于一体的合作模式。产学研联合项目占到调查评估项目总数的20.55%，加强国际合作与交流，开展联合协作，共同攻克行业领域的重点技术、关键技术难题，国际合作领域投入项目资金1.16亿元。注重成果推广效应和示范效应，持续推动产品研发，加快先进适用科技成果的转化推广，积极探索科技与经济结合的新途径和新机制，采取多种形式转化应用了一批具有重要影响的技术创新成果，推进了不同领域、不同行业间的技术融合与扩散。调查评估项目共转化应用成果1017项，产业化成果860项，签订成果转让合

同 684 项，成果转让合同总金额 12.08 亿元，依托调查项目实施实现新增产值 306.41 亿元，新增销售收入 224.44 亿元，新增利润 33.06 亿元。不断提升人才培养培育，创新人才培养和引进机制，注重团队组建，调查评估项目实施带动 3.93 万人次参与，中高级职称专业技术人员达到 69.02%，通过项目实施新增入选省级及以上人才计划专家 152 名，培养博士后 109 名，培养博士 917 名，培养硕士 6477 名。

（三）高投入、稳增长，科技重大专项取得重要突破

“十三五”时期，省级科技重大专项计划聚焦重大战略任务、共性关键技术、重要民生改善、重点产品研发等方面，瞄准制约甘肃省重点产业、特色产业和战略性新兴产业等重大产业化瓶颈难题，组织实施一批重大科技攻关项目。重点支持以企业为主体、产学研联合的集成度高、关联度大、带动性强的重大科技项目，集中国内外各类科技资源进行联合式协同攻关，助推重点产业领域实现突破性创新，培育新的经济增长点。科技重大专项计划聚焦石油化工、有色冶金、军民融合等传统产业高端化、智能化、绿色化升级以及高端装备制造、新能源、新材料、数据信息等战略性新兴产业培育，研发并应用了一批新技术和新工艺，攻克了一批关键共性技术，研发了一批具有自主知识产权的、高性能、高品质的工业新产品和植物新品种，对加快全省经济社会高质量发展起到重要促进作用。热交换、寒旱农业、特种钻井技术及装备和物料干燥、高低压电器、有色冶金技术及工艺达到国内先进水平；镍、锰、钴三元前驱体连续合成工艺及 CSTR 装备开发技术实现了工业应用，高镍三元材料客户定制型产品进入市场；农业种质资源创新、安全健康养殖、农产品精深加工、高效优质农产品生产等关键技术研发取得新进展。

（四）攻技术、破瓶颈，重点研发解决共性技术难题

“十三五”时期，重点研发计划围绕解决全省经济和社会发展的共性关键技术瓶颈问题，开展新产品、新设备以及关键共性技术的研究开发与集成创新，着力攻克了一批制约甘肃省经济社会发展的技术瓶颈，形成了一批具有自主知识产权的科技成果，为全省经济社会发展提供持续性的支撑。围绕装备制造、新材料、新能源等方向，开展了关键共性技术的研发，以项目实施培育带动科技型企业创新发展。围绕“牛羊菜果薯药”、现代种业等优势产业和特色产业高质量发展，聚焦现代生物育种技术、智慧农业、农业绿色发展、现代食品加工等现代农业产业发展需求，开展新品种、新技术研发及集成示范推广，促进了全省农业现代化发展。重点支持科研单位围绕高寒区污水处理技术、重金属土壤污染防治、烟气除尘净化，土壤和大气污染防治，洪涝灾害、气象灾害等重大自然灾害监测预警预防，城镇节水技术与产品研发，常见重大疾

病整治，突发传染病防控，陇药大品种开发利用，医用检验检测技术与产品研发，医疗器械产品研发，食品安全检验监测关键技术，安全生产与消防等开展共性关键技术研发。以国际科技合作基地为支撑，面向中东欧、中非、周边国家及国际合作组织开展联合研发，推进技术转移与示范，促进国际科技合作和人文交流。

（五）勇开辟、广示范，技术创新引导作用不断凸显

“十三五”时期，为充分发挥市场对技术研发方向、路线选择、要素价格、各类创新要素配置的导向作用，技术创新引导计划围绕行业、企业、区域技术创新活动的需求，加强政策引导，为技术创新和科技成果转化与产业化、适用技术示范推广创造良好环境。重点支持高新技术企业、省级科技创新型企业、科技型中小企业开展，具有资源优势、技术优势、产业优势、有较强市场竞争力的技术创新项目，鼓励并优先支持拥有自主知识产权的项目、产学研结合项目、环境保护类项目、各类产业化基地的创新创业项目。围绕甘肃省经济社会发展中日益复杂的决策问题，重点在兰州白银国家自主创新示范区和兰白科技创新改革试验区建设、黄河流域生态保护和高质量发展、科技支撑生态产业发展、企业科技创新能力、“一带一路”国家合作、突发公共安全事件管理等领域开展研究，为省委省政府的科学决策提供科学支撑。在城镇人口养老服务、慢性疾病诊治、医疗信息化技术推广、农村生态环境治理、城乡生活垃圾分类与资源利用、智慧社区治理、城镇化发展、重大自然灾害预测预防等领域开展集成和示范应用，效果显著。着力解决甘肃省脱贫攻坚和乡村振兴技术问题，支持各类创新主体集成应用一批先进适用科技成果，强化了科技对农业农村现代化的有效供给。以科技特派员为牵头，引导农村实用科技成果转化和示范推广，建立了一批科技特派员创新创业示范基地，引领农业科技水平不断提升。

（六）建平台、育人才，基地和人才计划显创新活力

“十三五”时期，通过实施创新基地与人才计划，进一步优化布局甘肃省重点实验室、工程技术研究中心、国际科技合作基地，鼓励重大科研基础设施、大型科研仪器等各类科技创新服务平台对外开放共享和提供技术服务。加大对科技企业孵化器、大学科技园、农业科技园区、众创空间、星创天地等创新创业基地建设的支持力度。加强了省杰出青年基金、基础研究创新群体、自然科学基金等相关人才计划的顶层设计和有机衔接，培养了一批高层次人才，取得了一批高质量研究成果，如西北师范大学承担的“基于人工规范磁场中超冷原子多体量子干涉的精密测量研究”项目，发现了量奇偶效应；甘肃农业大学承担的“马铃薯耐盐关键基因筛选”项目，筛选出马铃薯盐胁迫相关的植物激素信号途径中的26个基因；中国农业科学院兰州兽医研究所承担

的杰出青年基金项目“早期反应蛋白调控口蹄疫病毒复制的分子基础”，发表 SCI 论文 6 篇，培养硕士、博士 4 人，还获得了国家重点研发计划项目资助。兰州交通大学实施的“新型轨枕式减振轨道关键动力学参数研究”项目，取得的技术专利有偿许可陕西长美和江阴海达两家业内企业使用，支持中国科学院兰州化学物理研究所建立的甘肃省黏土矿物应用研究重点实验室，建成了黏土矿物应用基础研究、产品研发和分析测试 3 个平台，突破了红色低品位凹凸棒石结构性转白及伴生矿物转化制备关键技术，推动了凹凸棒石产业的创新发展，研究成果获国家技术发明二等奖。

（七）强举措、重实效，知识产权创造环境不断优化

“十三五”时期，甘肃省知识产权计划围绕《深入实施甘肃省知识产权战略行动计划（2014—2020）》部署，深入实施创新驱动发展战略和落实知识产权战略，全力推进知识产权强省试点省份建设，加快促进知识产权创造，加强知识产权运用和保护，完善知识产权管理，提升知识产权服务能力，发挥知识产权对经济社会发展的支撑作用。出台《关于新形势下加快知识产权强省建设的实施方案》和《甘肃省建设特色型知识产权强省试点省实施方案》，明确了知识产权强省建设的目标、任务和改革实施路径；大力支持城市和县区知识产权试点示范，继续开展省级知识产权优势企业培育工作，嘉峪关、定西、张掖、庆阳 4 个城市成为国家知识产权试点城市，张掖市民乐县获批国家知识产权强县工程示范县，定西市安定区、张掖市山丹县、高台县等 7 县（区）成为国家知识产权强县工程试点县，庆阳市华池县成为国家传统知识产权保护试点县；启动推进丝绸之路国际知识产权港建设，积极开展国际合作，促进知识产权领域交流汇聚各类资源；推动全省知识产权管理规范国家标准认证工作，举办培训班，不断强化企业知识产权保护意识，加大涉外商标、专利侵权案件办案力度，大力加强知识产权市场监管和维权援助体系建设。

（八）重培育、促考评，科技创新奖补资金落实落地

“十三五”时期，甘肃省深入落实《甘肃省支持科技创新若干措施》，完善相关配套政策，从奖补认定条件，组织机构及职责，申报审批程序，建设、运行与管理，验收、考核与评估等各个方面进行规范，切实做到奖补流程规范科学、公开透明，奖补结果公平公正，奖补资金精准兑付。完成全省新认定及考核评估优秀的国家级及省级工程（技术）研究中心、重点实验室、农业科技园区、国际科技合作基地、开发区、科技企业孵化器、技术转移中心、大学科技园、产业技术创新战略联盟等各类国家级和省级平台，高新技术企业和科技创新型企业共 2480 项事项奖补，落实奖补资金 5.32 亿元，其中，国家级科技企业孵化器兰州新区科技创新发展管理有限公司 2020 年引

进企业135家，引进资金19.89亿元，新增带动就业957人，税收1.1亿元，帮助11家企业成功入库“2020年甘肃省科技型中小企业”，成功培育4家“高新技术企业”，被科技部考核优秀。奖补资金有效调动了各类创新主体进行研发的积极性，促使以企业为主体的技术创新体系更加完善，促进了各类创新要素多层次、宽领域、集成化集聚，对持续完善全省产业孵化发展体系、进一步优化技术市场服务体系、加快发展高新技术产业提供了有力支撑，为甘肃省经济结构调整和产业优化升级、科技创新支撑高质量发展注入了强大活力。

五、相关建议

1. 加大科技资金投入力度

建立科技计划项目和资金投入稳定增长机制，按照“前期引导、中期跟投、后期奖补”的链条式思路，优化财政科技资金投入方式，稳定支持与竞争性经费相结合，在“强省会”的同时对科技创新力量薄弱的市（州）围绕科技创新基础设施改善等谋划给予相对稳定支持，不断加强对地方区域特色学科及产业领域的培植力度，加大对“两院”院士和亟需紧缺高端科技人才的支持，进一步提升单个重大项目资金支持强度，扩大青年科技基金和杰出青年基金的规模。

2. 优化科技计划管理流程

加快推进科技计划管理流程再造，按照优势突出领域“必保”、核心关键方向“必争”、高端前沿布局“必跟”的思路，推进科技资源配置方式改革，改革科技管理流程，提高科研经费使用效率，提升科研项目与市场需求的契合度。实施省级科技计划指南和专项申报指南“1+N”相结合的方式，围绕重大项目随时发布专项申报指南，进一步提高项目实施的精准性和导向性。全面推进科技管理向创新服务转变，建立各项科技管理工作流程图，实现表单化管理，努力做到用制度管权、按制度办事、靠制度管人，实现科技管理规范化。

3. 提升立项设计战略性

开展科技计划项目指南发布前期技术预测研究，结合“四强行动”聚焦全省优势特色领域和转型跨越亟需方向，重点在新能源、石油化工、智能制造、有色冶金、煤炭建材、能源电力、大数据、云计算等领域，主动布局实施一批重大技术攻关和科技成果产业化项目和重大研发项目。坚持目标导向，实行揭榜挂帅、赛马争先、悬赏激励、拨投结合、合同科研、项目经理制等多种新型项目组织方式，建立健全科技应急攻关机制，构建形成高效的关键核心技术攻坚体系。

4. 规范项目实施过程管理

聚焦不同研究任务目标和组织范式需要，形成体系化、多元化项目分类管理机制。在实施过程中的关键节点上实行“里程碑”式管理，落实法人单位和科研人员经费使用自主权，进一步优化采购流程，简化审批程序，逐步建立项目实施过程控制的动态跟踪管理机制，推动项目承担单位及主管部门进一步建立健全项目管理内控制度，夯实项目主持人责任意识，确保项目顺利完成且取得实效。

5. 逐步提升评价决策价值

突出质量、贡献、绩效导向，结合每类科技计划的特点，科学分类设置绩效评价指标体系。进一步优化评价流程，对重大项目增加现场评价环节，提升评价结论的精准性。强化绩效评价结果运用，坚持问题导向，健全有效的绩效评价结果反馈与整改机制，引导项目单位进一步提高对项目实施绩效目标管理的认识、理解和重视，将绩效评价与后续项目财政资金支持有机结合，推动形成优良的项目组织实施氛围，切实提高项目质量和效益。

参考文献

［1］王一鸣．研发活动的线性模型与象限模型的再演进及启示［J］．科学学与科学技术管理，2014，35（6）：11－18.

［2］许静．新技术革命下的创新演进、技术进步与新动能培育［J］．改革与战略，2020，36（12）：48－57.

［3］张慧琴，王鑫，王旭，等．超越巴斯德象限的基础研究动态演化模型及其实践内涵［J］．中国工程科学，2021，23（4）：145－152.

［4］肖利．科技项目评估的必要前提［J］．科学学研究，2004（3）：290－293.

［5］李丽亚，李莹．国家科技计划体系及其管理的演变［J］．中国科技论坛，2008（8）：6－11.

［6］赵捷．国家科技计划体系管理改革回顾与分析［J］．创新科技，2009（2）：22－25.

［7］庞宇，杨云．国际组织开展项目影响评估的理论实践及对我国科技项目评估的启示［J］．经济研究参考，2013（44）：63－69.

［8］杨东占．从条块分割到统筹发展重构国家科技计划体系［J］．中国高校科技，2014（11）：18－21.

［9］程如烟．国外科技计划管理与改革浅析［J］．全球科技经济瞭望，2015，30（9）：1－6.

［10］黄慧玲．科技计划项目资助额度量化与实证研究［J］．科研管理，2015，36（12）：146－154.

［11］谈力，陈宇山．科技计划项目第三方管理的国内外案例分析与启示［J］．科技管理研究，2016，36（2）：213－217.

［12］李萌．深化科技体制改革推进科技评估工作［J］．中国行政管理，2016（12）：6－7.

［13］李来儿．我国科技项目评价体系创新探讨［J］．科学与管理，2017，37（3）：1－6.

［14］王欣宇，朱焱．科技项目放管服改革对策建议［J］．科技经济市场，2018（12）：93－95.

［15］马名杰，张鑫．中国科技体制改革：历程、经验与展望［J］．中国科技论坛，2019（6）：1－8.

[16] 陈媛媛，赵宏伟 . 欧盟与中国科技计划管理机制对比分析及启示 [J] . 科技智囊，2020（8）：71－80.

[17] 丛琳，魏林君，李永亮，等 . 国家科技计划（专项）绩效评估研究 [J] . 中国科技论坛，2023（7）：13－20，32.